高等职业教育"十二五"规划教材
高等职业教育公共基础课规划教材

高 职 数 学

姚伟权　主　编

陈新宏　鲍建强　副主编

電子工業出版社

Publishing House of Electronics Industry

北京·BEIJING

内容简介

本书是为适应高等职业教育高等数学课程教育的改革与教学需求而编写的，主要内容包括：函数、极限与连续、导数与微分、导数的应用、不定积分、定积分、常微分方程、多元函数微分学、多元函数积分学、级数和 Mathematica 操作与应用等。除 Mathematica 操作与应用外，每章都由一个应用案例引出并导向本章教学内容，让学生从开始就认识学习内容的应用性。

本书可作为高等职业教育的高等数学、经济数学等数学基础课程教材，也可作为成人高等教育的数学课程教材或参考书。

图书在版编目（CIP）数据

高职数学 / 姚伟权主编 . —北京：电子工业出版社，2017.7
ISBN 978-7-121-31664-7

Ⅰ. ①高… Ⅱ. ①姚… Ⅲ. ①高等数学—高等职业教育—教材 Ⅳ. ①O13

中国版本图书馆 CIP 数据核字（2017）第 120656 号

策划编辑：朱怀永
责任编辑：底 波
印　　刷：北京京师印务有限公司
装　　订：北京京师印务有限公司
出版发行：电子工业出版社
　　　　　北京市海淀区万寿路 173 信箱　邮编　100036
开　　本：787×1 092　1/16　　印张：17.5　　字数：448 千字
版　　次：2017 年 7 月第 1 版
印　　次：2017 年 7 月第 1 次印刷
定　　价：39.80 元

前　言

　　本书依据高等职业教育高等数学课程改革与教学需求而编写，编写中遵循"基础理论以应用为目的，以'必需、够用'为度"的原则。在内容安排上，每一章都至少编写一个实际案例，体现教学内容的应用性；同时强调知识背景，潜移默化中引导学生体会知识的"从实践中来，到实践中去"，提高应用能力与自主学习能力，培养创新意识，充分发挥数学的素质教育之长。本书保持数学自身体系的完整性，只对难点内容做了一定删减，对部分公式、定理不做严格证明。

　　本书是在此前广州城市职业学院数学教学团队集体编写的《高职数学》基础上重新编写而成。为适应高职教育的能力本位特征及新时期数学教学变化，全书把传统数学中的例子根据题目内容分别称为案例和任务，练习与习题也改称为实训，重新编排任务，增加应用案例。如：化学物质浓度与时间的函数关系及应用、个税与收入间函数关系、连续复利、残值计算、均匀货币流、最大收入利润的灵敏度分析、优化模型求解、稀释模型、租和买的决策判定、控制体重方案、广告策略、不可积函数的定积分计算、优化近似计算。删减线性代数基础一章，并为部分"专升本"学生的学习需要，加大部分实训题目的难度，增加级数一章。本书内容包括函数、极限与连续、导数与微分、导数的应用、不定积分、定积分、常微分方程、多元函数微分学、多元函数积分学、级数等微积分基础内容和Mathematica操作与应用。为使学生更好地掌握学习内容、提高应用能力，各节配有实训，各章配有总实训。为便于学生自主学习，书末最后还附有常用数学公式及实训参考。

　　本书根据高职院校数学课程教育的实际情况，精心选择案例、任务和实训，由浅入深，体现素质教育特点，注重培养数学方法、数学思想和数学素质；内容难易适中，体现以应用为目的，以"必需、够用"为度。本书可作为高等职业教育的高等数学、经济数学等数学基础课程教材，也可作为各类成人高等教育的数学课程教材或参考书。

　　本书由广州城市职业学院数学教师姚伟权、陈新宏、鲍建强编写。另外，本书的编写得到广州大学钟育彬和陈蓉西两位教授的指导和帮助，电子工业出版社工作人员也为此付出甘辛并提出宝贵意见，对此我们一并表示衷心感谢！

　　由于时间仓促和限于编者水平，教材中存在不妥之处，敬请广大师生提出批评和指正。

编　者

2017 年 5 月

目　录

第1章 函 数

【案例 1-1】 在某化学反应里，实验得到某物质的浓度 y 与时间 t 的关系，见表 1-1. 任务：(1)求浓度 y 与时间 t 的函数关系；(2)求在 17 分钟时该物质的浓度；(3)求什么时间该物质的浓度为 10.1？

表 1-1

t	1	2	3	4	5	6	7	8	9	10	11	12	13	14	15	16
y	4.0	6.4	8.0	8.4	9.28	9.5	9.7	9.86	10.0	10.2	10.32	10.42	10.5	10.55	10.58	10.6

解：(1)根据表 1-1，利用 Excel 软件中的插入散点图、添加趋势线功能，得到时间 t-浓度 y 散点图和趋势线图，如图 1-1 所示，并拟合得到浓度 y 与时间 t 的关系(构建过程详见本章附录)，即函数

$$y = 2.2276 \ln t + 4.9991$$

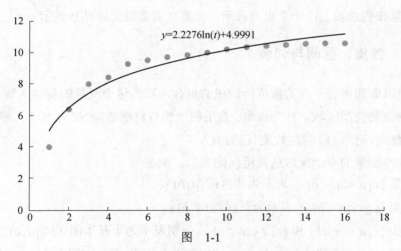

图 1-1

(2)把 $t = 17$ 代入(1)拟合的函数中，得 17 分钟时该物质的浓度约为 11.31；

(3)求 $y = 2.2276 \ln t + 4.9991$ 的反函数，得 $t = \mathrm{e}^{\frac{y - 4.9991}{2.2276}}$，把 $y = 10.1$ 代入得 $t \approx 9.87$，即该物质的浓度为 10.1 的时间大约是 9 分 52 秒(或解方程 $2.2276 \ln t + 4.9991 = 10.1$，得到 $t \approx 9.87$).

注：上面的求解结果，是一种最小二乘法的拟合结果，不是标准答案.

函数是微积分学的研究对象，是变量间依存关系的一种抽象，在运用数学解决实际问题中起着重要作用. 本章以建立函数并用函数的知识解决实际问题为导向，通过判定

相同函数、求定义域、求函数值、求函数奇偶性、求反函数和分解复合函数等任务，对函数的概念及其有关的知识进行系统性的复习，加深对函数的认识，为后续学习打下基础.

1.1　函数的概念

1.1.1　常量与变量

我们在研究一些现象或问题的过程中，往往会遇到各种各样的量，这些量大体上可分为两类：一类是在研究过程中保持相对不变的量，我们称之为常量，如圆周率 π、物体的重力加速度 g 等；另一类是在研究过程中变化的、可以取不同值的量，我们称之为变量，如一天中的气温、销售过程中的销售量等. 一般地，常用字母 a,b,c 等表示常量，字母 x,y,u,v 等表示变量.

对于常量与变量，我们要注意：

(1)常量与变量是相对的. 即同一个量，在某一研究过程中是常量，而在另一研究过程中可能是变量；反之亦然. 如银行的存款利率，在一个较短的时间段里是常量，而在一个较长的时间段里则是一个变量.

(2)常量在实数轴上以一个定点表示，变量在实数轴上以动点表示.

1.1.2　数集、区间与邻域

变量可以取的所有不同的数值所构成的集合，称为这个变量的变动区域.

一个变量的变动区域，称为数集. 常用的数集有自然数集(记为 $\mathbf{N}$)、整数集(记为 $\mathbf{Z}$)、有理数集(记为 $\mathbf{Q}$)与实数集(记为 $\mathbf{R}$).

一个连续变量的变动区域通常用区间表示，例如

(1)数集 $\{x \mid a \leqslant x \leqslant b\}$ ，表示为闭区间 $[a,b]$ ；

(2)数集 $\{x \mid a < x < b\}$ ，表示为开区间 (a,b) ；

(3)数集 $\{x \mid a \leqslant x < b\}$ 和 $\{x \mid a < x \leqslant b\}$ ，分别表示为半开半闭区间 $[a,b),(a,b]$ ；

(4)数集 $\{x \mid x > a\}$ 和 $\{x \mid x \leqslant b\}$ ，全体实数，分别表示为无穷区间 $(a,+\infty),(-\infty,b]$ ，$(-\infty,+\infty)$.

以点 x_0 为中心，δ 为半径的实数集称为点 x_0 的 δ 邻域，记为 $U(x_0,\delta)$ ，即

$$U(x_0,\delta) = (x_0 - \delta, x_0 + \delta)$$

若把邻域 $U(x_0,\delta)$ 的中心点 x_0 去掉，所得到的数集称为点 x_0 的去心 δ 邻域，记为 $\mathring{U}(x_0,\delta)$ ，即

$$\mathring{U}(x_0,\delta) = (x_0 - \delta, x_0) \cup (x_0, x_0 + \delta)$$

1.1.3　函数的定义

定义 1.1　设 x,y 是两个变量，**D** 是一个非空实数集，如果对于每一个 $x \in D$，按照某一对应法则 f，总有一个确定的 y 值与之对应，则称变量 y 是变量 x 定义在 **D** 上的函数，记为

$$y = f(x)$$

其中，x 称为自变量，y 也称为因变量，数集 **D** 称为函数的定义域.

当 $x = x_0 \in D$ 时，按照对应法则 f 所得到的 y_0 称为函数在点 x_0 处的函数值，记为

$$y\big|_{x=x_0} \text{ 或 } f(x_0)$$

当 x 取遍定义域中每一个值时，对应函数值的全体称为函数的值域.

注：函数的定义域与对应法则称为函数的两个要素. 两个函数相同的充分必要条件是它们有相同的定义域和相同的对应法则.

【任务 1-1】　判断下列函数对是否相同.

(1) $y = \sin^2 x + \cos^2 x$ 与 $y = 1$；　　　　(2) $y = x+1$ 与 $y = \dfrac{x^2-1}{x-1}$；

(3) $y = x-3$ 与 $y = \sqrt{(x-3)^2}$；　　　　(4) $y = \ln(\sqrt{x^2+1}-x)$ 与 $y = -\ln(\sqrt{t^2+1}+t)$.

解：(1)因为两函数的定义域都是 $(-\infty, +\infty)$，且 $\sin^2 x + \cos^2 x \equiv 1$，即两者对应法则也相同，故此函数对相同.

(2)因为前者的定义域为 $D_1 = (-\infty, +\infty)$，而后者的定义域为 $D_2 = (-\infty, 1) \cup (1, +\infty)$，即两函数的定义域不相同，故此函数对不相同.

(3)因为 $\sqrt{(x-3)^2} = |x-3| = \begin{cases} x-3, & x \geqslant 3 \\ 3-x, & x < 3 \end{cases}$，即当 $x < 3$ 时，$\sqrt{(x-3)^2} \neq x-3$，就是说两函数的对应法则不同，故此函数对不相同.

(4)因为两个函数的定义域都是 $D = (-\infty, +\infty)$，且

$$\ln(\sqrt{x^2+1}-x) = \ln \frac{(\sqrt{x^2+1}-x)(\sqrt{x^2+1}+x)}{\sqrt{x^2+1}+x}$$

$$= \ln \frac{1}{\sqrt{x^2+1}+x} = -\ln(\sqrt{x^2+1}+x)$$

即两函数的对应法则也相同，故此函数对相同.

关于函数的定义域，在实际问题中，函数被构建时，由实际问题具体确定. 而在数学上，它是使函数表达式有意义的自变量的取值范围. 对于数学表达式有意义的规定有：

(1)分式中，分母不能为零；

(2)偶次根式中，被开方式必须大于或等于零；

(3)对数式中，真数式必须大于零；

(4)正切函数的角的终边不能与y轴重合，余切函数的角的终边不能与x轴重合；

(5)反正弦或反余弦的对象式子，其绝对值必须小于或等于1。

如果函数的表达式含(1)～(5)中的多项组合，则其定义域是各项有意义的公共部分.

【任务 1-2】　求下列函数的定义域.

(1) $y = \dfrac{x-3}{x^2-5x+6}$;

(2) $y = \dfrac{2}{x+1} - \sqrt{5-x}$;

(3) $y = \dfrac{\arcsin(x-2)}{x}$;

(4) $y = \ln(\sqrt{x^2+1} - x)$.

解　(1)要使函数有意义，必须

$$x^2 - 5x + 6 \neq 0, 即\ x \neq 2\ 且\ x \neq 3$$

故所求的定义域为　$D = (-\infty, 2) \cup (2, 3) \cup (3, +\infty)$.

(2)要使函数有意义，必须

$$\begin{cases} x+1 \neq 0 \\ 5-x \geqslant 0 \end{cases} \Rightarrow \begin{cases} x \neq -1 \\ x \leqslant 5 \end{cases}$$

故所求的定义域为　$D = (-\infty, -1) \cup (-1, 5]$.

(3)要使函数有意义，必须

$$\begin{cases} |x-2| \leqslant 1 \\ x \neq 0 \end{cases} \Rightarrow \begin{cases} -1 \leqslant x-2 \leqslant 1 \\ x \neq 0 \end{cases} \Rightarrow \begin{cases} 1 \leqslant x \leqslant 3 \\ x \neq 0 \end{cases}$$

故所求的定义域为　$D = [1, 0) \cup (0, 3]$.

(4)要使函数有意义，必须 $\sqrt{x^2+1} - x > 0$，而对所有 $x \in (-\infty, +\infty)$ 都有

$$\sqrt{x^2+1} > \sqrt{x^2} \Rightarrow \sqrt{x^2+1} - x > 0$$

故所求的定义域为　$D = (-\infty, +\infty)$.

对于函数值的求解，关键在于对函数与自变量关系的理解.

【任务 1-3】　求函数值：

(1)已知 $f(x) = 2x^3 - 4x + 1$，求 $f(-2)$，$f(-x)$，$f(x^2)$和$[f(x)]^2$;

(2)设 $f(x-2) = x^2 - 3x + 3$，求 $f(0)$ 和 $f(x)$.

解　(1) $f(-2) = (2x^3 - 4x + 1)\big|_{x=-2} = 2(-2)^3 - 4(-2) + 1 = -7$

$$f(-x) = 2(-x)^3 - 4(-x) + 1 = -2x^3 + 4x + 1$$

$$f(x^2) = 2(x^2)^3 - 4x^2 + 1 = 2x^6 - 4x^2 + 1$$

$$[f(x)]^2 = (2x^3 - 4x + 1)^2$$

(2) $f(0) = f(2-2) = 2^2 - 3 \times 2 + 3 = 1$

$$f(x) = f[(x+2)-2] = (x+2)^2 - 3(x+2) + 3$$
$$= x^2 + x + 1$$

或解　令 $x - 2 = t$，则 $x = t + 2$

$$f(t) = f(x-2) = (t+2)^2 - 3(t+2) + 3 = t^2 + t + 1$$

$$\therefore f(0) = 0^2 + 0 + 1 = 1$$
$$f(x) = x^2 + x + 1$$

1.1.4　函数的表示法

函数的表示法主要有三种：表格法、图像法和解析法(公式法).

1. 表格法

把自变量的值与对应的函数值列成表格来表示函数的方法，示例（某保险公司从业员上半年业绩表）见表 1-2. 从表格中可以直接查出某些函数值，避免烦琐的运算.

表　1-2

月份 x	1	2	3	4	5	6
金额 y/元	1052	1533	864	678	644	1349

2. 图像法

以图像表示函数的方法，如图 1-2 所示. 图像法是对函数的直观描述，从图像上可以直接看到变量之间的依赖关系和变化趋势.

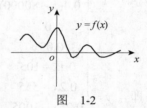

3. 解析法（公式法）

用数学表达式表示函数的方法，如 $y = x^2 - 1$，$y = \sqrt{\cos^2 x}$

图　1-2

等. 解析法是对函数的精确描述，它的形式比较简洁，便于对函数进行分析和研究，是我们学习本课程时主要采用的方法.

在某些研究过程中，一个函数不能只用一个式子表示，而是在其定义域的不同范围内用不同式子来表示，这样的函数称为分段函数.

1.1.5　分段函数

在定义域的不同范围内，具有不同解析表达式的函数称为分段函数.

【案例 1-2】依照中华人民共和国主席令第四十八号的第三条及附表（见表 1-3 个人所得税税率表(工资、薪金所得适用)），把全月收入额减去 3500 元后的余额称为全月应纳税所得额. 任务：(1)求月个人所得税与全月应纳税所得额的函数关系；(2)给出 x 的取值范围 D；(3)月收入为 6500.63 元时的个税是多少？

表　1-3

级数	全月应纳税所得额	税率/%
1	不超过 1500 元的	3
2	超过 1500 元至 4500 元的部分	10

续表

级数	全月应纳税所得额	税率/%
3	超过 4500 元至 9000 元的部分	20
4	超过 9000 元至 35000 元的部分	25
5	超过 35000 元至 55000 元的部分	30
6	超过 55000 元至 80000 元的部分	35
7	超过 80000 元的部分	45

解：(1)设全月应纳税所得额为 x，月个人所得税为 y，则由表 1-3，得

$$y = \begin{cases} 0, & -3500 \leqslant x \leqslant 0 \\ 0.03x, & 0 < x \leqslant 1500 \\ 0.1(x-1500)+y|_{x=1500}, & 1500 < x \leqslant 4500 \\ 0.2(x-4500)+y|_{x=4500}, & 4500 < x \leqslant 9000 \\ 0.25(x-9000)+y|_{x=9000}, & 9000 < x \leqslant 35000 \\ 0.3(x-35000)+y|_{x=35000}, & 35000 < x \leqslant 55000 \\ 0.35(x-55000)+y|_{x=55000}, & 55000 < x \leqslant 80000 \\ 0.4(x-80000)+y|_{x=80000}, & x > 80000 \end{cases}$$

即 $y = \begin{cases} 0, & -3500 \leqslant x \leqslant 0 \\ 0.03x, & 0 < x \leqslant 1500 \\ 0.1x-105, & 1500 < x \leqslant 4500 \\ 0.2x-555, & 4500 < x \leqslant 9000 \\ 0.25x-1005, & 9000 < x \leqslant 35000 \\ 0.3x-2755, & 35000 < x \leqslant 55000 \\ 0.35x-5505, & 55000 < x \leqslant 80000 \\ 0.4x-13505, & x > 80000 \end{cases}$ 为所求的函数.

(2) $D = [-3500, +\infty)$；

(3)月收入为 6500.63 元时，全月应纳税所得额为 $x=6500.63-3500=3000.63$（元），对应的个税为

$$y|_{x=3000.63} = 0.1 \times 3000.63 - 105 = 195.07 \text{（元）}$$

注：分段函数的定义域是自变量的各段取值范围的并集.

【任务 1-4】 设函数 $f(x) = \begin{cases} 1-x^2, & -5 < x < 0 \\ 2, & 0 \leqslant x \leqslant 2 \\ 3x+1, & 2 < x \leqslant 4 \end{cases}$，求函数的定义域 D 及 $f(-1), f(0),$

$f(2.5)$.

解：$D = (-5, 0) \cup [0, 2] \cup (2, 4] = (-5, 4]$，

$$f(-1) = (1-x^2)|_{x=-1} = 1-(-1)^2 = 0$$

$$f(0) = 2$$

$$f(2.5) = (3x+1)|_{x=2.5} = 3 \times 2.5 + 1 = 8.5$$

1.1.6　函数的基本特征

1. 有界性

定义 1.2　设函数 $f(x)$ 在区间 (a,b) 内有定义，若存在正数 M，对于区间 (a,b) 内的任意 x，恒有

$$\left|f(x)\right| \leqslant M$$

则称函数 $f(x)$ 在区间 (a,b) 内有界；否则，称函数 $f(x)$ 在区间 (a,b) 内无界.

函数 $f(x)$ 在区间 (a,b) 内有界的几何意义是：在 (a,b) 内的曲线 $y = f(x)$ 完全落在两条平行于 x 轴的直线 $y = M$ 与 $y = -M$ 之间，如图 1-3 所示.

例如在 $(-\infty,+\infty)$ 内，因为 $\left|\sin x\right| \leqslant 1$，$\left|\cos x\right| \leqslant 1$. 所以 $y = \sin x$ 和 $y = \cos x$ 在 $(-\infty,+\infty)$ 内有界. 而 $y = \tan x$ 和 $y = \cot x$ 在 $(-\infty,+\infty)$ 内无界.

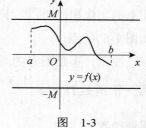

图　1-3

注意：函数的有界性是基于区间的，如函数 $y = \dfrac{1}{x}$ 在区间 $(1,2)$ 内有界，而在区间 $(0,2)$ 内无界.

2. 单调性

定义 1.3　设函数 $f(x)$ 在区间 (a,b) 内有定义，若对于区间 (a,b) 内任意两点 x_1 和 x_2，当 $x_1 < x_2$ 时，总有

(1) $f(x_1) < f(x_2)$，则称函数 $f(x)$ 在 (a,b) 内单调增加；

(2) $f(x_1) > f(x_2)$，则称函数 $f(x)$ 在 (a,b) 内单调减少.

单调增加的函数简称增函数，单调减少的函数简称减函数，增函数和减函数统称为单调函数.

增函数的函数值 y 随着自变量 x 的增加而增加，其图像从左往右是上升的，如图 1-4 所示；减函数的函数值 y 随着自变量 x 的增加而减小，其图像从左往右是下降的，如图 1-5 所示.

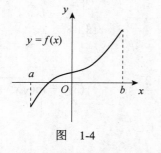

图　1-4

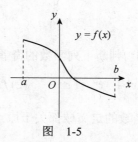

图　1-5

函数的单调性和函数的有界性一样，也是基于区间的，例如 $y = x^2$ 在 $(-\infty,0)$ 内单调减少，而在 $[0,+\infty)$ 内单调增加，但在 $(-\infty,+\infty)$ 内不是单调函数.

3. 周期性

　　定义 1.4　设函数 $f(x)$ 的定义域为 D，若存在非零常数 T，使得对于 D 中任意的 x，恒有 $x+T \in D$，且

$$f(x+T) = f(x)$$

则称函数 $f(x)$ 是以 T 为周期的周期函数. 满足上述等式的最小正数 T 称为函数的最小正周期，简称周期.

　　例如，$y = \sin x$ 和 $y = \cos x$ 是以 2π 为周期的周期函数，$y = \tan x$ 和 $y = \cot x$ 是以 π 为周期的周期函数.

　　周期函数在每一个周期上的图像和性质都是一样的，所以我们只要知道它在一个周期上的图像和性质，就可以知道函数整体的图像和性质，如图 1-6 所示.

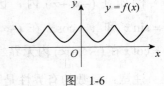

图　1-6

　　注意，不是所有的周期函数都有最小正周期，如狄利克雷函数 $D(x) = \begin{cases} 1, & x \in Q \\ 0, & x \notin Q \end{cases}$ 是一个没有最小正周期的周期函数.

4. 奇偶性

　　定义 1.5　设函数 $f(x)$ 的定义域 D 关于原点对称，若对于 D 中任意的 x，有

　　(1) $f(-x) = f(x)$，则称函数 $f(x)$ 为偶函数；

　　(2) $f(-x) = -f(x)$，则称函数 $f(x)$ 为奇函数.

　　如果函数 $f(x)$ 既非奇函数，也非偶函数，则称函数 $f(x)$ 为非奇非偶函数.

　　奇函数的图像关于原点对称，如图 1-7 所示；偶函数的图像关于 y 轴对称，如图 1-8 所示. 在研究这类函数时，只要知其一半，就能知其全部.

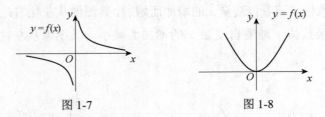

图 1-7　　　　　　　　　　　　图 1-8

　　【任务 1-5】　判断下列函数的奇偶性：

　　(1) $f(x) = 5x^4 + 3x^2 - 1$；　　　　　(2) $f(x) = \dfrac{2^x + 2^{-x}}{x}$；　　　　　(3) $y = \ln(\sqrt{x^2+1}+x)$

　　解：三个函数的定义域都关于原点对称.

　　(1) 因为

$$f(-x) = 5(-x)^4 + 3(-x)^2 - 1 = 5x^4 + 3x^2 - 1 = f(x)$$

所以　$f(x) = 5x^4 + 3x^2 - 1$ 是偶函数；

(2) 因为

$$f(-x) = \frac{2^{-x} + 2^{-(-x)}}{-x} = -\frac{2^{-x} + 2^{x}}{x} = -f(x)$$

所以 $f(x) = \dfrac{2^{x} + 2^{-x}}{x}$ 是奇函数;

(3) 因为

$$f(-x) = \ln(\sqrt{x^2 + 1} - x) = \ln\frac{1}{\sqrt{x^2 + 1} + x} = -\ln(\sqrt{x^2 + 1} + x) = -f(x)$$

所以 $y = \ln(\sqrt{x^2 + 1} - x)$ 是奇函数.

1.1.7 反函数

两个变量的函数关系往往是相对的,研究时可以根据问题的需要来选择自变量和因变量.例如本章【案例 1-1】中可以选取浓度 y 是时间 t 的函数,也可以选取时间 t 是浓度 y 的函数. 我们称此对函数互为反函数.

定义 1.6 设函数 $y = f(x)$ 的定义域为 D,值域为 W. 如果对于 W 中每一个 y,都有唯一的 x 满足 $y = f(x)$,则变量 x 是定义在 W 上以 y 为自变量的函数,称此函数为 $y = f(x)$ 的反函数,记为 $x = f^{-1}(y)$,并称 $y = f(x)$ 称为直接函数.

一般地,我们习惯以 x 为自变量,y 为因变量,因此通常把 $x = f^{-1}(y)$ 写成 $y = f^{-1}(x)$. 从而得到互为反函数的两个函数的图像关于直线 $y = x$ 对称.

由反函数的定义,直接函数的定义域是其反函数的值域;直接函数的值域是其反函数的定义域. 且得到求反函数的过程可分为以下两步:

(1) 把 $y = f(x)$ 看作以 x 为未知量的方程,解得 $x = f^{-1}(y)$;

(2) 交换字母 x 和 y,得 $y = f^{-1}(x)$.

【任务 1-6】 求 $y = 1 - 3x$ 的反函数.

解 由 $y = 1 - 3x$,解出 x,得

$$x = \frac{1 - y}{3}$$

即 $y = \dfrac{1 - x}{3}$ 为所求的反函数.

实训 1.1

1. 判定下列函数对是否相同.

(1) $y = x$ 与 $y = \dfrac{x^2}{x}$;

(2) $y = x$ 与 $y = \sqrt[3]{x^3}$;

(3) $f(x)=x^2-3x+1$ 与 $g(t)=t^2-3t+1$ ；　　　　(4) $f(x)=\sqrt{(x-1)^2}$ 与 $f(x)=x-1$.

2. 已知 $f(x)=\dfrac{x}{2x+1}$ ，求 $f\left(-\dfrac{1}{3}\right),f(0),f(a-b),f(-x),f(2x+1),[f(x)+1]^2$.

3. 求下列函数的定义域.

(1) $y=\lg(5x+2)$ ；　　　　(2) $y=\dfrac{x+1}{x^2-1}$ ；　　　　(3) $y=\dfrac{1}{x^2-x-6}$ ；

(4) $y=\dfrac{2}{x}-\sqrt{9-x^2}$ ；　　　　(5) $y=\ln(1-x^2)+\dfrac{e^x}{x}$ ；　　　　(6) $y=\arccos\dfrac{x}{5}$.

4. 设 $f(x)=\begin{cases}2^x & -1<x\leqslant 0 \\ \sqrt{1+x^2} & 0<x\leqslant 2\end{cases}$ ，求定义域 D , $f\left(-\dfrac{1}{2}\right),f(0),f\left(\dfrac{1}{2}\right),f(1)$.

5. 判断下列函数的奇偶性.

(1) $f(x)=2x^3-x$ ；　　(2) $f(x)=a^x+a^{-x}(a>0$ 且 $a\neq 1)$ ；　　(3) $f(x)=x(x-1)$ ；

(4) $f(x)=\dfrac{1}{x^2}$ ；　　(5) $f(x)=x\sqrt{1+x^2}$ ；　　(6) $f(x)=x^2+2|x|-3$.

6. 求下列函数的反函数.

(1) $y=x^3-2$ ；　　　　(2) $y=\dfrac{1+x}{1-x}$.

1.2　基本初等函数

【案例 1-1】中，我们是如何确定把浓度 y 与时间 t 关系拟合为对数类函数的呢？为了搞清楚这个问题，我们要学习基本初等函数.

基本初等函数包括常数函数、幂函数、指数函数、对数函数、三角函数和反三角函数，它们是构建函数的基础. 我们要用微积分(后续章节中介绍)研究实际问题，首先要构建函数模型，这要求我们掌握好基本初等函数的定义域、图像和性质.

1. 常数函数　$y=C$（C 为常数）

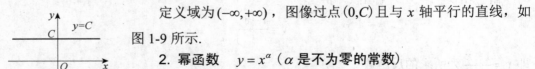

图　1-9

定义域为 $(-\infty,+\infty)$ ，图像过点 $(0,C)$ 且与 x 轴平行的直线，如图 1-9 所示.

2. 幂函数　$y=x^\alpha$（α 是不为零的常数）

幂函数的定义域和特性由指数 α 的取值而确定，但对任意实数 α ， $y=x^\alpha$ 在 $(0,+\infty)$ 内都有定义，图像都过点 $(1,1)$. 例如：

(1) $y=x^2$ 的定义域为 $(-\infty,+\infty)$ ，是偶函数，在 $(-\infty,0)$ 内单调减少，在 $[0,+\infty)$ 内单调增加，但在整个定义域内不是单调函数. 图像是一条以点 $(0,0)$ 为顶点的抛物线，关于 y 轴对称，如图 1-10 所示.

(2) $y=x^3$ 的定义域为 $(-\infty,+\infty)$ ，是奇函数，在 $(-\infty,+\infty)$ 内单调增加. 图像过点 $(0,0)$ ，关于原点对称，如图 1-11 所示.

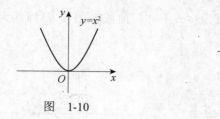

图　1-10　　　　　　　　图　1-11

(3) $y=\sqrt{x}=x^{\frac{1}{2}}$ 的定义域为 $[0,+\infty)$，在定义域内单调增加. 图像过点 $(0,0)$，如图 1-12 所示.

(4) $y=\dfrac{1}{x}=x^{-1}$ 的定义域为 $(-\infty,0)\bigcup(0,+\infty)$，是奇函数，在区间 $(-\infty,0)$ 和 $(0,+\infty)$ 内单调减少. 图像是不过原点的双曲线，如图 1-13 所示.

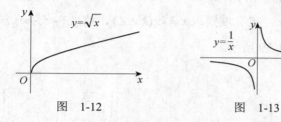

图　1-12　　　　　　　　图　1-13

3. 指数函数　$y=a^x(a>0 且 a\neq1)$

定义域为 $(-\infty,+\infty)$，值域为 $(0,+\infty)$. 图像过点 $(0,1)$ 且位于 x 轴的上方. 当 $a>1$ 时，$y=a^x$ 单调增加；当 $0<a<1$ 时，$y=a^x$ 单调减少，如图 1-14 所示.

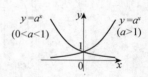

图　1-14

注：指数函数与幂函数的区别，幂函数 $y=x^\alpha$ 是自变量 x 在底的位置，常数 α 是指数；而指数函数 $y=a^x$ 则是常数 a 在底的位置，自变量 x 是指数.

4. 对数函数　$y=\log_a x(a>0 且 a\neq1)$

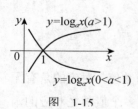

图　1-15

定义域为 $(0,+\infty)$，值域为 $(-\infty,+\infty)$. 图像过点 $(1,0)$ 且位于 y 轴的右侧，如图 1-15 所示. 当 $a>1$ 时，$y=\log_a x$ 函数单调增加；当 $0<a<1$ 时，$y=\log_a x$ 函数单调减少. 其中以无理数 $e=2.71828\cdots$ 为底的对数函数 $y=\log_e x$ 称为自然对数函数，简记为 $y=\ln x$. 而以 10 为底的对数函数 $y=\log_{10} x$ 称为常用对数函数，简记为 $y=\lg x$.

对数函数 $y=\log_a x$ 和指数函数 $y=a^x$ 互为反函数，它们的图像关于直线 $y=x$ 对称.

5. 三角函数

三角函数包括以下六个函数：

正弦函数　$y=\sin x$，定义域为 $(-\infty,+\infty)$，值域 $[-1,1]$，是周期为 2π、有界的奇函数，图像如图 1-16 所示.

余弦函数　　$y = \cos x$，定义域为$(-\infty, +\infty)$，值域$[-1,1]$，是周期为2π、有界的偶函数，图像如图 1-17 所示.

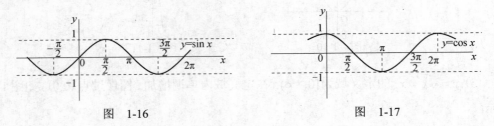

图　1-16　　　　　　　　　　　　　　　图　1-17

正切函数　　$y = \tan x$，定义域要求$x \neq k\pi + \dfrac{\pi}{2} (k \in \mathbf{Z})$，值域$(-\infty, +\infty)$，是周期为$\pi$，无界的奇函数，图像如图 1-18 所示.

余切函数　　$y = \cot x$，定义域要求$x \neq k\pi (k \in \mathbf{Z})$，值域$(-\infty, +\infty)$，是周期为$\pi$，无界的奇函数，图像如图 1-19 所示.

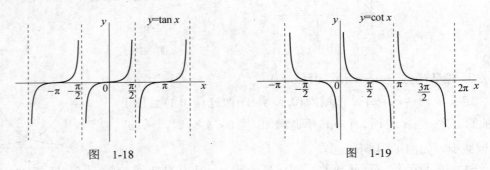

图　1-18　　　　　　　　　　　　　　　图　1-19

正割函数　　$y = \sec x$.

余割函数　　$y = \csc x$.

对于函数$y = \sec x$ 和 $y = \csc x$，在此不详细描述，我们只须知道$\sec x = \dfrac{1}{\cos x}$，$\csc x = \dfrac{1}{\sin x}$.

6. 反三角函数

三角函数在其定义域内都是周期函数，即任意取定一个三角函数值，对应的角有无穷多个，我们把这种自变量取定一个值，通过某一法则，因变量有多个值与之对应的函数称为多值函数，而定义 1.1 所定义的函数叫单值函数. 没有特别说明，本书讨论的函数都是单值函数. 为此，我们把三角函数某个单调区间上定义的反函数，称为反三角函数的主值，也称反三角函数. 本书讨论的反三角函数是以下四个.

反正弦函数　　$y = \arcsin x$，是正弦函数 $y = \sin x$ 在单调区间$[-\dfrac{\pi}{2}, \dfrac{\pi}{2}]$上的反函数. 其

定义域为 $[-1,1]$，值域为 $[-\dfrac{\pi}{2},\dfrac{\pi}{2}]$，是单调增加的有界奇函数，图像如图 1-20 所示.

　　反余弦函数　$y=\arccos x$，是余弦函数 $y=\cos x$ 在单调区间 $[0,\pi]$ 上的反函数. 其定义域为 $[-1,1]$，值域为 $[0,\pi]$，是单调减少的有界函数，图像如图 1-21 所示.

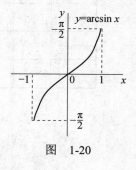　　　　　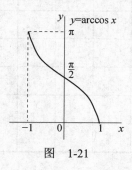

图　1-20　　　　　　　　　　　　　　图　1-21

　　反正切函数　$y=\arctan x$，是正切函数 $y=\tan x$ 在单调区间 $(-\dfrac{\pi}{2},\dfrac{\pi}{2})$ 上的反函数. 其定义域为 $(-\infty,+\infty)$，值域为 $(-\dfrac{\pi}{2},\dfrac{\pi}{2})$，是单调增加的有界奇函数，图像如图 1-22 所示.

　　反余切函数　$y=\operatorname{arccot} x$，是余切函数 $y=\cot x$ 在单调区间 $(0,\pi)$ 上的反函数. 其定义域为 $(-\infty,+\infty)$，值域为 $(0,\pi)$，是单调减少的有界函数，图像如图 1-23 所示.

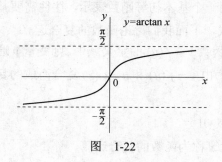　　　　　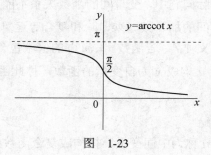

图　1-22　　　　　　　　　　　　　　图　1-23

实训 1.2

1. 把下列函数化为基本初等函数的形式.

(1) $y=\dfrac{1}{\sqrt{x}}$；　　　　(2) $y=\dfrac{x^2}{x^{\frac{1}{2}}}$；　　　　(3) $y=(\sqrt[4]{x})^5$；

(4) $y=\sqrt[4]{x^5}$；　　　　(5) $y=x^2 \cdot x^3$；　　　　(6) $y=2^x \cdot 3^x$.

2. 填上正确的值，完善表格.

(1)

x	0	$\dfrac{\pi}{6}$	$\dfrac{\pi}{4}$	$\dfrac{\pi}{3}$	$\dfrac{\pi}{2}$
$\sin x$					
$\cos x$					
$\tan x$					
$\cot x$					
$\sec x$					
$\csc x$					

(2)

x	-1	0	1
$\arcsin x$			
$\arccos x$			
$\arctan x$			
$\text{arccot } x$			

3. 求 $y = \log_2(3x-1), x \in \left(\dfrac{1}{3}, +\infty\right)$ 的反函数.

1.3　初等函数

1.3.1　复合函数

实际问题中，变量间的函数关系不能只用一个基本初等函数表示，往往需要基本初等函数间的加、减、乘、除和复合等运算构成，下面我们讨论函数的复合运算.

定义 1.7　若函数 $u = \varphi(x)$ 的值域包含在函数 $y = f(u)$ 的定义域中，则变量 y 通过中间变量 u 构成 x 为自变量的函数，称此函数为由 $y = f(u)$ 和 $u = \varphi(x)$ 复合而成的复合函数，记

$$y = f[\varphi(x)]$$

其中，u 称为中间变量，把构成复合函数的运算称为函数的复合运算.

对复合函数，应注意：

(1) 不是任何两个函数都可以构成复合函数. 例如 $y = \ln u$ 和 $u = -x^2$，由于 $u = -x^2$ 的值域是 $(-\infty, 0]$，而 $y = \ln u$ 在 $(-\infty, 0]$ 内没有意义，所以它们不能构成复合函数.

(2) 按照定义，把一个比较复杂的复合函数看作是由若干个简单函数复合而成，这个过程称为复合的分解. 一般来说，基本初等函数和基本初等函数经过有限次四则运算构成的函数称作简单函数. 因此，分解复合函数，就是要引入一个或多个中间变量，把复合函数分解为基本初等函数或基本初等函数的和、差、积、商.

【任务 1-7】　已知 $y = \sqrt{u}, u = 3x^2 + 1$，将 y 表示成 x 的复合函数.

解：将 $u = 3x^2 + 1$ 代入 $y = \sqrt{u}$，得 $y = \sqrt{3x^2 + 1}$.

【任务 1-8】　已知 $y = e^u, u = \sin v, v = x^2 + 1$，将 y 表示成 x 的复合函数.

解：将 $v = x^2 + 1$ 代入 $u = \sin v$，得 $u = \sin(x^2 + 1)$，

再将 $u = \sin(x^2 + 1)$ 代入 $y = \mathrm{e}^u$，得 $y = \mathrm{e}^{\sin(x^2+1)}$.

【任务 1-9】 分解下列复合函数.

(1) $y = \sqrt{x^2 - x + 5}$；　　　　　　(2) $y = \log_5(2x^2 + 3)$；

(3) $y = \sin^2 \dfrac{x}{3}$；　　　　　　　(4) $y = \mathrm{e}^{\arctan \frac{1}{x}}$.

解：(1) 原函数分解为 $y = \sqrt{u}$，$u = x^2 - x + 5$；

(2) 原函数分解为 $y = \log_5 u$，$u = 2x^2 + 3$；

(3) 原函数分解为 $y = u^2$，$u = \sin v$，$v = \dfrac{x}{3}$；

(4) 原函数分解为 $y = \mathrm{e}^u$，$u = \arctan v$，$v = \dfrac{1}{x}$.

1.3.2　初等函数

定义 1.8　基本初等函数经过有限次四则运算和复合运算，并能用一个式子表示的函数称为初等函数.

例如 $y = \ln \dfrac{1 - x^2}{1 + x^2}, y = 2\sin x + \sqrt[3]{x + 1}$ 都是初等函数；

但 $y = 1 + x + x^2 + x^3 + \cdots$，$D(x) = \begin{cases} 1, & x \in Q \\ 0, & x \notin Q \end{cases}$ 都不是初等函数.

实训 1.3

1. 已知 $y = \cos u, u = 3x - 1$，将 y 表示成 x 的复合函数.

2. 已知 $y = \log_2 u, u = 1 + \sin v, v = x^2$，将 y 表示成 x 的复合函数.

3. 分解下列复合函数.

(1) $y = \sin \dfrac{x}{2}$；　　　　　　　(2) $y = (3x^2 + 1)^5$；

(3) $y = \ln \cos x$；　　　　　　　(4) $y = \sqrt{\tan 4x}$

1.4　常用经济函数

用数学方法解决经济问题时，首先要建立数学模型，将经济问题转化为数学问题，这实际上就是找出经济问题中各种变量之间的函数关系，下面介绍几种常用的经济函数.

1.4.1 成本函数

1. 总成本函数

总成本是指生产者生产产品所需要的费用总和，包括两部分——固定成本与可变成本. 固定成本是在一定范围内不随产量变化而变化的费用，如厂房费用、一般管理费用等. 可变成本是随着产量变化而变化的费用，如原材料费用、燃料费用等.

总成本与产量有着密切的关系，设产量为 q，总成本为 C，则 C 与 q 之间的函数关系称为总成本函数，记 $C(q)$，即

$$C(q) = C_0 + C_1(q)$$

其中，$C_0 \geqslant 0$ 是固定成本，$C_1(q)$ 是可变成本，总成本函数是产量的单调增函数.

2. 平均成本函数

总成本不能得出生产水平的高低，需要进一步研究单位产品的成本，即平均成本，记 $\mathrm{AC}(q)$，即

$$\mathrm{AC}(q) = \frac{C(q)}{q} = \frac{C_0}{q} + \frac{C_1(q)}{q}$$

其中，$\dfrac{C_1(q)}{q}$ 称为平均可变成本.

【任务 1-10】 某厂生产某产品的固定成本为 1000 元，每多生产一件产品成本须增加 3 元.（1）求生产该产品的总成本函数；（2）求生产 200 件该产品时的总成本和平均成本.

解：（1）由题意，生产 q 件该产品的总成本函数为

$$C(q) = 1000 + 3q ;$$

（2）产量为 200 件时的总成本为

$$C(200) = (1000 + 3q)\big|_{q=200} = 1000 + 3 \times 200 = 1600 \,(元)$$

平均成本为

$$\mathrm{AC}(200) = \frac{C(200)}{200} = \frac{1600}{200} = 8 \,(元/件)$$

1.4.2 收入函数

生产者出售一定数量产品后得到的全部收入称为总收入，用 R 来表示，总收入取决于该产品的销售量和价格，若用 p 表示价格，q 表示销售量，则 R 与 q 之间的函数关系称为收入函数，记作

$$R(q) = p \cdot q$$

除了总收入，还有平均收入，它是销售单位产品的收入，即产品的单价.

1.4.3　利润函数

当产量与销售量一致的情况时，我们定义总利润函数为总收入函数与总成本函数之差，简称利润函数，记作

$$L(q) = R(q) - C(q)$$

可见，若产量为 q，当 $R(q) > C(q)$ 时盈利；当 $R(q) < C(q)$ 时亏本.

【任务 1-11】　某厂生产衬衫的总成本函数为

$$C(q) = 30q + 1200$$

其中，q 表示产量或销售量（单位：件）. 求每件衬衫卖 50 元时的利润函数和卖出 100 件时的利润.

解　由题意，总收入函数为

$$R(q) = 50q$$

于是，利润函数为

$$L(q) = R(q) - C(q) = 50q - (30q + 1200) = 20q - 1200 \text{（元）}$$

所以，卖出 100 件时的利润为

$$L(100) = (20q - 1200)\big|_{q=100} = 800 \text{（元）}$$

1.4.4　需求函数和供给函数

1. 需求函数

需求是指消费者在一定价格条件下对商品的需要. 市场上，某种商品的需求往往受到很多因素的影响，如商品的价格、消费者的收入、相关商品的价格、季节等. 为简化问题的研究，我们只考虑价格影响. 这时，商品的需求量 Q 可以看成是价格 p 的函数，称为需求函数，记作

$$Q = Q(p)$$

这是定义域为 $[0, +\infty)$ 的函数.

通常需求函数是价格的单调减函数，商品的需求量随价格的下降而增加，随价格的上涨而减少.

需求函数 $Q = Q(p)$ 的反函数，称为价格函数，记作

$$p = p(q)$$

【任务 1-12】　销售某种商品，当单价为 20 元时，每月可售出 1000 件；单价为 30 元时，每月可售出 800 件. 求这种商品的线性需求函数.

解　设所求的线性需求函数为 $Q = ap + b$，根据题意可得

$$\begin{cases} 20a + b = 1000 \\ 30a + b = 800 \end{cases}$$

解方程组得　　$a = -20, b = 1400$.

故所求的线性需求函数为 $Q = 1400 - 20p$.

2. 供给函数

供给是指在某一时期内，生产者在一定的价格条件下，愿意并可能出售的产品. 市场上，一种产品的供给会受到多种因素的影响，如该产品的价格、生产的成本、生产者对未来的预期等. 为简化问题的研究，我们只考虑价格影响. 这时，产品的供给量 S 可以看成是该产品价格 p 的函数，称为供给函数，记作

$$S = S(p)$$

这是定义域为 $[0, +\infty)$ 的函数.

通常供给函数是价格的单调增函数，产品的供给量随价格的上涨而增加，随价格的下降而减少.

3. 市场均衡

均衡是指经济现象中变动着的各种力量处于一种暂时的稳定状态，市场均衡是讨论价格与供求变化的关系. 使得某种商品的需求量与供给量相等的价格，称为均衡价格.

当市场价格低于均衡价格时，供给量大于需求量，此时出现"供过于求"的现象；当市场价格高于均衡价格时，需求量大于供给量，此时出现"供不应求"的现象.

实训 1.4

1. 已知某产品的成本函数为

$$C = 3q^2 - \frac{q}{4} + 1800$$

（1）固定成本和可变成本各为多少？（2）求平均成本.

2. 已知成本函数为 $C(q) = q^2 - 10q + 30$，收入函数为 $R(q) = 2q^2$，求利润函数及当 $q = 50$ 时的利润.

3. 某风扇厂生产 100 台风扇，成本为 1500 元，生产 120 台风扇，成本为 1760 元. 求厂家生产风扇的线性成本函数.

4. 生产某产品的总成本函数为 $C(q) = 50q + 120$，其需求函数为 $q = 180 - 2p$，求收入函数和利润函数.

5. 设某品牌的手表在第一季度的需求函数和供给函数分别为 $Q = 9000 - 100p$，$S = 200 + 10p$，其中 Q 和 S 的单位为只，p 的单位为元/只. 求这一时期的市场均衡价格.

总实训 1

1. 已知 $f(x) = \dfrac{1}{2x+1}, g(x) = 3x^2$, 求 $f[f(x)], f[g(x)], g[f(x)]$.

2. 求下列函数的定义域.

(1) $y = \sqrt{x^2 - 7x + 12}$；

(2) $y = \ln \ln x$；

(3) $y = \dfrac{x-3}{x^2 - x - 6} + \lg(x-1)$；

(4) $y = \dfrac{\sqrt{1-x^2}}{x}$；

(5) $y = \dfrac{\sqrt{\log_{0.2}(x+3)}}{x+1}$；

(6) $y = \dfrac{5}{|x|-1} - \arcsin\dfrac{x+2}{3}$

3. 用分段函数表示函数 $y = 5 - 2|x+3|$，并画出图形.

4. 证明 $y = \dfrac{1}{x}$ 在 $(0, +\infty)$ 上是单调减函数.

5. 判断下列函数的奇偶性.

(1) $f(x) = x(x+1)(x-1)$；

(2) $f(x) = |x| + \cos x$；

(3) $f(x) = x\sin x$；

(4) $f(x) = \ln\dfrac{1-x}{1+x}$；

(5) $f(x) = \dfrac{2x+1}{x}$；

(6) $f(x) = \lg(x + \sqrt{1+x^2})$.

6. 已知 $y = \ln u, u = 4 - x^2$，将 y 表示成 x 的复合函数，并确定复合函数的定义域.

7. 已知 $y = 1 + \sqrt{u}, u = \arctan v, v = 3x + 1$，将 y 表示成 x 的复合函数，并确定复合函数的定义域.

8. 指出下列复合函数是由哪些简单函数复合而成的.

(1) $y = (\log_3 x + 2)^5$；

(2) $y = 3^{\ln(x-1)}$；

(3) $y = \arctan\sqrt{x^2 - 2x + 3}$；

(4) $y = \sin^4(3x+1)$；

(5) $y = e^{\cos\frac{2}{x}}$；

(6) $y = \lg\tan^n(2x+1)$.

9. 某装修项目每平方米报价 35 元，当装修面积超过 10 平方米时，超过的部分每平方米的价格要减少 5%. 试确定该装修项目的报价函数，并求当装修面积为 22 平方米时的价格.

10. 某产品的成本函数为 $C = 210 + 5q$，市场上每件产品定价为 12 元. 问销售量是多少才能使厂家不亏本?

11. 某厂生产某零件的固定成本为 100 元，每多生产一个零件成本增加 2 元. 已知这种零件在市场上的售价为 6 元/个，求其利润函数.

12. 某供电公司对某钢铁公司的每天用电意愿需求情况调查见表 1-4，设供电公司每

kW·h 电的可变成本是 0.15 元，给钢铁公司供电投入的固定成本为 80 万元/天. (1)求供电公司每天对钢铁公司供电的总成本函数；(2)拟合钢铁公司每天的需求函数；(3)根据(2)得到的需求函数求价格函数；(4)求供电公司每天对钢铁公司供电的利润函数.

表　1-4

p/(元/kW·h)	0.346	0.400	0.450	0.500	0.542	0.600	0.650	0.700	0.738
Q/(万/kW·h)	515	435	381	355	355	311	291	275	265

附录　案例 1-1 的任务(1)中构建函数的操作过程

1. 在 Excel 表格的区域 A1:P2 输入表 1-1 的数据；

2. 选中区域 A1:P2，选择菜单命令"插入"→"散点图"；

3. 在散点图中的任一个点处单击鼠标右键，选取快捷菜单的"添加趋势线"；

4. 由散点图的图形特征，在设置趋势线格式窗口，选取"对数"，"显示公式"两项，得求.

第 2 章 极限与连续

【案例 2-1】连续复利问题 把一笔本金 3 万元存入银行，设年利率为 3.6%，且今后 30 年利率不变，每次计算利息后都把利息计入本金，求下列情况下 30 年后的本利之和. (1)每满 1 年计算 1 次利息；(2)每月(满 $\frac{1}{12}$ 年)计算 1 次利息；(3)每满 $\frac{1}{n}$ 年计算 1 次利息；(4)瞬间计算 1 次利息.

解：记年利率为 r，m 年后的本利和为 A_m，则 $A_0 = 3$，$r = 0.036$.

(1) $A_1 = A_0(1+r)$，

$A_2 = A_1(1+r) = A_0(1+r)^2$，

…，

$A_m = A_{m-1}(1+r) = A_0(1+r)^m$，

即 30 年后的本利之和是 $3(1+0.036)^{30} \approx 8.6679$（万元）；

(2)由年利率为 r 知，每年计算 12 次利息，月利率为 $\frac{r}{12}$，则

1 月后的本利和为 $A_0\left(1+\frac{r}{12}\right)$，2 月后的本利和为 $A_0\left(1+\frac{r}{12}\right)^2$，…，所以

$$A_1 = A_0\left(1+\frac{r}{12}\right)^{12}，\quad A_2 = A_0\left(1+\frac{r}{12}\right)^{2\times12}，\quad …，\quad A_m = A_0\left(1+\frac{r}{12}\right)^{m\times12}，$$

所以每月计算利息，则 30 年后的本利之和是 $3(1+0.003)^{360} \approx 8.81977$（万元）；

(3)由(2)知，每满 $\frac{1}{n}$ 年计算 1 次利息，每年计算 n 次利息，每次利率为 $\frac{r}{n}$，则 30 年后的本利之和是

$$A_{30} = A_0\left(1+\frac{r}{n}\right)^{30n} = 3\left(1+\frac{0.036}{n}\right)^{30n}（万元）；$$

(4)瞬间计息，就是(3)中的 $\frac{1}{n}$ 无限小，以至于零，即 $n \to \infty$，这时，

$$A_{30} = \lim_{n\to\infty} A_0\left(1+\frac{r}{n}\right)^{30n} = A_0 \lim_{n\to\infty}\left[\left(1+\frac{r}{n}\right)^{\frac{n}{r}}\right]^{30r} = A_0 \mathrm{e}^{30r}$$

所以每个瞬间计算 1 次利息，则 30 年后的本利之和是 $3\mathrm{e}^{30\times0.036} \approx 8.83404$（万元）.

每个瞬间计算 1 次利息的计算利息方式称为连续复利.

极限与连续是微积分学的基础，离开了极限与连续，微积分就是无根之萍，它们只

是一个个知识的个体. 而且极限与连续也是研究微积分学的工具, 利用极限与连续, 使微积分学从概念到公式、定理得到严格的逻辑证明. 为此, 本章以在自变量作连续变化时, 函数值的变化情况为研究对象, 通过各种类型的极限计算任务, 帮助我们理解极限、连续的概念, 熟悉极限与连续的性质、公式, 掌握各种极限运算方法, 为后面学习微积分学储备知识基础、研究方法和思想.

2.1 极限的概念

极限的概念是由于求解某些实际问题的精确解答而产生. 例如, 我国魏晋时期(公元3 世纪)的数学家刘徽利用圆内接正多边形来推算圆周率的方法——割圆术("割之弥细, 所失弥少, 割之又割, 以至于不可割, 则与圆合体, 而无所失矣"), 就是极限思想在几何上的应用. 下面我们首先从数列的极限开始讨论极限的概念.

2.1.1 数列的极限

为数列极限做准备, 先改造数列的概念. 按照某一法则, 取得一列有序的数 $x_1, x_2, x_3, \cdots, x_n, \cdots$, 叫作数列, 记为 $\{x_n\}$. 其中的每一个数称为数列的项, 第 n 项 x_n 称为数列的通项. 例如

(1) $2, \dfrac{3}{2}, \dfrac{4}{3}, \cdots, 1+\dfrac{1}{n}, \cdots$, 通项为 $x_n = 1 + \dfrac{1}{n}$;

(2) $\dfrac{1}{2}, -\dfrac{1}{4}, \dfrac{1}{8}, \cdots, \dfrac{(-1)^{n-1}}{2^n}, \cdots$, 通项为 $x_n = \dfrac{(-1)^{n-1}}{2^n}$;

(3) $3, 3\dfrac{1}{2}, 3\dfrac{2}{3}, \cdots, 4-\dfrac{1}{n}, \cdots$, 通项为 $x_n = 4 - \dfrac{1}{n}$;

(4) $1, -1, 1, \cdots, (-1)^{n-1}, \cdots$, 通项为 $x_n = (-1)^{n-1}$;

(5) $1, 4, 9, \cdots, n^2, \cdots$, 通项为 $x_n = n^2$.

考察当 n 越来越大时, 以上数列通项的变化. 发现数列 $\left\{1+\dfrac{1}{n}\right\}$, $\left\{\dfrac{(-1)^{n-1}}{2^n}\right\}$, $\left\{4-\dfrac{1}{n}\right\}$ 的通项分别越来越接近数 1, 0, 4; 而数列 $\{(-1)^{n-1}\}$ 的通项永远是奇数项为 1, 偶数项为 -1; 数列 $\{n^2\}$ 的通项则越来越大. 提取它们的共性与差别, 得到数列极限的定义.

定义 2.1 对于数列 $\{x_n\}$ 与一个确定的常数 A, 如果当 n 越来越大时, x_n 无限接近 A, 则称当 $n \to \infty$ 时, 数列 $\{x_n\}$ 的极限为 A, 或称数列 $\{x_n\}$ 收敛于 A, 也称数列 $\{x_n\}$ 的极限存在. 记

$$\lim_{n \to \infty} x_n = A \quad \text{或} \quad x_n \to A \, (n \to \infty)$$

如果对于数列 $\{x_n\}$ 没有这样的一个常数, 则称数列没有极限, 或称极限不存在, 也称数

列 $\{x_n\}$ 发散.

例如：

(1) $\lim\limits_{n\to\infty}\left(1+\dfrac{1}{n}\right)=1$；　　　　(2) $\lim\limits_{n\to\infty}\dfrac{(-1)^{n-1}}{2^n}=0$；　　　　(3) $\lim\limits_{x\to\infty}\left(4-\dfrac{1}{n}\right)=4$；

(4) 数列 $\{(-1)^{n-1}\}$ 发散；　　　　(5) 数列 $\{n^2\}$ 发散.

我们发现，对于数列 $\{n^2\}$，当 n 越来越大时，$|x_n|$ 无限增大. 这种绝对值无限增大的特殊极限不存在称为无穷大，记为 $\lim\limits_{n\to\infty}x_n=\infty$. 如 $\lim\limits_{n\to\infty}n^2=\infty$，$\lim\limits_{n\to\infty}\sqrt{n}=\infty$，$\lim\limits_{n\to\infty}\log_2 n=\infty$ 等.

极限的学习中，有 $\lim\limits_{n\to\infty}C=C$（$C$ 为常数），$\lim\limits_{n\to\infty}q^n=0\,(|q|<1)$，$\lim\limits_{n\to\infty}\left(1+\dfrac{1}{n}\right)^n=\mathrm{e}$ 等常见数列的极限.

定义 2.1 中的"越来越"、"无限接近"等是定性用语，所以也称定义 2.1 为数列极限的定性定义. 为准确起见，定义 2.1 可量化如下.

定义 2.1′ 对于数列 $\{x_n\}$ 与一个确定的常数 A，如果给定任意小的正数 ε，总有正整数 N，使得所有满足 $n>N$ 的项 x_n，不等式 $|x_n-A|<\varepsilon$ 都成立，则称当 $n\to\infty$ 时，数列 $\{x_n\}$ 的极限为 A.

称定义 2.1′ 为数列极限的定量定义. 由于极限的定量定义比较抽象，而且主要用于极限的证明，为减轻学习负担，我们对后述的极限只以定性定义描述.

2.1.2　函数的极限

把数列理解为自变量是正整数 n 的函数 $f(n)=x_n$，则数列的极限定义可以推广到函数极限.

1. 自变量趋于无穷大时函数的极限

定义 2.2 对于函数 $f(x)$ 与一个确定的常数 A，如果当 $|x|$ 无限增大时，函数 $f(x)$ 无限接近 A，则称当 $x\to\infty$ 时，函数 $f(x)$ 的极限为 A，记

$$\lim\limits_{x\to\infty}f(x)=A\qquad\text{或}\qquad f(x)\to A\,(x\to\infty)$$

例如：(1) $\lim\limits_{x\to\infty}\dfrac{1}{x}=0$；　　　　(2) $\lim\limits_{x\to\infty}\left(1+\dfrac{1}{x^2}\right)=1$；　　　　(3) $\lim\limits_{x\to\infty}C=C$（$C$ 为常数）.

注意，$x\to\infty\Longleftrightarrow x\to-\infty$ 且 $x\to+\infty$，从而有以下定义：

定义 2.2.1 对于函数 $f(x)$ 与一个确定的常数 A，如果 $x>0$ 且当 x 无限增大时，函数 $f(x)$ 无限接近 A，则称当 $x\to+\infty$ 时函数 $f(x)$ 的极限为 A，记

$$\lim\limits_{x\to+\infty}f(x)=A\qquad\text{或}\quad f(x)\to A\,(x\to+\infty)$$

定义 2.2.2 对于函数 $f(x)$ 与一个确定的常数 A，如果 $x<0$ 且当 $|x|$ 无限增大时，函数 $f(x)$ 无限接近 A，则称当 $x\to-\infty$ 时函数 $f(x)$ 的极限为 A，记

$$\lim_{x \to -\infty} f(x) = A \quad 或 \quad f(x) \to A \, (x \to -\infty)$$

称 $x \to -\infty$ 和 $x \to +\infty$ 时的函数极限为单边极限，$\lim_{x \to \infty} f(x) = A$ 和两个单边极限间有以下关系.

定理 2.1　$\lim_{x \to \infty} f(x) = A$ 的充分必要条件是 $\lim_{x \to -\infty} f(x) = \lim_{x \to +\infty} f(x) = A$.

【任务 2-1】　考察下列极限：

(1) $\lim_{x \to \infty} \arctan x$；　　　　　　　　　　　　(2) $\lim_{x \to \infty} 2^x$.

解：(1) 因为 $\lim_{x \to -\infty} \arctan x = -\dfrac{\pi}{2}$，$\lim_{x \to +\infty} \arctan x = \dfrac{\pi}{2}$，即 $\lim_{x \to -\infty} \arctan x \ne \lim_{x \to +\infty} \arctan x$，所以 $\lim_{x \to \infty} \arctan x$ 不存在.

(2) 因为 $\lim_{x \to -\infty} 2^x = 0$，只有当 $\lim_{x \to -\infty} f(x) = \lim_{x \to +\infty} |f(x)| = \infty$ 时，$\lim_{x \to \infty} f(x) = \infty$.

2. 自变量趋于有限值时函数的极限

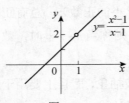

图　2-1

函数 $y = \dfrac{x^2 - 1}{x - 1}$ 在点 $x_0 = 1$ 处无定义，考察 x 无限接近 $x_0 = 1$ 时函数值的变化. 如图 2-1 所示，当 x 无限接近 1 时，函数 $y = \dfrac{x^2 - 1}{x - 1}$ 无限接近 2.

定义 2.3　设函数 $f(x)$ 在点 x_0 的某个去心邻域内有定义，如果当 x 无限接近 x_0 $(x \ne x_0)$ 时，函数 $f(x)$ 无限接近一个常数 A，则称当 $x \to x_0$ 时，$f(x)$ 的极限为 A，记作

$$\lim_{x \to x_0} f(x) = A \quad 或 \quad f(x) \to A \, (x \to x_0)$$

也称当 $x \to x_0$ 时，$f(x)$ 的极限存在；否则，称当 $x \to x_0$ 时，$f(x)$ 的极限不存在.

例如：$\lim_{x \to 1} \dfrac{x^2 - 1}{x - 1} = 2$，而且容易得到　(1) $\lim_{x \to x_0} x = x_0$；　(2) $\lim_{x \to x_0} C = C$ (C 为常数).

定义 2.3 中，$x \to x_0$ 时，x 既从 x_0 的左侧也从 x_0 的右侧趋于 x_0. 如果只考虑 x_0 的一侧，有

定义 2.3.1　设函数 $f(x)$ 在点 x_0 的左侧有定义，如果当 $x < x_0$ 且 x 无限接近 x_0 (记 $x \to x_0^-$) 时，$f(x)$ 无限接近一个常数 A，则称当 $x \to x_0$ 时，$f(x)$ 的左极限为 A，记作

$$\lim_{x \to x_0^-} f(x) = A \quad 或 \quad f(x) \to A \, (x \to x_0^-)$$

定义 2.3.2　设函数 $f(x)$ 在点 x_0 的右侧有定义，如果当 $x > x_0$ 且 x 无限接近 x_0 (记 $x \to x_0^+$) 时，$f(x)$ 无限接近一个常数 A，则称当 $x \to x_0$ 时，$f(x)$ 的右极限为 A，记作

$$\lim_{x \to x_0^+} f(x) = A \quad 或 \quad f(x) \to A \, (x \to x_0^+)$$

称左、右极限为单侧极限.

定理 2.2　$\lim_{x \to x_0} f(x) = A$ 的充分必要条件是 $\lim_{x \to x_0^-} f(x) = \lim_{x \to x_0^+} f(x) = A$.

【任务 2-2】 设 $f(x) = \begin{cases} x+1, & -\infty < x \leqslant 0 \\ 2^x, & 0 < x \leqslant 1 \\ x-1, & 1 < x < +\infty \end{cases}$，讨论 (1) $\lim\limits_{x \to 0} f(x)$；(2) $\lim\limits_{x \to 1} f(x)$.

解 (1) 因为 $\lim\limits_{x \to 0^-} f(x) = \lim\limits_{x \to 0^-}(x+1) = 1$，$\lim\limits_{x \to 0^+} f(x) = \lim\limits_{x \to 0^+} 2^x = 1$，即 $\lim\limits_{x \to 0^-} f(x) = \lim\limits_{x \to 0^+} f(x) = 1$，所以 $\lim\limits_{x \to 0} f(x) = 1$；

(2) 因为 $\lim\limits_{x \to 1^-} f(x) = \lim\limits_{x \to 1^-} 2^x = 2$，$\lim\limits_{x \to 1^+} f(x) = \lim\limits_{x \to 1^+}(x-1) = 0$，即 $\lim\limits_{x \to 1^-} f(x) \neq \lim\limits_{x \to 1^+} f(x)$，所以 $\lim\limits_{x \to 1} f(x)$ 不存在.

2.1.3 极限的性质

1. (唯一性) 若极限 $\lim f(x)$ 存在，则极限值唯一. (这里的极限符号没有标示自变量的趋势，说明此性质对于各种定义的极限都成立，后同)

2. (有界性) 若极限 $\lim\limits_{x \to x_0} f(x)$ 存在，则函数 $f(x)$ 在 x_0 的某个邻域内有界.

3. (保号性) 若 $\lim\limits_{x \to x_0} f(x) = A$ 且 $A > 0$ $(A < 0)$，则在 x_0 的某个去心邻域内，恒有

$$f(x) > 0 \ (f(x) < 0);$$

反之，若 $\lim\limits_{x \to x_0} f(x) = A$，且在 x_0 的某个去心邻域内，恒有 $f(x) \geqslant 0 \ (f(x) \leqslant 0)$，则 $A \geqslant 0 \ (A \leqslant 0)$.

2.1.4 无穷小量与无穷大量

1. 无穷小量

如果在自变量的某个变化过程中，函数 y 的绝对值无限变小，即以零为极限，称变量 y 为无穷小量.

定义 2.4 如果当 $x \to x_0$ (或 $x \to \infty$) 时，$f(x) \to 0$，则称 $f(x)$ 为 $x \to x_0$ (或 $x \to \infty$) 时的无穷小量，简称无穷小，常用希腊字母 α, β, γ 等表示无穷小.

例如当 $x \to 0$ 时，$x^2, x^3, \sin x, \tan x, \arctan x$ 都是无穷小；当 $x \to \infty$ 时，$\dfrac{1}{x+2}$ 是无穷小.

由定义知：

(1) 常数零外的无穷小都是有条件的，如当 $x \to 1$ 时，$(x-1)^2$ 为无穷小量，但当 $x \to 0$ 时，$(x-1)^2$ 不是无穷小；

(2) 零外的常数，在任何条件下都不是无穷小.

定理 2.3 函数 $f(x)$ 以 A 为极限的充分必要条件是：在 x 的某个范围内 $f(x) = A + \alpha$，其中 α 是无穷小. 即 $\lim f(x) = A \Longleftrightarrow f(x) = A + \alpha, \ (\lim \alpha = 0)$.

2. 无穷小量的性质

(1) 有限个无穷小量的代数和仍是无穷小量；

(2) 有限个无穷小量的乘积仍是无穷小量；

(3) 无穷小量与有界变量的乘积仍是无穷小量.

推论　无穷小量与常数的乘积仍是无穷小量.

【任务 2-3】　求下列极限：

(1) $\lim\limits_{x\to\infty}\dfrac{1}{x}\sin x$；　　　　　　　　(2) $\lim\limits_{x\to1}(x-1)\arctan\dfrac{1}{x-1}$.

解：(1) 因为 $\lim\limits_{x\to\infty}\dfrac{1}{x}=0$，$|\sin x|\leqslant1$，所以 $\lim\limits_{x\to\infty}\dfrac{1}{x}\sin x=0$；

(2) 因为 $\lim\limits_{x\to1}(x-1)=0$，$\left|\arctan\dfrac{1}{x-1}\right|<\dfrac{\pi}{2}$，所以 $\lim\limits_{x\to1}(x-1)\arctan\dfrac{1}{x-1}=0$.

注意：

(1) $\lim\limits_{x\to\infty}\sin x$ 和 $\lim\limits_{x\to1}\arctan\dfrac{1}{x-1}$ 都不存在；

(2) $\lim\limits_{x\to\infty}\dfrac{1}{x}\sin x\neq\lim\limits_{x\to\infty}\dfrac{1}{x}\cdot\lim\limits_{x\to\infty}\sin x$，

$\lim\limits_{x\to1}(x-1)\arctan\dfrac{1}{x-1}\neq\lim\limits_{x\to1}x\arctan\dfrac{1}{x-1}-\lim\limits_{x\to1}\arctan\dfrac{1}{x-1}$.

因为"乘积的极限等于极限的乘积"，"和差的极限等于极限的和差"都是有条件的.

3. 无穷大量

定义 2.5　如果当 $x\to x_0$（或 $x\to\infty$）时，函数的绝对值 $|f(x)|$ 无限增大，则称 $f(x)$ 为 $x\to x_0$（或 $x\to\infty$）时的无穷大量，简称无穷大，记为 $\lim\limits_{x\to x_0}f(x)=\infty$ 或 $\lim\limits_{x\to\infty}f(x)=\infty$.

例如当 $x\to0$ 时，$\dfrac{1}{x}$ 是无穷大；当 $x\to\infty$ 时，$-x^3$ 是无穷大.

由定义知：

(1) 无穷大不是一个数，而是一个特殊的极限不存在，所以一个常数不管其有多大，它也不是无穷大；

(2) 无穷大可以分为正无穷大和负无穷大，如 $\lim\limits_{x\to-\infty}\dfrac{1}{e^x}=+\infty$，$\lim\limits_{x\to0^+}\ln x=-\infty$，$\lim\limits_{x\to+\infty}\ln x=+\infty$.

注意，$\lim\limits_{x\to\infty}\dfrac{1}{e^x}\neq\infty$，$\lim\limits_{x\to0}\ln x\neq\infty$.

4. 无穷小量与无穷大量的关系

定理 2.4　在自变量的同一变化过程中，如果 $f(x)$ 为无穷小，则 $\dfrac{1}{f(x)}$ 无穷大；反之，若 $f(x)$ 为无穷大，则 $\dfrac{1}{f(x)}$ 无穷小. 即，在自变量的同一变化过程中，无穷大与无穷小互为倒数.

例如：

(1) $\lim\limits_{x \to 1}(x-1)^2 = 0$，$\lim\limits_{x \to 1}\dfrac{1}{(x-1)^2} = \infty$；

(2) $\lim\limits_{x \to -\infty} e^x = 0$，$\quad \lim\limits_{x \to -\infty}\dfrac{1}{e^x} = +\infty$.

5. 无穷小量的比较

在自变量的同一个变化过程中，不同的无穷小量趋向于零的"快慢"程度不一定相同. 为比较这种趋向于零的"快慢"程度，定义无穷小量的阶.

定义 2.6   设在自变量的同一变化过程中，α，β 都是无穷小量，且 $\beta \neq 0$.

(1) 如果 $\lim\dfrac{\alpha}{\beta} = 0$，则称 α 是比 β 高阶的无穷小，记作 $\alpha = o(\beta)$，表示 α 比 β 趋向零快；

(2) 如果 $\lim\dfrac{\alpha}{\beta} = \infty$，则称 α 是比 β 低阶的无穷小，表示 α 比 β 趋向零慢；

(3) 如果 $\lim\dfrac{\alpha}{\beta} = c \neq 0$，则称 α 与 β 是同阶的无穷小，表示 α 与 β 趋向零的速度相近；

(4) 特别地，如果 $\lim\dfrac{\alpha}{\beta} = 1$，则称 α 与 β 是等价的无穷小，记作 $\alpha \sim \beta$，表示 α 与 β 趋向零的速度几乎相等.

例如：

(1) 由 $\lim\limits_{x \to 0}\dfrac{x^2}{3x^2} = \dfrac{1}{3}$ 得，当 $x \to 0$ 时，x^2 与 $3x^2$ 是同阶的无穷小；

(2) 由 $\lim\limits_{x \to 0}\dfrac{2x^3 + 5x^4}{x^2} = \lim\limits_{x \to 0}(2x + 5x^2) = 0$ 得，当 $x \to 0$ 时，$2x^3 + 5x^4 = o(x^2)$.

实训 2.1

1. $f(x)$ 在点 x_0 处有定义是 $\lim\limits_{x \to x_0} f(x)$ 存在的_____条件.

2. $\lim\limits_{x \to x_0} f(x) = 0$ 是当 $x \to x_0$ 时，$f(x)$ 为无穷小的_____条件.

3. 当 $x \to 1$ 时，下列函数是否为无穷小量？

(1) $f(x) = 1 - \cos(1-x)$；   (2) $f(x) = \ln(2-x)$；   (3) $f(x) = \dfrac{1}{1-x}$.

4. 当 $x \to 0$ 时，下列函数是否为无穷大量？

(1) $f(x)=\mathrm{e}^x$ ；　　　　(2) $f(x)=\mathrm{e}^{-\frac{1}{x^2}}$ ；　　　　(3) $f(x)=\dfrac{1}{\ln(1-x)}$.

5. 利用无穷小量的性质，计算下列极限：

(1) $\lim\limits_{x\to\infty}\dfrac{2+\cos x}{x}$ ；　　(2) $\lim\limits_{x\to 0}x\cos\dfrac{1}{x}$ ；　　(3) $\lim\limits_{x\to-\infty}(\dfrac{1}{x^2}+2^x)$.

6. 设 $f(x)=\begin{cases}2x+2, & x<0\\ 2-x, & 0\leqslant x\leqslant 1，求 \lim\limits_{x\to 0}f(x) 和 \lim\limits_{x\to 1}f(x). \\ x^2+2x-3, & x>1\end{cases}$

2.2　极限的运算法则

定理 2.5　如果在自变量的同一变化过程中，$f(x)$ 和 $g(x)$ 的极限都存在，且
$$\lim f(x)=A，\quad \lim g(x)=B$$
则

(1) $\lim[f(x)\pm g(x)]=\lim f(x)\pm\lim g(x)=A\pm B$ ；

(2) $\lim[f(x)\times g(x)]=\lim f(x)\times\lim g(x)=A\times B$ ；

(3) 若 $B\neq 0$，则 $\lim\dfrac{f(x)}{g(x)}=\dfrac{\lim f(x)}{\lim g(x)}=\dfrac{A}{B}$.

这里的极限符号没有标示自变量的趋势，说明此定理对于各种定义的极限都成立，以后不再赘述.

我们只证如果 $\lim\limits_{x\to x_0}f(x)=A,\lim\limits_{x\to x_0}g(x)=B$，则
$$\lim_{x\to x_0}[f(x)+g(x)]=\lim_{x\to x_0}f(x)+\lim_{x\to x_0}g(x)=A+B$$
其余的证明类同.

证：由 $\lim\limits_{x\to x_0}f(x)=A,\lim\limits_{x\to x_0}g(x)=B$ 及定理 2.3，在 x_0 的某个邻域内 $f(x)=A+\alpha$，$g(x)=B+\beta$，其中 $\lim\limits_{x\to x_0}\alpha=0,\lim\limits_{x\to x_0}\beta=0$. 所以在 x_0 的某个邻域内
$$f(x)+g(x)=A+\alpha+B+\beta=(A+B)+(\alpha+\beta)$$
而由无穷小的性质，$\lim\limits_{x\to x_0}(\alpha+\beta)=0$. 所以由定理 2.3 得
$$\lim_{x\to x_0}[f(x)+g(x)]=A+B$$
故命题成立.

由定理 2.5 的(2)有以下推论.

推论　(1) $\lim[cf(x)]=c\lim f(x)$ （c 是常数）；

(2) $\lim[f(x)]^n=[\lim f(x)]^n$ （n 为正整数）.

【任务 2-4】　求下列极限：

(1) $\lim_{x \to 1}(x^2 - 2x + 3)$；　　　　　　(2) $\lim_{x \to 0}\dfrac{x^2 - 2x + 3}{x + 5}$.

解：(1) 原式 $= \lim_{x \to 1}(x^2) - \lim_{x \to 1}(2x) + \lim_{x \to 1} 3 = (\lim_{x \to 1} x)^2 - 2\lim_{x \to 1} x + 3 = 1^2 - 2 \times 1 + 3 = 2$；

(2) 原式 $= \dfrac{\lim_{x \to 0}(x^2 - 2x + 3)}{\lim_{x \to 0}(x + 5)} = \dfrac{0 - 0 + 3}{0 + 5} = \dfrac{3}{5}$.

由题解过程，根据定理 2.5，对于多项式和有理式函数 $f(x)$，如果 $f(x_0)$ 有意义，则
$$\lim_{x \to x_0} f(x) = f(x_0)$$

称上式求极限的方法为代入法. 但是，代入法是有条件的，根据本章后续的函数连续性得到以下结论：**如果初等函数 $f(x)$ 在点 x_0 处有定义，则 $\lim_{x \to x_0} f(x) = f(x_0)$.**

【任务 2-5】 求下列极限：

(1) $\lim_{x \to 2}\dfrac{2x^2 - 3x + 4}{\sqrt{2x^2 + 1}}$；　　　　(2) $\lim_{x \to 1}\dfrac{2x + \sin\left(\dfrac{\pi}{2}x\right)}{3x - \cos(x - 1)}$.

解：(1) 原式 $= \dfrac{2 \times 2^2 - 3 \times 2 + 4}{\sqrt{2 \times 2^2 + 1}} = \dfrac{6}{3} = 2$；

(2) 原式 $= \dfrac{2 \times 1 + \sin\dfrac{\pi}{2}}{3 \times 1 - \cos 0} = \dfrac{3}{2}$.

下面我们讨论以下类型的极限："$\dfrac{A}{0}$"，"$\dfrac{0}{0}$"，"$\dfrac{\infty}{\infty}$"，"$\infty - \infty$". 注意，这些只是极限类型的记号，而不是数学表达式，后述内容还有记号"1^∞"，"$0 \cdot \infty$"，"0^0"，"∞^0"等，不再一一说明.

【任务 2-6】 求 $\lim_{x \to 2}\dfrac{x^2 - 3x + 4}{x - 2}$.

分析：因为 $f(x) = \dfrac{x^2 - 3x + 4}{x - 2}$ 在 $x = 2$ 处没有定义，所以不能使用代入法求此极限，但 $\dfrac{1}{f(x)} = \dfrac{x - 2}{x^2 - 3x + 4}$ 是在 $x = 2$ 处有定义的初等函数，所以 $\lim_{x \to 2}\dfrac{1}{f(x)} = \dfrac{2 - 2}{2^2 - 3 \times 2 + 4} = 0$.

则此题可使用无穷小与无穷大的关系求解.

解：$\because \lim_{x \to 2}\dfrac{x - 2}{x^2 - 3x + 4} = \dfrac{2 - 2}{2^2 - 3 \times 2 + 4} = 0$

$\therefore \lim_{x \to 2}\dfrac{x^2 - 3x + 4}{x - 2} = \infty$

即，若 $A \neq 0$，则"$\dfrac{A}{0}$"$\to \infty$. 此类型极限的计算方法为"考虑倒数".

【任务 2-7】 求 $\lim_{x \to 0}\dfrac{x^3 + 3x^2 - 2x}{4x^2 - x}$.

分析：把 $x=0$ 代入得，分子、分母都是零，即这是"$\dfrac{0}{0}$"型的极限，与 $\lim\limits_{x\to 1}\dfrac{x^2-1}{x-1}$ 的类型相同．参照图 2-1，$\lim\limits_{x\to 1}\dfrac{x^2-1}{x-1}=\lim\limits_{x\to 1}(x+1)=2$，即消去分子、分母的零因子 $x-1$ 后计算．

解：原式 $=\lim\limits_{x\to 0}\dfrac{x(x^2+3x-2)}{x(4x-1)}=\lim\limits_{x\to 0}\dfrac{x^2+3x-2}{4x-1}=\dfrac{0^2+3\times 0-2}{4\times 0-1}=2$．

即，"$\dfrac{0}{0}$"型极限的计算方法是消去分子分母的零因子后再计算．

【任务 2-8】 求下列极限：

(1) $\lim\limits_{x\to 3}\dfrac{x^2-2x-3}{x^2-5x+6}$；

(2) $\lim\limits_{x\to 0}\dfrac{\sqrt{x+1}-1}{x}$．

解：(1) 原式 $=\lim\limits_{x\to 3}\dfrac{(x-3)(x+1)}{(x-3)(x-2)}=\lim\limits_{x\to 3}\dfrac{x+1}{x-2}=\dfrac{3+1}{3-2}=4$；

(2) 原式 $=\lim\limits_{x\to 0}\dfrac{(\sqrt{x+1}-1)(\sqrt{x+1}+1)}{x(\sqrt{x+1}+1)}=\lim\limits_{x\to 0}\dfrac{x}{x(\sqrt{x+1}+1)}=\lim\limits_{x\to 0}\dfrac{1}{\sqrt{x+1}+1}=\dfrac{1}{\sqrt{0+1}+1}$

$=\dfrac{1}{2}$．

【任务 2-9】 求 $\lim\limits_{x\to\infty}\dfrac{3x^2-x+6}{5x^2+2x-1}$．

分析：这是"$\dfrac{\infty}{\infty}$"型的极限，参照"$\dfrac{0}{0}$"型极限的思想，消去分子、分母的 ∞ 因子后计算．

解：原式 $=\lim\limits_{x\to\infty}\dfrac{x^2\left(3-\dfrac{1}{x}+\dfrac{6}{x^2}\right)}{x^2\left(5+\dfrac{2}{x}+\dfrac{1}{x^2}\right)}=\lim\limits_{x\to\infty}\dfrac{3-\dfrac{1}{x}+\dfrac{6}{x^2}}{5+\dfrac{2}{x}+\dfrac{1}{x^2}}=\lim\limits_{\substack{x\to\infty\\ \frac{1}{x}\to 0}}\dfrac{3-\dfrac{1}{x}+6\left(\dfrac{1}{x}\right)^2}{5+2\left(\dfrac{1}{x}\right)+\left(\dfrac{1}{x}\right)^2}=\dfrac{3-0+6\times 0^2}{5+2\times 0+0^2}$

$=\dfrac{3}{5}$．

即，$x\to\infty$ 时，"$\dfrac{\infty}{\infty}$"型极限的计算方法是：分子分母同除以 x 的最高次幂，把 $\dfrac{1}{x}=0$ 代入计算．

【任务 2-10】 求下列极限：

(1) $\lim\limits_{x\to\infty}\dfrac{5x^2-2x+\cos x}{x^3-1}$；

(2) $\lim\limits_{x\to\infty}\dfrac{x^3+2x+4}{x^2-5x+3}$．

解：(1) 原式 $=\lim\limits_{x\to\infty}\dfrac{\dfrac{5}{x}-\dfrac{2}{x^2}+\dfrac{1}{x^3}\cos x}{1-\dfrac{1}{x^3}}=\dfrac{0}{1}=0$；

(2)因为 $\lim\limits_{x\to\infty}\dfrac{x^2-5x+3}{x^3+2x+4}=\lim\limits_{x\to\infty}\dfrac{\dfrac{1}{x}-\dfrac{5}{x^2}+\dfrac{3}{x^3}}{1+\dfrac{2}{x^2}+\dfrac{4}{x^3}}=\dfrac{0}{1}=0$,

所以 $\lim\limits_{x\to\infty}\dfrac{x^3+2x+4}{x^2-5x+3}=\infty$.

【任务 2-11】 求下列极限:

(1) $\lim\limits_{x\to1}\left(\dfrac{1}{1-x}-\dfrac{3}{1-x^3}\right)$; (2) $\lim\limits_{x\to+\infty}(\sqrt{x^2+3x}-x)$.

解: (1)原式 $=\lim\limits_{x\to1}\dfrac{x^2+x-2}{(1-x)(1+x+x^2)}=\lim\limits_{x\to1}\dfrac{(x-1)(x+2)}{(1-x)(1+x+x^2)}=\lim\limits_{x\to1}\dfrac{-(x+2)}{1+x+x^2}=-1$;

(2)原式 $=\lim\limits_{x\to+\infty}\dfrac{x^2+3x-x^2}{\sqrt{x^2+3x}+x}=\lim\limits_{x\to+\infty}\dfrac{3x}{\sqrt{x^2+3x}+x}=\lim\limits_{x\to+\infty}\dfrac{3}{\sqrt{1+\dfrac{3}{x}}+1}=\dfrac{3}{2}$.

由于 "$\dfrac{0}{0}$","$\dfrac{\infty}{\infty}$","$\infty-\infty$" 等类型极限的结果可能存在,也可能不存在,所以把它们称为未定式,此外还有 "1^{∞}","$0\cdot\infty$","∞^0","0^0" 等类型的未定式,后面再介绍它们的求解方法.

实训 2.2

求下列极限:

(1) $\lim\limits_{x\to1}\dfrac{x^2+3x-1}{2x+1}$; (2) $\lim\limits_{x\to2}\dfrac{x^2+5}{x-2}$; (3) $\lim\limits_{x\to0}\dfrac{x^3+2x^2+4x}{3x^2+x}$;

(4) $\lim\limits_{x\to-2}\dfrac{x^3+3x^2+2x}{x^2-x-6}$; (5) $\lim\limits_{x\to\infty}\dfrac{x^3+3x-2}{2x^3+1}$; (6) $\lim\limits_{x\to\infty}\dfrac{x^2+4x-2}{3x^3+x+1}$;

(7) $\lim\limits_{x\to\infty}\dfrac{x^4+5x-1}{x^2+4}$; (8) $\lim\limits_{x\to0}\dfrac{x}{\sqrt{1+x}-\sqrt{1-x}}$; (9) $\lim\limits_{x\to1}\left(\dfrac{1}{1-x}-\dfrac{2}{1-x^2}\right)$.

2.3 两个重要极限

为方便讨论两个重要极限,我们先学习极限存在的两个准则.

准则 1 在自变量的某个变化过程中,如果总有 $g(x)\leqslant f(x)\leqslant h(x)$,且 $\lim g(x)=\lim h(x)=A$,则 $\lim f(x)=A$.

准则 2 如果数列 $\{x_n\}$ 单调有界,则 $\lim\limits_{n\to\infty}x_n$ 一定存在.

2.3.1   第一个重要极限 $\lim\limits_{x \to 0} \dfrac{\sin x}{x} = 1$

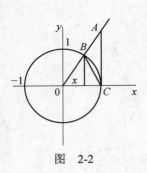

图   2-2

证   先证 $\lim\limits_{x \to 0^+} \dfrac{\sin x}{x} = 1$. 由 $x \to 0^+$，不妨设 $0 < x < \dfrac{\pi}{2}$，如图 2-2 所示，对于半径为 1 的圆，$\triangle OBC$ 的面积小于扇形 OBC 的面积，而扇形 OBC 的面积又小于 $\triangle OAC$ 的面积，即

$$\frac{1}{2}\sin x < \frac{1}{2}x < \frac{1}{2}\tan x$$

所以，当 $0 < x < \dfrac{\pi}{2}$ 时，$0 < \sin x < x < \tan x$

即

$$1 < \frac{x}{\sin x} < \frac{1}{\cos x}$$

对上式取倒数有

$$\cos x < \frac{\sin x}{x} < 1$$

而 $\lim\limits_{x \to 0^+} \cos x = 1$，$\lim\limits_{x \to 0^+} 1 = 1$，故由准则 1 可得 $\lim\limits_{x \to 0^+} \dfrac{\sin x}{x} = 1$.

下证 $\lim\limits_{x \to 0^-} \dfrac{\sin x}{x} = 1$. 由 $x \to 0^-$，有 $x < 0$ ，令 $t = -x$，则

$$\lim_{x \to 0^-} \frac{\sin x}{x} = \lim_{t \to 0^+} \frac{\sin(-t)}{-t} = \lim_{t \to 0^+} \frac{-\sin t}{-t} = \lim_{t \to 0^+} \frac{\sin t}{t} = 1$$

根据定理 2.2 得，$\lim\limits_{x \to 0} \dfrac{\sin x}{x} = 1$ 成立.

【任务 2-12】   求 $\lim\limits_{x \to 0} \dfrac{\tan x}{x}$.

解：原式 $= \lim\limits_{x \to 0} \dfrac{\sin x}{\cos x} \cdot \dfrac{1}{x} = \lim\limits_{x \to 0} \dfrac{\sin x}{x} \cdot \dfrac{1}{\cos x} = \lim\limits_{x \to 0} \dfrac{\sin x}{x} \cdot \lim\limits_{x \to 0} \dfrac{1}{\cos x} = 1 \times \dfrac{1}{\cos 0} = 1$.

【任务 2-13】   求 $\lim\limits_{x \to \infty} \dfrac{\sin(\frac{1}{x}\arctan x)}{\frac{1}{x}\arctan x}$.

解：令 $y = \varphi(x) = \dfrac{1}{x}\arctan x$，则当 $x \to \infty$ 时，$y = \varphi(x) \to 0$，故，原式 $= \lim\limits_{y \to 0} \dfrac{\sin y}{y} = 1$.

从解题过程，第一个重要极限 $\lim\limits_{x \to 0} \dfrac{\sin x}{x} = 1$ 表明：

(1)这是一个 " $\dfrac{0}{0}$ " 型极限；

(2)不管 x 怎么变化，只要对象 $\varphi(x) \to 0$，则 $\dfrac{\sin \varphi(x)}{\varphi(x)} \to 1$，即 $\lim\limits_{\varphi(x) \to 0} \dfrac{\sin \varphi(x)}{\varphi(x)} = 1$；

(3) 由商的极限运算法则，有 $\lim\limits_{\varphi(x)\to 0}\dfrac{\varphi(x)}{\sin\varphi(x)}=1$.

综上所述，第一个重要极限可理解为：当角变量趋于零时，则角变量与其正弦或正切是等价无穷小.

【任务 2-14】　求下列极限：

(1) $\lim\limits_{x\to 0}\dfrac{\tan 3x}{\sin 5x}$；　　　(2) $\lim\limits_{x\to 0}\dfrac{\tan 3x}{\tan 2x-\sin 6x}$；　　　(3) $\lim\limits_{x\to \pi}\dfrac{\sin 2x}{4x^2-4\pi^2}$；

(4) $\lim\limits_{x\to 0}\dfrac{1-\cos x}{x^2}$；　　　(5) $\lim\limits_{x\to 0}\dfrac{\sin x-\dfrac{1}{2}\sin 2x}{x^3}$；　　　(6) $\lim\limits_{x\to 0}\dfrac{\arcsin x}{x}$.

解：(1) 原式 $=\lim\limits_{x\to 0}\dfrac{\tan 3x}{1}\cdot\dfrac{1}{\sin 5x}=\lim\limits_{x\to 0}\dfrac{\tan 3x}{3x}\cdot\dfrac{5x}{\sin 5x}\cdot\dfrac{3}{5}=1\times 1\times\dfrac{3}{5}=\dfrac{3}{5}$；

(2) 原式 $=\lim\limits_{x\to 0}\dfrac{\dfrac{\tan 3x}{x}}{\dfrac{\tan 2x}{x}-\dfrac{\sin 6x}{x}}=\lim\limits_{x\to 0}\dfrac{\dfrac{\tan 3x}{3x}\cdot 3}{\dfrac{\tan 2x}{2x}\cdot 2-\dfrac{\sin 6x}{6x}\cdot 6}=\dfrac{1\times 3}{1\times 2-1\times 6}=-\dfrac{3}{4}$；

(3) 原式 $=\lim\limits_{x\to \pi}\dfrac{\sin(2x-2\pi)}{(2x-2\pi)(2x+2\pi)}=\lim\limits_{x\to \pi}\dfrac{\sin(2x-2\pi)}{2x-2\pi}\cdot\dfrac{1}{2x+2\pi}=\dfrac{1}{4\pi}$；

(4) 原式 $=\lim\limits_{x\to 0}\dfrac{2\sin^2\dfrac{x}{2}}{x^2}=2\lim\limits_{x\to 0}\dfrac{\sin^2\dfrac{x}{2}}{x^2}=2\lim\limits_{x\to 0}\left(\dfrac{\sin\dfrac{x}{2}}{\dfrac{x}{2}}\cdot\dfrac{1}{2}\right)^2=2\times\left(1\times\dfrac{1}{2}\right)^2=\dfrac{1}{2}$；

(5) 原式 $=\lim\limits_{x\to 0}\dfrac{\sin x\cdot(1-\cos x)}{x\cdot x^2}=\lim\limits_{x\to 0}\dfrac{\sin x}{x}\cdot\lim\limits_{x\to 0}\dfrac{1-\cos x}{x^2}=1\times\dfrac{1}{2}=\dfrac{1}{2}$；

(6) 令 $y=\arcsin x$，则 $x=\sin y=\sin(\arcsin x)$，且 $x\to 0$ 时，$\arcsin x\to 0$，

故原式 $=\lim\limits_{x\to 0}\dfrac{\arcsin x}{\sin(\arcsin x)}=1$.

另外，还可以使用等价无穷小的替换方法求解 "$\dfrac{0}{0}$" 型的极限.

定理 2.6　设在自变量的某个变化过程中，$\alpha\sim\alpha',\beta\sim\beta'$，且 $\lim\dfrac{\alpha'}{\beta'}$ 存在，则

$\lim\dfrac{\alpha}{\beta}=\lim\dfrac{\alpha'}{\beta'}$.

例如，因为 $x\to 0$ 时，$\ln(1+x)\sim x,1-\cos x\sim\dfrac{1}{2}x^2$，所以 $\lim\limits_{x\to 0}\dfrac{2x\ln(1+x)}{1-\cos x}=\lim\limits_{x\to 0}\dfrac{2x\cdot x}{\dfrac{1}{2}x^2}=4$.

但是，初学者获得等价无穷小不容易，而且和、差形式的无穷小替换是有条件的，所以我们不建议使用此方法计算极限，如要使用，必须谨慎考察条件.

2.3.2 第二个重要极限　$\lim\limits_{x \to 0}(1+x)^{\frac{1}{x}} = e$

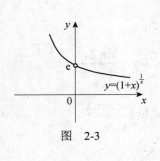

图　2-3

如图 2-3 所示，当 x 从 $x=0$ 两侧无限接近零时，函数 $y=(1+x)^{\frac{1}{x}}$ 无限接近常数 e，这个 e 是无理数 $2.71828\cdots$，即

$$\lim_{x \to 0}(1+x)^{\frac{1}{x}} = e$$

令 $y = \varphi(x) = \dfrac{1}{x}$，则当 $x \to \infty$ 时，$y = \varphi(x) \to 0$，有

$$\lim_{x \to \infty}\left(1 + \frac{1}{x}\right)^{x} = \lim_{y \to 0}(1+y)^{\frac{1}{y}} = e$$

即，第二个重要极限也可记为　$\lim\limits_{x \to \infty}\left(1 + \dfrac{1}{x}\right)^{x} = e$，或 $\lim\limits_{n \to \infty}\left(1 + \dfrac{1}{n}\right)^{n} = e$.

由第二个重要极限的三种表达式及从 $\lim\limits_{x \to 0}(1+x)^{\frac{1}{x}} = e$ 转化为 $\lim\limits_{x \to \infty}\left(1 + \dfrac{1}{x}\right)^{x} = e$ 的过程，可知

(1) 第二个重要极限是"1^{∞}"型，也记"$(1+0)^{\infty}$"型；

(2) 在第二个重要极限的三种表达式中，无穷小与无穷大的表达式恰好成倒数关系；

(3) 不管 x 怎么变化，只要对象 $\varphi(x) \to 0$，则 $[1+\varphi(x)]^{\frac{1}{\varphi(x)}} \to e$，即 $\lim\limits_{\varphi(x) \to 0}[1+\varphi(x)]^{\frac{1}{\varphi(x)}} = e$.

从而，第二个重要极限可理解为：1 加无穷小的无穷大次方，当式子中的无穷大与无穷小恰好为倒数关系，则其极限等于 e.

【任务 2-15】　求下列极限：

(1) $\lim\limits_{x \to 0}(1-2x)^{\frac{2}{x}}$；

(2) $\lim\limits_{x \to \infty}\left(1 - \dfrac{3}{x}\right)^{2x}$；

(3) $\lim\limits_{x \to 0}(1+x)^{\frac{5}{x}+3}$；

(4) $\lim\limits_{x \to \infty}\left(1 + \dfrac{1}{5x}\right)^{3x-4}$；

(5) $\lim\limits_{x \to \pi}(1+\tan x)^{\cot x+2}$；

(6) $\lim\limits_{x \to \infty}\left(\dfrac{3x+1}{3x+2}\right)^{2x+5}$.

解：(1) 原式 $= \lim\limits_{x \to 0}(1-2x)^{-\frac{1}{2x} \times (-4)} = \lim\limits_{x \to 0}\left[(1-2x)^{-\frac{1}{2x}}\right]^{-4} = e^{-4}$；

(2) 原式 $= \lim\limits_{x \to \infty}\left(1 - \dfrac{3}{x}\right)^{-\frac{x}{3} \times (-6)} = \lim\limits_{x \to \infty}\left[\left(1 - \dfrac{3}{x}\right)^{-\frac{x}{3}}\right]^{-6} = e^{-6}$；

(3) 原式 $= \lim\limits_{x \to 0}(1+x)^{\frac{5}{x}} \cdot (1+x)^{3} = \lim\limits_{x \to 0}(1+x)^{\frac{5}{x}} \cdot \lim\limits_{x \to 0}(1+x)^{3}$

$= \lim\limits_{x \to 0}[(1+x)^{\frac{1}{x}}]^{5} \cdot \lim\limits_{x \to 0}(1+x)^{3} = e^{5} \times 1^{3} = e^{5}$；

(4) 原式 $= \lim\limits_{x \to \infty}\left(1+\dfrac{1}{5x}\right)^{5x \cdot \frac{3}{5}} \cdot \left(1+\dfrac{1}{5x}\right)^{-4} = \lim\limits_{x \to \infty}\left[\left(1+\dfrac{1}{5x}\right)^{5x}\right]^{\frac{3}{5}} \cdot \lim\limits_{x \to \infty}\left(1+\dfrac{1}{5x}\right)^{-4} = \mathrm{e}^{\frac{3}{5}} \cdot 1^{-4} = \mathrm{e}^{\frac{3}{5}}$;

(5) 原式 $= \lim\limits_{x \to \pi}\left(1+\tan x\right)^{\cot x} \cdot \left(1+\tan x\right)^{2} = \lim\limits_{x \to \pi}(1+\tan x)^{\frac{1}{\tan x}} \cdot \lim\limits_{x \to \pi}(1+\tan x)^{2} = \mathrm{e} \cdot 1^{2} = \mathrm{e}$;

(6) 原式 $= \lim\limits_{x \to \infty}\left(\dfrac{1+\dfrac{1}{3x}}{1+\dfrac{2}{3x}}\right)^{2x} \cdot \left(\dfrac{1+\dfrac{1}{3x}}{1+\dfrac{2}{3x}}\right)^{5} = \lim\limits_{x \to \infty}\dfrac{\left[\left(1+\dfrac{1}{3x}\right)^{3x}\right]^{\frac{2}{3}}}{\left[\left(1+\dfrac{2}{3x}\right)^{\frac{3x}{2}}\right]^{\frac{4}{3}}} \cdot \lim\limits_{x \to \infty}\left(\dfrac{1+\dfrac{1}{3x}}{1+\dfrac{2}{3x}}\right)^{5} = \dfrac{\mathrm{e}^{\frac{2}{3}}}{\mathrm{e}^{\frac{4}{3}}} \times 1^{5} = \mathrm{e}^{-\frac{2}{3}}$.

【案例 2-2】 设某人一次性付款 20 万元购买某汽车，该车最多使用 15 年就报废，报废补贴为 1300 元. 在只考虑折旧而忽略使用价值的前提下，求 (1) 该车的年折旧率；(2) 该车使用 5 年后的最低售价；(3) 设该车已经使用 10 年，现在需要大修，修车费为 2 万元，你认为该车是否还值得维修？

解：(1) 记该车购买 m 年后的残值 (剩余价值) 为 A_m $(m=0,1,2,\cdots,15)$，即 $A_0 = 200000$ 元，$A_{15} = 1300$. 设该车的年折旧率为 r，则

如果按年折旧的话，有 $A_1 = A_0(1-r)$，$A_2 = A_0(1-r)^2$，$\cdots$，$A_m = A_0(1-r)^m$，$\cdots$；

如果按月折旧的话，有 $A_1 = A_0\left(1-\dfrac{r}{12}\right)^{12}$，$A_2 = A_0\left(1-\dfrac{r}{12}\right)^{2 \times 12}$，$\cdots$，$A_m = A_0\left(1-\dfrac{r}{12}\right)^{12m}$，$\cdots$；

按月折旧，就是说折旧周期为 $\dfrac{1}{12}$ 年. 而时间是连续的，即折旧是时刻发生的，所以折旧周期 $\dfrac{1}{n}$ 年是一个无穷小量. 就是说，连续折旧的话，有 $A_m = \lim\limits_{n \to \infty} A_0\left(1-\dfrac{r}{n}\right)^{nm} = $

$A_0 \lim\limits_{n \to \infty}\left[\left(1-\dfrac{r}{n}\right)^{-\frac{n}{r}}\right]^{-m \cdot r} = A_0\,\mathrm{e}^{-mr}$.

由 $A_0 = 200000$ 元，$A_{15} = 1300$，得 $1300 = 200000\mathrm{e}^{-15r}$，解得 $r \approx 0.3357$. 故该车的年折旧率约为 33.57%.

(2) 由 (1)，$A_5 = 200000\mathrm{e}^{-5 \times 0.3357} \approx 37330$ (元)，故该车使用 5 年后的最低售价约为 37330 元；

(3) 因为 $A_{10} = 200000\mathrm{e}^{-10 \times 0.3357} \approx 6966$ (元)，即使用 10 年后，该车的残值约只有 6966 元，而修理费却高达 2 万元，远高于 10 年车的残值. 所以，该车不宜再修.

如果必须考虑使用价值，又该作何决定？这在后续章节中加以讨论，请继续学习.

实训 2.3

1. 求下列极限：

(1) $\lim\limits_{x \to 0} \dfrac{\sin 3x}{\sin 5x}$;

(2) $\lim\limits_{x \to 0} \dfrac{\tan 3x - \sin x}{x}$;

(3) $\lim\limits_{x \to 0} \dfrac{\tan 2x - \sin 4x}{\tan x}$;

(4) $\lim\limits_{x \to 0} \dfrac{x + \sin 2x}{x^2 - 3x}$;

(5) $\lim\limits_{x \to 0} \dfrac{1 - \cos 2x}{x^2}$;

(6) $\lim\limits_{x \to 0} \dfrac{x - \tan 2x}{x + \tan 5x}$;

(7) $\lim\limits_{x \to \pi} \dfrac{\sin(x - \pi)}{x^2 - \pi^2}$;

(8) $\lim\limits_{x \to 0} \dfrac{\arcsin x}{2x}$.

2. 求下列极限：

(1) $\lim\limits_{x \to \infty} (1 + \dfrac{1}{4x})^{2x}$;

(2) $\lim\limits_{x \to \infty} (1 + \dfrac{2}{x})^x$;

(3) $\lim\limits_{x \to \infty} (1 - \dfrac{3}{x})^{\frac{x}{3} - 1}$;

(4) $\lim\limits_{x \to \infty} (\dfrac{x + 2}{x})^{-x}$;

(5) $\lim\limits_{x \to \infty} (\dfrac{x + 3}{x - 2})^{x + 2}$;

(6) $\lim\limits_{x \to 0} (1 + 4x)^{\frac{1}{x}}$;

(7) $\lim\limits_{x \to 0} (1 - 2x)^{\frac{3}{x} + 2}$;

(8) $\lim\limits_{x \to 0} (1 + \sin x)^{1 + 2\csc x}$.

2.4　函数的连续性

极限讨论的是函数值的变化趋势，而函数的连续性，研究的是函数值改变量的变化趋势，是讨论微积分的前提. 自然界很多量是连续的，如时间、温度的变化，生物的生长等. 下面首先引入增量的概念，然后引出函数连续性的定义.

2.4.1　改变量或增量

我们把变量 u 的终值 u_1 与初值 u_0 的差 $u_1 - u_0$ 称为变量 u 的改变量，也称增量，记 Δu ，即

$$\Delta u = u_1 - u_0$$

例如，如果温度从初值 t_0 变化到终值 t_1 ，则温度的变量 t 的改变量为 $\Delta t = t_1 - t_0$.

设函数 $y = f(x)$ 在点 x_0 的某个邻域内有定义，当自变量 x 在该邻域内从 x_0 变化到 $x_0 + \Delta x$ 时，函数 y 相应地从 $f(x_0)$ 变化到 $f(x_0 + \Delta x)$ ，则称 $f(x_0 + \Delta x) - f(x_0)$ 为函数 y 在 x_0 处关于自变量增量 Δx 的增量，简称函数 y 的增量，记 Δy ，即

$$\Delta y = f(x_0 + \Delta x) - f(x_0)$$

图 2-4 和图 2-5 所示的 Δy 为函数增量的几何解释.

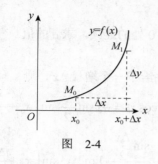
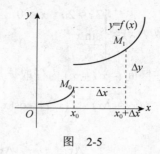

图　2-4　　　　　　　　　　　图　2-5

2.4.2　函数在一点处的连续性

如图 2-4 所示，如果曲线 $y = f(x)$ 在点 x_0 处连绵不断，则当 Δx 趋于零时，点 M_1 无限接近点 M_0，并最终与点 M_0 重合，即 $\Delta y \to 0$．而如果曲线 $y = f(x)$ 在点 x_0 处出现间断（见图 2-5），则当 Δx 趋于零时，点 M_1 无法无限接近点 M_0，即 Δy 不趋于零．于是我们有定义：

定义 2.6　设函数 $y = f(x)$ 在点 x_0 的某个邻域内有定义，在该邻域内给 x_0 一个增量 Δx．如果

$$\lim_{\Delta x \to 0} \Delta y = \lim_{\Delta x \to 0}[f(x_0 + \Delta x) - f(x_0)] = 0$$

则称函数 $f(x)$ 在点 x_0 处连续．

设 $x = x_0 + \Delta x$，则 $\Delta x = x - x_0$，且当 $\Delta x \to 0$ 时，$x \to x_0$，

$$\lim_{\Delta x \to 0}[f(x_0 + \Delta x) - f(x_0)] = 0 \Longleftarrow \lim_{x \to x_0}[f(x) - f(x_0)] = 0 \Longleftarrow \lim_{x \to x_0} f(x) = f(x_0)$$

从而得到如下定义 2.6 的等价定义．

定义 2.6′　设函数 $y = f(x)$ 在点 x_0 的某个邻域内有定义，如果

$$\lim_{x \to x_0} f(x) = f(x_0)$$

则称函数 $f(x)$ 在点 x_0 处连续．

延伸左、右极限的讨论，我们定义左、右连续．

定义 2.7　如果函数 $f(x)$ 在点 x_0 的左侧有定义，且 $\lim\limits_{x \to x_0^-} f(x) = f(x_0)$，则称函数 $f(x)$ 在点 x_0 处左连续；如果函数 $f(x)$ 在点 x_0 的右侧有定义，且 $\lim\limits_{x \to x_0^+} f(x) = f(x_0)$，则函数 $f(x)$ 在点 x_0 处右连续．

由极限存在与左、右极限的关系，可得出如下定理．

定理 2.7　函数 $f(x)$ 在点 x_0 处既左连续又右连续是函数 $f(x)$ 在点 x_0 处连续的充分必要条件，即

$$\lim_{x \to x_0} f(x) = f(x_0) \Longleftrightarrow \lim_{x \to x_0^-} f(x) = \lim_{x \to x_0^+} f(x) = f(x_0)$$

【案例 2-3】（1）证明 $y = \cos x$ 在区间 $(-\infty, +\infty)$ 内任一点处连续；（2）计算 $\lim\limits_{x \to \frac{\pi}{4}} \cos x$；

(3) 设函数 $f(x) = \begin{cases} 3x + 2a & x \leqslant 0 \\ \dfrac{\sin x}{x} & x > 0 \end{cases}$，在点 $x = 0$ 处的连续，求 a 的值.

解：（1）在区间 $(-\infty, +\infty)$ 内任取一点 x_0，并给予一个增量 Δx，则

$$\Delta y = f(x_0 + \Delta x) - f(x_0) = \cos(x_0 + \Delta x) - \cos x_0 = -2\sin\frac{\Delta x}{2}\sin\left(x_0 + \frac{\Delta x}{2}\right)$$

所以 $\quad \lim_{\Delta x \to 0}\Delta y = \lim_{\Delta x \to 0} -2\sin\frac{\Delta x}{2}\sin\left(x_0 + \frac{\Delta x}{2}\right) = \lim_{\Delta x \to 0} -\dfrac{\sin\frac{\Delta x}{2}}{\frac{\Delta x}{2}} \cdot \lim_{\Delta x \to 0}\Delta x \cdot \sin\left(x_0 + \frac{\Delta x}{2}\right)$

$$= -1 \times 0 = 0$$

故，$y = \cos x$ 在 x_0 处连续. 而由 x_0 的选取得，$y = \cos x$ 在区间 $(-\infty, +\infty)$ 内任一点处连续.

（2）因为 $\dfrac{\pi}{4} \in (-\infty, +\infty)$，由（1），$y = \cos x$ 在 $x = \dfrac{\pi}{4}$ 处连续，所以

$$\lim_{x \to \frac{\pi}{4}}\cos x = \cos\frac{\pi}{4} = \frac{\sqrt{2}}{2}$$

（3）由定理 2.7，要使 $f(x)$ 在点 $x = 0$ 处的连续，必须 $\lim_{x \to 0^+}f(x) = f(0)$，而

$$f(0) = 3 \times 0 + 2a = 2a, \lim_{x \to 0^+}f(x) = \lim_{x \to 0^+}\frac{\sin x}{x} = 1$$

所以，$2a = 1$，即 $a = \dfrac{1}{2}$.

由定义 2.6′，若函数 $f(x)$ 在点 x_0 处连续，则当 $x \to x_0$ 时 $f(x)$ 的极限存在；但其逆不成立.

下面把函数在点 x_0 处的连续性推广到函数在区间的连续性.

2.4.3 函数在区间的连续性

定义 2.8 若函数 $f(x)$ 在区间 (a, b) 内每一点处都连续，则称函数 $f(x)$ 在区间 (a, b) 内连续，区间 (a, b) 称为函数的连续区间；若函数 $f(x)$ 在区间 (a, b) 内连续，且在点 a 处右连续，在点 b 处左连续，则称函数 $f(x)$ 在闭区间 $[a, b]$ 上连续，此时区间 $[a, b]$ 为 $f(x)$ 的连续区间.

例如，函数 $y = \ln x$ 在区间 $(0, +\infty)$ 内连续，其连续区间为 $(0, +\infty)$.

2.4.4 初等函数的连续性

同【案例 2-3】（1）的证明，可证明如下定理.

定理 2.8 基本初等函数在其定义域内连续.

由极限的运算法则，根据定理 2.8 得如下定理.

定理 2.9　初等函数在其定义域内连续.

定理 2.9 是代入法求极限的基础.

【任务 2-16】　求下列极限：

$(1) \lim\limits_{x \to 0} 2^{\ln(1+x)} \dfrac{\sec 3x}{2 + \sin x}$；　　$(2) \lim\limits_{x \to 2} \dfrac{\sqrt[3]{5 + 2x - \sin \dfrac{\pi}{x}}}{x + \cos(x - 2)}$；　　$(3) \lim\limits_{x \to 0} \dfrac{\ln(1+x)}{x}$.

解　(1) 原式 $= 2^{\ln(1+0)} \dfrac{\sec 0}{2 + \sin 0} = 1 \times \dfrac{1}{2} = \dfrac{1}{2}$；

(2) 原式 $= \dfrac{\sqrt[3]{5 + 2 \times 2 - \sin \dfrac{\pi}{2}}}{2 + \cos 0} = \dfrac{2}{3}$；

(3) 原式 $= \lim\limits_{x \to 0} \ln(1+x)^{\frac{1}{x}} = \ln \lim\limits_{x \to 0} (1+x)^{\frac{1}{x}} = \ln e = 1$

这里，$\lim\limits_{x \to 0} \ln(1+x)^{\frac{1}{x}} = \ln \lim\limits_{x \to 0} (1+x)^{\frac{1}{x}}$，是由定理 2.9，$f(u) = \ln u$ 在 $(0, +\infty)$ 内连续，即若 $u_0 \in (0, +\infty)$，则 $\lim\limits_{u \to u_0} \ln u = \ln u_0 = \ln \lim\limits_{u \to u_0} u$. 令 $u = (1+x)^{\frac{1}{x}}$，由第二个重要极限，得当 $x \to 0$ 时，$u = (1+x)^{\frac{1}{x}} \to e \in (0, +\infty)$).

2.4.5　函数的间断点

定义 2.9　设函数 $f(x)$ 在点 x_0 的某个邻域内有定义，如果 $f(x)$ 在点 x_0 处不连续，则称点 x_0 为函数 $f(x)$ 的不连续点或间断点，也称函数 $f(x)$ 在点 x_0 处间断.

间断点在函数讨论中有重要的意义，所以我们要掌握求函数间断点的方法.

根据定义 2.9，函数 $f(x)$ 的间断点 x_0 必须满足两个条件：(1) 函数在点 x_0 的两侧有定义；(2) 函数在点 x_0 处不连续. 而由定义 2.6′，函数在点 x_0 处不连续，只须满足下列条件之一：

(1) $f(x)$ 在点 x_0 处没有定义，即 $f(x_0)$ 没有意义；

(2) $\lim\limits_{x \to x_0} f(x)$ 不存在；

(3) $\lim\limits_{x \to x_0} f(x) \neq f(x_0)$.

【任务 2-17】　求下列函数的间断点：

$(1) \ y = \dfrac{e^{\frac{1}{x}}(x-1)}{x^2 + x - 2}$；　　　　　　$(2) \ f(x) = \dfrac{\sqrt{x}}{x^2 - 1}$；

$(3) \ f(x) = \begin{cases} x-1, & x < 0 \\ 0, & x = 0 \\ x+1, & x > 0 \end{cases}$；　　$(4) \ y = \begin{cases} \dfrac{\sin x}{x}, & x \neq 0 \\ 1, & x = 0 \end{cases}$.

分析：由定理 2.9，初等函数的连续区间就是它的定义域，因此初等函数的间断点首先是使函数没有意义的点；如果分段函数在各分段区间内是初等函数，则其间断点只能是区间的分段点.

解：(1) 令 $x^2+x-2=0$，得 $x_1=-2$，$x_2=1$，

又令 $x=0$，得 $x_3=0$，即函数的定义域为 $(-\infty,-2)\cup(-2,1)\cup(1,+\infty)$，故所求的间断点是 $x_1=-2$，$x_2=1$，$x_3=0$；

(2) 令 $x^2-1=0$，得 $x_1=-1$，$x_2=1$，

又因为函数表达式中有 $\sqrt{x}$，所以必须 $x\geqslant 0$，即函数的定义域为 $[0,1)\cup(1,+\infty)$，故所求的间断点是 $x=1$；

(3) 因为当 $x\in(-\infty,0)$ 时，$f(x)=x-1$ 是初等函数，所以 $f(x)$ 在区间 $(-\infty,0)$ 内连续；同理，$f(x)$ 在区间 $(0,+\infty)$ 内连续.

而 $\lim\limits_{x\to 0^-}f(x)=\lim\limits_{x\to 0^-}(x-1)=-1$，$\lim\limits_{x\to 0^+}f(x)=\lim\limits_{x\to 0^+}(x+1)=1$，即 $\lim\limits_{x\to 0}f(x)$ 不存在，故所求的间断点为 $x=0$；

(4) 因为当 $x\in(-\infty,0)\cup(0,+\infty)$ 时，$f(x)=\dfrac{\sin x}{x}$ 是初等函数，所以 $f(x)$ 在区间 $(-\infty,0)$ 和 $(0,+\infty)$ 内连续.

又 $\lim\limits_{x\to 0}f(x)=\lim\limits_{x\to 0}\dfrac{\sin x}{x}=1=f(0)$，即 $f(x)$ 在点 $x=0$ 处连续，故此函数没有间断点.

2.4.6　间断点的分类

通常，我们把间断点分为两类：左、右极限都存在的间断点称为第一类间断点；左、右极限至少一个不存在的间断点称为第二类间断点.

对于第一类间断点 x_0，如果 $\lim\limits_{x\to x_0}f(x)$ 存在，则称 x_0 是函数 $f(x)$ 的可去间断点，如 $x=0$ 是函数 $y=\dfrac{\sin x}{x}$ 的可去间断点. 否则，则称 x_0 是函数 $f(x)$ 的跳跃间断点. 如 $x=0$ 是函数 $f(x)=\begin{cases}x-1,&x<0\\0,&x=0\\x+1,&x>0\end{cases}$ 的跳跃间断点.

可去间断点的名称很形象，这样的间断点可以通过重新定义间断点处的函数值，使间断点变成连续点，如 $x=0$ 是函数 $y=\dfrac{\sin x}{x}$ 的可去间断点，把函数定义为 $y=\begin{cases}\dfrac{\sin x}{x},&x\neq 0\\1,&x=0\end{cases}$，则点 $x=0$ 变成了连续点.

特别地，第二类间断点中有一种间断点 x_0，满足 $\lim\limits_{x\to x_0}f(x)=\infty$，则称 x_0 是函数 $f(x)$

的无穷间断点，如 $x = -2$ 是 $y = \dfrac{e^{\frac{1}{x}}(x-1)}{x^2 + x - 2}$ 的无穷间断点.

2.4.7　闭区间上连续函数的性质

(1) 闭区间 $[a, b]$ 上连续的函数，在区间 $[a, b]$ 上存在最大值和最小值；

(2) 闭区间 $[a, b]$ 上连续的函数，在区间 $[a, b]$ 上可取得介于它的最大值与最小值之间的任何中间值；

(3) 闭区间上 $[a, b]$ 连续的函数 $f(x)$，如果 $f(a) \cdot f(b) < 0$，则在区间 (a, b) 内至少有一个点 c，使 $f(c) = 0$.

实训 2.4

1. 设函数 $f(x) = \begin{cases} \cos x - 1, & x \leqslant 0 \\ \sin x + 1, & x > 0 \end{cases}$，考察函数在点 $x = 0$ 处的连续性.

2. 设函数 $f(x) = \begin{cases} \dfrac{x-2}{x^2 - 4}, & x \neq 2 \\ 0, & x = 2 \end{cases}$，考察函数在点 $x = 2$ 处的连续性.

3. 求下列函数的间断点：

(1) $f(x) = \dfrac{x+2}{x^2 - x - 6}$；　　(2) $f(x) = \dfrac{\sqrt{2-x} - 1}{x^2 - 1}$；　　(3) $f(x) = \dfrac{x^2 - 1}{x^2 - 3x + 2}$；

(4) $f(x) = x\cos\dfrac{1}{x}$；　　(5) $f(x) = \dfrac{x}{\sin x}$；　　(6) $f(x) = 3^{\frac{1}{x}\sin x}$.

4. 根据函数的连续性，求下列极限：

(1) $\lim\limits_{x \to \frac{\pi}{2}} \dfrac{\sin x + 3}{x + \dfrac{\pi}{2}}$；　　(2) $\lim\limits_{x \to 0} \left[\dfrac{\lg(1000 + x)}{3^x + \tan x}\right]^{\frac{1}{3}}$；　　(3) $\lim\limits_{x \to \frac{1}{3}}[x\ln(1 + \dfrac{1}{x})]$.

5. 求函数 $f(x) = \ln(9 - x^2)$ 的连续区间.

总实训 2

1. 在下列各题中，哪些是无穷小量？哪些是无穷大量？

(1) $x \to 2$，$\dfrac{1+x}{x^2 - 4}$；　　(2) $x \to 0$，$3^{-x} - 1$；　　(3) $x \to 0$，$\dfrac{\sin x}{1 + \sec x}$；

(4) $x \to 0^+$，$\lg x$；　　(5) $x \to -\infty$，5^x；　　(6) $x \to +\infty$，e^{-x}.

2. 求下列极限:

(1) $\lim\limits_{x \to 1} \dfrac{x^2 - 3x + 2}{x^2 - 1}$;

(2) $\lim\limits_{x \to 4} \dfrac{x^2 - 6x + 8}{x^2 - 5x + 4}$;

(3) $\lim\limits_{x \to \sqrt{2}} \dfrac{x^2 - 2}{x^4 + x^2 - 1}$;

(4) $\lim\limits_{x \to 1} \dfrac{x^3 - x}{x^2 - 2x + 1}$;

(5) $\lim\limits_{x \to \infty} \dfrac{x^3 - 5x + 2}{3x^5 + x + 1}$;

(6) $\lim\limits_{x \to \infty} \dfrac{(2x+1)^{20}(3x-2)^{30}}{(5x+1)^{50}}$;

(7) $\lim\limits_{x \to 0} \dfrac{3x^2}{\sqrt{1 + x^2} - 1}$;

(8) $\lim\limits_{x \to +\infty} (\sqrt{x^2 + x} - \sqrt{x^2 - 1})$.

3. 求下列极限:

(1) $\lim\limits_{x \to \infty} \dfrac{3x}{x - 2\sin x}$;

(2) $\lim\limits_{x \to 0} x \cot x$;

(3) $\lim\limits_{x \to 0^+} \dfrac{x}{\sqrt{1 - \cos x}}$;

(4) $\lim\limits_{x \to 0} \dfrac{\arctan x}{x}$;

(5) $\lim\limits_{x \to 0} \dfrac{\sqrt{1 + x} - 1}{\sin x}$;

(6) $\lim\limits_{x \to 0} \dfrac{x + \sin 5x}{x - \sin 2x}$;

(7) $\lim\limits_{x \to \infty} x \sin \dfrac{1}{4x}$;

(8) $\lim\limits_{x \to 0} \dfrac{1 - \cos x}{x \sin x}$;

(9) $\lim\limits_{x \to \infty} (1 - \dfrac{3}{x})^{2x-3}$;

(10) $\lim\limits_{x \to \infty} (\dfrac{x}{x+2})^x$;

(11) $\lim\limits_{x \to \infty} (\dfrac{x+1}{x-1})^x$;

(12) $\lim\limits_{x \to \infty} (\dfrac{x}{x+1})^x \cos \dfrac{3}{x}$;

(13) $\lim\limits_{x \to 0} \sqrt[x]{1 - 4x}$;

(14) $\lim\limits_{x \to 0} (1 + 3\tan x)^{\cot x}$.

4. 设 $f(x) = \begin{cases} \dfrac{\sin kx}{x}, & x \neq 0 \\ 2, & x = 0 \end{cases}$，在 $x = 0$ 处连续，则 k 取何值.

5. 设 $f(x) = \begin{cases} \dfrac{\ln(1 - 2x)}{x}, & x \neq 0 \\ k, & x = 0 \end{cases}$，在 $x = 0$ 处不连续，则 k 取何值.

6. 设 $f(x)$ 为初等函数，且 $f(2) = 1$，则 $\lim\limits_{x \to 2} f(x) = $ _____.

7. 要使 $f(x) = \dfrac{2x^3 - 7x}{4x}$ 在 $x = 0$ 处连续，则补充定义 $f(0) = $ _____.

8. 函数 $y = \dfrac{1}{\ln(3x - 2)}$ 的连续区间是_____.

9. 函数 $f(x) = (x - 2)\sqrt{\dfrac{x+1}{x-1}}$ 的连续区间是_____.

10. 设 $f(x) = \begin{cases} x^2 + 1, & x \leqslant 0 \\ 1 - 2x, & 0 < x < 1 \\ x^2 + 2x - 1, & 1 \leqslant x \leqslant 4 \end{cases}$，求间断点和连续区间.

附录　均匀货币流

　　某人每年把总数 a 万元存入同一银行账户，设年利率为 3.6%，且今后 15 的年利率不变，每次计算利息后都把利息计入本金，求下列情况下 15 年后该银行账户的本利之和.

(1)每满 1 年计算 1 次利息,并同时存入 1 年 a 万元的累加本金;

(2)每月(满 $\frac{1}{12}$ 年)计算 1 次利息,并同时存入 1 年 a 万元月平均值 $\frac{1}{12}a$ 万元作为累加本金;

(3)每满 $\frac{1}{n}$ 年计算 1 次利息,并同时存入 1 年 a 万元的平均值 $\frac{1}{n}a$ 万元作为累加本金;

(4)瞬间计算 1 次利息,并同时存入 1 年 a 万元的平均值作为累加本金.

解:记年利率为 r , T 年后的本利和为 A_T ,则 $A_0 = a$, $r = 0.036$.

(1) $A_1 = a(1+r) + a$,

$\quad A_2 = A_1(1+r) + a = a(1+r)^2 + a(1+r) + a$,

$\quad \cdots$,

$\quad A_T = A_{T-1}(1+r) + a = a(1+r)^T + a(1+r)^{T-1} + \cdots + a(1+r) + a = \dfrac{a[1-(1+r)^{T+1}]}{-r}$,

即 15 年后的本利之和是 $A_{15} = \dfrac{a[1-(1+0.036)^{15+1}]}{-0.036} = 21.1385a$ (万元);

(2)由年利率为 r 知,每年计算 12 次利息,月利率为 $\dfrac{r}{12}$,每次累加本金为 $\dfrac{1}{12}a$ 万元,则

1 月后的本利和为 $\dfrac{a}{12}\left(1+\dfrac{r}{12}\right) + \dfrac{a}{12}$,

2 月后的本利和为 $\dfrac{a}{12}\left(1+\dfrac{r}{12}\right)^2 + \dfrac{a}{12}\left(1+\dfrac{r}{12}\right) + \dfrac{a}{12}$,

$\cdots$,

所以

$$A_1 = \frac{a}{12}\left(1+\frac{r}{12}\right)^{12} + \frac{a}{12}\left(1+\frac{r}{12}\right)^{11} + \cdots + \frac{a}{12}\left(1+\frac{r}{12}\right) + \frac{a}{12} = \frac{a}{12}\sum_{i=0}^{12}\left(1+\frac{r}{12}\right)^i ,$$

$$A_2 = \frac{a}{12}\left(1+\frac{r}{12}\right)^{24} + \frac{a}{12}\left(1+\frac{r}{12}\right)^{23} + \cdots + \frac{a}{12}\left(1+\frac{r}{12}\right) + \frac{a}{12} = \frac{a}{12}\sum_{i=0}^{2\times12}\left(1+\frac{r}{12}\right)^i ,$$

$\cdots$,

$$A_T = \frac{a}{12}\sum_{i=0}^{12T}\left(1+\frac{r}{12}\right)^i = \frac{a}{12}\frac{1\times\left[1-\left(1+\frac{r}{12}\right)^{12T+1}\right]}{1-\left(1+\frac{r}{12}\right)} = \frac{a}{r}\left[\left(1+\frac{r}{12}\right)^{12T+1} - 1\right]$$

所以每月计算利息,则 15 年后的本利之和是 $A_{15} = \dfrac{a}{0.036}\left[\left(1+\dfrac{0.036}{12}\right)^{12\times15+1} - 1\right] = 19.9934a$

(万元);

(3) 由 (2) 知，每满 $\frac{1}{n}$ 年计算 1 次利息，每年计算 n 次利息，每次利率为 $\frac{r}{n}$，每次累加本金为 $\frac{1}{n}a$ 万元，则 15 年后的本利之和是

$$A_{15} = \frac{a}{r}\left[\left(1+\frac{r}{n}\right)^{15n+1} - 1\right] = \frac{a}{0.036}\left[\left(1+\frac{0.036}{n}\right)^{15n+1} - 1\right] \text{（万元）;}$$

(4) 瞬间计算利息，就是 (3) 中的 $\frac{1}{n}$ 无限小，以至于零，即 $n \to \infty$，这时，

$$A_T = \lim_{n\to\infty}\frac{a}{r}\left[\left(1+\frac{r}{n}\right)^{nT+1} - 1\right] = \frac{a}{r}\lim_{n\to\infty}\left[\left(1+\frac{r}{n}\right)^{\frac{n}{r}}\right]^{rT}\left(1+\frac{r}{n}\right) - \frac{a}{r} = \frac{a}{r}\left(e^{rT}-1\right)$$

所以每个瞬间计算 1 次利息，则 15 年后的本利之和是 $\frac{a}{0.036}(e^{15\times0.036}-1) = 19.8891a$（万元）.

称这种瞬间计息 1 次，每次累加本金相同，货币像均匀的流水一样流入银行的计存方式称为均匀货币流. 这里，$A_T = \frac{a}{r}\left(e^{rT}-1\right)$ 称为均匀货币流期末价值，金融管理学中还有 $P = A_T e^{-rT} = \frac{a}{r}\left(1-e^{-rT}\right)$，称为均匀货币流贴现价值.

第3章 导数与微分

【案例 3-1】 设某商品从现在起的第 t 天出售可获利最大，且 t 与该商品质量的增长速度 r（千克/天）及降价速度 p（元/天）有关系 $t = \dfrac{4r - 40p - 2}{pr}$. 按估计，从现在起该商品的质量每天会增长 2 千克，价格则每天减少 0.1 元. (1)按估计，求商品获利最大的出售时机；(2)如果商品质量的变化速度 r 是准确的，即 $r = 2$（千克/天），请分析当 p 有误差时对 t 的影响（t 对 p 的敏感度）；(3)如果商品售价的变化速度 p 是准确的，即 $p = 0.1$（元/天），请分析 t 对 r 的敏感度.

解：(1)把 $r = 2$，$p = 0.1$，代入 $t = \dfrac{4r - 40p - 2}{pr}$，得 $t = 10$，即第 10 天出售该商品获利最大；

(2)当 $r = 2$ 时，$t = \dfrac{3 - 20p}{p} = \dfrac{3}{p} - 20$，$0 < p \leq 0.15$. 记 t 对 p 的相对变化率为 $E_t(p)$，则

$$E_t(p) = \lim_{\Delta p \to 0} \frac{\dfrac{\Delta t}{t}}{\dfrac{\Delta p}{p}} = \frac{p}{t} \lim_{\Delta p \to 0} \frac{\Delta t}{\Delta p} = \frac{p}{t} \frac{\mathrm{d}t}{\mathrm{d}p} = \frac{p^2}{3 - 20p} \cdot \left(-\frac{3}{p^2}\right) = \frac{3}{20p - 3}$$

即 $\dfrac{\dfrac{\Delta t}{t}}{\dfrac{\Delta p}{p}} \approx \dfrac{3}{20p - 3}$，$\dfrac{\Delta t}{t} \approx \dfrac{3}{20p - 3} \dfrac{\Delta p}{p}$

取 $p = 0.1$，$\dfrac{\Delta p}{p} = 1\%$，得 $\dfrac{\Delta t}{t} \approx -3\%$. 这说明，当 $p = 0.1$（元/天）时，若商品每天的降价速度增加 1%，则获利最大的出售时间将约提前 3%.

(3)当 $p = 0.1$ 时，$t = \dfrac{40r - 60}{r} = 40 - \dfrac{60}{r}$，$r \geq 1.5$. 记 t 对 r 的相对变化率为 $E_t(r)$，同(2)

$$E_t(r) = \frac{r}{t} \frac{\mathrm{d}t}{\mathrm{d}r} = \frac{r^2}{40r - 60} \cdot \frac{60}{r^2} = \frac{3}{2r - 3}$$

即 $\dfrac{\dfrac{\Delta t}{t}}{\dfrac{\Delta r}{r}} \approx \dfrac{3}{2r - 3}$，$\dfrac{\Delta t}{t} \approx \dfrac{3}{2r - 3} \dfrac{\Delta r}{r}$

取 $r=2$，$\dfrac{\Delta r}{r}=1\%$，得 $\dfrac{\Delta t}{t}\approx 3\%$．这说明，当 $r=2$（千克/天）时，若商品质量每天的增长速度增加 1%，则获利最大的出售时间将约推迟 3%．

　　导数是微积分学的基本概念，它源于变量变化率的研究．例如物体运动的速度、国民经济发展的速度及劳动生产率等．本章以讨论函数的变化率为任务目标，通过各种函数的求导数和求微分运算任务，帮助我们理解导数与微分的概念，了解导数与微分的意义，熟记导数的基本公式，熟练掌握导数和微分的运算，学会用导数和微分的方法解决实际问题．

3.1　导数的概念

3.1.1　实际问题的引入

例 3-1　直线运动的速度

设物体运动的路程 s 是时间 t 的函数，记为 $s=s(t)$，则在时刻 t_0 到 t 的时间间隔 $\Delta t=t-t_0$ 内，物体的平均速度为

$$\frac{\Delta s}{\Delta t}=\frac{s(t_0+\Delta t)-s(t_0)}{\Delta t}$$

在匀速运动中，这个比值是常量，而在变速运动中，若要知道 t_0 时刻的瞬时速度 $v(t_0)$，可令 t 不断接近 t_0，时间间隔 Δt 不断缩短，平均速度 $\dfrac{\Delta s}{\Delta t}$ 就不断接近 t_0 时刻的瞬时速度．然而，平均速度毕竟不是瞬时速度，只有当 $\Delta t\to 0$ 时，$\dfrac{\Delta s}{\Delta t}$ 的极限值存在，此极限才是 t_0 时刻的瞬时速度，即

$$v(t_0)=\lim_{\Delta t\to 0}\frac{\Delta s}{\Delta t}=\lim_{\Delta t\to 0}\frac{s(t_0+\Delta t)-s(t_0)}{\Delta t}$$

例 3-2　总成本的变化率

设总成本 C 是产量 q 的函数，即 $C=C(q)$，当产量由 q_0 变到 $q_0+\Delta q$ 时，总成本的平均变化率为

$$\frac{\Delta C}{\Delta q}=\frac{C(q_0+\Delta q)-C(q_0)}{\Delta q}$$

同上例分析，当 $\Delta q\to 0$ 时，若 $\dfrac{\Delta C}{\Delta q}$ 的极限值存在，此极限就是产量为 q_0 时总成本的变化率即边际成本，表示为

$$\lim_{\Delta q\to 0}\frac{\Delta C}{\Delta q}=\lim_{\Delta q\to 0}\frac{C(q_0+\Delta q)-C(q_0)}{\Delta q}$$

以上两个例子的实际背景不同，但归纳到数学问题，其本质是一致的，即都是当自

变量的改变量趋于零时，函数的改变量与自变量的改变量之比的极限问题. 这就是函数的导数.

3.1.2　导数定义

定义 3.1　设函数 $y = f(x)$ 在点 x_0 的某个邻域内有定义，当自变量在点 x_0 处有增量 Δx 时，函数 $y = f(x)$ 相应的改变量为 $\Delta y = f(x_0 + \Delta x) - f(x_0)$. 如果当 $\Delta x \to 0$ 时，极限

$$\lim_{\Delta x \to 0} \frac{\Delta y}{\Delta x} = \lim_{\Delta x \to 0} \frac{f(x_0 + \Delta x) - f(x_0)}{\Delta x}$$

存在，则称此极限值为函数 $y = f(x)$ 在点 x_0 处的导数. 记作

$$f'(x_0) , \quad y' \big|_{x=x_0} \text{ 或 } \frac{\mathrm{d} y}{\mathrm{d} x}\bigg|_{x=x_0} , \quad \frac{\mathrm{d} f}{\mathrm{d} x}\bigg|_{x=x_0}.$$

即

$$y' \big|_{x=x_0} = \lim_{\Delta x \to 0} \frac{\Delta y}{\Delta x} = \lim_{\Delta x \to 0} \frac{f(x_0 + \Delta x) - f(x_0)}{\Delta x} \tag{3-1}$$

也称函数 $y = f(x)$ 在点 x_0 处可导. 如果极限 $\lim\limits_{\Delta x \to 0} \dfrac{\Delta y}{\Delta x}$ 不存在，则称函数 $y = f(x)$ 在点 x_0 处不可导.

如例 3-1 和例 3-2 中直线运动的速度可表示为 $v(t_0) = s'(t_0)$，成本的变化率为 $C'(q_0)$.

导数的定义式 (3-1) 也可以表示为以下的形式：

$$f'(x_0) = \lim_{h \to 0} \frac{f(x_0 + h) - f(x_0)}{h} \tag{3-2}$$

或

$$f'(x_0) = \lim_{x \to x_0} \frac{f(x) - f(x_0)}{x - x_0} \tag{3-3}$$

因为 $\dfrac{\Delta y}{\Delta x}$ 是因变量 y 在自变量取 x_0 到 $x_0 + \Delta x$ 时的平均变化率，所以导数 $f'(x_0)$ 的本质就是函数 y 在 $x = x_0$ 处的变化率.

若函数 $y = f(x)$ 在区间 (a, b) 内任意一点处都可导，则称函数 $y = f(x)$ 在区间 (a, b) 内可导.

定义 3.2　设函数 $y = f(x)$ 在区间 (a, b) 内可导，则对于区间 (a, b) 内每一个 x，都有一个导数值 $f'(x)$ 与之对应，即

$$\lim_{\Delta x \to 0} \frac{\Delta y}{\Delta x} = \lim_{\Delta x \to 0} \frac{f(x + \Delta x) - f(x)}{\Delta x}$$

那么 $f'(x)$ 也是 x 的函数，称为 $f(x)$ 的导函数，简称导数. 记作

$$f'(x), \quad y' \text{ 或 } \frac{\mathrm{d} y}{\mathrm{d} x}, \quad \frac{\mathrm{d} f}{\mathrm{d} x}.$$

由定义 3.2 可知，函数 $f(x)$ 在 x_0 处的导数 $f'(x_0)$ 就是导函数 $f'(x)$ 在点 x_0 处的函数

值，即

$$f'(x_0) = f'(x)|_{x=x_0}$$

3.1.3　按定义计算导数

根据导数的定义，可依照以下三个步骤求 $f'(x)$：

(1) 求增量　$\Delta y = f(x+\Delta x) - f(x)$；

(2) 算比值　$\dfrac{\Delta y}{\Delta x} = \dfrac{f(x+\Delta x) - f(x)}{\Delta x}$；

(3) 取极限　$y' = f'(x) = \lim\limits_{\Delta x \to 0}\dfrac{\Delta y}{\Delta x} = \lim\limits_{\Delta x \to 0}\dfrac{f(x+\Delta x) - f(x)}{\Delta x}$。

【任务 3-1】　按定义，求下列基本初等函数的导数：

(1) $y = C$（C 为常数）；　　　　(2) $y = x^n$；　　　　(3) $y = \cos x$；　　　　(4) $y = \log_a x$

解　(1) 给 x 以增量 Δx，则 $\Delta y = C - C = 0$，

$$\frac{\Delta y}{\Delta x} = 0，$$

$$y' = \lim_{\Delta x \to 0}\frac{\Delta y}{\Delta x} = \lim_{\Delta x \to 0} 0 = 0；$$

(2) 给 x 以增量 Δx，则

$$\Delta y = (x+\Delta x)^n - x^n = C_n^0 x^n + C_n^1 x^{n-1}\Delta x + C_n^2 x^{n-2}(\Delta x)^2 + C_n^3 x^{n-3}(\Delta x)^3 + \cdots + C_n^n(\Delta x)^n - x^n$$

$$= nx^{n-1}\Delta x + \frac{n(n-1)}{2!}x^{n-2}(\Delta x)^2 + \frac{n(n-1)(n-2)}{3!}x^{n-3}(\Delta x)^3 + \cdots + (\Delta x)^n，$$

$$\frac{\Delta y}{\Delta x} = nx^{n-1} + \frac{n(n-1)}{2!}x^{n-2}(\Delta x) + \frac{n(n-1)(n-2)}{3!}x^{n-3}(\Delta x)^2 + \cdots + (\Delta x)^{n-1}，$$

$$y' = \lim_{\Delta x \to 0}\frac{\Delta y}{\Delta x} = \lim_{\Delta x \to 0}(nx^{n-1}) = nx^{n-1}，$$

即　$(x^n)' = nx^{n-1}$；

一般地，$(x^\alpha)' = \alpha x^{\alpha-1}$（$\alpha$ 为实数）。

(3) 给 x 以增量 Δx，则 $\Delta y = \cos(x+\Delta x) - \cos(x) = -2\sin\left(x+\dfrac{\Delta x}{2}\right)\sin\dfrac{\Delta x}{2}$，

$$\frac{\Delta y}{\Delta x} = -\frac{2}{\Delta x}\sin\left(x+\frac{\Delta x}{2}\right)\sin\frac{\Delta x}{2} = -\sin\left(x+\frac{\Delta x}{2}\right)\frac{\sin\dfrac{\Delta x}{2}}{\dfrac{\Delta x}{2}}，$$

$$y' = \lim_{\Delta x \to 0}\frac{\Delta y}{\Delta x} = \lim_{\Delta x \to 0} -\sin\left(x+\frac{\Delta x}{2}\right)\frac{\sin\dfrac{\Delta x}{2}}{\dfrac{\Delta x}{2}} = -\sin(x+0)\times 1 = -\sin x。$$

即　$(\cos x)' = -\sin x$。

同理，可得　$(\sin x)' = \cos x$。

(4) 给 x 以增量 Δx，则 $\Delta y = \log_a(x + \Delta x) - \log_a x = \log_a\left(1 + \dfrac{\Delta x}{x}\right)$，

$$\frac{\Delta y}{\Delta x} = \frac{\log_a\left(1 + \dfrac{\Delta x}{x}\right)}{\Delta x} = \log_a\left(1 + \frac{\Delta x}{x}\right)^{\frac{1}{\Delta x}},$$

$$y' = \lim_{\Delta x \to 0} \frac{\Delta y}{\Delta x} = \lim_{\Delta x \to 0} \log_a\left(1 + \frac{\Delta x}{x}\right)^{\frac{1}{\Delta x}} = \log_a \lim_{\Delta x \to 0}\left(1 + \frac{\Delta x}{x}\right)^{\frac{1}{\Delta x}}$$

$$= \log_a \mathrm{e}^{\frac{1}{x}} = \frac{1}{x}\log_a \mathrm{e} = \frac{1}{x \ln a}.$$

即　$(\log_a x)' = \dfrac{1}{x}\log_a \mathrm{e} = \dfrac{1}{x \ln a}$.

特别地，$(\ln x)' = \dfrac{1}{x}$.

后续可计算得，$(a^x)' = a^x \ln a$，$(\mathrm{e}^x)' = \mathrm{e}^x$.

【任务 3-2】 求下列函数的导数：

(1) $y = x^8$，$y = \dfrac{1}{x}$，$y = \sqrt{x}$，$y = \dfrac{1}{\sqrt[3]{x^2}}$；

(2) $y = \log_3 x$，$y = \lg x$；

(3) $y = 5^x$，$y = 2^x \cdot 3^x$，$y = \dfrac{2^x}{3^x}$.

解　(1) 由 $(x^\alpha)' = \alpha x^{\alpha-1}$，得

$$\frac{\mathrm{d}y}{\mathrm{d}x} = (x^8)' = 8x^7,$$

$$\frac{\mathrm{d}y}{\mathrm{d}x} = \left(\frac{1}{x}\right)' = (x^{-1})' = (-1) \cdot x^{-2} = -\frac{1}{x^2},$$

$$y' = \left(\sqrt{x}\right)' = \left(x^{\frac{1}{2}}\right)' = \frac{1}{2}x^{-\frac{1}{2}} = \frac{1}{2\sqrt{x}},$$

$$y' = \left(\frac{1}{\sqrt[3]{x^2}}\right)' = \left(x^{-\frac{2}{3}}\right)' = -\frac{2}{3}x^{-\frac{5}{3}} = -\frac{2}{3\sqrt[3]{x^5}};$$

(2) 由 $(\log_a x)' = \dfrac{1}{x \ln a}$，得

$$\frac{\mathrm{d}y}{\mathrm{d}x} = (\log_3 x)' = \frac{1}{x \ln 3},$$

$$\frac{\mathrm{d}y}{\mathrm{d}x} = (\lg x)' = \frac{1}{x \ln 10};$$

(3) 由 $(a^x)' = a^x \ln a$，得

$$y' = (5^x)' = 5^x \ln 5,$$

$$y' = (2^x \cdot 3^x)' = (6^x)' = 6^x \ln 6 = 2^x \cdot 3^x(\ln 2 + \ln 3),$$

$$y' = \left(\frac{2^x}{3^x}\right)' = \left[\left(\frac{2}{3}\right)^x\right]' = \left(\frac{2}{3}\right)^x \ln\frac{2}{3} = \frac{2^x}{3^x}(\ln 2 - \ln 3).$$

3.1.4　导数的几何意义

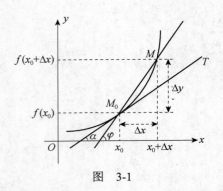

图　3-1

设函数 $y = f(x)$ 的图像如图 3-1 所示，在曲线 $y = f(x)$ 上任取两点 M_0 和 M 作割线 $M_0 M$，设割线的倾角为 φ，则割线 $M_0 M$ 的斜率为

$$\tan\varphi = \frac{\Delta y}{\Delta x} = \frac{f(x_0 + \Delta x) - f(x_0)}{\Delta x}$$

当点 M 沿曲线 $y = f(x)$ 趋向于 M_0 点时，割线 $M_0 M$ 趋向于极限位置 $M_0 T$，称 $M_0 T$ 是曲线 $y = f(x)$ 在点 M_0 处的切线. 设 $M_0 T$ 的倾角为 α，当点 $M \to$ 点 M_0 时，$\Delta x \to 0$，这时割线 $M_0 M \to$ 切线 $M_0 T$，$\angle\varphi \to \angle\alpha$，于是切线 $M_0 T$ 的斜率 k 为

$$k = \tan\alpha = \lim_{\varphi \to \alpha} \tan\varphi = \lim_{\Delta x \to 0} \frac{\Delta y}{\Delta x} = f'(x_0)$$

这说明导数的几何意义是：函数 $y = f(x)$ 在点 x_0 处的导数 $f'(x_0)$ 就是曲线 $y = f(x)$ 在点 $M_0(x_0, y_0)$ 处的切线 $M_0 T$ 的斜率，即

$$k_{切线} = f'(x_0)$$

由导数的几何意义，如果函数 $f(x)$ 在点 x_0 处可导，则曲线 $y = f(x)$ 上点 (x_0, y_0) 处的切线方程为

$$y - y_0 = f'(x_0)(x - x_0)$$

如果 $f'(x) \neq 0$，则法线方程为

$$y - y_0 = -\frac{1}{f'(x_0)}(x - x_0)$$

【任务 3-3】　求曲线 $y = \cos x$ 上点 $\left(\dfrac{\pi}{3}, \dfrac{1}{2}\right)$ 处的切线方程.

解： 由于 $y' = (\cos x)' = -\sin x$，

故所求的切线斜率为

$$k = y'|_{x=\frac{\pi}{3}} = -\sin\frac{\pi}{3} = -\frac{\sqrt{3}}{2}$$

所求的切线方程为

$$y - \frac{1}{2} = -\frac{\sqrt{3}}{2}\left(x - \frac{\pi}{3}\right)$$

整理得

$$\frac{\sqrt{3}}{2}x+y-\frac{1}{2}-\frac{\sqrt{3}}{6}\pi=0$$

由导数的定义，函数 $f(x)$ 在点 x_0 处可导，就是极限 $\lim\limits_{\Delta x\to 0}\dfrac{\Delta y}{\Delta x}$ 存在. 而 $\lim\limits_{\Delta x\to 0}\dfrac{\Delta y}{\Delta x}$ 存在的

充分必要条件是 $\lim\limits_{\Delta x\to 0^-}\dfrac{\Delta y}{\Delta x}$ 和 $\lim\limits_{\Delta x\to 0^+}\dfrac{\Delta y}{\Delta x}$ 都存在且相等，$\lim\limits_{\Delta x\to 0^-}\dfrac{\Delta y}{\Delta x}$ 和 $\lim\limits_{\Delta x\to 0^+}\dfrac{\Delta y}{\Delta x}$ 分别称为函数

$f(x)$ 在点 x_0 处的左导数和右导数. 即，函数 $f(x)$ 在点 x_0 处可导的充分必要条件是函数 $f(x)$ 在点 x_0 处左、右导数存在且相等.

我们发现，函数 $f(x)$ 在点 x_0 处连续和可导的定义，都有同样的条件"函数 $f(x)$ 在点 x_0 的某个邻域内有定义"，那么两者间有何关系呢？

3.1.5 可导与连续的关系

定理 3.1 如果函数 $y=f(x)$ 在点 x_0 处可导，则 $y=f(x)$ 在点 x_0 处连续.

证 因为 $y=f(x)$ 在点 x_0 处可导，即 $\lim\limits_{\Delta x\to 0}\dfrac{\Delta y}{\Delta x}$ 存在，则

$$\lim_{\Delta x\to 0}\Delta y=\lim_{\Delta x\to 0}\left(\frac{\Delta y}{\Delta x}\cdot \Delta x\right)=\lim_{\Delta x\to 0}\frac{\Delta y}{\Delta x}\cdot \lim_{\Delta x\to 0}\Delta x=0$$

所以，函数 $y=f(x)$ 在点 x_0 处连续.

注意：定理 3.1 的逆命题不成立，即由函数 $f(x)$ 在点 x_0 处连续，不能得到函数 $f(x)$ 在点 x_0 处可导.

【任务 3-4】 讨论函数 $y=|x|$ 在点 $x=0$ 处的连续性与可导性.

解：因为 $\Delta y=f(0+\Delta x)-f(0)=|0+\Delta x|-|0|=|\Delta x|$，所以 $\lim\limits_{\Delta x\to 0^-}\Delta y=\lim\limits_{x\to 0^-}(-\Delta x)=0$，

且 $\lim\limits_{\Delta x\to 0^+}\Delta y=\lim\limits_{x\to 0^+}\Delta x=0$，即 $\lim\limits_{\Delta x\to 0}\Delta y=0$.

所以，函数 $y=|x|$ 在点 $x=0$ 处连续（见图 3-2）.

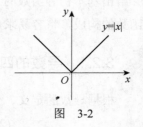

图 3-2

而
$$\lim_{\Delta x\to 0^-}\frac{\Delta y}{\Delta x}=\lim_{\Delta x\to 0^-}\frac{-\Delta x}{\Delta x}=-1$$
$$\lim_{\Delta x\to 0^+}\frac{\Delta y}{\Delta x}=\lim_{\Delta x\to 0^+}\frac{\Delta x}{\Delta x}=1$$

即

$$\lim_{\Delta x\to 0^-}\frac{\Delta y}{\Delta x}\neq \lim_{\Delta x\to 0^+}\frac{\Delta y}{\Delta x}$$

所以 $\lim\limits_{\Delta x\to 0}\dfrac{\Delta y}{\Delta x}$ 不存在，即函数 $y=|x|$ 在点 $x=0$ 处不可导.

这种连续但不可导的点，在后续学习中有重要意义，其图形特征上有两种情况：

(1) 切线不存在，如曲线 $y=|x|$ 在点 $(0,0)$ 处没有切线（见图 3-2）；

(2) 切线垂直于 x 轴，如函数 $y=\sqrt[3]{x^2}$ 在点 $x=0$ 处连续但不可导，而曲线 $y=\sqrt[3]{x^2}$ 在点 $(0,0)$ 处的切线 $x=0$ 垂直于 x 轴.

实训 3.1

1. 设 $y = f(x) = 5x^2$.

(1) 按定义计算 $\dfrac{\mathrm{d}y}{\mathrm{d}x}$;   (2) 求 $y'|_{x=4}$.

2. 求下列函数的导数:

(1) $y = x^5$, $y = \dfrac{1}{\sqrt{x}}$, $y = \sqrt[4]{x^3}$;   (2) $y = \log_7 x$, $y = \log_{\frac{1}{3}} x$, $y = \lg x$;

(3) $y = 2^x$, $y = a^x \mathrm{e}^x$.

3. 讨论下列函数在 $x = 0$ 的连续性与可导性:

(1) $y = x|x|$;   (2) $f(x) = \sqrt[3]{x}$.

4. 证明函数 $f(x) = |x-1|$ 在 $x = 1$ 处不可导.

5. 求下列曲线在指定点处的切线方程:

(1) $y = x^2$, 点 $(-2,\ 4)$;   (2) $y = \sin x$, 点 $(0,\ 0)$;

(3) $y = \ln x$, 点 $(1,\ 0)$.

3.2　导数的基本公式与运算法则

求导数是微积分学的基本运算,但当函数比较复杂时,按定义求导数将是困难的. 下面将给出导数的四则运算法则、复合函数的求导公式、隐函数的求导法及对数求导法,并给出基本初等函数的导数公式等. 这样,当我们熟练掌握上述公式和方法,并能剖析函数的构成,将容易求出所有初等函数和部分超越函数的导数.

3.2.1　导数的四则运算法则

根据导数的定义、分配律和极限的运算法则,可得到 $(u \pm v)' = u' \pm v'$. 但由

$$(2^x \cdot 3^x)' = 2^x \cdot 3^x (\ln 2 + \ln 3) \neq (2^x \ln 2) \cdot (3^x \ln 3)$$

易知, $(uv)' \neq u' \cdot v'$, 同理, $\left(\dfrac{u}{v}\right)' \neq \dfrac{u'}{v'}$.

定理 3.2　设函数 $u = u(x)$ 和 $v = v(x)$ 在点 x 处可导, 则

(1) $(u \pm v)' = u' \pm v'$;

(2) $(uv)' = u' \cdot v + u \cdot v'$;

(3) $\left(\dfrac{u}{v}\right)' = \dfrac{u'v - uv'}{v^2}$.

推论 (1) $(u_1 \pm u_2 \pm \cdots \pm u_n)' = u_1' \pm u_2' \pm \cdots \pm u_n'$ ；

(2) $(C \cdot u)' = C \cdot u'$ （C 为常数）；

(3) $(uvw)' = u'vw + uv'w + uvw'$ ；

(4) $\left(\dfrac{1}{u}\right)' = -\dfrac{u'}{u^2}$.

【**任务 3-5**】 求下列函数的导数：

(1) $y = 3x^4 + \dfrac{2}{x^2} - 5^x + 4\cos x + \lg e$ ；

(2) $y = (3 - 2x^3)(x^2 + 4x + 1)$ ；

(3) $y = \dfrac{x^2 + \ln x}{\sin x}$.

解： (1) $y' = 3(x^4)' + 2(x^{-2})' - (5^x)' + 4(\cos x)' + (\lg e)'$

$\qquad = 12x^3 + 2 \cdot (-2)x^{-3} - 5^x \ln 5 + 4(-\sin x) + 0$

$\qquad = 12x^3 - \dfrac{4}{x^3} - 5^x \ln 5 - 4\sin x$ ；

(2) $y' = (3 - 2x^3)'(x^2 + 4x + 1) + (3 - 2x^3)(x^2 + 4x + 1)'$

$\qquad = -6x^2(x^2 + 4x + 1) + (3 - 2x^3)(2x + 4)$

$\qquad = -10x^4 - 32x^3 - 6x^2 + 6x + 12$ ；

(3) $y' = \dfrac{(x^2 + \ln x)'\sin x - (x^2 + \ln x)(\sin x)'}{\sin^2 x} = \dfrac{(2x + \frac{1}{x})\sin x - (x^2 + \ln x)\cos x}{\sin^2 x}$

$\qquad = \dfrac{(2x^2 + 1)\sin x - x(x^2 + \ln x)\cos x}{x\sin^2 x}$.

【**任务 3-6**】 求下列函数的导数：

(1) $y = \tan x$ ；

(2) $y = \sec x$.

解： (1) $y' = \left(\dfrac{\sin x}{\cos x}\right)' = \dfrac{(\sin x)' \cdot \cos x - \sin x \cdot (\cos x)'}{\cos^2 x}$

$\qquad = \dfrac{\cos^2 x + \sin^2 x}{\cos^2 x} = \dfrac{1}{\cos^2 x} = \sec^2 x$

即

$(\tan x)' = \sec^2 x$

同理， $(\cot x)' = -\csc^2 x$.

(2) $y' = \left(\dfrac{1}{\cos x}\right)' = -\dfrac{(\cos x)'}{\cos^2 x} = \dfrac{\sin x}{\cos^2 x}$

$\qquad = \dfrac{1}{\cos x} \cdot \dfrac{\sin x}{\cos x} = \sec x \tan x$

即

$(\sec x)' = \sec x \tan x$.

同理，$(\csc x)' = -\csc x \cot x$.

【任务 3-7】 求下列函数在指定点处的导数：

(1) $y = x \sin x \cdot \ln x$，$x = \pi$；　　　　　　(2) $y = x^5 (x - \pi)(x - 1)\sin x$，$x = \pi$ 和 $x = 1$；

(3) $f(x) = \dfrac{x^5 - 2\sqrt{x} + 1}{x^2}$，$x = 1$.

解： (1) 因为 $y' = (x)' \sin x \cdot \ln x + x(\sin x)' \ln x + x \sin x (\ln x)'$

$$= 1 \cdot \sin x \cdot \ln x + x \cos x \cdot \ln x + x \sin x \cdot \frac{1}{x}$$

$$= \sin x \cdot \ln x + x \cos x \cdot \ln x + \sin x$$

所以 $y'|_{x=\pi} = \sin \pi \cdot \ln \pi + \pi \cos \pi \cdot \ln \pi + \sin \pi = 0 + \pi(-1)\ln \pi + 0 = -\pi \ln \pi$.

(2) 参考 (1)，由积的导数运算法则，不计算 y'，也可得

$$y'|_{x=\pi} = 0$$
$$y'|_{x=1} = 1^5 (1 - \pi)\sin 1 = (1 - \pi)\sin 1$$

(3) 因为 $f'(x) = (x^3 - 2x^{-\frac{3}{2}} + x^{-2})'$

$$= 3x^2 - 2 \cdot (-\frac{3}{2}) x^{-\frac{5}{2}} + (-2) x^{-3} = 3x^2 + \frac{3}{\sqrt{x^5}} - \frac{2}{x^3}$$

所以 $f'(1) = 3 \cdot 1^2 + \dfrac{3}{\sqrt{1^5}} - \dfrac{2}{1^3} = 4$.

3.2.2　复合函数的求导法则

定理 3.3　设函数 $y = f(u)$ 在点 u 处可导，函数 $u = \varphi(x)$ 在对应于 u 的点 x 处可导，则复合函数 $y = f[\varphi(x)]$ 在点 x 处可导，且

$$\frac{dy}{dx} = f'(u) \cdot \varphi'(x)，\quad \text{或} \quad \frac{dy}{dx} = \frac{dy}{du} \cdot \frac{du}{dx}，\quad \text{或} \quad y'_x = y'_u \cdot u'_x.$$

定理说明，复合函数的导数等于因变量对中间变量的导数乘以中间变量对自变量的导数.

推论　设函数 $y = f\{\varphi[\psi(x)]\}$ 由 $y = f(u)$，$u = \varphi(v)$，$v = \psi(x)$ 复合而成，且每个函数对于其自变量可导，则　　$\dfrac{dy}{dx} = \dfrac{dy}{du} \cdot \dfrac{du}{dv} \cdot \dfrac{dv}{dx}$.

推论说明，复合函数的导数运算公式好像链条一样，一环扣一环，所以又称之为链式法则. 求导数时，先对复合函数进行分解，使要进行导数运算的函数是一个简单函数，再求导数.

【任务 3-8】 求下列函数的导数：

(1) $y = \sin 5x$；　　　　(2) $y = \cos^3 x$；　　　　(3) $y = (3x + 5)^4$；　　　　(4) $y = \dfrac{1}{e^{x^2}}$.

解： (1) 函数可分解为 $y = \sin u$，$u = 5x$，所以
$$y' = (\sin u)'_u \cdot (5x)'_x = \cos u \cdot 5 = 5\cos 5x$$

(2) 函数可分解为 $y = u^3$，$u = \cos x$，所以
$$y' = (u^3)'_u \cdot (\cos x)'_x = 3u^2(-\sin x) = -3\cos^2 x \sin x$$

(3) 函数可分解为 $y = u^4$，$u = 3x + 5$，所以
$$y' = (u^4)'_u \cdot (3x + 5)'_x = 4u^3 \times 3 = 12(3x + 5)^3$$

(4) 函数可分解为 $y = u^{-1}$，$u = e^v$，$v = x^2$，所以
$$y' = (u^{-1})'_u \cdot (e^v)'_v \cdot (x^2)'_x = -u^{-2} \cdot e^v \cdot 2x = -(e^{x^2})^{-2} \cdot e^{x^2} \cdot 2x$$
$$= -2x(e^{x^2})^{-1} = -2x e^{-x^2}$$

解法二　函数可分解为 $y = e^u$，$u = -x^2$，所以
$$y' = (e^u)'_u \cdot (-x^2)'_x = e^u \cdot (-2x) = -2x e^{-x^2}$$

可见，分解复合函数对于求复合函数的导数非常关键. 分解得当，求解容易且简洁；分解不得当，求解变得麻烦且烦琐.

另外，对于由 $y = f(u), u = \varphi(x)$ 复合而成的复合函数 $y = f[\varphi(x)]$，称 $y = f(u)$ 为外层函数，$u = \varphi(x)$ 为内层函数. 这样，复合函数的导数就等于外层函数的导数乘以内层函数的导数. 当我们熟练掌握复合函数的求导法则后，求导数时只将复合函数的外层函数分解成基本初等函数并求导，把求导结果（不带中间变量）再乘以内层函数的导数，如此从外到内，逐层分解，逐层求导，直到简单函数对自变量的导数. 从而省去中间变量，而且只有这样，才能更好地综合应用导数的四则运算法则和复合函数的导数运算法则.

【任务 3-9】　求下列函数的导数：

(1) $y = \sqrt{4 - 3x^2}$ ；　　(2) $y = \ln\cot x$ ；　　(3) $y = 2^{\tan 5x}$ ；　　(4) $y = \cos^3(1 - 2x)$.

解： (1) $y' = \dfrac{1}{2\sqrt{4 - 3x^2}} \cdot (4 - 3x^2)' = \dfrac{1}{2\sqrt{4 - 3x^2}} \cdot (-6x) = -\dfrac{3x}{\sqrt{4 - 3x^2}}$ ；

(2) $y' = \dfrac{1}{\cot x} \cdot (\cot x)' = \dfrac{1}{\cot x} \cdot (-\csc^2 x) = -\dfrac{\sin x}{\cos x} \cdot \dfrac{1}{\sin^2 x} = -\dfrac{1}{\sin x \cos x} = -\dfrac{2}{\sin 2x}$ ；

(3) $y' = 2^{\tan 5x} \ln 2 \cdot (\tan 5x)' = 2^{\tan 5x} \ln 2 \cdot \sec^2 5x \cdot (5x)' = 2^{\tan 5x} 5\ln 2 \cdot \sec^2 5x$ ；

(4) $y' = 3\cos^2(1 - 2x) \cdot [\cos(1 - 2x)]' = 3\cos^2(1 - 2x) \cdot [-\sin(1 - 2x)](1 - 2x)'$
$$= -3\cos^2(1 - 2x) \cdot \sin(1 - 2x)(-2)$$
$$= 3\sin(2 - 4x)\cos(1 - 2x)$$

【任务 3-10】　求下列函数的导数：

(1) $y = (x + 1)\sqrt{2x - 3}$ ；　　　　(2) $y = \left(\dfrac{x}{x^2 - 3}\right)^3$ ；

(3) $y = \ln(\sqrt{x^2 + a^2} - x)$.

解： (1) $y' = (x + 1)'\sqrt{2x - 3} + (x + 1)(\sqrt{2x - 3})'$

$$= \sqrt{2x-3} + (x+1)\frac{1}{2\sqrt{2x-3}} \cdot (2x-3)'$$

$$= \sqrt{2x-3} + \frac{x+1}{2\sqrt{2x-3}} \cdot 2 = \frac{3x-2}{\sqrt{2x-3}} ;$$

(2) $y' = 3\left(\dfrac{x}{x^2-3}\right)^2 \cdot \left(\dfrac{x}{x^2-3}\right)' = 3\left(\dfrac{x}{x^2-3}\right)^2 \cdot \dfrac{(x)'(x^2-3)-x(x^2-3)'}{(x^2-3)^2}$

$$= 3\left(\frac{x}{x^2-3}\right)^2 \cdot \frac{x^2-3-x\cdot 2x}{(x^2-3)^2} = \frac{-3x^2(x^2+3)}{(x^2-3)^4} ;$$

(3) $y' = \dfrac{1}{\sqrt{x^2+a^2}-x} \cdot (\sqrt{x^2+a^2}-x)' = \dfrac{1}{\sqrt{x^2+a^2}-x} \cdot [(\sqrt{x^2+a^2})'-(x)']$

$$= \frac{1}{\sqrt{x^2+a^2}-x} \cdot \left[\frac{1}{2\sqrt{x^2+a^2}}(x^2+a^2)'-1\right] = \frac{1}{\sqrt{x^2+a^2}-x} \cdot \left(\frac{2x}{2\sqrt{x^2+a^2}}-1\right)$$

$$= \frac{1}{\sqrt{x^2+a^2}-x} \cdot \frac{x-\sqrt{x^2+a^2}}{\sqrt{x^2+a^2}} = -\frac{1}{\sqrt{x^2+a^2}} .$$

【任务 3-11】　求下列函数的导数：

(1) $y = \ln \sqrt{\dfrac{1+x}{1-x}}$;　　　　　　　　(2) $y = x^\alpha$（证明一般幂函数的导数公式）.

解： (1) $y' = \left\{\dfrac{1}{2}[\ln(1+x)-\ln(1-x)]\right\}' = \dfrac{1}{2}\{[\ln(1+x)]'-[\ln(1-x)]'\}$

$$= \frac{1}{2}\left[\frac{1}{1+x}\cdot(1+x)'-\frac{1}{1-x}(1-x)'\right] = \frac{1}{2}\left(\frac{1}{1+x}+\frac{1}{1-x}\right) = \frac{1}{1-x^2} ;$$

(2) $y' = (x^\alpha)' = (e^{\ln x^\alpha})' = (e^{\alpha \ln x})' = e^{\alpha \ln x}(\alpha \ln x)' = x^\alpha\left(\alpha \cdot \dfrac{1}{x}\right) = \alpha x^{\alpha-1} .$

即，对于任意实数 α ，$(x^\alpha)' = \alpha x^{\alpha-1}$ 成立.

3.2.3　反函数的求导法则

定理 3.4　设某个区间内的单调可导函数 $x = \varphi(y)$ ，满足 $\varphi'(y) \neq 0$ ，则其反函数 $y = f(x)$ 可导，且

$$f'(x) = \frac{1}{\varphi'(y)}$$

就是说，反函数的导数就是直接函数导数的倒数.

【任务 3-12】　求下列函数的导数：

(1) $y = a^x$;　　　　　　　　(2) $y = \arctan x$.

解： (1) 因为 $y = a^x$ 的反函数 $x = \log_a y$ 在 $(0,+\infty)$ 上单调、可导，且 $(\log_a y)' = \dfrac{1}{y \ln a} \neq 0$ ，

所以由定理 3.4 得

$$y' = (a^x)' = \frac{1}{(\log_a y)'} = \frac{1}{\dfrac{1}{y\ln a}} = y\ln a = a^x \ln a$$

即　$(a^x)' = a^x \ln a$.

(2) 因为 $y = \arctan x$ 的反函数 $x = \tan y$ 在 $(-\dfrac{\pi}{2}, \dfrac{\pi}{2})$ 上单调、可导，且 $(\tan y)' = \sec^2 y \neq 0$ ，所以由定理 3.4 得

$$y' = (\arctan x)' = \frac{1}{(\tan y)'} = \frac{1}{\sec^2 y} = \frac{1}{1+\tan^2 y} = \frac{1}{1+x^2}$$

可得反三角函数的导数公式：

$(\arcsin x)' = \dfrac{1}{\sqrt{1-x^2}}$;　　　　　$(\arccos x)' = -\dfrac{1}{\sqrt{1-x^2}}$;

$(\arctan x)' = \dfrac{1}{1+x^2}$;　　　　　$(\text{arc}\cot x)' = -\dfrac{1}{1+x^2}$.

3.2.4　基本初等函数的导数公式和基本求导法则

至此，我们已经导出了全部基本初等函数的导数公式，并得到导数的四则运算法则以及复合函数的求导法则，为了便于查阅汇总如下.

1. 基本初等函数的导数公式

(1) $(C)' = 0$ 　（C 为常数）;　　　　　(2) $(x^\alpha)' = \alpha x^{\alpha-1}$ 　（α 为任意实数）;

(3) $(a^x)' = a^x \ln a$ 　（$a>0$ 且 $a\neq1$）;　　(4) $(\mathrm{e}^x)' = \mathrm{e}^x$;

(5) $(\log_a x)' = \dfrac{1}{x\ln a}$ 　（$a>0$ 且 $a\neq1$）;　(6) $(\ln x)' = \dfrac{1}{x}$;

(7) $(\sin x)' = \cos x$;　　　　　(8) $(\cos x)' = -\sin x$;

(9) $(\tan x)' = \dfrac{1}{\cos^2 x} = \sec^2 x$;　　(10) $(\cot x)' = -\dfrac{1}{\sin^2 x} = -\csc^2 x$;

(11) $(\sec x)' = \sec x \tan x$;　　　(12) $(\csc x)' = -\csc x \cot x$;

(13) $(\arcsin x)' = \dfrac{1}{\sqrt{1-x^2}}$;　　(14) $(\arccos x)' = -\dfrac{1}{\sqrt{1-x^2}}$;

(15) $(\arctan x)' = \dfrac{1}{1+x^2}$;　　(16) $(\text{arc}\cot x)' = -\dfrac{1}{1+x^2}$.

2. 导数的四则运算法则

设 u 和 v 是关于 x 的可导函数，有

(1) $(u \pm v)' = u' \pm v'$;　　　　　(2) $(uv)' = u'v + uv'$;

(3) $(C \cdot u)' = C \cdot u'$ （C 为常数）;　　(4) $\left(\dfrac{u}{v}\right)' = \dfrac{u'v - uv'}{v^2}$.

3. 复合函数的求导法则

设函数 $y = f(u)$ 对 u 可导，函数 $u = \varphi(x)$ 对 x 可导，则复合函数 $y = f[\varphi(x)]$ 对 x 的导数为

$$\frac{\mathrm{d}y}{\mathrm{d}x} = f'(u) \cdot \varphi'(x) \quad \text{或} \quad \frac{\mathrm{d}y}{\mathrm{d}x} = \frac{\mathrm{d}y}{\mathrm{d}u} \cdot \frac{\mathrm{d}u}{\mathrm{d}x} \quad \text{或} \quad y'_x = y'_u \cdot u'_x.$$

实训 3.2

1. 求下列函数的导数：

(1) $y = 2\sqrt{x} - \dfrac{1}{x} + 4\sqrt{3}$ ； (2) $y = x^2 \mathrm{e}^x$ ； (3) $y = 5(2x - 3)(x + 8)$ ；

(4) $y = x \mathrm{e}^x \cos x$ ； (5) $y = \dfrac{\ln x}{\sin x}$ ； (6) $y = \dfrac{3^x - 1}{x^3 + 1}$ ；

(7) $y = \dfrac{2x^2 - 3x + 4}{\sqrt{x}}$ ； (8) $y = (1 + \sqrt{x})(1 + \dfrac{1}{\sqrt{x}})$ ； (9) $y = \dfrac{1}{1 + \sqrt{x}} + \dfrac{1}{1 - \sqrt{x}}$.

2. 求下列函数的导数：

(1) $y = \sin(7x - 2)$ ； (2) $y = \log_3(3 + 2x^2)$ ； (3) $y = \sqrt{x^2 - 2x + 5}$ ；

(4) $y = \mathrm{e}^{x^3 + 3x - 1}$ ； (5) $y = \cos^3 \dfrac{x}{2}$ ； (6) $y = \ln \tan \dfrac{x}{2}$ ；

(7) $y = (\arctan \dfrac{x}{5})^5$ ； (8) $y = 3^{\cos \frac{1}{x}}$ ； (9) $y = 2^{x \ln x}$ ；

(10) $y = x^2 \sin \dfrac{1}{x}$ ； (11) $y = (3 + x)(1 + x^2)^3$ ； (12) $y = (2x - 1)\sqrt{1 + x^2}$ ；

(13) $y = \dfrac{3x + 1}{\sqrt{1 - x^2}}$ ； (14) $y = \mathrm{e}^{-x} \cos 3x$ ； (15) $y = \sin^2 x \cos 2x$ ；

(16) $y = \ln \dfrac{1 + \sqrt{x}}{1 - \sqrt{x}}$ ； (17) $y = x\sqrt{1 - x^2} + \arcsin x$ ； (18) $y = \ln(x + \sqrt{x^2 - a^2})$.

3.3   三种特殊求导法

3.3.1   隐函数的求导法

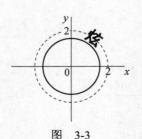

图　3-3

引例　如图 3-3 所示，"炫"字的中心在圆 $x^2 + y^2 = 4$ 上运动，使该字的底部与内圆相切. 如果该字中心在点 $(1, \sqrt{3})$ 上，求该字的转角 α .

分析　"炫"字转角 α 的正切值，就是圆 $x^2 + y^2 = 4$ 上点 $(1, \sqrt{3})$ 的切线斜率. 记圆 $x^2 + y^2 = 4$ 对应的函数为 $y = f(x)$ ，由

导数的几何意义,得 $\tan \alpha = f'(1)$. 所以,问题的重点是求 $f'(x)$,$f'(1)$. 如何求 $f'(x)$ 呢?

定义 3.3　设方程 $F(x,y)=0$ 至少有一个解,则 $F(x,y)=0$ 就确定了变量 x 与 y 的一个函数关系,把由方程 $F(x,y)=0$ 确定的函数称为隐函数,如 $x^2+y^2=4$,$\mathrm{e}^{\frac{x}{y}}=2xy$,$\sin(x^2 y)-3x+\mathrm{e}^y=0$ 等. 把形如 $y=f(x)$ 的函数称为显函数,如 $y=\sqrt{4-x^2}$,$y=x^2\sin x$ 等.

就是说,引例的求解归结为如何求隐函数的导数问题. 由于方程 $x^2+y^2=4$ 两边相等,所以两边对 x 的导数也相等,这样问题就变成了 y^2 如何对 x 求导?考虑到 $x^2+y^2=4$ 隐含函数 $y=f(x)$,所以 y^2 是一个以 y 为中间变量 x 为自变量的复合函数,由复合函数的导数运算法则,

$$(y^2)'_x = \frac{\mathrm{d}\,y^2}{\mathrm{d}\,y} \cdot \frac{\mathrm{d}\,y}{\mathrm{d}\,x} = 2y \cdot y'$$

由此可得,引例的求解如下.

解:方程 $x^2+y^2=4$ 两边对 x 求导,

$$(x^2)'_x + (y^2)'_x = (4)'_x \Rightarrow 2x+2y \cdot y' = 0$$

解关于 y' 为未知量的方程,得 $y' = -\dfrac{x}{y}$.

故

$$\tan \alpha = y'\big|_{\substack{x=1 \\ y=\sqrt{3}}} = -\frac{1}{\sqrt{3}} = -\frac{\sqrt{3}}{3}, \quad \alpha = \arctan\left(-\frac{\sqrt{3}}{3}\right) = -\frac{\pi}{6}$$

因此,字中心在点 $(1,\sqrt{3})$ 上时,字的转角 $\alpha = -\dfrac{\pi}{6}$.

从而得到隐函数求导法:

(1)方程两边对 x 求导;

(2)求导数时,对于只以 y 为变量的函数,看作 y 为中间变量的复合函数求导,这时 y 对 x 的导数为 y';

(3)求解 y' 为未知量的方程,得到 y'.

【任务 3-13】　求由方程 $\mathrm{e}^y = xy$ 所确定的隐函数的导数 $\dfrac{\mathrm{d}\,y}{\mathrm{d}\,x}$.

解:方程两边同时对 x 求导,

$$\mathrm{e}^y \cdot y' = y + xy'$$

解出 y',得　$y' = \dfrac{y}{\mathrm{e}^y - x}$.

【任务 3-14】　求下列隐函数在指定点处的导数:

(1)设 $y = x\cos y$,求 $\dfrac{\mathrm{d}\,y}{\mathrm{d}\,x}\bigg|_{x=0}$;　　　　　　　(2)设 $xy + \ln y = 1$,求 $\dfrac{\mathrm{d}\,y}{\mathrm{d}\,x}\bigg|_{\substack{x=1 \\ y=1}}$.

解:(1)方程两边对 x 求导,

$$y' = (x)' \cos y + x(\cos y)'_x$$

即

$$y' = \cos y - x \cdot \sin y \cdot y'$$

解出 y'，得 $y' = \dfrac{\cos y}{1 + x \sin y}$.

因为当 $x = 0$ 时，由原方程得 $y = 0$，所以 $\left.\dfrac{\mathrm{d}y}{\mathrm{d}x}\right|_{\substack{x=0 \\ y=0}} = 1$；

(2) 方程两边对 x 求导，

$$y + xy' + \frac{1}{y} \cdot y' = 0$$

即

$$y' = -\frac{y^2}{xy + 1}$$

把 $x = 1$，$y = 1$ 代入上式得 $\left.\dfrac{\mathrm{d}y}{\mathrm{d}x}\right|_{\substack{x=1 \\ y=1}} = -\dfrac{1}{2}$.

3.3.2 对数求导法

对于通过乘、除、乘方、开方构成的复杂函数，和幂指函数 $y = u^v$（u、v 都是 x 的函数，且 $u > 0$），通过两边取对数，利用对数的运算性质，化简后转化为隐函数，再按隐函数求导法求导数. 这样的方法，可使导数运算简单可行，称此法为对数求导法.

【任务 3-15】 求下列函数的导数：

(1) $y = \dfrac{x^3}{1-x} \sqrt{\dfrac{3-x}{(3+x)^2}}\ (0 < x < 1)$；　　　　　　　(2) $y = x^{\sin x}\ (x > 0)$.

解： (1) 两边取自然对数，得

$$\ln y = \ln\left[\frac{x^3}{1-x} \sqrt{\frac{3-x}{(3+x)^2}}\right] = 3\ln x - \ln(1-x) + \frac{1}{2}[\ln(3-x) - 2\ln(3+x)]$$

两边对 x 求导，

$$\frac{1}{y} \cdot y' = \frac{3}{x} + \frac{1}{1-x} - \frac{1}{2(3-x)} - \frac{1}{3+x}$$

从而

$$y' = y\left[\frac{3}{x} + \frac{1}{1-x} - \frac{1}{2(3-x)} - \frac{1}{3+x}\right]$$

即

$$y' = \frac{x^3}{1-x} \sqrt{\frac{3-x}{(3+x)^2}}\left(\frac{3}{x} + \frac{1}{1-x} - \frac{1}{6-2x} - \frac{1}{3+x}\right)$$

(2)两边取自然对数，

$$\ln y = \sin x \ln x$$

两边对 x 求导，

$$\frac{1}{y} \cdot y' = (\sin x)' \ln x + \sin x (\ln x)' = \cos x \ln x + \frac{\sin x}{x}$$

所以

$$y' = y(\cos x \ln x + \frac{\sin x}{x}) = x^{\sin x}(\cos x \ln x + \frac{\sin x}{x})$$

3.3.3　参数方程所确定的函数的导数

对于本节引例中的曲线 $x^2 + y^2 = 4$，当 $x = 1$ 时，$y = \pm\sqrt{3}$，就是说 $x^2 + y^2 = 4$ 确定的隐函数 $y = f(x)$ 不是一个单值函数. 因此，当 $x = 1$ 时，判定"炫"字的中心在圆的哪个位置比较麻烦. 若该曲线表示为 $\begin{cases} x = 2\cos\theta \\ y = 2\sin\theta \end{cases}$ $(0 \leqslant \theta \leqslant 2\pi)$，则圆上的每一个点被变量 θ 唯一确定，其切线的斜率 $k = \dfrac{\mathrm{d}y}{\mathrm{d}x}$ 是 θ 的单值函数. 由导数的定义有

$$k = \frac{\mathrm{d}y}{\mathrm{d}x} = \lim_{\Delta x \to 0} \frac{\Delta y}{\Delta x} = \lim_{\Delta\theta \to 0} \frac{\dfrac{\Delta y}{\Delta\theta}}{\dfrac{\Delta x}{\Delta\theta}} = \frac{\dfrac{\mathrm{d}y}{\mathrm{d}\theta}}{\dfrac{\mathrm{d}x}{\mathrm{d}\theta}} = \frac{2\cos\theta}{-2\sin\theta} = -\cot\theta$$

这就得到参数方程的导数计算方法.

设函数 $y = f(x)$ 由方程 $\begin{cases} x = \varphi(t) \\ y = \psi(t) \end{cases}$ $(a \leqslant t \leqslant b，t$ 为参数$)$ 确定，如果 $x = \varphi(t)$，$y = \psi(t)$ 都可导，且 $\varphi'(t) \neq 0$，则

$$\frac{\mathrm{d}y}{\mathrm{d}x} = \frac{\dfrac{\mathrm{d}y}{\mathrm{d}t}}{\dfrac{\mathrm{d}x}{\mathrm{d}t}} = \frac{\psi'(t)}{\varphi'(t)}$$

【任务 3-16】 已知椭圆的参数方程为 $\begin{cases} x = a\cos t \\ y = b\sin t \end{cases}$，求 $\dfrac{\mathrm{d}y}{\mathrm{d}x}$.

解： $\dfrac{\mathrm{d}y}{\mathrm{d}x} = \dfrac{(b\sin t)'}{(a\cos t)'} = -\dfrac{b\cos t}{a\sin t} = -\dfrac{b}{a}\cot t$

实训 3.3

1. 求下列方程确定的隐函数的导数 $\dfrac{\mathrm{d}y}{\mathrm{d}x}$：

(1) $x\mathrm{e}^x - 10 + y^2 = 0$；　　　　(2) $y = x + \ln y$；　　　　(3) $\sqrt{x} + \sqrt{y} = 0$；

(4) $xe^y - y = 1$;　　(5) $x^3 + y^3 - 3x^2 y = 0$;　　(6) $x - \sin\dfrac{y}{x} + \tan\alpha = 0$.

2．利用对数求导法求下列函数的导数：

(1) $y = x\sqrt{\dfrac{1-x}{1+x}}$;　　(2) $y = \dfrac{\sqrt{x+2}(3-x)}{(2x+1)^5}$;　　(3) $y = \dfrac{x^2}{1-x}\sqrt[3]{\dfrac{5-x}{(3+x)^2}}$;

(4) $y = (\sin x)^{\ln x}$;　　(5) $y = (\cos x)^{\sin x}$;　　(6) $y = x^{2^x}$.

3．求下列参数方程所确定的函数的导数 $\dfrac{\mathrm{d}y}{\mathrm{d}x}$:

(1) $\begin{cases} x = a(t - \sin t) \\ y = a(1 - \cos t) \end{cases}$;　　(2) $\begin{cases} x = 3e^{-t} \\ y = 2e^t \end{cases}$;　　(3) $\begin{cases} x = \theta(1 - \sin\theta) \\ y = \theta\cos\theta \end{cases}$.

3.4　高阶导数

本章开始的直线运动的速度引例，瞬时速度为 $v(t) = s'(t)$ ，若我们进一步研究速度对时间的变化率，即加速度 $a(t) = v'(t) = [s'(t)]'$ ，微积分学中称 $a(t)$ 是 $s(t)$ 的二阶导数.

定义 3.4　设函数 $y = f(x)$ 在点 x 处的导数 $f'(x)$ 可导，则称 $f'(x)$ 的导数为 $f(x)$ 的二阶导数. 记

$$f''(x) 、 \quad y'' 、 \quad \dfrac{\mathrm{d}^2 y}{\mathrm{d}x^2} \quad \text{及} \quad \dfrac{\mathrm{d}^2 f}{\mathrm{d}x^2} .$$

同理，称 $f(x)$ 的二阶导数的导数为 $f(x)$ 的三阶导数. 记

$$f'''(x) \quad 、 \quad y''' 、 \quad \dfrac{\mathrm{d}^3 y}{\mathrm{d}x^3} \quad \text{及} \quad \dfrac{\mathrm{d}^3 f}{\mathrm{d}x^3} .$$

一般地，称 $f(x)$ 的 $n-1$ 阶导数的导数为 $f(x)$ 的 n 阶导数. 而且当 $n \geq 4$ 时，n 阶导数记

$$f^{(n)}(x) 、 \quad y^{(n)} 、 \quad \dfrac{\mathrm{d}^n y}{\mathrm{d}x^n} \quad \text{及} \quad \dfrac{\mathrm{d}^n f}{\mathrm{d}x^n} .$$

二阶及二阶以上的导数称为高阶导数，而 $f'(x)$ 称为 $f(x)$ 的一阶导数.

从定义 3.4 可知，求高阶导数只需进行一系列的求导运算. 通过 1 阶，2 阶，3 阶等有限阶导数，应用归纳方法，可得出 n 阶导数的表达式.

【任务 3-17】　求下列函数的指定导数：

(1) $y = x\sin x$ ，求 y'' ;　　(2) $f(x) = (6-x)^4$ ，求 $f'''(2)$;

(3) $y = 5x^3 - 6x^2 + 3x + 7$ ，求 y''' 和 $y^{(4)}$.

解：(1) $y' = \sin x + x\cos x$

$$y'' = (\sin x + x\cos x)' = \cos x + \cos x - x\sin x = 2\cos x - x\sin x$$

(2) $f'(x) = -4(6-x)^3$

$$f''(x) = 12(6-x)^2$$

$$f'''(x) = -24(6-x) = 24x - 144$$

所以 $f'''(2) = -96$.

(3) $y' = 15x^2 - 12x + 3$

$y'' = 30x - 12$

$y''' = 30$

$y^{(4)} = 0$

一般地，对于 n 次多项式函数 $y = a_n x^n + a_{n-1} x^{n-1} + \cdots + a_1 x + a_0$，则

$$y^{(n)} = a_n \cdot n!$$

$$y^{(n+1)} = 0$$

【任务 3-18】　求下列函数的 n 阶导数：

(1) $y = e^{-2x}$；　　　　　　　　　　(2) $y = \sin x$.

解：(1) $y' = -2e^{-2x}$

$y'' = (-2)^2 e^{-2x}$

$y''' = (-2)^3 e^{-2x}$

一般地，$y^{(n)} = (-2)^n e^{-2x} = (-1)^n \cdot 2^n e^{-2x}$

(2) $y' = \cos x = \sin\left(x + \dfrac{\pi}{2}\right)$

$y'' = \cos\left(x + \dfrac{\pi}{2}\right) = \sin\left(x + \dfrac{2\pi}{2}\right)$

$y''' = \cos\left(x + \dfrac{2\pi}{2}\right) = \sin\left(x + \dfrac{3\pi}{2}\right)$，

一般地，$y^{(n)} = \sin\left(x + \dfrac{n\pi}{2}\right)$.

实训 3.4

1. 求下列函数的二阶导数：

(1) $y = 2x^2 + \ln x$；　　(2) $y = x\cos x$；　　(3) $y = (x^3+1)^2$；

(4) $y = e^{x^2}$；　　(5) $y = \ln(1-x^2)$；　　(6) $y = (1+x^2)\arctan x$.

2. 求下列函数在给定点处的二阶导数：

(1) $f(x) = x\sqrt{1-x^2}$，求 $f''(0)$；　　(2) $f(x) = \ln\ln x$，求 $f''(e^2)$.

3. 设 $y^{(n-2)} = x\sec x$，求 $y^{(n)}$.

4. 设 $y = x^3 \ln x$，求 $y^{(4)}$.

5. 求下列函数的 n 阶导数：

(1) $y = x\mathrm{e}^x$；　　　　　　(2) $y = \sin 2x$；　　　　　　(3) $y = \ln(1+x)$.

3.5　函数的微分

导数研究的是函数的变化率问题，而微分研究的是函数改变量的近似值问题，下面引入微分的概念.

先看一个具体问题. 设一个边长为 x_0 的正方形，它的面积为 $A = x_0^2$，当边长增加 Δx 时，则正方形面积的改变量 ΔA 是

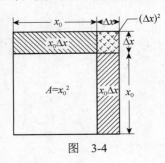

图　3-4

$$\Delta A = (x_0 + \Delta x)^2 - x_0^2 = 2x_0 \Delta x + (\Delta x)^2,$$

上式中，ΔA 由两项组成，第一项 $2x_0 \Delta x$ 是 Δx 的线性函数，第二项 $(\Delta x)^2$ 表示以 Δx 为边长的小正方形的面积，如图 3-4 所示. 当 Δx 很小时，$(\Delta x)^2$ 比 $2x_0 \Delta x$ 小得多. 以至当 $|\Delta x|$ 足够小时，$(\Delta x)^2$ 可以忽略，ΔA 可以近似地用第一项来代替，即

$$\Delta A \approx 2x_0 \Delta x$$

这是函数微分的一个实例.

3.5.1　微分的概念

若函数 $y = f(x)$ 在点 x 处可导，则 $\lim\limits_{\Delta x \to 0} \dfrac{\Delta y}{\Delta x} = f'(x)$，由极限存在与无穷小的关系，所以

$$\frac{\Delta y}{\Delta x} = f'(x) + \alpha$$

其中，α 是当 $\Delta x \to 0$ 时的无穷小量，上式可换算为

$$\Delta y = f'(x) \cdot \Delta x + \alpha \cdot \Delta x$$

这样，函数改变量 Δy 可以表示为两项之和：第一项 $f'(x) \cdot \Delta x$ 是 Δx 的线性函数，而第二项 $\alpha \cdot \Delta x$ 是当 $\Delta x \to 0$ 时比 Δx 高阶的无穷小量. 当 $|\Delta x|$ 很小时，称第一项 $f'(x) \cdot \Delta x$ 是函数改变量 Δy 的线性主部，也称为函数 $f(x)$ 的微分.

定义 3.5　设函数 $y = f(x)$ 在点 x_0 处可导，称 $f'(x_0) \cdot \Delta x$ 为函数 $f(x)$ 在点 x_0 处关于 Δx 的微分，也称函数 $f(x)$ 在点 x_0 处可微. 记作 $\mathrm{d}y|_{x=x_0}$ 或 $\mathrm{d}f(x)|_{x=x_0}$，即

$$\mathrm{d}y|_{x=x_0} = \mathrm{d}f(x)|_{x=x_0} = f'(x_0) \cdot \Delta x$$

若 $y = f(x)$ 在区间 (a,b) 内任意一点处可微，则称函数 $f(x)$ 在区间 (a,b) 内可微，其微分记作 $\mathrm{d}y$ 或 $\mathrm{d}f(x)$，即

$$\mathrm{d}y = f'(x) \cdot \Delta x$$

特别地，当 $y = x$ 时，则

$$\mathrm{d}\,x = \mathrm{d}\,y = (x)' \cdot \Delta x = \Delta x$$

因此，自变量的微分 $\mathrm{d}\,x$ 就等于它的改变量 Δx，所以微分也可以写成

$$\mathrm{d}\,y = f'(x)\mathrm{d}\,x$$

即有

$$f'(x) = \frac{\mathrm{d}\,y}{\mathrm{d}\,x}$$

由此可见，函数的导数等于函数的微分与自变量的微分的商，所以导数也称微商.

　　因此，若函数可微，则也可导；反之，由可微的定义，可导则可微. 所以可导与可微等价.

　　【任务 3-19】 设正方形的边长 $x_0 = 1$，求(1)边长增量为 $\Delta x = 0.01$ 时面积的改变量 ΔA 及其微分 $\mathrm{d}\,A$；(2)写出 ΔA 与 $\mathrm{d}\,A$ 的关系.

　　解：(1)正方形的面积 A 与其边长 x 的关系为 $A = x^2$，

所以　　$\Delta A = (x_0 + \Delta x)^2 - x_0^2 = 1.001^2 - 1^2 = 0.0201$

$$\begin{aligned}
\mathrm{d}\,A &= A'\big|_{x=1} \cdot \Delta x = (x^2)'\big|_{x=1} \cdot \Delta x \\
&= 2x\big|_{x=1} \cdot \Delta x \\
&= 2 \times 0.01 = 0.02
\end{aligned}$$

(2)由(1)，$\Delta A \approx \mathrm{d}\,A$.

3.5.2　微分的几何意义

　　如图 3-5 所示，设函数 $y = f(x)$ 在点 x_0 处可导，切线 $M_0 T$ 的倾斜角是 α，由导数的几何意义可知切线的斜率为

$$\tan \alpha = f'(x_0)$$

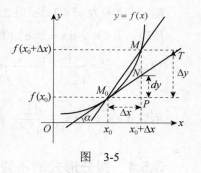

图　3-5

　　当自变量在 x_0 处取得改变量 Δx 时，曲线上过点 M_0 处的切线的纵坐标的改变量为 NP，在直角三角形 $NM_0 P$ 中，

$$NP = \tan \alpha \cdot M_0 P = f'(x_0) \cdot \Delta x = \mathrm{d}\,y$$

　　可见，函数在 x_0 处的微分在几何上表示：曲线上横坐标为 x_0 的点处，当自变量有改变量 Δx 时，曲线在该点处切线的纵坐标的增量. 因此，当 $|\Delta x|$ 很小时，我们可以用切线段来近似代替曲线段.

3.5.3　微分的计算

　　根据定义，求函数的微分可先求函数的导数，然后再乘 $\mathrm{d}\,x$ 即可，由此可得基本初等函数的微分公式和基本微分运算法则. 计算导数或微分都称为微分运算或微分法.

1. 基本初等函数的微分公式

(1) $d(C) = 0$ （C 为常数）；

(2) $d(x^a) = ax^{a-1}dx$ （a 为任意实数）；

(3) $d(a^x) = a^x \ln a\, dx$ （$a>0$ 且 $a \neq 1$）；

(4) $d(e^x) = e^x dx$

(5) $d(\log_a x) = \dfrac{1}{x \ln a}dx$ （$a>0$ 且 $a \neq 1$）；

(6) $d(\ln x) = \dfrac{1}{x}dx$；

(7) $d(\sin x) = \cos x\, dx$；

(8) $d(\cos x) = -\sin x\, dx$；

(9) $d(\tan x) = \dfrac{1}{\cos^2 x}dx = \sec^2 x\, dx$；

(10) $d(\cot x) = -\dfrac{1}{\sin^2 x}dx = -\csc^2 x\, dx$；

(11) $d(\sec x) = \sec x \tan x\, dx$；

(12) $d(\csc x) = -\csc x \cot x\, dx$；

(13) $d(\arcsin x) = \dfrac{1}{\sqrt{1-x^2}}dx$；

(14) $d(\arccos x) = -\dfrac{1}{\sqrt{1-x^2}}dx$；

(15) $d(\arctan x) = \dfrac{1}{1+x^2}dx$；

(16) $d(\operatorname{arc}\cot x) = -\dfrac{1}{1+x^2}dx$．

2. 微分的四则运算法则

(1) $d(u \pm v) = du \pm dv$；

(2) $d(uv) = v\,du + u\,dv$；

(3) $d(Cu) = C\,du$ （C 为常数）；

(4) $d\left(\dfrac{u}{v}\right) = \dfrac{v\,du - u\,dv}{v^2}$，（$v \neq 0$）．

【任务 3-20】 求下列函数的微分：

(1) $y = x^3 e^{2x}$；

(2) $y = \arctan \dfrac{1}{x}$．

解：（1）因为 $y' = 3x^2 e^{2x} + 2x^3 e^{2x} = x^2 e^{2x}(3 + 2x)$，

所以 $dy = y'dx = x^2 e^{2x}(3+2x)dx$；

(2) 因为 $y' = \dfrac{1}{1 + \dfrac{1}{x^2}} \cdot \left(-\dfrac{1}{x^2}\right) = -\dfrac{1}{1+x^2}$，

所以 $dy = y'dx = -\dfrac{dx}{1+x^2}$．

3.5.4 微分形式的不变性

如果 $y = f(u)$ 是以 u 为自变量的可导函数，那么有 $dy = f'(u)du$，若 $u = \varphi(x)$ 是以 x 为自变量的可导函数，则 $du = \varphi'(x)dx$．因此，对于以 u 为中间变量的复合函数 $y = f[\varphi(x)]$，则

$$dy = y'_x dx = f'(u)\varphi'(x)dx = f'(u)du$$

也就是说，不管 u 是自变量还是中间变量，总有 $dy = f'(u)du$，这就是微分形式的不变性．

【任务 3-21】 求下列函数的微分：

(1) $y = 2^{\ln \tan x}$；

(2) $y = \ln(\sqrt{x^2 + a^2} - x)$．

解：(1) $\mathrm{d}y = 2^{\ln\tan x}\ln 2 \cdot \mathrm{d}\ln\tan x = 2^{\ln\tan x}\ln 2 \cdot \dfrac{1}{\tan x}\cdot\mathrm{d}\tan x$

$$= 2^{\ln\tan x}\ln 2 \cdot \frac{\cos x}{\sin x}\cdot\sec^2 x\,\mathrm{d}x = 2^{\ln\tan x}\ln 2\cdot\frac{1}{\sin x\cos x}\mathrm{d}x$$

$$= \frac{2\ln 2}{\sin 2x}2^{\ln\tan x}\,\mathrm{d}x\ ;$$

(2) $\mathrm{d}y = \dfrac{1}{\sqrt{x^2+a^2}-x}\cdot\mathrm{d}(\sqrt{x^2+a^2}-x) = \dfrac{1}{\sqrt{x^2+a^2}-x}\cdot(\mathrm{d}\sqrt{x^2+a^2}-\mathrm{d}x)$

$$= \frac{1}{\sqrt{x^2+a^2}-x}\cdot\left[\frac{1}{2\sqrt{x^2+a^2}}\mathrm{d}(x^2+a^2)-\mathrm{d}x\right]$$

$$= \frac{1}{\sqrt{x^2+a^2}-x}\cdot\left(\frac{2x}{2\sqrt{x^2+a^2}}\mathrm{d}x-\mathrm{d}x\right)$$

$$= \frac{1}{\sqrt{x^2+a^2}-x}\cdot\frac{x-\sqrt{x^2+a^2}}{\sqrt{x^2+a^2}}\mathrm{d}x$$

$$= -\frac{\mathrm{d}x}{\sqrt{x^2+a^2}}.$$

3.5.5 微分的应用

以下讨论微分的简单应用，主要是微分在求解近似计算问题的应用.

由微分定义可知，当 $|\Delta x|$ 很小时，有 $\Delta y \approx \mathrm{d}y$. 又由 $\Delta y = f(x_0+\Delta x)-f(x_0)$，可得到以下两个近似计算公式：

$$\Delta y \approx f'(x_0)\Delta x$$

$$f(x_0+\Delta x) \approx f(x_0)+f'(x_0)\Delta x$$

前者用于计算函数改变量的近似值，后者用于计算函数值的近似值.

【任务 3-22】 计算 $\sqrt[5]{1.03}$ 的近似值.

分析：$\sqrt[5]{1.03}$ 可看成 $f(x)=\sqrt[5]{x}$ 在 $x=1.03$ 处的函数值，

解：设 $f(x)=\sqrt[5]{x}$，取 $x_0=1$，$\Delta x=0.03$，代入近似值计算公式得

$$f(1.03) \approx f(1)+f'(1)\times 0.03$$

$$= \sqrt[5]{1}+\frac{1}{5}x^{-\frac{4}{5}}\bigg|_{x=1}\times 0.03$$

$$= 1+0.006$$

$$= 1.006$$

即 $\quad\sqrt[5]{1.03}\approx 1.006$.

容易证明，当 $|x|$ 很小时，有下列常用近似公式：

(1) $(1+x)^\alpha \approx 1+\alpha x$；　　　　(2) $\mathrm{e}^x \approx 1+x$；　　　　(3) $\sin x \approx x$；

(4) $\tan x \approx x$；　　　　　(5) $\ln(1+x) \approx x$.

【任务 3-23】 一个直径为 10cm 的钢球，球壳的厚度为 0.1mm，试求球壳体积的近似值.

解：由球体的体积公式，半径为 r 的球体体积 V 为

$$V = \frac{4}{3}\pi r^3$$

球壳的体积看作是 ΔV，则有

$$\Delta V \approx dV = \left(\frac{4}{3}\pi r^3\right)'\Big|_{r=5} \cdot \Delta r = 4\pi r^2\big|_{r=5} \cdot \Delta r$$

由钢球的直径为 10cm，球壳的厚度为 0.1mm，知 $r=5$(cm)，$\Delta r = 0.01$(cm)，代入上式，得球壳的体积

$$\Delta V \approx 4\pi \times 25 \times 0.01 \approx 3.14 (\text{cm}^3)$$

实训 3.5

1. 求函数 $y=x^2+x$ 在 $x=3$ 处，当 Δx 分别为 0.1，0.01 时的增量与微分.

2. 求函数 $y=x^3-x$，当 x 由 2 变到 1.99 时的微分.

3. 求下列函数的微分：

(1) $y = 2\sqrt{x} - \frac{3}{x} + \ln 5$；　　(2) $y = \frac{x}{1+x^2}$；　　(3) $y = \sqrt{2-5x^2}$；

(4) $y = e^{\cot x}$；　　(5) $y = \arcsin\sqrt{x}$；　　(6) $y = \ln\sqrt{1-x^2}$；

(7) $y = e^{2x}\sin\frac{x}{3}$；　　(8) $y = \frac{\cos 2x}{x^2}$.

4. 利用微分求近似值：

(1) $\sqrt[5]{0.99}$；　　(2) $e^{0.02}$；

(3) $\sin 29°$；　　(4) $\ln 1.01$.

5. 一平面圆环的内半径为 10cm，环宽为 0.02cm，求圆环面积的准确值与近似值.

3.6　边际与弹性

在经济管理学中，函数的变化率称为边际，而相对变化率称为弹性，边际分析和弹性分析是导数在经济分析中的两个重要应用.

3.6.1　边际分析

经济学中，把经济函数的变化率称为边际函数，也就是说，边际函数就是经济函数

的导数. 边际概念是经济学中的一个重要概念，边际分析是利用一阶导数方法对经济中两个变量的增量进行对比分析.

1. 边际成本

设某厂生产某产品的总成本为 $C = C(q)$，其中 q 为产量，当产量从 q 增加到 $q + \Delta q$ 时，总成本相应的增量 $\Delta C = C(q + \Delta q) - C(q)$，则

$$\frac{\Delta C}{\Delta q} = \frac{C(q + \Delta q) - C(q)}{\Delta q}$$

$\frac{\Delta C}{\Delta q}$ 表示产量从 q 增加到 $q + \Delta q$ 这段生产过程中的平均成本，平均成本表示每增加一个单位产量时总成本的增量，即在产量 q 和 $q + \Delta q$ 之间总成本的平均变化率. 当 $\Delta q \to 0$ 时，如果极限

$$\lim_{\Delta q \to 0} \frac{\Delta C}{\Delta q} = \lim_{\Delta q \to 0} \frac{C(q + \Delta q) - C(q)}{\Delta q}$$

存在，那么这个极限就称为产量为 q 单位时的边际成本.

显然，边际成本就是成本函数对产量的导数. 因此，要求边际成本，只需对成本函数求导数就可以了.

【任务 3-24】 设生产某种产品的总成本为 $C(q) = 100 + 6q + 30\sqrt{q}$ （元），q 为产量. 试求：(1)边际成本；(2)当 $q = 100$ 时的边际成本(并说明其经济意义).

解：(1)边际成本 $C'(q) = (100 + 6q + 30\sqrt{q})' = 6 + \frac{15}{\sqrt{q}}$；

(2) $C'(100) = 6 + \frac{15}{\sqrt{100}} = 7.5$.

经济意义是：当产量为 100 个单位时，再多生产一个单位则成本增加 7.5 元.

【任务 3-25】 设某产品的总成本函数是：$C(q) = \frac{1}{10}q^2 + 4q + 8500$. 试求：

(1)产量 $q = 100$ 个单位时的总成本；

(2)产量 $q = 100$ 个单位时平均成本；

(3)产量 $q = 100$ 个单位增到 $q = 200$ 个单位的平均成本；

(4)产量 $q = 100$ 个单位及 $q = 200$ 个单位时的边际成本，并说明其经济意义.

解：(1) $C(100) = \frac{1}{10}100^2 + 4 \times 100 + 8500 = 9900$；

(2)因为平均成本 $AC(q) = \frac{C(q)}{q} = \frac{\frac{1}{10}q^2 + 4q + 8500}{q} = \frac{1}{10}q + 4 + \frac{8500}{q}$，

产量 $q = 100$ 个单位的平均成本为

$$AC(100) = \frac{1}{10} \times 100 + 4 + \frac{8500}{100} = 99 \quad \text{或} \quad AC(100) = \frac{C(100)}{100} = \frac{9900}{100} = 99$$

(3) 因为成本的增量 $\Delta C = C(200) - C(100) = 3400$，产量的增量 $\Delta q = 200 - 100 = 100$.

所以从 $q = 100$ 增到 $q = 200$ 时，平均成本为 $\dfrac{\Delta C}{\Delta q} = \dfrac{3400}{100} = 34$.

(4) 边际成本为

$$C'(q) = \left(\frac{1}{10}q^2 + 4q + 8500\right)' = \frac{1}{5}q + 4$$

产量 $q = 100$ 个单位时的边际成本为

$$C'(100) = \frac{1}{5} \times 100 + 4 = 24$$

产量 $q = 200$ 个单位时的边际成本为

$$C'(200) = \frac{1}{5} \times 200 + 4 = 44$$

上述数据说明，当产量 $q = 100$ 个单位时，再多生产一个单位产品，则其成本就增加约 24 个单位；在产量 $q = 200$ 个单位时，若再多生产一个单位，则成本增加约 44 个单位.

2. 边际收入

类似于边际成本概念，可得到边际收入概念. 边际收入就是收入函数 $R = R(q)$ 关于销售量 q 的导数，记作 $R'(q)$. 它的经济意义是当销售量为 q 时，再增加销售一个单位产品时收入的增量.

【任务 3-26】 设某产品的收入函数为 $R(q) = 200q - 0.01q^2$（元），q 为销售量. 试求：(1) 边际收入函数；(2) 当 $q = 8000$，10000，12000 时的边际收入.

解：(1) 边际收入 $R'(q) = (200q - 0.01q^2)' = 200 - 0.02q$；

(2) $R'(8000) = 200 - 0.02 \times 8000 = 40$，

$R'(10000) = 200 - 0.02 \times 10000 = 0$，

$R'(12000) = 200 - 0.02 \times 12000 = -40$.

其经济意义分别是：

当产量 q=8000 时，若再增加销售一个单位产品，则收入增加约 40 元；

当产量 q=10000 时，若再增加销售一个单位产品，则收入不会增加；

当产量 q=12000 时，若再增加销售一个单位产品，则收入减少 40 元.

【任务 3-27】 设某产品价格 p 是销售量 q 的函数 $p = 90 - 3q$，求边际收入函数和当 q=10 时的边际收入.

解：依题意，收入函数为

$$R(q) = p \cdot q = (90 - 3q)q = 90q - 3q^2$$

所以边际收入函数为 $R'(q) = (90q - 3q^2)' = 90 - 6q$.

因此 q=10 时的边际收入为 $R'(10) = 90 - 6 \times 10 = 30$.

即当销售量 q=10 时，若再多销售一个单位，则收入增加 30 个单位.

3. 边际利润

一般来说，利润函数可以看成是总收入函数与总成本函数之差，记总利润函数为 $L(q)$，收入函数为 $R(q)$，成本函数为 $C(q)$，则 $L(q) = R(q) - C(q)$.

那么，边际利润 $L'(q) = R'(q) - C'(q)$，也就是说边际利润等于边际收入与边际成本之差.

【任务 3-28】 设某厂生产某种产品的总成本函数为 $C(q) = 5000 + 20q$，其收入函数为 $R(q) = 80q - 0.1q^2$. 试求：(1)边际利润；(2)当产量 $q=150$，$q=400$ 时的边际利润，并说明其经济意义.

解：(1)依题意，利润函数为
$$L(q) = R(q) - C(q) = 80q - 0.1q^2 - (5000 + 20q)$$
$$= 60q - 0.1q^2 - 5000$$

所以边际利润为　$L'(q) = 60 - 0.2q$.

(2) $L'(150) = 60 - 0.2 \times 150 = 30$

　　$L'(400) = 60 - 0.2 \times 400 = -20$

其经济意义分别是：当销售量 $q=150$ 个单位时，再多销售一个单位的产品，则利润增加 30 个单位；当销售量 $q=400$ 个单位时，再多销售一个单位的产品，其利润将减少 20 个单位.

3.6.2　弹性分析

例 3-3 甲、乙两企业进行技术改革后的月利润都提高了 10 万元，已知甲、乙企业在技术改革前的月利润分别为 100 万元、50 万元，问哪个企业的技术改革好？

因为甲、乙两个企业进行技术改革后的月利润变化率都是 10 万元/月，所以从月利润变化率无法比较两个企业改革成效的优劣. 不过参照两企业改革前的利润，发现甲企业技术改革后月利润提高了 10%，而乙企业提高了 20%，所以乙企业的技术改革更好.

说明有时只讨论变化率是不够的，还要进一步研究相对变化率——弹性. 弹性分析在经济管理中用于函数的灵敏性分析.

1. 函数的弹性

设函数 $y = f(x)$ 的自变量在 x 处有增量 Δx，相应的函数增量 $\Delta y = f(x + \Delta x) - f(x)$，称 $\dfrac{\Delta x}{x}$ 为自变量 x 的相对改变量，称 $\dfrac{\Delta y}{y} = \dfrac{f(x + \Delta x) - f(x)}{f(x)}$ 为函数的相对改变量.

设函数 $y = f(x)$ 在 x 处有增量 Δx，如果当 $\Delta x \to 0$ 时，极限

$$\lim_{\Delta x \to 0} \frac{\dfrac{\Delta y}{y}}{\dfrac{\Delta x}{x}} = \lim_{\Delta x \to 0} \frac{f(x + \Delta x) - f(x)}{f(x)}$$

存在，则称此极限为函数 $y=f(x)$ 在点 x 的弹性，记作 $\dfrac{Ey}{Ex}$. 即

$$\frac{Ey}{Ex}=\lim_{\Delta x\to 0}\frac{\Delta y/y}{\Delta x/x}=\lim_{\Delta x\to 0}\frac{\dfrac{\Delta y}{\Delta x}}{y/x}=\frac{\lim\limits_{\Delta x\to 0}\dfrac{\Delta y}{\Delta x}}{y/x}=\frac{f'(x)}{y/x}=\frac{x}{f(x)}\cdot f'(x)$$

我们知道，$y=f'(x)$ 叫边际变化或边际函数，而 $\dfrac{y}{x}$ 则是 y 的平均函数，因此，弹性公式也可以记为：

$$\frac{Ey}{Ex}=\frac{f'(x)}{y/x}=\frac{边际函数}{平均函数}$$

由极限存在与无穷小的关系，$\dfrac{\dfrac{\Delta y}{y}}{\dfrac{\Delta x}{x}}\approx\dfrac{Ey}{Ex}\Rightarrow\dfrac{\Delta y}{y}\approx\dfrac{Ey}{Ex}\cdot\dfrac{\Delta x}{x}$. 即当 $\dfrac{\Delta x}{x}=1\%$ 时，

$\dfrac{\Delta y}{y}\approx\dfrac{Ey}{Ex}\cdot 1\%$，表明弹性的意义是：当自变量变化 1%时，函数将约变化 $\dfrac{Ey}{Ex}\cdot 1\%$.

2. 需求价格弹性

如果 $Q=Q(p)$ 是某商品的需求函数，其中 p 为价格，则

$$\frac{EQ}{Ep}=\frac{p}{Q(p)}Q'(p)$$

就是该商品的需求量对价格的相对变化率，称为需求量对价格的弹性，简称需求弹性，记作 E_p.

由函数弹性的定义，可得 $\dfrac{\Delta Q}{Q}\approx E_p\cdot\dfrac{\Delta p}{p}$，即当 $\dfrac{\Delta p}{p}=1\%$ 时，$\dfrac{\Delta Q}{Q}\approx E_p\cdot 1\%$，表明需求价格弹性表示在价格为 p 时，若价格每变化 1%，需求量约变化 $E_p\%$. 这样，它就刻画了价格变化时，需求量变化的灵敏度.

【任务 3-29】 设某商品的需求函数为 $Q=5000\mathrm{e}^{-2p}$. 试求：（1）需求弹性；（2）当 $p=3,p=10$ 时的需求弹性.

解：（1）$E_p=\dfrac{p}{Q(p)}Q'(p)=\dfrac{p}{5000\mathrm{e}^{-2p}}\times 5000(\mathrm{e}^{-2p})'=\dfrac{p}{5000\mathrm{e}^{-2p}}\times 5000\mathrm{e}^{-2p}(-2)=-2p$；

（2）$E_3=-2\times 3=-6$，$E_{10}=-2\times 10=-20$.

即当价格 $p=3$ 时，若提价 1%，则销售量将约减少 6%；当价格 $p=10$ 时，若提价 1%，则销售量将约减少 20%.

【任务 3-30】 设某商品的需求函数 $Q=3000\mathrm{e}^{-0.02p}$. 求：（1）价格为 100 时的需求弹性；（2）这时，如果希望降低 10%的销量，如何定价？

解：（1）$E_p=\dfrac{p}{5000\mathrm{e}^{-0.02p}}\times 5000(\mathrm{e}^{-0.02p})'=\dfrac{p}{5000\mathrm{e}^{-0.02p}}\times 5000\mathrm{e}^{-0.02p}(-0.02)=-0.02p$

$E_{100}=-0.02\times 100=-2$

(2) 由 $\dfrac{\Delta Q}{Q} \approx E_p \cdot \dfrac{\Delta p}{p}$ ，得 $\dfrac{\Delta p}{p} \approx \dfrac{\dfrac{\Delta Q}{Q}}{E_p}$ ，代入 $\dfrac{\Delta Q}{Q} = -10\%$ ，$E_{100} = -2$ ，得

$$\frac{\Delta p}{p} \approx \frac{-10\%}{-2} = 5\%$$

即价格为 100 时，如果希望降低 10% 的销量，应提价 5%，就是说应定价为 $100 \times (1+5\%) =$ 105.

3. 需求弹性分析

商品的销售收入 R 是商品的售价 p 与销售量 Q 的乘积，即 $R = pQ$ ，由需求弹性

$$E_p = \frac{p}{Q}\frac{\mathrm{d}Q}{\mathrm{d}p} = \frac{p\,\mathrm{d}Q}{Q\,\mathrm{d}p} \Rightarrow p\,\mathrm{d}Q = \mathrm{E}_p \cdot Q\,\mathrm{d}p$$

则

$$\Delta R \approx \mathrm{d}(pQ) = Q\,\mathrm{d}p + p\,\mathrm{d}Q = Q\,\mathrm{d}p + E_p Q\,\mathrm{d}p$$

即

$$\Delta R \approx (1 + E_p)Q\,\mathrm{d}p$$

因此，销售活动中应有以下的策略：

(1) 当 $|E_p| > 1$ 时，宜降价促销，增加收入；

(2) 当 $|E_p| < 1$ 时，宜提价，增加收入；

(3) 当 $|E_p| = 1$ 时，称为单位弹性，价格不宜变动.

【案例 3-2】 某供电公司对某钢铁公司的每天用电意愿需求情况调查见表 1-4（见第 1 章总实训），利用 Mathematica 进行拟合，得到价格与需求的关系为 $p = 4.08519 - 0.60515\ln Q$（$Q$ 为钢铁公司每天的用电量，单位为万 kW·h；p 为电价，单位为元/kW·h）. 设供电公司每 kW·h 电能的可变成本是 0.15 元，给钢铁公司供电投入的固定成本为 80 万元/天. 求：(1) 供电公司每天对钢铁公司供电的总成本函数及边际成本；(2) 钢铁公司每天的需求函数和需求弹性；(3) 供电公司每天对钢铁公司供电的收入函数、利润函数、边际收入和边际利润；(4) 假设供电公司给钢铁公司的电价为 0.5 元/kW·h，请根据需求弹性分析供电价格的变化对供电公司给钢铁公司供电每天的收入和利润的影响.

解：设供电公司每天给钢铁公司的供电量为 Q，对应的总成本，收入和利润分别为 C，R，L.

(1) 供电公司每天对钢铁公司供电的总成本函数为

$$C = 0.15Q + 80 \text{（万元）}$$

边际成本为

$$C' = 0.15 \text{（元/kW·h）}$$

(2) 求价格函数 $p = 4.08519 - 0.60515\ln Q$ 的反函数，得钢铁公司每天的需求函数为

$$Q = 854.66\mathrm{e}^{-1.652p} \text{（万 kW·h）}$$

需求弹性为

$$E_p = \frac{p}{854.66\mathrm{e}^{-1.652p}} \cdot (854.66\mathrm{e}^{-1.652p})' = -1.652p \text{ (元/kW·h)}$$

(3)供电公司每天对钢铁公司供电的收入函数为

$$R = p \cdot Q = 4.08519Q - 0.60515Q\ln Q \text{ (万元)}$$

利润函数为

$$L = R(Q) - C(Q) = 3.93519Q - 0.60515Q\ln Q - 80 \text{ (万元)}$$

边际收入为

$$R' = 3.48 - 0.60515\ln Q \text{ (元/kW·h)}$$

边际利润是

$$L' = R' - C' = 3.33 - 0.60515\ln Q \text{ (元/kW·h)}$$

(4)由 $E_p = -1.652p$，得 $E_{0.5} = -0.826$.

又由 $R = p \cdot Q$，得

$$\Delta R \approx \mathrm{d}(p \cdot Q) = (1 + E_p)Q \cdot \Delta p = 0.174Q \cdot \Delta p$$

由 $E_p = \dfrac{p}{Q}\dfrac{\mathrm{d}Q}{\mathrm{d}p} \Rightarrow \mathrm{d}Q = \dfrac{E_p}{p}Q\mathrm{d}p$，从而

由 $L = R(Q) - C(Q) = pQ - 0.15Q - 80$，得

$$\Delta L \approx \mathrm{d}(pQ - 0.15Q - 80) = \left(1 + E_p - 0.15\frac{E_p}{p}\right)Q \cdot \Delta p$$

代入 $E_{0.5} = -0.826$，$p = 0.5$，得 $\Delta L \approx 0.4218Q \cdot \Delta p$.

即当价格 $p = 0.5$ 时，提价$(\Delta p > 0)$，可使收入和利润都增加.

请思考一下，提价的最大值是多少？

实训 3.6

1. 已知某种商品的成本函数为 $C(q) = q + 1 - \dfrac{1}{q+1}$，收入函数为 $R(q) = 2q$，这里 q 为产量(也是销售量). 试求边际成本、边际收入和边际利润函数.

2. 已知某产品的总成本函数为 $C(q) = 5000 + 20q$，其需求函数为 $q = 800 - 10p$. 求边际利润函数，并计算 $q = 150$ 和 $q = 400$ 时的边际利润.

3. 设某商品的需求量 Q 与价格 p 的函数关系为 $Q = k\mathrm{e}^{-\frac{p}{5}}$，其中 k 是不为零的常数，求需求弹性.

总实训 3

1. 如果 $f(x)$ 在点 x_0 处可导，求

(1) $\lim\limits_{h \to 0} \dfrac{f(x_0 - h) - f(x_0)}{h}$ ；　　　　(2) $\lim\limits_{h \to 0} \dfrac{f(x_0 + ah) - f(x_0 + bh)}{h}$ （其中 a,b 为常数）.

2. 函数 $f(x) = \begin{cases} x^2 + 1, & x < 1 \\ 3x - 1, & x \geqslant 1 \end{cases}$ ，在点 $x = 1$ 处是否可导？

3. 求曲线 $y = x(\ln x - 1)$ 在点 $x = e^2$ 处的切线方程与法线方程.

4. 求曲线 $y = x^2 + x - 2$ 平行于直线 $x + y - 3 = 0$ 的切线方程.

5. 求下列函数的导数：

(1) $y = (x^2 - 2x - 1)^5$ ；　　(2) $y = \ln(1 + 2^x)$ ；　　(3) $y = \dfrac{x}{\sqrt{1 - x^2}}$ ；

(4) $y = \sin^2(2x - 1)$ ；　　(5) $y = 3^{\ln \cos x}$ ；　　(6) $y = \left(\arcsin \dfrac{x}{2}\right)^2$ ；

(7) $y = \ln(\sec x + \tan x)$ ；　　(8) $y = e^{\arctan \sqrt{x}}$.

6. 求由下列方程所确定的隐函数的导数 $\dfrac{\mathrm{d}y}{\mathrm{d}x}$ ：

(1) $\sin y + e^x - xy^2 = 1$ ；　　(2) $e^{xy} - y \ln x = \sin 2x$ ；

(3) $\arctan \dfrac{y}{x} = \ln \sqrt{x^2 + y^2}$ ；　　(4) $xe^y + ye^x = 0$ ，求 $\dfrac{\mathrm{d}y}{\mathrm{d}x}\bigg|_{\substack{x=0 \\ y=0}}$.

7. 用对数求导法求下列函数的导数：

(1) $y = \sqrt[3]{\dfrac{x(x^2 + 1)}{(1 - x)^2}}$ ；　　(2) $y = \dfrac{\sqrt{x + 1}}{\sqrt[3]{x - 2}(x + 3)^2}$ ；

(3) $y = (\tan x)^x$ ；　　(4) $x^{\frac{1}{y}} = y^{\frac{1}{x}}$.

8. 求下列由参数方程所确定的函数的导数 $\dfrac{\mathrm{d}y}{\mathrm{d}x}$ ：

(1) $\begin{cases} x = a\sqrt{1 + t}; \\ y = b\sqrt{1 - t}. \end{cases}$ ；　　(2) $\begin{cases} x = e^t \sin t; \\ y = e^t \cos t. \end{cases}$ 在 $t = \dfrac{\pi}{3}$ 处的导数.

9. 求下列函数的高阶导数：

(1) $y = e^{-x} \cos 2x$ ，求 y'' ；　　(2) $y = \dfrac{x}{\sqrt{1 + x^2}}$ ，求 y'' ；

(3) $y = 3x^4 - 2x^3 + 6x$ ，求 $y^{(4)}$ 和 $y^{(5)}$ ；　　(4) $y = (x - 1)^{n+1}$ （n 是正整数），求 $y^{(n)}$.

10. 求下列函数的微分：

(1) $y = \dfrac{1-\sin x}{\sqrt{x}}$；

(2) $y = \ln(1-x) + \sqrt{x+1}$；

(3) $y = e^x \operatorname{arc cot} \dfrac{1}{x}$；

(4) $y = \tan^2 \sqrt{2x}$.

11. 利用微分计算下列函数的近似值：

(1) $\sqrt[3]{8.02}$；

(2) $\arctan 1.02$；

(3) $e^{-0.05}$；

(4) $\ln 0.97$.

12. 半径为 10cm 的金属球，加热后半径伸长了 0.05cm，求体积增加的近似值.

13. 设某国的国民经济消费模型为

$$y = 10 + 0.4x + 0.01x^{\frac{1}{2}}$$

其中，y 为总消费（单位：十亿元）；x 为可支配收入（单位：十亿元）. 求当可支配收入为 100.05 时总消费的近似值.

14. 设生产 q 个单位某产品的总成本函数为 $C(q) = 1100 + \dfrac{1}{1200} q^2$. 试求：(1)生产 900 个单位时的总成本和平均成本；(2)生产 900 个单位和 1000 个单位时的边际成本.

15. 设某商品的需求函数为 $Q = 1000 e^{-3p}$. 求：(1)需求弹性函数；(2)价格为 10 时的需求弹性，并说明其经济含义.

第 4 章 导数的应用

【案例 4-1】 参照第 3 章案例 3-2 我们得到某供电公司每天给某钢铁公司供电的总成本和收入分别是 $C = 0.15Q + 80$ （万元），$R = 4.08519Q - 0.60515Q\ln Q$ （万元）. 这里 Q 是钢铁公司每天的用电量，单位为万 kW·h. 求：（1）供电公司每天给某钢铁公司供电的最大收入和最大利润；（2）最大收入和最大利润对应的供电价格.

解： （1）先求最大收入. 计算边际收入

$$R' = 4.08519 - 0.60515\ln Q - 0.60515 = 3.48004 - 0.60515\ln Q$$

令 $R' = 0$，得驻点 $Q \approx 314.4127$（万 kW·h）.

而

$$R''|_{Q=314.4127} = \frac{-0.60515}{Q}\bigg|_{Q=314.4127} < 0$$

故供电公司每天给某钢铁公司供电量 $Q = 314.4127$ 万 kW·h 时，收入最大，最大收入为 190.2668 万元.

再求最大利润. 设供电公司每天给某钢铁公司供电的利润为 L，则

$$L = R - C = 3.93519Q - 0.60515Q\ln Q - 50$$

$$L' = 3.93519 - 0.60515\ln Q - 0.60515 = 3.33004 - 0.60515\ln Q$$

令 $L' = 0$，得驻点 $Q \approx 245.3864$（万 kW·h）.

而

$$L''|_{Q=245.3864} = \frac{-0.60515}{Q}\bigg|_{Q=245.3864} < 0$$

故供电公司每天给某钢铁公司供电量 $Q = 245.3864$ 万 kW·h 时，利润最大，最大利润为 68.4956 万元.

（2）由第 3 章案例 3-2，供电公司每天给钢铁公司供电的价格函数为 $p = 4.08519 - 0.60515\ln Q$，把（1）得到的结果代入计算，得供电公司每天给钢铁公司供电获得最大收入和最大利润时的价格分别为

$$p_{最大收入} \approx 0.605 （元/kW·h）, \quad p_{最大利润} \approx 0.755 （元/kW·h）.$$

由（1），当价格约为 0.605 元/kW·h 时，供电公司每天给钢铁公司供电的收入取得极大值. 这时，如果再提价，收入就会减少. 因此，第 3 章案例 3-2 中当价格为 0.5 元/kW·h 时，从收入的角度考虑，提价的最大值为 $\Delta p = 0.605 - 0.5 = 0.105$，就是说最大的提价

为 21%.

同理，第 3 章案例 3-2 中当价格为 0.5 元/kW·h 时，从利润的角度考虑，提价的最大值为 $\Delta p = 0.255$，就是说最大的提价为 51%.

本章以求解优化模型为主要任务，通过三个微分中值定理作理论基础，讨论导数在极限计算、函数特性研究等方面的应用，形成应用导数求解优化模型的方法. 我们首先介绍微分中值定理.

4.1　微分中值定理

4.1.1　罗尔定理

定理 4.1　如果函数 $f(x)$ 满足：

(1) 在闭区间 $[a,b]$ 上连续；

(2) 在开区间 (a,b) 内可导；

(3) $f(a) = f(b)$.

则在区间 (a,b) 内至少存在一点 ξ，使 $f'(\xi) = 0$.

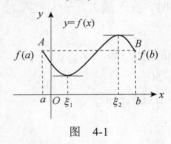

图　4-1

函数 $f(x)$ 在闭区间 $[a,b]$ 上连续，在开区间 (a,b) 内可导，几何上表示曲线 $y = f(x)$ 在 $x \in [a,b]$ 的范围内是一条连绵不断的、每一点处都有不垂直于 x 轴的切线的曲线弧，如图 4-1 所示. 从图中可以看出，这样的曲线弧上至少有一个点 $(\xi_1, f(\xi_1))$ 处的切线平行于 x 轴. 由导数的几何意义，可知有 $f'(\xi_1) = 0$. 所以，罗尔定理的几何解释是：在两个高度相同的点之间的一段连续曲线弧上，除端点外，如果处处都有不垂直于 x 轴的切线，则此曲线弧至少有一点处的切线平行于 x 轴. 当然，也平行于曲线端点 A 和 B 的连线 $\overline{AB}$.

必须指出，定理中的三个条件都是必须的，缺一不可. 只要函数 $f(x)$ 不满足其中任何一个条件，定理的结论就可能不成立.

但是，对于函数 $f(x) = -x^2 + 2x$，有 $f'(1) = (-2x+2)|_{x=1} = 0$，但 $f(0) \neq f(3)$. 即 $f(x) = -x^2 + 2x$ 在区间 $[0,3]$ 上不满足罗尔定理的第三个条件，但有 $x = 1 \in (0,3)$，使罗尔定理的结论成立. 这说明，罗尔定理的条件 (3) 是充分条件而非必要条件. 类似的，可以通过例子得到，罗尔定理的条件 (1)、(2) 也都是充分条件而非必要条件. 既然这样，不要其中一个条件，结论会是怎样？

4.1.2 拉格朗日中值定理

定理 4.2 如果函数 $f(x)$ 满足：

(1)在闭区间 $[a,b]$ 上连续；

(2)在开区间 (a,b) 内可导.

则在区间 (a,b) 内至少存在一点 ξ，使

$$f'(\xi) = \frac{f(b)-f(a)}{b-a}$$

即

$$f(b)-f(a) = f'(\xi)(b-a)$$

称上述二式为拉格朗日公式. 显然，如果 $f(b)=$ $f(a)$，则 $f'(\xi)=0$，这就是罗尔定理. 所以罗尔定理是拉格朗日中值定理的特例,因此可以从罗尔定理的几何解释得出拉格朗日中值定理的几何解释:在一段连续曲线弧上，若处处有不垂直于 x 轴的切线，则在这段曲线弧上至少能找到一点 $(\xi_1, f(\xi_1))$，使该点的切线平行于曲线端点 A 和 B 的连线 $\overline{AB}$，如图 4-2 所示. 由于 AB 连线的斜率 $k_{AB} = \dfrac{f(b)-f(a)}{b-a}$，于是有

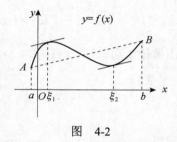

图 4-2

$$f'(\xi_1) = \frac{f(b)-f(a)}{b-a}$$

ξ_1 是满足定理 4.2 的点.

由拉格朗日中值定理可得出下面两个重要的推论:

推论 1 如果函数 $f(x)$ 在区间 (a,b) 内每一点处都有 $f'(x)=0$，则 $f(x)$ 在区间 (a,b) 内是一个常数.

推论 2 如果函数 $f(x)$ 与 $\varphi(x)$ 在区间 (a,b) 内每一点都有 $f'(x)=\varphi'(x)$,则 $f(x)$ 与 $\varphi(x)$ 在区间 (a,b) 内仅差一个常数.

【任务 4-1】 验证 $f(x)=\sin x$ 在区间 $[0,\frac{\pi}{2}]$ 上满足拉格朗日中值定理，并求定理中的 ξ 值.

解：因为 $f(x)=\sin x$，$f'(x)=\cos x$ 都是定义域为 $(-\infty,+\infty)$ 的初等函数，由初等函数的连续性， $f(x)=\sin x$ 在 $(-\infty,+\infty)$ 内连续且可导. 而 $[0,\frac{\pi}{2}]\subset(-\infty,+\infty)$，所以 $f(x)=\sin x$ 在区间 $[0,\frac{\pi}{2}]$ 上连续，在区间 $(0,\frac{\pi}{2})$ 内可导. 即 $f(x)=\sin x$ 在 $[0,\frac{\pi}{2}]$ 上满足拉格朗日中值定理.

令 $f'(\xi) = \dfrac{f(\frac{\pi}{2}) - f(0)}{\frac{\pi}{2} - 0}$ ，即

$$\cos \xi = \frac{\sin \frac{\pi}{2} - \sin 0}{\frac{\pi}{2}} \Rightarrow \cos \xi = \frac{2}{\pi}$$

解得区间 $(0, \dfrac{\pi}{2})$ 内的根 $\xi = 0.8807$ 为所求的 ξ 值.

【任务 4-2】 证明在 $[-1, 1]$ 上恒有 $\arcsin x + \arccos x = \dfrac{\pi}{2}$.

证明 令 $f(x) = \arcsin x + \arccos x$ ，则在区间 $(-1, 1)$ 内

$$f'(x) = (\arcsin x + \arccos x)' = \frac{1}{\sqrt{1-x^2}} - \frac{1}{\sqrt{1-x^2}} = 0$$

由推论 1 可知　$f(x) = C$ ， $x \in (-1, 1)$.

而

$$f(0) = \arcsin 0 + \arccos 0 = \frac{\pi}{2}$$

所以， $x \in (-1, 1)$ 时， $\arcsin x + \arccos x = \dfrac{\pi}{2}$ 成立.

又

$$f(-1) = \arcsin(-1) + \arccos(-1) = -\frac{\pi}{2} + \pi = \frac{\pi}{2} , \quad f(1) = \arcsin 1 + \arccos 1 = \frac{\pi}{2} ,$$

故在 $[-1, 1]$ 上恒有 $\arcsin x + \arccos x = \dfrac{\pi}{2}$.

如果满足拉格朗日中值定理的函数 $Y = F(X)$ 是一个由参数方程 $\begin{cases} Y = f(x) \\ X = g(x) \end{cases}$ 确定的

函数，则拉格朗日中值定理被描述为柯西中值定理.

4.1.3　柯西中值定理

定理 4.3 如果函数 $f(x)$ 和 $g(x)$ 满足：

(1)在闭区间 $[a, b]$ 上连续；

(2)在开区间 (a, b) 内可导，且在 (a, b) 内每一点处， $g'(x) \neq 0$.

则在 (a, b) 内至少存在一点 ξ ，使

$$\frac{f'(\xi)}{g'(\xi)} = \frac{f(b) - f(a)}{g(b) - g(a)}$$

在这个定理中取 $g(x) = x$ ，则 $g(b) - g(a) = b - a$ ， $g'(x) = 1$ ，即柯西中值定理的结

论就变成拉格朗日中值定理 $f'(\xi) = \dfrac{f(b)-f(a)}{b-a}$.

实训 4.1

1. 下列函数在给定区间上是否满足罗尔定理的条件？若满足，求出定理中的 ξ 值.

(1) $f(x) = x^2$，$[-1,1]$;　　　　　　　　　　(2) $f(x) = \dfrac{1}{x^2}$，$[-1,1]$.

2. 下列函数在给定区间上是否满足拉格朗日中值定理的条件？如果满足，求出定理中的 ξ 值.

(1) $f(x) = x^3$，$[-1,2]$;　　　　　　　　　　(2) $f(x) = \arctan x$，$[0,1]$.

4.2　洛必达法则

前面，我们讨论过 "$\dfrac{0}{0}$"，"$\dfrac{\infty}{\infty}$"，"$\infty - \infty$"，"1^{∞}" 等类型未定式的极限求解问题，不同类型的极限求解方法不一，而且技巧性比较强. 是否有一个比较一致的方法？下面，我们学习一种新的针对 "$\dfrac{0}{0}$" 和 "$\dfrac{\infty}{\infty}$" 型未定式极限的计算方法——洛必达法则，并在此基础上，解决其他类型的未定式极限计算问题.

4.2.1　洛必达法则

定理 4.4(洛必达法则)　设函数 $f(x)$ 与 $g(x)$ 满足条件：

(1) $\lim\limits_{x \to x_0} \dfrac{f(x)}{g(x)}$ 是 "$\dfrac{0}{0}$" 或 "$\dfrac{\infty}{\infty}$" 型未定式极限;

(2) 在点 x_0 的某个邻域内(点 x_0 可以除外) $f(x)$ 与 $g(x)$ 可导，且 $g'(x) \neq 0$;

(3) 极限 $\lim\limits_{x \to x_0} \dfrac{f'(x)}{g'(x)} = A$ (或 ∞).

则

$$\lim_{x \to x_0} \frac{f(x)}{g(x)} = \lim_{x \to x_0} \frac{f'(x)}{g'(x)} = A \text{ (或 } \infty)$$

必须指出，洛必达法则对于函数在自变量的其他趋势下也成立，只是表达略有不同，在此不再重复.

【任务 4-3】　求下列极限：

(1) $\lim\limits_{x \to 0} \dfrac{1-e^x}{x^2-x}$;　　(2) $\lim\limits_{x \to 0^+} \dfrac{\ln \cot x}{\ln x}$;　　(3) $\lim\limits_{x \to +\infty} \dfrac{\ln x}{x^n}$;　　(4) $\lim\limits_{x \to +\infty} \dfrac{e^x+x}{x}$.

解：（1）原式 $\overset{\frac{0}{0}}{=}\lim_{x\to 0}\dfrac{(1-\mathrm{e}^x)'}{(x^2-x)'}=\lim_{x\to 0}\dfrac{-\mathrm{e}^x}{2x-1}=\dfrac{-\mathrm{e}^0}{2\times 0-1}=1$；

（2）原式 $\overset{\frac{\infty}{\infty}}{=}\lim_{x\to 0^+}\dfrac{(\ln\cot x)'}{(\ln x)'}=\lim_{x\to 0^+}\dfrac{\dfrac{1}{\cot x}(-\csc^2 x)}{\dfrac{1}{x}}=-\lim_{x\to 0^+}\dfrac{\dfrac{\sin x}{\cos x}\dfrac{1}{\sin^2 x}}{\dfrac{1}{x}}$

$=-\lim_{x\to 0^+}\dfrac{1}{\cos x}\dfrac{x}{\sin x}=-\lim_{x\to 0^+}\dfrac{1}{\cos x}\lim_{x\to 0^+}\dfrac{x}{\sin x}=-1\times\dfrac{1}{\cos 0}\times 1=-1$；

（3）原式 $\overset{\frac{\infty}{\infty}}{=}\lim_{x\to+\infty}\dfrac{(\ln x)'}{(x^n)'}=\lim_{x\to+\infty}\dfrac{\dfrac{1}{x}}{nx^{n-1}}=\lim_{x\to+\infty}\dfrac{1}{nx^n}=0$；

（4）原式 $\overset{\frac{\infty}{\infty}}{=}\lim_{x\to+\infty}\dfrac{(\mathrm{e}^x+x)'}{(x)'}=\lim_{x\to+\infty}\dfrac{\mathrm{e}^x+1}{1}=\lim_{x\to+\infty}(\mathrm{e}^x+1)=\infty$.

另外，在满足条件的前提下，洛必达法则可以重复使用.

【任务 4-4】 求下列极限：

（1）$\lim\limits_{x\to 1}\dfrac{x^3-3x+2}{x^3-x^2-x+1}$；　　　（2）$\lim\limits_{x\to 0}\dfrac{1-\cos x}{x^3}$；　　　（3）$\lim\limits_{x\to+\infty}\dfrac{(\ln x)^2}{x}$.

解：（1）原式 $\overset{\frac{0}{0}}{=}\lim_{x\to 1}\dfrac{(x^3-3x+2)'}{(x^3-x^2-x+1)'}=\lim_{x\to 1}\dfrac{3x^2-3}{3x^2-2x-1}\overset{\frac{0}{0}}{=}\lim_{x\to 1}\dfrac{(3x^2-3)'}{(3x^2-2x-1)'}$

$=\lim_{x\to 1}\dfrac{6x}{6x-2}=\dfrac{6}{6-2}=\dfrac{3}{2}$；

（2）原式 $\overset{\frac{0}{0}}{=}\lim_{x\to 0}\dfrac{(1-\cos x)'}{(x^3)'}=\lim_{x\to 0}\dfrac{\sin x}{3x^2}\overset{\frac{0}{0}}{=}\lim_{x\to 0}\dfrac{(\sin x)'}{(3x^2)'}=\lim_{x\to 0}\dfrac{\cos x}{6x}=\infty$；

（3）原式 $\overset{\frac{\infty}{\infty}}{=}\lim_{x\to+\infty}\dfrac{\dfrac{2}{x}\ln x}{1}=\lim_{x\to+\infty}\dfrac{2\ln x}{x}\overset{\frac{\infty}{\infty}}{=}\lim_{x\to+\infty}\dfrac{\dfrac{2}{x}}{1}=0$.

但是，在使用洛必达法则时，不能盲目使用，有时可能需要首先进行类型转换.

如，$\lim\limits_{x\to\frac{\pi}{2}}\dfrac{\tan x}{\tan 3x}$ 是一个 "$\dfrac{\infty}{\infty}$" 型的极限，直接使用洛必达法则，有

$$\lim_{x\to\frac{\pi}{2}}\dfrac{\tan x}{\tan 3x}\overset{\frac{\infty}{\infty}}{=}\lim_{x\to\frac{\pi}{2}}\dfrac{\sec^2 x}{3\sec^2 3x}\overset{\frac{\infty}{\infty}}{=}\lim_{x\to\frac{\pi}{2}}\dfrac{2\sec x\cdot\sec x\tan x}{18\sec 3x\cdot\sec 3x\tan 3x}$$

使用两次洛必达法则后，极限的类型仍然是 "$\dfrac{\infty}{\infty}$"，而且极限表达式越来越复杂.

但是，如果转换 "$\dfrac{0}{0}$" 型后，再使用洛必达法则求解，则

$$\lim_{x\to\frac{\pi}{2}}\dfrac{\tan x}{\tan 3x}\overset{\frac{\infty}{\infty}}{=}\lim_{x\to\frac{\pi}{2}}\dfrac{\cot 3x}{\cot x}\overset{\frac{0}{0}}{=}\lim_{x\to\frac{\pi}{2}}\dfrac{-3\csc^2 3x}{-\csc^2 x}=\lim_{x\to\frac{\pi}{2}}\dfrac{3\sin^2 x}{\sin^2 3x}=\dfrac{3\sin^2\frac{\pi}{2}}{\sin^2\frac{3\pi}{2}}=3$$

　　事实上，"$\dfrac{0}{0}$"和"$\dfrac{\infty}{\infty}$"型极限是可以相互转换的，但在计算中，只有恰当的类型使用洛必达法则能让计算简便，所以使用中要注意变换.

　　特别要提出的是，洛必达法则的三个条件缺一不可. 而且，就算条件和结论都是满足，有时也未必能使用洛必达法则.

【任务 4-5】　求下列极限：

(1) $\lim\limits_{x \to 0} \dfrac{x^2 \sin \dfrac{1}{x}}{\sin x}$；

(2) $\lim\limits_{x \to +\infty} \dfrac{e^x - e^{-x}}{e^x + e^{-x}}$.

　　分析：(1)这是一个"$\dfrac{0}{0}$"型极限，由于 $\lim\limits_{x \to 0} \dfrac{\left(x^2 \sin \dfrac{1}{x}\right)'}{(\sin x)'} = \lim\limits_{x \to 0} \dfrac{2x \sin \dfrac{1}{x} - \cos \dfrac{1}{x}}{\cos x}$，是一个非无穷大的不存在，即不满足洛必达法则的第三个条件，因此 $\lim\limits_{x \to 0} \dfrac{x^2 \sin \dfrac{1}{x}}{\sin x} \neq \lim\limits_{x \to 0} \dfrac{\left(x^2 \sin \dfrac{1}{x}\right)'}{(\sin x)'}$；

　　(2)这是一个"$\dfrac{\infty}{\infty}$"型极限，使用洛必达法则，有

$$\lim\limits_{x \to +\infty} \dfrac{e^x - e^{-x}}{e^x + e^{-x}} \overset{\frac{\infty}{\infty}}{=\!=} \lim\limits_{x \to +\infty} \dfrac{(e^x - e^{-x})'}{(e^x + e^{-x})'} = \lim\limits_{x \to +\infty} \dfrac{e^x + e^{-x}}{e^x - e^{-x}} \overset{\frac{\infty}{\infty}}{=\!=} \lim\limits_{x \to +\infty} \dfrac{(e^x + e^{-x})'}{(e^x - e^{-x})'} = \lim\limits_{x \to +\infty} \dfrac{e^x - e^{-x}}{e^x + e^{-x}}.$$

就是说，使用洛必达法则后，$\lim\limits_{x \to +\infty} \dfrac{e^x - e^{-x}}{e^x + e^{-x}}$ 没有改进. 是不是极限 $\lim\limits_{x \to +\infty} \dfrac{e^x - e^{-x}}{e^x + e^{-x}}$ 不存在呢？

　　解：(1)原式 $\overset{\frac{0}{0}}{=\!=} \lim\limits_{x \to 0} \left[\dfrac{x}{\sin x}\left(x \sin \dfrac{1}{x}\right)\right] = \lim\limits_{x \to 0} \dfrac{x}{\sin x} \cdot \lim\limits_{x \to 0}\left(x \sin \dfrac{1}{x}\right) = 1 \times 0 = 0$；

　　(2)原式 $\overset{\frac{\infty}{\infty}}{=\!=} \lim\limits_{x \to +\infty} \dfrac{(e^x - e^{-x})e^{-x}}{(e^x + e^{-x})e^{-x}} = \lim\limits_{x \to +\infty} \dfrac{1 - e^{-2x}}{1 + e^{-2x}} = \dfrac{1 - 0}{1 + 0} = 1$.

　　这是一个虽然满足洛必达法则条件，但不能使用洛必达法则计算的极限例子.

　　不过，我们也不能因噎废食，从此放弃用洛必达法则求极限. 因为大多数满足洛必达法则条件的"$\dfrac{0}{0}$"和"$\dfrac{\infty}{\infty}$"型极限是可以使用洛必达法则来计算的，所以，只要是满足洛必达法则条件的"$\dfrac{0}{0}$"和"$\dfrac{\infty}{\infty}$"型，我们应该大胆使用. 而且，我们通过函数变形的方法，可以把"$0 \cdot \infty$"，"$\infty - \infty$"，"0^0"，"∞^0"，"1^∞"等类型的极限转换为"$\dfrac{0}{0}$"或"$\dfrac{\infty}{\infty}$"型，然后使用洛必达法则计算这些未定式的极限.

4.2.2 "$0 \cdot \infty$" 型

因为若 $a,b \neq 0$，则 $a \cdot b = \dfrac{a}{\frac{1}{b}} = \dfrac{b}{\frac{1}{a}}$，所以 "$0 \cdot \infty$" 型未定式，既可以变换成 "$\dfrac{0}{0}$" 型，

也可以变换成 "$\dfrac{\infty}{\infty}$" 型的未定式. 计算中，变换成何类型，要根据具体的极限表达式而定.

【任务 4-6】 求下列极限：

(1) $\lim\limits_{x \to 0^+} x \ln x$；   (2) $\lim\limits_{x \to 1}(1-x)\tan\dfrac{\pi x}{2}$.

解：(1) 原式 $\overset{0 \cdot \infty}{=} \lim\limits_{x \to 0^+} \dfrac{\ln x}{x^{-1}} \overset{\frac{\infty}{\infty}}{=} \lim\limits_{x \to 0^+} \dfrac{\frac{1}{x}}{-x^{-2}} = \lim\limits_{x \to 0^+} -x = 0$；

(2) 原式 $\overset{0 \cdot \infty}{=} \lim\limits_{x \to 1} \dfrac{1-x}{\cot\frac{\pi x}{2}} \overset{\frac{0}{0}}{=} \lim\limits_{x \to 1} \dfrac{-1}{-\frac{\pi}{2}\csc^2\frac{\pi x}{2}} = \lim\limits_{x \to 1} \dfrac{2}{\pi}\sin^2\dfrac{\pi x}{2} = \dfrac{2}{\pi}$.

4.2.3 "$\infty - \infty$" 型

与 "$0 \cdot \infty$" 型的未定式极限一样，"$\infty - \infty$" 型的未定式计算方法，也是通过恒等变形转换成 "$\dfrac{0}{0}$" 或 "$\dfrac{\infty}{\infty}$" 型后使用洛必达法则计算.

【任务 4-7】 求下列极限：

(1) $\lim\limits_{x \to 1}\left(\dfrac{1}{\ln x} - \dfrac{1}{x-1}\right)$；   (2) $\lim\limits_{x \to \frac{\pi}{2}}(\sec x - \tan x)$.

解：(1) 原式 $\overset{\infty - \infty}{=} \lim\limits_{x \to 1} \dfrac{x-1-\ln x}{(x-1)\ln x} \overset{\frac{0}{0}}{=} \lim\limits_{x \to 1} \dfrac{1 - \frac{1}{x}}{\ln x + 1 - \frac{1}{x}} \overset{\frac{0}{0}}{=} \lim\limits_{x \to 1} \dfrac{\frac{1}{x^2}}{\frac{1}{x} + \frac{1}{x^2}} = \dfrac{1}{2}$；

(2) 原式 $\overset{\infty - \infty}{=} \lim\limits_{x \to \frac{\pi}{2}}\left(\dfrac{1}{\cos x} - \dfrac{\sin x}{\cos x}\right) = \lim\limits_{x \to \frac{\pi}{2}} \dfrac{1-\sin x}{\cos x} \overset{\frac{0}{0}}{=} \lim\limits_{x \to \frac{\pi}{2}} \dfrac{-\cos x}{-\sin x} = 0$.

4.2.4 "0^0"，"∞^0"，"1^∞"型

由 $N = a^{\log_a N}$，得 $a^b = e^{\ln a^b} = e^{b \cdot \ln a}$. 因此 "$0^0$"，"$\infty^0$"，"$1^\infty$"等类型未定式可依此转换成 "$0 \cdot \infty$" 型后再计算.

【任务 4-8】 求下列极限：

(1) $\lim\limits_{x \to 0^+} x^{\tan x}$；   (2) $\lim\limits_{x \to \frac{\pi}{4}}(\tan x)^{\tan 2x}$；   (3) $\lim\limits_{x \to +\infty}(\ln x)^{\frac{1}{x}}$.

解：(1) 原式 $\overset{0^0}{=}\lim\limits_{x\to 0^+}e^{\ln x^{\tan x}}=\lim\limits_{x\to 0^+}e^{\tan x\cdot\ln x}=e^{\lim\limits_{x\to 0^+}\tan x\cdot\ln x}$

而

$$\lim\limits_{x\to 0^+}\tan x\cdot\ln x\overset{0\cdot\infty}{=}\lim\limits_{x\to 0^+}\frac{\ln x}{\cot x}\overset{\frac{\infty}{\infty}}{=}\lim\limits_{x\to 0^+}\frac{\frac{1}{x}}{-\csc^2 x}=-\lim\limits_{x\to 0^+}\frac{\sin x}{x}\cdot\sin x=-1\times 0=0$$

所以，原式 $=e^0=1$；

(2) 原式 $\overset{1^\infty}{=}\lim\limits_{x\to\frac{\pi}{4}}e^{\ln(\tan x)^{\tan 2x}}=\lim\limits_{x\to\frac{\pi}{4}}e^{\tan 2x\cdot\ln(\tan x)}=e^{\lim\limits_{x\to\frac{\pi}{4}}\tan 2x\cdot\ln(\tan x)}$

而

$$\lim\limits_{x\to\frac{\pi}{4}}\tan 2x\cdot\ln(\tan x)\overset{0\cdot\infty}{=}\lim\limits_{x\to\frac{\pi}{4}}\frac{\ln(\tan x)}{\cot 2x}\overset{\frac{0}{0}}{=}\lim\limits_{x\to\frac{\pi}{4}}\frac{\frac{1}{\tan x}\sec^2 x}{-2\csc^2 2x}=-\frac{1}{2}\lim\limits_{x\to\frac{\pi}{4}}\frac{1}{\tan x}\cdot\frac{\sin^2 2x}{\cos^2 x}=-1$$

所以，原式 $=e^{-1}=\dfrac{1}{e}$；

(3) 原式 $\overset{\infty^0}{=}\lim\limits_{x\to+\infty}e^{\ln(\ln x)^{\frac{1}{x}}}=\lim\limits_{x\to+\infty}e^{\frac{1}{x}\cdot\ln(\ln x)}=e^{\lim\limits_{x\to+\infty}\frac{1}{x}\cdot\ln(\ln x)}$

而

$$\lim\limits_{x\to+\infty}\frac{1}{x}\cdot\ln(\ln x)\overset{0\cdot\infty}{=}\lim\limits_{x\to+\infty}\frac{\ln(\ln x)}{x}\overset{\frac{\infty}{\infty}}{=}\lim\limits_{x\to+\infty}\frac{\frac{1}{x\ln x}}{1}=0$$

所以，原式 $=e^0=1$.

实训 4.2

利用洛必达法则求下列极限.

(1) $\lim\limits_{x\to 1}\dfrac{2x^2-4x+2}{x^3-x^2-x+1}$；　　　　　(2) $\lim\limits_{x\to 0}\dfrac{e^x-e^{-x}}{x}$；　　　　　(3) $\lim\limits_{x\to 0}\dfrac{\ln(1+x)}{x}$；

(4) $\lim\limits_{x\to 0}\dfrac{\ln\cos x}{x}$；　　　　　(5) $\lim\limits_{x\to+\infty}\dfrac{\ln x}{x^2}$；　　　　　(6) $\lim\limits_{x\to 0^+}\dfrac{\ln\sin ax}{\ln\sin bx}(a,b>0)$；

(7) $\lim\limits_{x\to\frac{\pi}{2}}(\sec x-\tan x)$；　　　　　(8) $\lim\limits_{x\to 1}(\dfrac{2}{x^2-1}-\dfrac{1}{x-1})$；　　　　　(9) $\lim\limits_{x\to 0^+}x\ln x$.

4.3　函数单调性的判定

第 1 章我们给出了函数的单调性定义，可用定义判别函数在某个区间内的单调性. 此外还可以利用函数的导数来判定函数的单调性，现在我们就介绍这种方法.

假设函数 $y=f(x)$ 的曲线如图 4-3 所示，容易看出，若曲线是沿着 x 轴正向上升的光滑曲线，曲线上任一点处的切线与 x 轴的正方向的夹角 α 为锐角，从而切线的斜率 $\tan\alpha$ >0，即 $f'(x)=\tan\alpha>0$.

另一种情形是，如图 4-4 所示，曲线是沿着 x 轴正向下降的，曲线上任一点处的切线与 x 轴正方向的夹角 α 为钝角，从而切线的斜率 $\tan\alpha<0$，即 $f'(x)=\tan\alpha<0$.

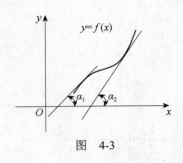
图 4-3

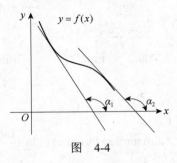
图 4-4

由此，可猜想：函数的单调性可以通过导数的符号来判定.

定理 4.5　设函数 $f(x)$ 在区间 $(a，b)$ 内可导，

(1) 如果在区间 $(a，b)$ 内，$f'(x)>0$，则 $y=f(x)$ 在区间 $(a，b)$ 内单调增加；

(2) 如果在区间 $(a，b)$ 内，$f'(x)<0$，则 $y=f(x)$ 在区间 $(a，b)$ 内单调减少.

可以证明，定理中的不等号"$>$"与"$<$"可以换成"$\geqslant$"与"$\leqslant$"，如果满足"$=$"的点是有限的，定理依然成立. 如，函数 $f(x)=x^3$ 在 $(-\infty,+\infty)$ 内 $f'(x)=3x^2\geqslant0$，函数 $f(x)=x^3$ 在 $(-\infty,+\infty)$ 内单调增加.

函数在其定义域内一般会既有单调增加也有单调减少的部分，那么单调区间的分界 x_0 有什么特征呢？考虑到 x_0 是单调区间的分界点，则由定理 4.5，点 x_0 两侧的导数符号必相反，从而可得 $f'(x_0)=0$ 或 $f'(x_0)$ 不存在.

【任务 4-9】　研究下列函数的单调性：

(1) $f(x)=(x+2)^2(x-1)^3$；　　　　　　　　(2) $f(x)=x-\dfrac{3}{2}x^{\frac{2}{3}}$.

解：(1) 函数的定义域为 $D=(-\infty,+\infty)$，

$$f'(x)=2(x+2)(x-1)^3+3(x+2)^2(x-1)^2=(x+2)(x-1)^2(5x+4)$$

令 $f'(x)=0$，解得 $x_1=-2$，$x_2=-\dfrac{4}{5}$，$x_3=1$，则它们把函数的定义域分成 $(-\infty,-2)$，$(-2,-\dfrac{4}{5})$，$(-\dfrac{4}{5},1)$，$(1,+\infty)$，讨论如下：

当 $x\in(-\infty,-2)$ 时，$f'(x)>0$；

当 $x\in(-2,-\dfrac{4}{5})$ 时，$f'(x)<0$；

当 $x\in(-\dfrac{4}{5},1)$ 时，$f'(x)>0$；

当 $x\in(1,+\infty)$ 时，$f'(x)>0$.

故函数在区间 $(-\infty, -2)$ 和 $(-\frac{4}{5}, +\infty)$ 内单调增加，在区间 $(-2, -\frac{4}{5})$ 内单调减少.

(2) 函数的定义域为 $D = (-\infty, +\infty)$ ，

$$f'(x) = 1 - x^{-\frac{1}{3}} = \frac{\sqrt[3]{x} - 1}{\sqrt[3]{x}} \quad (x \neq 0)$$

即函数有不可导点 $x_1 = 0$.

令 $f'(x) = 0$ ，得 $x_2 = 1$ ，则 x_1, x_2 把函数的定义域分为 $(-\infty, 0)$ ， $(0, 1)$ ， $(1, +\infty)$ ，讨论如下：

当 $x \in (-\infty, 0)$ 时， $f'(x) > 0$ ；

当 $x \in (0, 1)$ 时， $f'(x) < 0$ ；

当 $x \in (1, +\infty)$ 时， $f'(x) > 0$.

故函数在区间 $(-\infty, 0)$ 和 $(1, +\infty)$ 内单调增加，在区间 $(0, 1)$ 内单调减少.

实训 4.3

求下列函数的单调区间：

(1) $y = x^3 - 3x^2 - 9x + 10$ ；　　(2) $y = x^4 - 2x^2 + 6$ ；　　(3) $y = 2x^2 - \ln x$ ；

(4) $y = x - e^x$ ；　　(5) $y = \arctan x - x$.

4.4 函数的极值

4.4.1 极值的概念

从函数单调性讨论中我们发现函数单调区间的分界点 x_0 必有 $f'(x_0) = 0$ 或 $f'(x_0)$ 不存在，且在 x_0 的某个邻域内如果函数 $f(x)$ 从单调增加转换成单调减少，则恒有 $f(x_0) > f(x)$ ；若函数 $f(x)$ 从单调减少转换成单调增加，则恒有 $f(x_0) < f(x)$（见图 4-5）. 由函数 $f(x)$ 的这种特性，我们引出极值的概念.

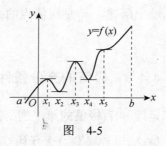

图 4-5

定义 4.1 设函数 $f(x)$ 在点 x_0 的某个邻域内有定义，如果对于该邻域内任意的 $x(x \neq x_0)$ 总有：

(1) $f(x) < f(x_0)$ ，则称 $f(x_0)$ 为函数 $f(x)$ 的一个极大值，点 x_0 称为函数 $f(x)$ 的一个极大点；

(2) $f(x) > f(x_0)$ ，则称 $f(x_0)$ 为函数 $f(x)$ 的一个极小值，点 x_0 称为函数 $f(x)$ 的一

个极小点.

极大值与极小值统称为极值, 极大点与极小点统称为极值点. 显然, 极值不可能在定义区间的端点上取得, 且极值是一个局部性的概念; 只是在极值点的邻域内比较函数值的大小, 邻域内的最大值则为极大值, 邻域内的最小值则为极小值. 与函数在整个定义域(或讨论范围)内的最大值与最小值是完全不同的概念.

4.4.2 极值的必要条件

由图 4-5 所示可以看出, 在极值点处如果曲线有不垂直于 x 轴的切线存在, 那么该切线平行于 x 轴. 但并不意味着切线平行于 x 轴的点就一定是极值点, 如图 4-5 中点 x_5 就不是极值点, 而该点处曲线的切线却平行于 x 轴. 因此有以下的极值必要条件定理.

定理 4.6 设函数 $f(x)$ 在点 x_0 处可导, 且在该点处取得极值, 则函数在点 x_0 处的导数为零, 即 $f'(x_0) = 0$.

应当注意:

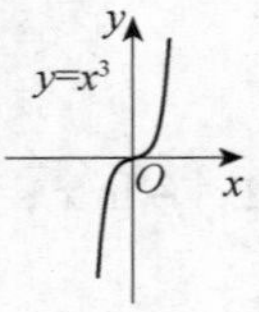

图 4-6

(1)这是极值存在的必要条件, 而不是充分条件. 如对于函数 $f(x) = x^3$ 有 $f'(0) = 0$, 但 $f(0)$ 不是 $f(x) = x^3$ 的极值, 如图 4-6 所示. 我们把使得 $f'(x) = 0$ 的点称为函数的**驻点**, 驻点可能是函数的极值点, 也可能不是极值点;

(2)当 $f(x)$ 在点 x_0 处的导数不存在时, $f(x)$ 也可能在该点处取得极值. 如函数 $f(x) = x^{\frac{2}{3}}$, 有 $f'(x) = \dfrac{2}{3\sqrt[3]{x}}$ 在点 $x = 0$ 处没有意义, 即 $f(x) = x^{\frac{2}{3}}$ 在点 $x = 0$ 处

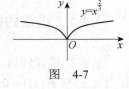

图 4-7

不可导, 几何上表示曲线 $y = x^{\frac{2}{3}}$ 在该点处的切线垂直于 x 轴, 而函数 $f(x) = x^{\frac{2}{3}}$ 在 $x = 0$ 处取得极小值, 如图 4-7 所示.

综上所述, x_0 是极值点的必要条件是 $f'(x_0) = 0$ 或 $f'(x_0)$ 不存在.

4.4.3 极值的充分条件

定理 4.7(极值的第Ⅰ判别定理) 设函数 $y = f(x)$ 在点 x_0 的某个去心邻域内可导, 且 $f'(x_0) = 0$ 或 $f'(x_0)$ 不存在, 如果

(1)当 $x < x_0$ 时, $f'(x) > 0$; 而当 $x > x_0$ 时, $f'(x) < 0$, 则 $f(x_0)$ 是函数 $f(x)$ 的极大值, 点 x_0 为极大点;

(2)当 $x < x_0$ 时, $f'(x) < 0$; 而当 $x > x_0$ 时, $f'(x) > 0$, 则 $f(x_0)$ 函是数 $f(x)$ 的极小值, 点 x_0 为极小点;

(3)若当 $x < x_0$ 与 $x > x_0$ 时, $f'(x)$ 符号相同, 则 $f(x_0)$ 不是极值, 点 x_0 不是极值点.

定理的几何意义是：如果可能极值点的左侧单调上升，右侧单调下降，则 $f(x_0)$ 是极大值；反之，若左侧单调下降，右侧单调上升，则 $f(x_0)$ 是极小值；而如果两侧单调性一样，则 $f(x_0)$ 不是极值. 从而得到以下推论.

推论 单调函数没有极值.

【任务 4-10】 求下列函数的极值：

(1) $f(x) = 2x^3 - 9x^2 + 12x - 2$；   (2) $f(x) = \ln(1 + x^2) - x$.

解：(1)函数的定义域为 $D = (-\infty, +\infty)$，

$$f'(x) = 6x^2 - 18x + 12 = 6(x-1)(x-2)$$

令 $f'(x) = 0$，得驻点 $x_1 = 1$，$x_2 = 2$.

它们把函数的定义域 $D = (-\infty, +\infty)$ 分为 $(-\infty, 1)$，$(1, 2)$，$(2, +\infty)$，列表讨论如下：

x	$(-\infty, 1)$	1	$(1, 2)$	2	$(2, +\infty)$
$f'(x)$	+	0	−	0	+
$f(x)$	↗	极大值 3	↘	极大值 2	↗

故函数 $f(x)$ 在点的 $x = 1$ 处取得极大值 $f(1) = 3$，在点 $x = 2$ 处取得极小值 $f(2) = 2$.

(2)函数的定义域为 $(-\infty, +\infty)$，

$$f'(x) = \frac{2x}{1 + x^2} - 1 = \frac{-(1-x)^2}{1 + x^2} \leqslant 0$$

即函数在 $(-\infty, +\infty)$ 内单调减少，没有极值.

定理 4.7 完备地把所有可能取得极值的情况都讨论清楚了，但在实际应用中，既要讨论可能极值点左侧的导数符号，又要讨论右侧的符号，比较烦琐. 是否有较快捷的方法？定理 4.7 的推论给我们揭示：在一定的条件下，这种快捷的判定方法是存在的，但有一定的前提条件.

定理 4.8（极值的第 Ⅱ 判别定理） 如果函数 $f(x)$ 在点 x_0 的某个邻域内二阶可导，且 $f'(x_0) = 0$，$f''(x_0) \neq 0$，

(1)若 $f''(x_0) < 0$，则函数 $f(x)$ 在点 x_0 处取得极大值；

(2)当 $f''(x_0) > 0$，则函数 $f(x)$ 在点 x_0 处取得极小值.

定理中排除 $f''(x_0) = 0$ 的情况，是因为满足 $f'(x_0) = f''(x_0) = 0$ 的点 x_0，可能不是极值点，也可能是极小值点或极大值点. 如同样满足 $f'(x_0) = f''(x_0) = 0$ 的点 $x_0 = 0$，于函数 $y = x^3$，它不是极值点；于函数 $y = x^4$，它是极小值点；而于函数 $y = 1 - x^4$，它是极大值点.

【任务 4-11】 求函数 $f(x) = \sin x + \cos x$ 在区间 $[0, 2\pi]$ 上的极值.

解： $f'(x) = \cos x - \sin x$，$f''(x) = -\sin x - \cos x$

令 $f'(x) = 0$，得函数在区间 $(0, 2\pi)$ 内的驻点 $x_1 = \dfrac{\pi}{4}$，$x_2 = \dfrac{5\pi}{4}$.

而

$$f''(\frac{\pi}{4}) = -(\sin\frac{\pi}{4} + \cos\frac{\pi}{4}) < 0$$

$$f''(\frac{5\pi}{4}) = -(\sin\frac{5\pi}{4} + \cos\frac{5\pi}{4}) > 0$$

故函数在点 $x = \frac{\pi}{4}$ 处取得极大值 $f(\frac{\pi}{4}) = \sqrt{2}$，在 $x = \frac{5\pi}{4}$ 取得极小值 $f(\frac{5\pi}{4}) = -\sqrt{2}$.

既然有完备的第 I 判别定理又有快捷的第 II 判别定理，说明完备与快捷不可兼得. 就是说，第 I 判别定理与第 II 判别定理都有不足. 第 I 判别定理在具体应用中比较烦琐，前面已经讨论过，为便于我们在使用中扬长避短，下面列出第 II 判别定理的不足：

(1)不能讨论不可导点 x_0 是否为极值点；

(2)不能讨论二阶导数为零的驻点 x_0 是否为极值点.

4.4.4　求极值的一般步骤

综上所述，我们得到求解极值的一般步骤：

(1)确定讨论范围，即函数 $f(x)$ 的定义域 D；

(2)求函数 $f(x)$ 的导数 $f'(x)$；

(3)求出所有的可能极值点，即满足 $f'(x) = 0$ 和 $f'(x)$ 不存在点；

(4)如果函数 $f(x)$ 既没有不可导点也没有驻点处的二阶导数为零，跳到(6)，否则，下一步(5)；

(5)分割定义域 D，列表讨论，使用第 I 判别定理判定，跳到(7)；

(6)求出所有驻点处的二阶导数符号，使用第 II 判别定理判定；

(7)求出极值.

【任务 4-12】　求下列函数的极值：

(1) $f(x) = x - \ln(1+x)$；　　　　　　(2) $f(x) = (x-3)^2 + 10\ln(x+3)$；

(3) $f(x) = (x+1)^3(x-1)^2$；　　　　　(4) $f(x) = x - \frac{3}{2}x^{\frac{2}{3}}$.

解：(1)函数 $f(x)$ 的定义域为 $D = (-1, +\infty)$，

$$f'(x) = 1 - \frac{1}{1+x} = \frac{x}{1+x}$$

令 $f'(x) = 0$，得驻点 $x_0 = 0$.

而

$$f''(0) = \frac{1}{(1+x)^2}\bigg|_{x=0} > 0$$

故函数在点 $x = 0$ 处取得极小值 $f(0) = 0$.

(2)函数 $f(x)$ 的定义域为 $D = (-3, +\infty)$，

$$f'(x) = 2(x-3) + \frac{10}{x+3} = \frac{2(x+2)(x-2)}{x+3}$$

令 $f'(x) = 0$，得驻点 $x_1 = -2$，$x_2 = 2$．

而

$$f''(-2) = -8 < 0, \quad f''(2) = \frac{8}{5} > 0$$

故函数在点 $x = -2$ 处取得极大值 $f(-2) = 25$，在点 $x = 2$ 处取得极小值 $f(2) = 1 + 10\ln 5$．

(3) 函数 $f(x)$ 的定义域为 $D = (-\infty, +\infty)$，

$$f'(x) = 3(x+1)^2(x-1)^2 + 2(x+1)^3(x-1) = (x+1)^2(x-1)(5x-1)$$

令 $f'(x) = 0$，得驻点 $x_1 = -1$，$x_2 = \frac{1}{5}$，$x_3 = 1$．

它们把函数的定义域为 $D = (-\infty, +\infty)$ 分为 $(-\infty, -1)$，$(-1, \frac{1}{5})$，$(\frac{1}{5}, 1)$，$(1, +\infty)$，列表讨论如下：

x	$(-\infty, -1)$	-1	$(-1, \frac{1}{5})$	$\frac{1}{5}$	$(\frac{1}{5}, 1)$	1	$(1, +\infty)$
$f'(x)$	$+$	0	$+$	0	$-$	0	$+$
$f(x)$	↗	不是极值	↗	极大值 $\frac{3456}{3125}$	↘	极小值 0	↗

故函数 $f(x)$ 在点的 $x = \frac{1}{5}$ 取得极大值 $f(\frac{1}{5}) = \frac{3456}{3125}$，在点 $x = 1$ 取得极小值 $f(1) = 0$．

(4) 函数 $f(x)$ 的定义域为 $D = (-\infty, +\infty)$，

$$f'(x) = 1 - x^{-\frac{1}{3}} = \frac{\sqrt[3]{x} - 1}{\sqrt[3]{x}} \quad (x \neq 0)$$

即函数有不可导点 $x_1 = 0$．

令 $f'(x) = 0$，得驻点 $x_2 = 1$，则 x_1, x_2 把函数的定义域 $D = (-\infty, +\infty)$ 分为 $(-\infty, 0)$，$(0, 1)$，$(1, +\infty)$，列表讨论如下：

x	$(-\infty, 0)$	0	$(0, 1)$	1	$(0, +\infty)$
$f'(x)$	$+$	不存在	$-$	0	$+$
$f(x)$	↗	极大值 0	↘	极小值 $-\frac{1}{2}$	↗

故函数 $f(x)$ 在点的 $x = 0$ 取得极大值 $f(0) = 0$，在点 $x = 1$ 取得极小值 $f(1) = -\frac{1}{2}$．

实训 4.4

求下列函数的极值：

(1) $y = 2x^3 - 6x^2 - 18x + 8$ ；　　　　　　(2) $y = 3x^4 - 4x^3 - 36x^2 + 60$ ；

(3) $y = x - \ln(1 + x^2)$ ；　　　　　　　　(4) $y = x^2 \mathrm{e}^{-x}$ ；

(5) $y = 2 - (x-1)^{\frac{2}{3}}$ ；　　　　　　　　(6) $y = x - \sin x$.

4.5　函数的最值及其应用

4.5.1　闭区间上连续函数的最大值与最小值

在闭区间上的连续函数一定存在最大值和最小值，而且只可能出现在以下三类点处：

(1) 区间内的驻点；

(2) 区间内的不可导点；

(3) 区间的端点.

因此，讨论闭区间上的连续函数的最值时，只要求出这三类点，再求出它们的函数值，比较这些函数值的大小，则可求出该区间上的最大值与最小值.

【任务 4-13】　求下列函数在给定区间上的最大最小值：

(1) $f(x) = x^4 - 2x^2 - 3$ ，$[-2,3]$；　　　　　(2) $y = -x + \cos x$ ，$[0, 2\pi]$.

解：(1) $f'(x) = 4x^3 - 4x = 4x(x^2 - 1) = 4(x+1)x(x-1)$

令 $f'(x) = 0$ ，得驻点 $x_1 = -1, x_2 = 0, x_3 = 1$.

而　$f(\pm 1) = -4$ ，$f(0) = -3$ ，$f(-2) = 5$ ，$f(3) = 60$.

所以 $f(x)$ 在区间 $[-2,3]$ 上的最大值为 $f(3) = 60$ ，最小值为 $f(\pm 1) = -4$.

(2) $y' = -1 - \sin x = -(1 + \sin x) \leqslant 0$

即函数 $y = -x + \cos x$ 单调减少，所以其在 $[0, 2\pi]$ 上最大值为 $y|_{x=0} = 1$ ，最小值为 $y|_{x=2\pi} = 1 - 2\pi$.

4.5.2　开区间内连续函数的最大值与最小值

开区间内的连续函数，其最值的取得比较复杂：

(1) 既有最大值，也有最小值，如 $y = \sin x$ 在区间 $(0, 2\pi)$ 内既有最大值 $\sin \dfrac{\pi}{2} = 1$ ，也有最小值 $\sin \dfrac{3\pi}{2} = -1$ ；

(2) 只有最大值或最小值之一，如 $y = 1 - x^2$ 和 $y = x^2$ 在区间 $(-1,1)$ 内分别只有最大值 1，最小值 0；

(3) 既没有最大值，也没有最小值，如 $y = x^3$ 在区间 $(-1,1)$ 内既没有最大值，也没有最小值.

为此，我们下面只讨论一种情况：设连续函数 $f(x)$ 在开区间 (a,b) 内仅有唯一可能极值点 x_0.

（1）若 $f(x_0)$ 是极大值，则 $f(x)$ 在开区间 (a,b) 内只有最大值 $f(x_0)$；

（2）若 $f(x_0)$ 是极小值，则 $f(x)$ 在开区间 (a,b) 内只有最小值 $f(x_0)$；

（3）若 $f(x_0)$ 不是极值，则 $f(x)$ 在开区间 (a,b) 内既没有最大值，也没有最小值.

因此，在开区间 (a,b) 内求函数 $f(x)$ 的最值，如果 $f(x)$ 在区间 (a,b) 内仅有唯一可能极值点 x_0，必须验证 $f(x_0)$ 是否为极值？是极大值还是极小值？

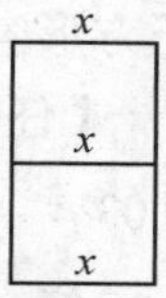

【任务 4-14】 造一个日字形的窗框（见图 4-8），现有 9m 长的铝材，问如何确定窗框的长和宽，使得造出的窗户的面积最大，最大面积是多少？

图　4-8

解： 设窗框的宽为 xm，则长为 $\frac{1}{2}(9-3x)$ m，窗户的面积 S 为

$$S = x \cdot \frac{1}{2}(9-3x) = \frac{9}{2}x - \frac{3}{2}x^2, \quad x \in (0,3)$$

$$S' = \frac{9}{2} - 3x$$

令 $S' = 0$，得驻点 $x = \frac{3}{2}$.

而 $S''\big|_{x=\frac{3}{2}} = -3 < 0$，故当窗户的宽为 $\frac{3}{2}$ m，长为 $\frac{1}{2}\left(9-3\times\frac{3}{2}\right) = \frac{9}{4}$ m 时，窗户面积最大，最大面积为 $\frac{3}{2} \times \frac{9}{4} = \frac{27}{8}$ (m²).

4.5.3　函数最值的应用——优化模型

在生产实践中，常常会遇到在一定条件下如何能使成本最低、利润最高、容积最佳等问题，要解决这类问题我们往往是将其转化为求函数的最大值或最小值来求解. 把应用数学工具为最优方案的抉择提供数据和解决问题的方法，称为优化模型.

【任务 4-15】 如图 4-9(a) 所示，用一块边长为 30cm 的正方形铁皮，在它的四角各剪去相等的一块正方形，制成一个无盖正方形容器，如图 4-9(b) 所示，问应剪去多大的正方形，能使容器的容积最大？

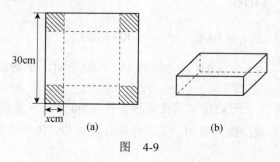

图　4-9

解：设剪去的小正方形的边长为 $x$cm，容器的容积为 Vcm^3，则

$$V = x(30-2x)^2, \quad x \in (0,15)$$

$$V' = (30-2x)^2 + x \cdot 2(30-2x)(-2) = 12(x-15)(x-5)$$

令 $V' = 0$，得驻点 $x_1 = 5$，$x_2 = 15$（舍去）.

而 $V''|_{x=5} = 12(x-15)|_{x=5} = -120 < 0$，故剪去边长为 5cm 的小正方形，制成的无盖正方形容器的容积最大.

【任务 4-16】 某厂生产某产品，每月生产 q 个单位的成本为 $C(q) = 10000 + 6q - 0.03q^2 + 10^{-6}q^3$，每个单位产品的价格是 6 元，求使利润最大的产量.

解：依题意，收入函数为

$$R(q) = 6q$$

利润函数为

$$L(q) = R(q) - C(q)$$
$$= 6q - (10000 + 6q - 0.03q^2 + 10^{-6}q^3) = 0.03q^2 - 10^{-6}q^3 - 10000,$$
$$L'(q) = 0.06q - 3 \times 10^{-6}q^2$$

令 $L'(q) = 0$，得驻点 $q_1 = 20000$，$q_2 = 0$（舍去）.

而 $L''(20000) = (0.06 - 6 \times 10^{-6}q)|_{q=20000} = -0.06 < 0$，故使利润最大的产量为 20000 个单位.

注意到，由于 $L'(q) = R'(q) - C'(q) = 0 \Rightarrow R'(q) = C'(q)$，所以在经济学上有结论：当边际收入等于边际成本时，利润最大.

【任务 4-17】 设某产品生产 q 件时的总成本 $C(q) = 9000 + 40q + 0.001q^2$（元）. 试求：(1) 平均成本函数；(2) 当产量 $q = 1000$ 时的平均成本；(3) 产量 q 为多少时平均成本最低.

解：依题意，有

(1) 平均成本函数为

$$A(q) = \frac{C(q)}{q} = \frac{9000 + 40q + 0.001q^2}{q} = \frac{9000}{q} + 40 + 0.001q$$

(2) $A(1000) = \frac{9000}{1000} + 40 + 0.001 \times 1000 = 50$（元/件）

(3) $A'(q) = -\frac{9000}{q^2} + 0.001$

令 $A'(q) = 0$，得驻点 $q_1 = 3000$，$q_2 = -3000$（舍去）.

而 $A''(3000) = \frac{18000}{q^3}\Big|_{q=3000} > 0$，故当产量 $q = 3000$ 件时，平均成本最低.

【案例 4-2】 设某工厂平均每年需要某种零件 8000 个，零件放仓库，估计一个零件的年保管费是 4 元. 为减少保管费用，采取分期分批进货，每批进货手续费为 40 元，设

零件的库存量为批量的一半. 试求：(1)经济批量和经济批次(手续费与保管费之和最少的批量和批次)；(2)分析单位保管费的变化对经济批量的影响.

解：(1)设批量(每批的进货量)为 q，手续费和保管费之和为 $C(q)$，记每个零件每年需要的保管费为 s，则依题意，采购次数为 $\dfrac{8000}{q}$，年采购费为 $40 \times \dfrac{8000}{q}$，库存量为 $\dfrac{q}{2}$，保管费为 $\dfrac{qs}{2}$，手续费和保管费之和为

$$C(q) = 40 \times \frac{8000}{q} + \frac{qs}{2} = \frac{320000}{q} + \frac{qs}{2}$$

$$C'(q) = -\frac{320000}{q^2} + \frac{s}{2}$$

令 $C'(q) = 0$，得 $q_1 = \dfrac{800}{\sqrt{s}}$，$q_2 = -\dfrac{800}{\sqrt{s}}$（负值舍去）.

而 $C''\left(\dfrac{800}{\sqrt{s}}\right) = \dfrac{640000}{q^3}\bigg|_{q=\frac{800}{\sqrt{s}}} > 0$，所以当 $q = \dfrac{800}{\sqrt{s}}$ 时，手续费和保管费之和最小，代入 $s = 4$，得 $q = 400$ 个，这时，批次为 $\dfrac{8000}{400} = 20$（次）.

因此经济批量为 400 个，经济批次为 20 次.

(2)记经济批量对单位保管费(一个零件的年保管费)s 的弹性为 E_s，则函数 $q = \dfrac{800}{\sqrt{s}}$ 的弹性为

$$E_s = \frac{s}{q}\frac{\mathrm{d}q}{\mathrm{d}s} = \frac{s}{\frac{800}{\sqrt{s}}}\left(\frac{800}{\sqrt{s}}\right)'_s = \frac{s\sqrt{s}}{800} \cdot 800\left(-\frac{1}{2}s^{-\frac{3}{2}}\right) = -0.5$$

这是一个与 s 无关的常数，说明不管当前的单位保管费是多少，只要其减少 10%，则经济批量将约提高 5%.

实训 4.5

1. 求下列函数在给定区间上的最大值与最小值.

(1) $y = x^5 - 5x^4 + 5x^3 + 1$，$[-1, 2]$；　　　　　　(2) $y = \dfrac{x-1}{x+1}$，$[0, 4]$.

2. 将长 8cm，宽 5cm 的长方形纸皮的四角各剪去相同的小正方形，折成一个无盖的盒子. 问盒子的最大容积是多少？

3. 已知甲车位于乙车正东方向 625km，以每小时 80 km 的速度向西行驶，而乙车则以每小时 60 km 的速度向南行驶. 问多长时间后，两车的距离最短？

4. 某商品的生产成本为 $C(q) = 800 + 65q + 2q^2$（q 为产量），求使平均成本最低的产量.

5. 生产某种产品的总成本函数为 $C(q) = 5q + 200$（元），收入函数为 $R(q) = 10q - 0.01q^2$，问生产多少个单位产品时能使利润最大.

6. 生产某种产品的总成本函数为 $C(q) = \dfrac{1}{24}q^2 + 4q + 200$，而且该产品市场需求规律是 $q = 75 - 3p$（q 为产量，p 为价格），求使利润达到最大时的产量 q 及最大利润.

7. 有一工厂每年需要某种材料 3000 件，这工厂对该材料的消耗是均匀的（这时零件的库存量为批量的一半）. 已知这种材料每件的年保管费为 2 元，每次的采购费用为 30 元，试求使费用最省的经济批量和经济批次.

4.6　曲线的凹凸性与渐近线

我们中学时，画函数图形的规范是"描点，画图". 其实这是基于我们已经清楚函数的基本形状之上的，而且这些点也不能任意选取，而是我们前面学习过的曲线上升和下降的分界点及将要学习的拐点. 而且，曲线形态不仅有上升或下降，还有弯曲情况（即凹凸性）和渐近线等.

4.6.1　曲线的凹凸性与拐点

定义 4.2　设函数 $f(x)$ 在区间 (a,b) 内连续，则 $y = f(x)$ 在区间 (a,b) 内的图形是一连续的曲线弧.

（1）若此曲线弧总位于其任意一点处的切线上方，则称曲线 $y = f(x)$ 在区间 (a,b) 内是（向上）凹的（或凹弧），称区间 (a,b) 为凹区间，如图 4-10 所示；

（2）若此曲线弧总位于其任意一点处的切线下方，则称曲线 $y = f(x)$ 在区间 (a,b) 内是（向上）凸的（或凸弧），称区间 (a,b) 为凸区间，如图 4-11 所示.

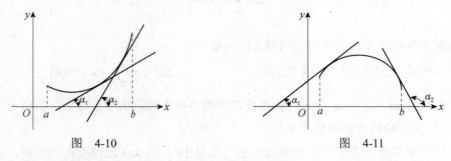

图　4-10　　　　　　　　　　　　图　4-11

由图 4-10 容易看出，凹弧上的切线的斜率 $\tan\alpha$ 随着 x 的增加而增加，即 $f'(x)$ 单调递增，由函数单调性有 $f''(x) > 0$；同理，由图 4-11 可以看出，凸弧上的切线的斜率 $\tan\alpha$

随着 x 的增加而减少，即 $f'(x)$ 单调递减，此时有 $f''(x)<0$.因此，可猜想：曲线的凸凹性可以利用二阶导数的符号来判定.

定理 4.9 设函数 $f(x)$ 在区间 (a,b) 上连续，且具有二阶导数.

(1)如果在区间 (a,b) 内，$f''(x)>0$，则曲线在区间 (a,b) 内是凹的；

(2)如果在区间 (a,b) 内，$f''(x)<0$，则曲线在区间 (a,b) 内是凸的.

定义 4.3 曲线凹凸的分界点称为曲线的拐点.

注意，拐点既然是凹凸的分界点，则在拐点横坐标的左右邻域内 $f''(x)$ 必然异号，因而在拐点横坐标 x_0 处有 $f''(x_0)=0$ 或 $f''(x_0)$ 不存在. 另外，与极值点的情形类似，使得 $f''(x)=0$ 或 $f''(x)$ 不存在的点 x_0 不一定就是拐点的横坐标，具体的判定要根据 $f''(x)$ 在点 x_0 的左右邻域是否异号来确定.

因此，可给出求函数凹凸区间和拐点的具体步骤：

(1)确定函数 $y=f(x)$ 的定义域；

(2)求二阶导数 $f''(x)$，找出使 $f''(x)=0$ 和 $f''(x)$ 不存在的点；

(3)用所求的点把定义域分成若干个子区间，判别各子区间上 $f''(x)$ 的符号；

(4)确定曲线的凹凸区间和拐点.

【任务 4-18】 求曲线 $f(x)=x^4-2x^3+1$ 的凹凸区间及拐点.

解： 函数 $f(x)$ 的定义域为 $(-\infty,+\infty)$，其一、二阶导数为

$$f'(x)=4x^3-6x^2, \qquad f''(x)=12x^2-12x=12x(x-1)$$

令 $f''(x)=0$，得 $x_1=0,x_2=1$，则它们把函数的定义域分成三个子区间 $(-\infty,0)$，$(0,1)$，$(1,+\infty)$. 列表讨论如下：

x	$(-\infty,0)$	0	$(0,1)$	1	$(1,+\infty)$
$f'(x)$	+	0	−	0	+
$f(x)$	∪	拐点$(0,1)$	∩	拐点$(1,0)$	∪

故曲线 $y=f(x)$ 的凹区间为 $(-\infty,0)$ 和 $(1,+\infty)$，凸区间为 $(0,1)$，拐点有 $(0,1)$ 和 $(1,0)$.

4.6.2 曲线的渐近线

定义 4.4 曲线 $y=f(x)$ 上的一点沿着曲线趋于无穷远时，如果该点与某一直线的距离趋于零，则称此直线为曲线的渐近线.

曲线的渐近线可分为水平渐近线、铅直渐近线和斜渐近线三种.

1. 水平渐近线

对于曲线 $y=f(x)$，如果 $\lim\limits_{x\to\infty}f(x)=C$，则称直线 $y=C$ 是曲线 $y=f(x)$ 的一条水平渐近线.

2. 铅直渐近线

设函数 $y = f(x)$ 在点 x_0 处间断，且 $\lim\limits_{x \to x_0^-} f(x) = \infty$（或 $\lim\limits_{x \to x_0^+} f(x) = \infty$），则称直线 $x = x_0$ 为曲线 $y = f(x)$ 的一条铅直渐近线.

【任务 4-19】 求曲线 $y = \dfrac{1}{x-2}$ 的水平渐近线和铅直渐近线.

解：因为 $\lim\limits_{x \to \infty} \dfrac{1}{x-2} = 0$，所以 $y = 0$（即 x 轴）是曲线的水平渐近线.

又因为函数 $y = \dfrac{1}{x-2}$ 在 $x = 2$ 处间断，且 $\lim\limits_{x \to 2} \dfrac{1}{x-2} = \infty$，所以 $x = 2$ 是曲线的铅直渐近线.

3. 斜渐近线

若

$$\lim_{x \to \infty} \frac{f(x)}{x} = k, \quad \lim_{x \to \infty}[f(x) - kx] = b$$

则称直线 $y = kx + b$ 为曲线 $y = f(x)$ 的斜渐近线.

【任务 4-20】 求曲线 $y = \dfrac{x^3}{x^2 + 3x - 2}$ 的斜渐近线.

解：因为

$$k = \lim_{x \to \infty} \frac{f(x)}{x} = \lim_{x \to \infty} \frac{x^2}{x^2 + 3x - 2} = 1$$

$$b = \lim_{x \to \infty}[f(x) - kx] = \lim_{x \to \infty}\left(\frac{x^3}{x^2 + 3x - 2} - x\right) = \lim_{x \to \infty} \frac{-3x^2 + 2x}{x^2 + 3x - 2} = -3$$

所以 $y = x - 3$ 为所求曲线的斜渐近线.

实训 4.6

1. 求下列函数的凹凸区间和拐点.

(1) $y = \ln^2 x$；　　　　　(2) $y = x^3 - 2x^2 + 5x - 1$；　　　　(3) $y = (x-2)^{\frac{5}{3}}$；

(4) $y = x e^x$；　　　　　(5) $y = x^2 + \dfrac{1}{x}$；　　　　(6) $y = \ln(1 + x^2)$.

2. 求下列曲线的渐近线.

(1) $y = 3 - \dfrac{1}{x}$；　　　　　(2) $y = \dfrac{1}{x^2 - x - 2}$；

(3) $y = 1 + e^{\frac{1}{x}}$；　　　　　(4) $y = \dfrac{x+5}{x^2 - 1}$.

总实训 4

1. 利用洛必达法则求下列极限.

(1) $\lim\limits_{x \to 0} \dfrac{\tan x - x}{x - \sin x}$;　　　(2) $\lim\limits_{x \to \pi} \dfrac{\sin 3x}{\tan 5x}$;　　　(3) $\lim\limits_{x \to \pi} \dfrac{1 + \cos x}{\tan^2 x}$;

(4) $\lim\limits_{x \to 1}(\dfrac{x}{x-1} - \dfrac{1}{\ln x})$;　　　(5) $\lim\limits_{x \to 0}(\dfrac{1}{x} - \dfrac{1}{e^x - 1})$;　　　(6) $\lim\limits_{x \to \infty} x(e^{\frac{1}{x}} - 1)$;

(7) $\lim\limits_{x \to +\infty} x^{-2} e^x$;　　　(8) $\lim\limits_{x \to 0^+} x^x$.

2. 求下列函数的单调区间.

(1) $y = (x+2)^2(x-1)^4$;　　　(2) $y = \dfrac{x^2}{1+x}$;

(3) $y = x - \ln(1+x)$;　　　(4) $y = e^x(x^2 - 2x)$.

3. 求下列函数的极值.

(1) $y = 2e^x + e^{-x}$;　　　(2) $y = \dfrac{2x}{1+x^2}$;　　　(3) $y = x^2 \ln x$;

(4) $y = \sqrt{2 + x - x^2}$;　　　(5) $y = 2x - \ln(4x)^2$;　　　(6) $y = 3 - 2(x+1)^{\frac{1}{3}}$.

4. 求下列函数在给定区间上的最大值与最小值.

(1) $y = \sqrt{x}\ln x$, $[\dfrac{1}{4}, 1]$;　　　(2) $y = \sqrt{100 - x^2}$, $[-4, 6]$.

5. 求下列曲线的凹凸区间和拐点.

(1) $y = x^3 - 3x^2 - 9x + 1$;　　　(2) $y = xe^{-x}$;　　　(3) $y = \dfrac{1}{x^2 + 1}$.

6. 求下列曲线的渐近线.

(1) $y = \dfrac{3x^2 + 2}{1 - x^2}$;　　　(2) $y = \dfrac{\ln x}{\sqrt{x}}$;　　　(3) $y = \dfrac{2x^2}{x - 3}$.

7. 设销售 q 个单位产品的收入为 $R(q) = 400q - q^2 - 900$ ，求使平均收入最大的销售量 q.

8. 设生产某种产品的总成本函数为 $C(q) = 0.4q^2 + 12q + 100$ ，收入函数为 $R(q) = 100q - 1.6q^2$ （q 为产量）. 求：（1）当 $q = 10$ 时的边际成本和边际收入；（2）产量 q 为多少时有最大利润，利润的最大值为多少？

9. 旅行社给某单位旅游活动做的报价计划如下，每团至少要 20 人，团费 1200 元/人. 若 20 人以上可给予优惠，每增加 1 人，团费减少 8 元/人，每团最多不超过 100 人. 问每团收多少人可使旅行社收益最大？

10. 已知某商品每周生产 x 单位时，总成本为 $C(x) = 0.2x^2 - 12x + 500$. 若该商品的销售单价是 18 元，求总利润函数 $L(x)$ ，并问每周生产多少个单位时才能获得最大利润？

11. 设生产某产品的固定成本为 2000 元，每多生产一个产品，成本增加 10 元. 市

场的需求规律是 $q = 100.5 - 0.05p$ （p 为价格）.试求获得最大利润时的产量.

12. 某商店以每条 100 元的进价购进一批牛仔裤,设此种商品的需求函数 $Q=400-2p$（其中 Q 为需求量，单位为条；p 为销售价格，单位为元）. 问应将售价定为多少，可获得最大利润？最大利润是多少？

13. 要造一个圆柱形水池，容积为 V. 已知底部的单位面积造价是侧面的一半，问水池的底部半径 r 和深度 h 为多少时造价最省？

14. 拟建造一个面积为 $5m^2$ 的矩形加半圆形窗框，如图 4-12 所示. 问底宽为多少时能使周长最小？

图　4-12　　　　　　　　　　　图　4-13

15. 如图 4-13 所示，A、B 两站相隔 100km 铁路，工厂 C 距离 A 站 20km，AC 垂直于 AB. 为了运输方便，在 AB 线上选定一点 D 向工厂修一条公路. 已知铁路每公里运输费与公路每公里运输费用之比为 $3:5$，问 D 点应如何选取才能使货物从 B 站运到工厂的费用最省？

第5章　不定积分

【案例 5-1】 已知容器中装有 10L 浓度为 300g/L 的盐水，若以每分钟 0.5L 的纯水注入容器，充分混合后以同样的速度流出容器. 求：(1)时刻 t 与容器中盐水浓度的关系；(2)10min 后容器中盐水的浓度；(3)要使容器中盐水的浓度降为 3g/L，问需要多长时间？

解： 设 t 时刻容器中盐的含量为 $y$kg，则此时盐水的浓度为 $\dfrac{y}{10}$ (kg/L).

(1) 由每分钟流出容器的盐水量为 0.5L，得容器中盐减少的速度为每分钟 $\dfrac{y}{10} \times 0.5 = \dfrac{y}{20}$ (kg). 就是说，容器中盐的变化率为 $\dfrac{\mathrm{d}y}{\mathrm{d}t} = -\dfrac{y}{20}$，变换得

$$\frac{1}{y}\mathrm{d}y = -\frac{1}{20}\mathrm{d}t$$

即

$$\mathrm{d}\ln|y| = \mathrm{d}(-\frac{1}{20}t)$$

由拉格朗日中值定理的推论 2，得　$\ln|y| = -\dfrac{1}{20}t + C$（$C$ 为常数），两边取以 e 为底的指数运算，得　$y = \mathrm{e}^C \mathrm{e}^{-\frac{1}{20}t}$　或 $y = -\mathrm{e}^C \mathrm{e}^{-\frac{1}{20}t}$（舍去）.

$t = 0$ 时，盐水的浓度为 300g/L，即 0.3kg/L. 把 $t = 0$，$y = 10 \times 0.3 = 3$（kg）代入，得 $C = \ln 3$，即 $y = 3\mathrm{e}^{-\frac{1}{20}t}$.

就是说，时刻 t 与容器中盐水浓度 $f(t)$ 的关系为　$f(t) = \dfrac{3\mathrm{e}^{-\frac{1}{20}t}}{10} = 0.3\mathrm{e}^{-\frac{1}{20}t}$ （kg/L）.

(2)10min 后容器中盐水的浓度为 $f(10) = 0.3\mathrm{e}^{-\frac{1}{20} \times 10} \approx 0.182$ （kg/L）；

(3)因为 3g/L = 0.003 kg/L，所以，解方程 $0.3\mathrm{e}^{-\frac{1}{20}t} = 0.003$，得 $t \approx 92.1$ min.
故使容器盐水的浓度降为 3g/L，约需要 92.1 min.

案例 5-1 的求解中，关键的运算是由 $\dfrac{1}{y}\mathrm{d}y = -\dfrac{1}{20}\mathrm{d}t$，得 $\mathrm{d}\ln|y| = \mathrm{d}(-\dfrac{1}{20}t)$. 就是说，如何通过一个未知函数的微分，求出未知函数的运算. 我们把这种已知一个未知函数的微分（或导数），求出未知函数的运算，称为不定积分运算. 不定积分运算是导数（微分）运算的逆运算. 本章以已知变化率求原函数为任务，通过各种类型的求不定积分任务，帮助我们理解原函数和一定积分的概念，熟记基本积分公式，熟练掌握直接法、换元积

分法和分部积分法，为积分学的学习打好基础.

5.1　不定积分的概念

5.1.1　原函数

定义 5.1　设函数 $f(x)$ 是定义在某区间的函数，如果存在一个函数 $F(x)$，使得在该区间内任意点 x 处，都有

$$F'(x) = f(x) \text{ 或 } \mathrm{d}F(x) = f(x)\mathrm{d}x$$

则称函数 $F(x)$ 是 $f(x)$ 在该区间上的一个原函数.

例如，因为在区间 $(-\infty, +\infty)$ 内，有 $(x^5)' = 5x^4$，所以 x^5 是 $5x^4$ 在区间 $(-\infty, +\infty)$ 内的一个原函数.

又如，在区间 $(-\infty, 0) \cup (0, +\infty)$ 内，有 $\mathrm{d}\ln|y| = \dfrac{1}{y}\mathrm{d}y$，所以 $\ln|y|$ 是 $\dfrac{1}{y}$ 在区间 $(-\infty, 0) \cup (0, +\infty)$ 内的一个原函数.

那么，什么样的函数存在原函数呢？

而且，显然 $x^5 + 2$，$x^5 + \sqrt{3}$，$x^5 - \sqrt{3}$，$x^5 + C$（C 是任意常数）都是 $5x^4$ 在区间 $(-\infty, +\infty)$ 内的原函数. 一个存在原函数的函数有多少个原函数呢？我们有以下结论：

(1) 若函数 $f(x)$ 在某区间连续，则 $f(x)$ 在该区间存在原函数；

(2) 若函数 $F(x)$ 是 $f(x)$ 的一个原函数，则 $f(x)$ 的全部原函数为 $F(x) + C$（C 为任意常数）.

结论 (1) 给出了原函数存在的充分条件；而对于结论 (2)，事实上，由拉格朗日中值定理的推论 2，若函数 $F(x), G(x)$ 都是 $f(x)$ 的原函数，则

$$G(x) = F(x) + C \text{（} C \text{ 为常数）}$$

就是说，如果函数 $F(x)$ 是 $f(x)$ 在某个区间上的一个原函数，则 $F(x) + C$（C 为任意常数）就是 $f(x)$ 在这个区间上的全部原函数.

由此可知，如果函数 $f(x)$ 有一个原函数 $F(x)$，则 $f(x)$ 就有无穷多个原函数，而且全部原函数可表示为 $F(x) + C$（C 为任意常数）.

5.1.2　不定积分的定义

定义 5.2　称函数 $f(x)$ 的全部原函数为 $f(x)$ 的不定积分，记作 $\int f(x)\mathrm{d}x$. 即，如果函数 $F(x)$ 是 $f(x)$ 的一个原函数，则

$$\int f(x)\mathrm{d}x = F(x) + C \text{（} C \text{ 为任意常数）.}$$

其中，记号 $\int$ 称为积分号，$f(x)$ 称为被积函数，x 称为积分变量，$f(x)\mathrm{d}x$ 称为被积表

达式，C 称为积分常数.

按定义，$f(x)$ 的不定积分，就是被积分函数的一个原函数加上一个积分常数 C.

【任务 5-1】 验证下列不定积分：

(1) $\int 2x\,dx = x^2 + C$ ；　　　　　　　　(2) $\int \cos x\,dx \sin x + C$ ；

(3) $\int \frac{1}{x}\,dx \ln|x| + C$ ；　　　　　　(4) $\int e^x\,dx\, e^x + C$.

解：(1) 因为 $(x^2)' = 2x$ ，即 x^2 是 $2x$ 的一个原函数，所以

$$\int 2x\,dx = x^2 + C$$

(2) 因为 $(\sin x)' = \cos x$ ，即 $\sin x$ 是 $\cos x$ 的一个原函数，所以

$$\int \cos x\,dx = \sin x + C$$

(3) 因为当 $x > 0$ 时，$(\ln|x|)' = (\ln x)' = \frac{1}{x}$ ；当 $x < 0$ 时，$(\ln|x|)' = [\ln(-x)]' = \frac{-1}{-x} = \frac{1}{x}$. 即

$\ln|x|$ 是 $\frac{1}{x}$ 在区间 $(-\infty, 0) \cup (0, +\infty)$ 内的一个原函数，所以

$$\int \frac{1}{x}\,dx = \ln|x| + C$$

(4) 因为 $(e^x)' = e^x$ ，即 e^x 是 e^x 的一个原函数，所以

$$\int e^x\,dx = e^x + C$$

由不定积分的定义可知，不定积分与导数（或微分）互为逆运算，所以有

(1) $[\int f(x)\,dx]' = f(x)$ 　或　 $d[\int f(x)\,dx] = f(x)\,dx$ ；

(2) $\int F'(x)\,dx = F(x) + C$ 　或　 $\int dF(x) = F(x) + C$.

5.1.3　不定积分的几何意义

如果函数 $F(x)$ 是 $f(x)$ 的一个原函数，我们称曲线 $y = F(x)$ 为函数 $f(x)$ 的一条积分曲线. 那么，$y = \int f(x)\,dx = F(x) + C$ 表示无穷多条曲线. 由于 $[\int f(x)\,dx]' = f(x)$，依导数的几何意义知，这些曲线在相同横坐标对应的点处的切线斜率相等. 因此，不定积分的几何意义是：$y = \int f(x)\,dx$ 在几何上表示一簇积分曲线，

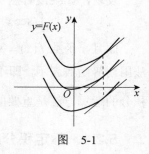

图　5-1

如图 5-1 所示. 这些曲线有以下特点：(1) 所有曲线都可由曲线 $y = F(x)$ 沿 y 轴向上或向下平移得到；

(2) 所有曲线在横坐标相同的点处的切线互相平行.

【任务 5-2】 已知曲线上任一点处的切线的斜率等于该点横坐标的两倍，且过点 $(1, 2)$ ，求此曲线方程.

解：设所求的曲线为 $y=f(x)$，依题意，得

$$f'(x)=2x$$

所以

$$y=f(x)=\int 2x\,\mathrm{d}x=x^2+C$$

代入 $x=1$，$y=2$，得 $C=1$.

故所求的曲线方程为 $y=x^2+1$.

实训 5.1

1. 验证下列各不定积分.

(1) $\displaystyle\int x^\alpha\,\mathrm{d}x=\frac{1}{\alpha+1}x^{\alpha+1}+C\ (\alpha\neq-1)$；

(2) $\displaystyle\int 2(\mathrm{e}^{2x}-\mathrm{e}^{-2x})\,\mathrm{d}x=(\mathrm{e}^x+\mathrm{e}^{-x})^2+C=(\mathrm{e}^x-\mathrm{e}^{-x})^2+C$.

2. 已知曲线上任一点处的切线的斜率等于该点横坐标的余弦，且过点 $(0,0)$，求此曲线方程.

5.2　基本积分公式和不定积分的运算性质

对于上节【任务 5-1】的验证，也可看作是按定义求不定积分. 但是，因为整个过程都是在积分结果确定后，根据定义得出的结论，这样求解不定积分在大多情况下是行不通的.

不妨试求不定积分 $\int(\sec x+x\cos x)\,\mathrm{d}x$.

发现，如果没有熟练掌握不定积分运算方法的话，不可能得到

$$\int(\sec x+x\cos x)\,\mathrm{d}x=\ln|\sec x+\tan x|+x\sin x+\cos x+C$$

而且，函数 $f(x)=\mathrm{e}^{x^2}$ 在 $(-\infty,+\infty)$ 内连续，即 $f(x)=\mathrm{e}^{x^2}$ 存在原函数，但此原函数无法用初等函数表示，即不定积分 $\int\mathrm{e}^{x^2}\,\mathrm{d}x$ 在初等函数范围内无法计算. 就是说，学习不定积分的运算方法是重要的，为此我们先学习基本积分公式和不定积分的运算性质.

5.2.1　不定积分的基本公式

由不定积分与导数（或微分）互为逆运算的关系，根据基本初等函数的导数公式得到以下的基本积分公式：

(1) $\displaystyle\int k\,\mathrm{d}x=kx+C\ (k\text{为常数})$； 　　 (2) $\displaystyle\int x^\alpha\,\mathrm{d}x=\frac{1}{\alpha+1}x^{\alpha+1}+C\ (\alpha\neq-1)$；

(3) $\int \dfrac{1}{x}\mathrm{d}x = \ln|x| + C$ ；　　　　(4) $\int a^x \mathrm{d}x = \dfrac{1}{\ln a} a^x + C \ (a > 0, a \neq 1)$ ；

(5) $\int \mathrm{e}^x \mathrm{d}x = \mathrm{e}^x + C$ ；　　　　(6) $\int \cos x \mathrm{d}x = \sin x + C$ ；

(7) $\int \sin x \mathrm{d}x = -\cos x + C$ ；　　　　(8) $\int \sec^2 x \mathrm{d}x = \tan x + C$ ；

(9) $\int \csc^2 x \mathrm{d}x = -\cot x + C$ ；　　　　(10) $\int \sec x \tan x \mathrm{d}x = \sec x + C$ ；

(11) $\int \csc x \cot x \mathrm{d}x = -\csc x + C$ ；　　　　(12) $\int \dfrac{1}{1+x^2}\mathrm{d}x = \arctan x + C = -\operatorname{arc\,cot} x + C$ ；

(13) $\int \dfrac{1}{\sqrt{1-x^2}}\mathrm{d}x = \arcsin x + C = -\arccos x + C$ ．

以上公式，是求不定积分的基础，必须熟记.

【任务 5-3】 求下列不定积分.

(1) $\int \dfrac{1}{x^2}\mathrm{d}x$ ；　　　(2) $\int x\sqrt{x\sqrt{x}}\,\mathrm{d}x$ ；　　　(3) $\int \dfrac{1}{3^x}\mathrm{d}x$ ；　　　(4) $\int 3^x \mathrm{e}^x \mathrm{d}x$ ．

解： (1) 原式 $= \displaystyle\int x^{-2}\mathrm{d}x = \dfrac{1}{-2+1}x^{-2+1} + C = -x^{-1} + C = -\dfrac{1}{x} + C$ ；

(2) 原式 $= \displaystyle\int x^{1+\frac{1}{2}+\frac{1}{4}}\mathrm{d}x = \int x^{\frac{7}{4}}\mathrm{d}x = \dfrac{4}{11}x^{\frac{11}{4}} + C$ ；

(3) 原式 $= \displaystyle\int \left(\dfrac{1}{3}\right)^x \mathrm{d}x = \dfrac{\left(\dfrac{1}{3}\right)^x}{\ln \dfrac{1}{3}} + C = -\dfrac{3^{-x}}{\ln 3} + C$ ；

(4) 原式 $= \displaystyle\int (3 \cdot \mathrm{e})^x \mathrm{d}x = \dfrac{(3 \cdot \mathrm{e})^x}{\ln(3 \cdot \mathrm{e})} + C = -\dfrac{3^x \mathrm{e}^x}{\ln 3 + \ln \mathrm{e}} + C = \dfrac{3^x \mathrm{e}^x}{1 + \ln 3} + C$ ．

5.2.2　不定积分的运算性质

性质 1　两个函数的代数和的不定积分等于这两个函数的不定积分的代数和.

即　　　$\displaystyle\int [f(x) \pm g(x)]\mathrm{d}x = \int f(x)\mathrm{d}x \pm \int g(x)\mathrm{d}x$

这一结论可以推广到有限个函数的代数和的情形，即

$$\int [f_1(x) + f_2(x) + \cdots + f_n(x)]\mathrm{d}x = \int f_1(x)\mathrm{d}x + \int f_2(x)\mathrm{d}x + \cdots + \int f_n(x)\mathrm{d}x$$

性质 2　被积函数中的常数因子可以提到积分号外面.

即　　　$\displaystyle\int kf(x)\mathrm{d}x = k\int f(x)\mathrm{d}x$

【任务 5-4】 求下列不定积分.

(1) $\int (\cos x + \mathrm{e}^x)\mathrm{d}x$ ；　　　　(2) $\int 2\cos x \mathrm{d}x$ ．

解： (1) 原式 $= \displaystyle\int \cos x \mathrm{d}x + \int \mathrm{e}^x \mathrm{d}x = \sin x + C_1 + \mathrm{e}^x + C_2$

$$= \sin x + \mathrm{e}^x + (C_1 + C_2) = \sin x + \mathrm{e}^x + C \ (C = C_1 + C_2)$$

今后，在求不定积分的运算中，当不再有积分号时，加上一个积分常数 C 即可.

(2) 原式 $= 2\int \cos x\,\mathrm{d}x = 2\sin x + C$.

对被积函数进行简单的恒等变形后，再利用基本积分公式和性质求不定积分的方法，称为直接积分法.

【任务 5-5】 求下列不定积分.

(1) $\int (2x - \cos x + \dfrac{5}{x})\mathrm{d}x$；　　　　(2) $\int \dfrac{(1-x)^2}{x^2}\mathrm{d}x$；　　　　(3) $\int \dfrac{(1+\sqrt{x})(x-\sqrt{x})}{\sqrt[3]{x}}\mathrm{d}x$.

解： (1) 原式 $= 2\int x\,\mathrm{d}x - \int \cos x\,\mathrm{d}x + 5\int \dfrac{1}{x}\mathrm{d}x$

$$= 2 \times \dfrac{1}{2}x^2 - \sin x + 5\ln|x| + C = x^2 - \sin x + 5\ln|x| + C$$

(2) 原式 $= \int \dfrac{1 - 2x + x^2}{x^2}\mathrm{d}x = \int (\dfrac{1}{x^2} - \dfrac{2}{x} + 1)\mathrm{d}x = \int \dfrac{1}{x^2}\mathrm{d}x - 2\int \dfrac{1}{x}\mathrm{d}x + \int 1\,\mathrm{d}x$

$$= -\dfrac{1}{x} - 2\ln|x| + x + C$$

(3) 原式 $= \int \dfrac{(x - \sqrt{x} + x\sqrt{x} - x)}{\sqrt[3]{x}}\mathrm{d}x = \int \dfrac{x^{\frac{3}{2}} - \sqrt{x}}{\sqrt[3]{x}}\mathrm{d}x$

$$= \int (x^{\frac{7}{6}} - x^{\frac{1}{6}})\mathrm{d}x = \dfrac{6}{13}x^{\frac{13}{6}} - \dfrac{6}{7}x^{\frac{7}{6}} + C$$

【任务 5-6】 求下列不定积分.

(1) $\int \dfrac{x^2}{1+x^2}\mathrm{d}x$；　　　　(2) $\int \tan^2 x\,\mathrm{d}x$；　　　　(3) $\int \sin^2 \dfrac{x}{2}\mathrm{d}x$.

解 (1) 原式 $= \int \dfrac{x^2 + 1 - 1}{1 + x^2}\mathrm{d}x = \int (1 - \dfrac{1}{1+x^2})\mathrm{d}x = \int 1\,\mathrm{d}x - \int \dfrac{1}{1+x^2}\mathrm{d}x = x - \arctan x + C$；

(2) 原式 $= \int (\sec^2 x - 1)\mathrm{d}x = \int \sec^2 x\,\mathrm{d}x - \int 1\,\mathrm{d}x = \tan x - x + C$；

(3) 原式 $= \int \dfrac{1 - \cos x}{2}\mathrm{d}x = \dfrac{1}{2}\int (1 - \cos x)\mathrm{d}x = \dfrac{1}{2}(x - \sin x) + C$.

实训 5.2

1. 求下列各不定积分.

(1) $\int \dfrac{1}{x^3}\mathrm{d}x$；　　　　(2) $\int \dfrac{1}{\sqrt{x}}\mathrm{d}x$；　　　　(3) $\int \dfrac{x\sqrt{x}}{\sqrt[3]{x}}\mathrm{d}x$；

(4) $\int 10^x\,\mathrm{d}x$；　　　　(5) $\int \dfrac{\mathrm{e}^x}{2^x}\mathrm{d}x$；　　　　(6) $\int \mathrm{e}^{-x}\mathrm{d}x$.

2. 用直接积分法求下列各不定积分.

(1) $\int (4x^3 - 2x + 3)\,dx$；

(2) $\int \dfrac{4}{x^2 \sqrt{x}}\,dx$；

(3) $\int \dfrac{x^3 - \sqrt[3]{x} + 2}{\sqrt{x}}\,dx$；

(4) $\int \dfrac{x^2 - 4}{x + 2}\,dx$；

(5) $\int (3 + \sqrt{x})(2 - x)\,dx$；

(6) $\int (10^x - x^{10})\,dx$；

(7) $\int (2 - \sin x + 3\cos x)\,dx$；

(8) $\int \sec x(\sec x - \tan x)\,dx$；

(9) $\int \dfrac{2x^2}{x^2 + 1}\,dx$；

(10) $\int \sin x\left(2 + \dfrac{1}{\sin x} - \dfrac{1}{\sin^3 x}\right)dx$；

(11) $\int \dfrac{x^4}{1 + x^2}\,dx$；

(12) $\int \dfrac{1}{x^2(1 + x^2)}\,dx$.

3. 设生产某产品 x 单位的边际成本 $C'(x) = 59 - 0.06x$，其固定成本为 1200 元，求总成本函数.

4. 已知某产品的总产量 Q 是时间 t 的函数，其生产率为 $Q'(t) = 2t - 3t^2$，且当 $t = 10$ 时，$Q = 0$. 求该产品的总产量函数 $Q(t)$.

5.3　换元积分法

对于被积函数中含复合函数的积分，例如 $\int \sin 2x\,dx$，$\int (3x - 2)^{20}\,dx$，$\int x e^{x^2}\,dx$，$\int \dfrac{1}{\sqrt{x^2 - 1}}\,dx$ 等，用直接积分法求解很困难甚至不能进行，为此引进换元积分法.

5.3.1　第一换元法

定理 5.1　设 $\int f(u)\,du = F(u) + C$，如果函数 $u = \varphi(x)$ 可微，则

$$\int f[\varphi(x)] \cdot \varphi'(x)\,dx = F[\varphi(x)] + C \qquad (5\text{-}1)$$

对于定理 5.1，因为函数 $u = \varphi(x)$ 可微，所以 $du = \varphi'(x)\,dx$，因此

$$\int f[\varphi(x)] \cdot \varphi'(x)\,dx = \int f[\varphi(x)]\,d\varphi(x) \overset{u=\varphi(x)}{=} \int f(u)\,du = F(u) + C \overset{u=\varphi(x)}{=} F[\varphi(x)] + C$$

上式既可以看作是公式 (5-1) 的不严格证明，也可以看作是应用公式 (5-1) 求解不定积分的一般过程. 公式 (5-1) 也称第一换元积分公式，我们把利用公式 (5-1) 求解积分的方法称为第一换元法. 由于计算中，关键的一步是把 $\varphi'(x)\,dx$ 凑成微分 $d\varphi(x)$，所以第一换元法也称凑微分法.

【任务 5-7】　求下列不定积分.

(1) $\int \sin 2x\,dx$；

(2) $\int (3x - 2)^{20}\,dx$；

(3) $\int \dfrac{x^4}{\sqrt[3]{1 - 2x^5}}\,dx$.

解：(1) 因为 $\int \sin 2x\,dx = \dfrac{1}{2}\int (\sin 2x)(2x)'\,dx = \dfrac{1}{2}\int \sin 2x\,d2x$，所以，令 $u = 2x$，得

原式 $= \frac{1}{2}\int \sin u\, \mathrm{d}u = -\frac{1}{2}\cos u + C \overset{u=2x}{=\!=\!=} -\frac{1}{2}\cos 2x + C$;

(2) 原式 $= \frac{1}{3}\int (3x-2)^{20}(3x-2)'\,\mathrm{d}x = \frac{1}{3}\int (3x-2)^{20}\,\mathrm{d}(3x-2)$

$\overset{u=3x-2}{=\!=\!=} \frac{1}{3}\int u^{20}\,\mathrm{d}u = \frac{1}{3}\times \frac{1}{21}u^{21} + C = \frac{1}{63}u^{21} + C \overset{u=3x-2}{=\!=\!=} \frac{1}{63}(3x-2)^{21} + C$;

(3) 原式 $= \int (1-2x^5)^{-\frac{1}{3}}\cdot x^4\,\mathrm{d}x = -\frac{1}{10}\int (1-2x^5)^{-\frac{1}{3}}(1-2x^5)'\,\mathrm{d}x = -\frac{1}{10}\int (1-2x^5)^{-\frac{1}{3}}\,\mathrm{d}(1-2x^5)$

$\overset{u=1-2x^5}{=\!=\!=} -\frac{1}{10}\int u^{-\frac{1}{3}}\,\mathrm{d}u = -\frac{1}{10}\times \frac{3}{2}u^{\frac{2}{3}} + C = -\frac{3}{20}u^{\frac{2}{3}} + C \overset{u=1-2x^5}{=\!=\!=} -\frac{3}{20}(1-2x^5)^{\frac{2}{3}} + C$.

一般地，形如 $\int f(ax+b)\,\mathrm{d}x$ （ a , b 为常数）的积分，利用 $\mathrm{d}x = \frac{1}{a}\mathrm{d}(ax+b)$ ，然后换元为 $u = ax+b$ ，再求积分. 而形如 $\int x^{n-1}\cdot f(ax^n+b)\,\mathrm{d}x$ 的积分，利用 $x^{n-1}\,\mathrm{d}x = \frac{1}{an}\mathrm{d}(ax^n+b)$ ，然后换元为 $u = ax^n+b$ ，再求积分.

由于使用凑微分法，最根本的是把形如 $\int f[\varphi(x)]\cdot \varphi'(x)\,\mathrm{d}x$ 的积分，凑成一个已知的积分 $\int f(u)\,\mathrm{d}u$ 再求解. 所以，在后续学习中不再做形如 $\int f(ax+b)\,\mathrm{d}x$ 和 $\int x^{n-1}\cdot f(ax^n+b)\,\mathrm{d}x$ 的归纳. 另外，如同求复合函数的导数一样，当我们熟练了凑微分法后，在运算中可以省去书写新的积分变量 u .

【任务 5-8】 求下列不定积分.

(1) $\int x\mathrm{e}^{x^2}\,\mathrm{d}x$;　　　　　(2) $\int \frac{\cos\sqrt{x}}{\sqrt{x}}\,\mathrm{d}x$;　　　　　(3) $\int \frac{\csc^2(\sqrt[3]{x})}{\sqrt[3]{x^2}}\,\mathrm{d}x$.

解：(1) 原式 $= \frac{1}{2}\int \mathrm{e}^{x^2}\,\mathrm{d}x^2 = \frac{1}{2}\mathrm{e}^{x^2} + C$;

(2) 原式 $= \int (\cos\sqrt{x})\cdot \frac{1}{\sqrt{x}}\,\mathrm{d}x = 2\int \cos\sqrt{x}\,\mathrm{d}\sqrt{x} = 2\sin\sqrt{x} + C$;

(3) 原式 $= \int [\csc^2(\sqrt[3]{x})]\cdot \frac{1}{\sqrt[3]{x^2}}\,\mathrm{d}x = 3\int \csc^2(\sqrt[3]{x})\,\mathrm{d}\sqrt[3]{x} = -3\cot\sqrt[3]{x} + C$.

有时，使用凑微分法，被积分表达式未必形如 $f[\varphi(x)]\varphi'(x)\,\mathrm{d}x$.

【任务 5-9】 求下列不定积分.

(1) $\int \frac{1}{a^2+x^2}\,\mathrm{d}x\,(a\neq 0)$;　　　　　　　　(2) $\int \frac{1}{\sqrt{a^2-x^2}}\,\mathrm{d}x\,(a>0)$.

解：(1) 考虑到，如果 $a=1$ ，则 $\int \frac{1}{1+x^2}\,\mathrm{d}x = \arctan x + C$ ，所以

原式 $= \frac{1}{a^2}\int \frac{1}{1+\left(\frac{x}{a}\right)^2}\,\mathrm{d}x = \frac{1}{a}\int \frac{1}{1+\left(\frac{x}{a}\right)^2}\,\mathrm{d}\frac{x}{a} = \frac{1}{a}\arctan\frac{x}{a} + C$;

(2) 原式 $= \dfrac{1}{a}\displaystyle\int \dfrac{1}{\sqrt{1-\left(\dfrac{x}{a}\right)^2}}\mathrm{d}x = \displaystyle\int \dfrac{1}{\sqrt{1-\left(\dfrac{x}{a}\right)^2}}\mathrm{d}\dfrac{x}{a} = \arcsin\dfrac{x}{a}+C$;

有了凑分法，对于不太复杂的有理函数的不定积分求解就变得可行．

【任务 5-10】 求下列不定积分．

(1) $\displaystyle\int \dfrac{1}{x+1}\mathrm{d}x$;　　　　　(2) $\displaystyle\int \dfrac{1}{x^2-a^2}\mathrm{d}x\ (a\neq 0)$;　　　　　(3) $\displaystyle\int \dfrac{1}{4x^2-4x+5}\mathrm{d}x$.

解： (1) 原式 $= \displaystyle\int \dfrac{1}{x+1}\mathrm{d}(x+1) = \ln|x+1|+C$;

一般地，因为 $f'(x)\mathrm{d}x = \mathrm{d}f(x)$ ，所以

$$\int \dfrac{f'(x)}{f(x)}\mathrm{d}x = \ln|f(x)|+C$$

(2) 原式 $= \displaystyle\int \dfrac{1}{(x-a)(x+a)}\mathrm{d}x = \dfrac{1}{2a}\displaystyle\int \left(\dfrac{1}{x-a}-\dfrac{1}{x+a}\right)\mathrm{d}x = \dfrac{1}{2a}\left(\ln|x-a|-\ln|x+a|\right)+C$

$= \dfrac{1}{2a}\ln\left|\dfrac{x-a}{x+a}\right|+C$

(3) 原式 $= \displaystyle\int \dfrac{1}{4+(2x-1)^2}\mathrm{d}x = \dfrac{1}{4}\displaystyle\int \dfrac{1}{1+\left(x-\dfrac{1}{2}\right)^2}\mathrm{d}x = \dfrac{1}{4}\displaystyle\int \dfrac{1}{1+\left(x-\dfrac{1}{2}\right)^2}\mathrm{d}\left(x-\dfrac{1}{2}\right)$

$= \dfrac{1}{4}\arctan\left(x-\dfrac{1}{2}\right)+C$

为更好地掌握第一换元积分法，我们来学习更广泛的能用凑微分法求解的不定积分．

【任务 5-11】 求下列不定积分．

(1) $\displaystyle\int \dfrac{\ln x}{x}\mathrm{d}x$;　　　　　(2) $\displaystyle\int \dfrac{2+3\ln x}{x}\mathrm{d}x$;　　　　　(3) $\displaystyle\int \tan x\,\mathrm{d}x$;

(4) $\displaystyle\int \sec x\,\mathrm{d}x$;　　　　　(5) $\displaystyle\int \mathrm{e}^{\cos x}\sin x\,\mathrm{d}x$;　　　　　(6) $\displaystyle\int \sin^2 x\cos x\,\mathrm{d}x$;

(7) $\displaystyle\int \sin^3 x\,\mathrm{d}x$;　　　　　(8) $\displaystyle\int \cos^4 x\,\mathrm{d}x$;　　　　　(9) $\displaystyle\int \dfrac{\arctan x}{1+x^2}\mathrm{d}x$.

解： (1) 原式 $= \displaystyle\int (\ln x)\cdot\dfrac{1}{x}\mathrm{d}x = \displaystyle\int \ln x\,\mathrm{d}\ln x = \dfrac{1}{2}\ln^2 x+C$;

(2) 原式 $= \displaystyle\int (2+3\ln x)\cdot\dfrac{1}{x}\mathrm{d}x = \dfrac{1}{3}\displaystyle\int (2+3\ln x)\mathrm{d}(2+3\ln x) = \dfrac{1}{3}\cdot\dfrac{1}{2}(2+3\ln x)^2+C$

$= \dfrac{1}{6}(2+3\ln x)^2+C$;

(3) 原式 $= \displaystyle\int \dfrac{\sin x}{\cos x}\mathrm{d}x = -\displaystyle\int \dfrac{1}{\cos x}\mathrm{d}\cos x = -\ln|\cos x|+C$.

同理，可得 $\displaystyle\int \cot x\,\mathrm{d}x = \ln|\sin x|+C$;

(4) 原式 $= \int \dfrac{1}{\cos x} \mathrm{d}x = \int \dfrac{\cos x}{\cos^2 x} \mathrm{d}x = \int \dfrac{1}{1-\sin^2 x} \mathrm{d}\sin x = \dfrac{1}{2}\int (\dfrac{1}{\sin x+1} - \dfrac{1}{\sin x-1}) \mathrm{d}\sin x$

$\qquad = \dfrac{1}{2}\ln \left| \dfrac{\sin x+1}{\sin x-1} \right| + C = \ln \left| \dfrac{(1+\sin x)^2}{\cos^2 x} \right|^{\frac{1}{2}} + C = \ln \left| \dfrac{1+\sin x}{\cos x} \right| + C$

$\qquad = \ln |\sec x + \tan x| + C$.

同理，可得 $\int \csc x \,\mathrm{d}x = \ln |\csc x - \cot x| + C$ ；

(5) 原式 $= -\int \mathrm{e}^{\cos x} \mathrm{d}\cos x = -\mathrm{e}^{\cos x} + C$ ；

(6) 原式 $= \int \sin^2 x \,\mathrm{d}\sin x = \dfrac{1}{3}\sin^3 x + C$ ；

(7) 原式 $= \int \sin^2 x \sin x \,\mathrm{d}x = -\int \sin^2 x \,\mathrm{d}\cos x = -\int (1-\cos^2 x) \mathrm{d}\cos x$

$\qquad = -\cos x + \dfrac{1}{3}\cos^3 x + C$ ；

(8) 原式 $= \int (\cos^2 x)^2 \mathrm{d}x = \int \left(\dfrac{1+\cos 2x}{2}\right)^2 \mathrm{d}x = \dfrac{1}{4}\int (1 + 2\cos 2x + \cos^2 2x) \mathrm{d}x$

$\qquad = \dfrac{1}{4}x + \dfrac{1}{4}\sin 2x + \dfrac{1}{4}\int \dfrac{1+\cos 4x}{2}\mathrm{d}x = \dfrac{1}{4}x + \dfrac{1}{4}\sin 2x + \dfrac{1}{8}x + \dfrac{1}{32}\sin 4x + C$

$\qquad = \dfrac{3}{8}x + \dfrac{1}{4}\sin 2x + \dfrac{1}{32}\sin 4x + C$ ；

(9) 原式 $= \int \arctan x \,\mathrm{d}\arctan x = \dfrac{1}{2}(\arctan x)^2 + C$.

下面我们学习形如 $\int \dfrac{1}{\sqrt{x}+\sqrt[3]{x}}\mathrm{d}x$ ， $\int \dfrac{1}{\sqrt{x^2-1}}\mathrm{d}x$ 等无理函数的不定积分.

5.3.2　第二换元法

定理 5.2　设函数 $x = \varphi(t)$ 单调、可导，且 $\varphi'(t) \neq 0$ ，则

$$\int f(x)\mathrm{d}x = \int f[\varphi(t)]\mathrm{d}\varphi(t) = \int f[\varphi(t)]\cdot\varphi'(t)\mathrm{d}t \qquad (5\text{-}2)$$

称公式(5-2)为第二换元积分公式，使用第二换元积分公式求积分的方法，称为第二换元法. 在积分运算中，通过引入新的积分变量 t ，使 $\int f[\varphi(t)]\cdot\varphi'(t)\mathrm{d}t$ 可算，由此，第二换元法也称变量代换法，主要有根式代换和三角代换两类.

【任务 5-12】　求下列不定积分.

(1) $\displaystyle\int \dfrac{1}{\sqrt{x}+\sqrt[3]{x}}\mathrm{d}x$ ；　　　　(2) $\displaystyle\int \dfrac{1}{1+\sqrt{3-x}}\mathrm{d}x$ ；　　　　(3) $\displaystyle\int \dfrac{x-1}{\sqrt[3]{2x+1}}\mathrm{d}x$.

解：(1) 令 $x = t^6 (t>0)$ ，则 $\sqrt{x} = t^3$ ，$\sqrt[3]{x} = t^2$ ，$\mathrm{d}x = \mathrm{d}t^6 = 6t^5 \mathrm{d}t$ ，

原式 $= \int \dfrac{1}{t^3+t^2}\cdot 6t^5 \mathrm{d}t = 6\int \dfrac{t^3}{t+1}\mathrm{d}t = 6\int \dfrac{t^3-1+1}{t+1}\mathrm{d}t = 6\int \dfrac{(t+1)(t^2-t+1)-1}{t+1}\mathrm{d}t$

$\qquad = 6\int (t^2 - t + 1 + \dfrac{1}{t+1})\mathrm{d}t = 6(\dfrac{1}{3}t^3 - \dfrac{1}{2}t^2 + t + \ln|t+1|) + C$

$$\overset{t=\sqrt[6]{x}}{=} 2\sqrt{x}-3\sqrt[3]{x}+6\sqrt[6]{x}+6\ln|\sqrt[6]{x}+1|+C \ ;$$

(2) 令 $3-x=t^2\,(t>0)$ ，则 $\sqrt{3-x}=t, x=3-t^2$ ， $\mathrm{d}x=-2t\,\mathrm{d}t$ ，

$$原式=\int\frac{1}{1+t}\cdot(-2t)\mathrm{d}t=-2\int\frac{t+1-1}{1+t}\mathrm{d}t=-2\int(1-\frac{1}{1+t})\mathrm{d}t=-2(t-\ln|1+t|)+C$$

$$\overset{t=\sqrt{3-x}}{=} -2\sqrt{3-x}+2\ln(1+\sqrt{3-x})+C \ ;$$

(3) 令 $2x+1=t^3$ ，则 $\sqrt[3]{2x+1}=t, x=\frac{1}{2}(t^3-1)$ ， $\mathrm{d}x=\frac{3}{2}t^2\,\mathrm{d}t$ ，

$$原式=\int\frac{\frac{1}{2}(t^3-1)-1}{t}\cdot\frac{3}{2}t^2\,\mathrm{d}t=\frac{3}{4}\int(t^4-3t)\mathrm{d}t=\frac{3}{4}(\frac{1}{5}t^5-\frac{3}{2}t^2)+C$$

$$\overset{t=\sqrt[3]{2x+1}}{=} \frac{3}{20}(2x+1)\sqrt[3]{(2x+1)^2}-\frac{9}{8}\sqrt[3]{(2x+1)^2}+C \ .$$

【任务 5-13】 求下列不定积分.

(1) $\int\sqrt{4-x^2}\mathrm{d}x$ ；　　　　(2) $\int\dfrac{\mathrm{d}x}{\sqrt{1+x^2}}$ ；　　　　(3) $\int\dfrac{\mathrm{d}x}{\sqrt{x^2-9}}$.

分析：这三种类型的积分，采用根式代换，不能去掉被积分表达式的根号. 但可利用三角恒等式 $1-\sin^2 t=\cos^2 t$ ，及其变形 $1+\tan^2 t=\sec^2 t$ ， $\sec^2 t-1=\tan^2 t$ ，因此这样的代换称为三角代换.

解：(1) 令 $x=2\sin t\,(-\dfrac{\pi}{2}\leqslant t\leqslant\dfrac{\pi}{2})$ ，则 $\sqrt{4-x^2}=\sqrt{4(1-\sin^2 x)}=2\cos t$ ， $\mathrm{d}x=2\cos t\,\mathrm{d}t$ ，

$$原式=4\int\cos^2 t\mathrm{d}t=2\int(1+\cos 2t)\mathrm{d}t=2t+\sin 2t+C$$

$$=2t+2\sin t\cos t+C \ ,$$

如图 5-2 所示，由 $x=2\sin t$ 可知， $\sin t=\dfrac{x}{2}$ ，

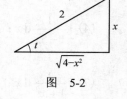

$$\cos t=\frac{\sqrt{4-x^2}}{2}, t=\arcsin\frac{x}{2} ，$$

图　5-2

故, 原式 $=2\arcsin\dfrac{x}{2}+2\cdot\dfrac{x}{2}\cdot\dfrac{\sqrt{4-x^2}}{2}+C=2\arcsin\dfrac{x}{2}+\dfrac{x}{2}\sqrt{4-x^2}+C$.

(2) 令 $x=\tan t\,(-\dfrac{\pi}{2}<t<\dfrac{\pi}{2})$ ， 则 $\sqrt{1+x^2}=\sqrt{1+\tan^2 x}=\sec t$ ，

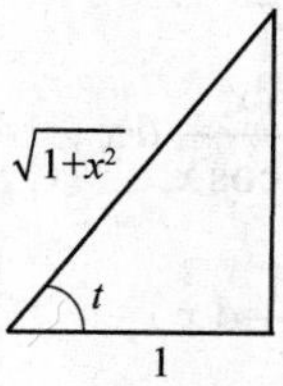

$\mathrm{d}x=\sec^2 t\,\mathrm{d}t$ ，

$$原式=\int\frac{\sec^2 t}{\sec t}\mathrm{d}t=\int\sec t\mathrm{d}t=\ln|\sec t+\tan t|+C$$

图　5-3

如图 5-3 所示，由 $x=\tan t$ 可知， $\sec t=\sqrt{1+x^2}$.

故，原式 $=\ln|\sqrt{1+x^2}+x|+C$.

(3) 令 $x=3\sec t$ ，则 $\sqrt{x^2-9}=\sqrt{9(\sec^2 t+1)}=3\tan t$ ， $\mathrm{d}x=3\sec t\tan t\,\mathrm{d}t$ ，

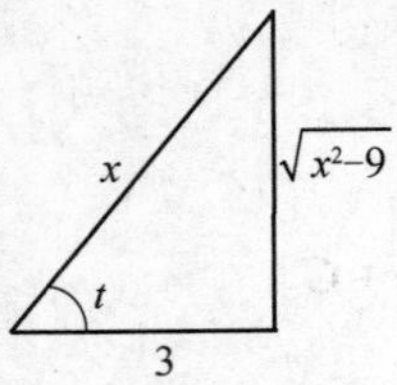

图　5-4

$$原式 = \int \frac{3\tan t \sec t \mathrm{d}t}{3\tan t} = \int \sec t \mathrm{d}t = \ln|\sec t + \tan t| + C，$$

如图 5-4 所示，$x = 3\sec t$ 可知，$\sec t = \dfrac{x}{3}$，$\tan t = \dfrac{\sqrt{x^2-9}}{3}$.

故，$原式 = \ln\left|\dfrac{x}{3} + \dfrac{\sqrt{x^2-9}}{3}\right| + C = \ln\left|x + \sqrt{x^2-9}\right| + C$.

实训 5.3

1. 在下列等式的括号内填入适当的函数，使等式成立.

(1) $(3x-1)\mathrm{d}x = \mathrm{d}(\quad)$；

(2) $\mathrm{e}^{-x}\mathrm{d}x = \mathrm{d}(\quad)$；

(3) $\dfrac{1}{2x+3}\mathrm{d}x = \mathrm{d}(\quad)$；

(4) $\dfrac{1}{\sqrt{x}}\mathrm{d}x = \mathrm{d}(\quad)$；

(5) $\dfrac{1}{x^2}\mathrm{d}x = \mathrm{d}(\quad)$；

(6) $\cos\dfrac{2x}{3}\mathrm{d}x = \mathrm{d}(\quad)$；

(7) $\dfrac{1}{1+x^2}\mathrm{d}x = \mathrm{d}(\quad)$；

(8) $x^2\mathrm{d}x = (\quad)\,\mathrm{d}(2x^3-3)$；

(9) $\dfrac{1}{x}\mathrm{d}x = (\quad)\,\mathrm{d}(3-5\ln x)$；

(10) $\dfrac{1}{(3x+1)^2}\mathrm{d}x = \mathrm{d}(\quad)$.

2. 用第一换元法求下列不定积分.

(1) $\int (3x-1)^6\,\mathrm{d}x$；

(2) $\int \cos 3x\,\mathrm{d}x$；

(3) $\int \dfrac{1}{\sqrt{2x-3}}\,\mathrm{d}x$；

(4) $\int \dfrac{1}{1-5x}\,\mathrm{d}x$；

(5) $\int \dfrac{1}{(4x+3)^2}\,\mathrm{d}x$；

(6) $\int x\sqrt{x^2+2}\,\mathrm{d}x$；

(7) $\int \dfrac{x}{1+x^2}\,\mathrm{d}x$；

(8) $\int \dfrac{\mathrm{e}^{\frac{1}{x}}}{x^2}\,\mathrm{d}x$；

(9) $\int \dfrac{\cos\sqrt{x}}{\sqrt{x}}\,\mathrm{d}x$；

(10) $\int \dfrac{\ln x}{x}\,\mathrm{d}x$；

(11) $\int \dfrac{1}{x(1+2\ln x)}\,\mathrm{d}x$；

(12) $\int \dfrac{1}{4+x^2}\,\mathrm{d}x$；

(13) $\int \mathrm{e}^x\sqrt{\mathrm{e}^x+2}\,\mathrm{d}x$；

(14) $\int \dfrac{2}{\sqrt{9-x^2}}\,\mathrm{d}x$；

(15) $\int \dfrac{\sin x}{1+3\cos x}\,\mathrm{d}x$；

(16) $\int \dfrac{(\arctan x)^2}{1+x^2}\,\mathrm{d}x$；

(17) $\int \dfrac{5\arctan-4}{x^2+1}\,\mathrm{d}x$；

(18) $\int \dfrac{x+1}{1+x^2}\,\mathrm{d}x$.

3. 用第二换元法求下列不定积分.

(1) $\int \dfrac{1}{\sqrt{x}(x+1)}\,\mathrm{d}x$；

(2) $\int x\sqrt{x-1}\,\mathrm{d}x$；

(3) $\int \dfrac{x}{\sqrt{2-x}}\,\mathrm{d}x$；

(4) $\displaystyle\int \frac{1}{1+\sqrt[3]{x+1}}\mathrm{d}x$；　　　(5) $\displaystyle\int \frac{(\sqrt{x})^{3}+\sqrt{x}}{2(x-1)}\mathrm{d}x$；　　　(6) $\displaystyle\int \frac{x^{2}}{\sqrt{4-x^{2}}}\mathrm{d}x$；

(7) $\displaystyle\int \frac{\mathrm{d}x}{\sqrt{4x^{2}+9}}$；　　　(8) $\displaystyle\int \frac{\sqrt{x^{2}-2}}{x}\mathrm{d}x$；　　　(9) $\displaystyle\int \frac{2x-1}{\sqrt{9x^{2}-4}}\mathrm{d}x$；

5.4　分部积分法

　　换元积分法是基于复合函数的求导法则得到的，下面我们以积的微分法则为基础，导出一种新的积分方法——分部积分法. 这种方法主要是针对积的形式的积分，如 $\int x\cos x\,\mathrm{d}x$，$\int x\mathrm{e}^{x}\,\mathrm{d}x$，$\int x\ln x\,\mathrm{d}x$，$\int x\arcsin x\,\mathrm{d}x$，$\int \mathrm{e}^{x}\sin x\,\mathrm{d}x$ 等.

　　设 $u=u(x)$，$v=v(x)$ 连续可导，则

$$\mathrm{d}(uv)=v\,\mathrm{d}u+u\,\mathrm{d}v$$

移项，得

$$u\,\mathrm{d}v=\mathrm{d}(uv)-v\,\mathrm{d}u ，$$

对上式两边积分，得

$$\int u\,\mathrm{d}v=\int \mathrm{d}(uv)-\int v\,\mathrm{d}u=uv-\int v\,\mathrm{d}u$$

即

$$\int u\,\mathrm{d}v=uv-\int v\,\mathrm{d}u \qquad\qquad (5\text{-}3)$$

　　式 (5-3) 称为分部积分公式，利用式 (5-3) 求不定积分的方法称为分部积分法. 使用分部积分法求积分，关键在于选取 $\mathrm{d}v$，使得利用分部积分公式后，新的积分 $\int v\,\mathrm{d}u$ 易于（或不难于）原积分 $\int u\,\mathrm{d}v$.

　　【任务 5-14】　计算 $\int x\cos x\,\mathrm{d}x$.

　　解：设 $\mathrm{d}v=\cos x\,\mathrm{d}x$，$u=x$，则 $\mathrm{d}u=\mathrm{d}x$，由 $\mathrm{d}\sin x=\cos x\,\mathrm{d}x$，得 $\mathrm{d}v=\mathrm{d}\sin x$，即 $v=\sin x$，

　　原式 $=x\sin x-\int \sin x\,\mathrm{d}x=x\sin x+\cos x+C$.

　　上述的求解，使用分部积分公式前，首先是选取 $\mathrm{d}v$，是一个凑微分运算；使用分部积分公式后的运算 $\mathrm{d}u$，是一个求微分运算.

　　【任务 5-15】　求下列不定积分.

(1) $\displaystyle\int x\mathrm{e}^{x}\,\mathrm{d}x$；　　　　　　　(2) $\displaystyle\int x\ln x\,\mathrm{d}x$.

　　解：(1) 设 $\mathrm{d}v=\mathrm{e}^{x}\mathrm{d}x$，$u=x$，则 $\mathrm{d}u=\mathrm{d}x$. 由 $\mathrm{d}\mathrm{e}^{x}=\mathrm{e}^{x}\mathrm{d}x$，得 $\mathrm{d}v=\mathrm{d}\mathrm{e}^{x}$，取 $v=\mathrm{e}^{x}$，则

　　原式 $=x\mathrm{e}^{x}-\int \mathrm{e}^{x}\mathrm{d}x=x\mathrm{e}^{x}-\mathrm{e}^{x}+C$；

(2) 设 $\mathrm{d}v=x\mathrm{d}x$，$u=\ln x$，则 $\mathrm{d}u=\dfrac{1}{x}\mathrm{d}x$. 由 $\mathrm{d}(\dfrac{1}{2}x^{2})=x\mathrm{d}x$，得 $\mathrm{d}v=\mathrm{d}(\dfrac{1}{2}x^{2})$，取

$v = \dfrac{1}{2}x^2$，则

原式 $= \dfrac{1}{2}x^2 \ln x - \displaystyle\int \dfrac{1}{2}x^2 \cdot \dfrac{1}{x}\mathrm{d}x = \dfrac{1}{2}x^2 \ln x - \dfrac{1}{2}\int x\,\mathrm{d}x = \dfrac{1}{2}x^2 \ln x - \dfrac{1}{2}\cdot\dfrac{1}{2}x^2 + C$

$\qquad = \dfrac{1}{2}x^2 \ln x - \dfrac{1}{4}x^2 + C$.

说明，当我们熟练分部积分公式使用后，可省去设 $\mathrm{d}v$ 和 u 这一步.

【任务 5-16】 求下列不定积分.

(1) $\displaystyle\int x \arctan x\,\mathrm{d}x$；　　　　　　　　(2) $\displaystyle\int \ln(1+x)\,\mathrm{d}x$.

解：(1) 原式 $= \dfrac{1}{2}\displaystyle\int \arctan x\,\mathrm{d}x^2 = \dfrac{1}{2}x^2 \arctan x - \dfrac{1}{2}\int x^2\,\mathrm{d}\arctan x$

$\qquad = \dfrac{1}{2}x^2 \arctan x - \dfrac{1}{2}\displaystyle\int x^2 \cdot \dfrac{1}{1+x^2}\mathrm{d}x = \dfrac{1}{2}x^2 \arctan x - \dfrac{1}{2}\int (1 - \dfrac{1}{1+x^2})\mathrm{d}x$

$\qquad = \dfrac{1}{2}x^2 \arctan x - \dfrac{1}{2}x + \dfrac{1}{2}\arctan x + C$；

(2) 原式 $= \displaystyle\int \ln(1+x)\,\mathrm{d}(1+x) = (1+x)\ln(1+x) - \int (1+x)\dfrac{1}{1+x}\mathrm{d}x$

$\qquad = (1+x)\ln(1+x) - \displaystyle\int \mathrm{d}x = (1+x)\ln(1+x) - x + C$.

有时，用分部积分法求积分，需要重复使用分部积分公式.

【任务 5-17】 求下列不定积分.

(1) $\displaystyle\int x^2\,\mathrm{e}^x\mathrm{d}x$；　　　　(2) $\displaystyle\int \mathrm{e}^x \sin x\,\mathrm{d}x$；　　　　(3) $\displaystyle\int \sec^3 x\,\mathrm{d}x$.

解：(1) 原式 $= \displaystyle\int x^2\,\mathrm{d}\mathrm{e}^x = x^2\,\mathrm{e}^x - 2\int x\mathrm{e}^x\mathrm{d}x = x^2\,\mathrm{e}^x - 2\int x\,\mathrm{d}\mathrm{e}^x$

$\qquad = x^2\,\mathrm{e}^x - 2x\mathrm{e}^x + 2\displaystyle\int \mathrm{e}^x\mathrm{d}x = x^2\,\mathrm{e}^x - 2x\mathrm{e}^x + 2\mathrm{e}^x + C$；

(2) 因为 $\displaystyle\int \mathrm{e}^x \sin x\,\mathrm{d}x = \int \sin x\,\mathrm{d}\mathrm{e}^x = \mathrm{e}^x \sin x - \int \mathrm{e}^x \cos x\,\mathrm{d}x = \mathrm{e}^x \sin x - \int \cos x\,\mathrm{d}\mathrm{e}^x$

$\qquad = \mathrm{e}^x \sin x - \mathrm{e}^x \cos x + \displaystyle\int -\mathrm{e}^x \sin x\,\mathrm{d}x$

$\qquad = \mathrm{e}^x \sin x - \mathrm{e}^x \cos x - \displaystyle\int \mathrm{e}^x \sin x\,\mathrm{d}x$

移项，得

$$2\int \mathrm{e}^x \sin x\,\mathrm{d}x = \mathrm{e}^x(\sin x - \cos x) + C$$

所以

$$\int \mathrm{e}^x \sin x\,\mathrm{d}x = \dfrac{1}{2}\mathrm{e}^x(\sin x - \cos x) + C$$

(3) 因为 $\displaystyle\int \sec^3 x\,\mathrm{d}x = \int \sec x\,\mathrm{d}\tan x = \sec x \tan x - \int \sec x \tan^2 x\,\mathrm{d}x$

$\qquad = \sec \tan x - \displaystyle\int (\sec^3 x - \sec x)\mathrm{d}x = \sec x \tan x - \int \sec^3 x\,\mathrm{d}x + \int \sec x\,\mathrm{d}x$

$\qquad = \sec x \tan x - \displaystyle\int \sec^3 x\,\mathrm{d}x + \ln |\sec x + \tan x|$

移项，得

$$2\int \sec^3 x\,\mathrm{d}x = \sec x \tan x + \ln|\sec x + \tan x| + C,$$

所以

$$\int \sec^3 x\,\mathrm{d}x = \frac{1}{2}(\sec x \tan x + \ln|\sec x + \tan x|) + C.$$

积分的运算过程中，有时需要综合应用各种方法.

【任务 5-18】　求下列不定积分.

(1) $\displaystyle\int \mathrm{e}^{\sqrt{x}}\,\mathrm{d}x$ ；　　　　　　　　　　　　(2) $\displaystyle\int \frac{x\mathrm{e}^x}{\sqrt{\mathrm{e}^x-1}}\,\mathrm{d}x$ ；

(3) 设 $f(x)$ 有一个原函数 $\dfrac{\cos x}{x}$ ，求 $\displaystyle\int x\cdot f'(x)\,\mathrm{d}x$.

解：(1) 令 $x=t^2\,(t\geqslant 0)$ ，则 $\sqrt{x}=t$ ，$\mathrm{d}x=2t\,\mathrm{d}t$ ，

$$原式 = \int \mathrm{e}^t \cdot 2t\,\mathrm{d}t = 2\int t\,\mathrm{e}^t\,\mathrm{d}t = 2\int t\,\mathrm{d}\mathrm{e}^t = 2(t\mathrm{e}^t - \int \mathrm{e}^t\,\mathrm{d}t) = 2t\mathrm{e}^t - 2\mathrm{e}^t + C$$

$$\overset{t=\sqrt{x}}{=} 2\sqrt{x}\,\mathrm{e}^{\sqrt{x}} - 2\mathrm{e}^{\sqrt{x}} + C$$

(2) 令 $\mathrm{e}^x-1=t^2\,(t>0)$ ，则 $\sqrt{\mathrm{e}^x-1}=t$ ，$x=\ln(1+t^2)$ ，$\mathrm{d}x=\dfrac{2t}{1+t^2}\,\mathrm{d}t$ ，

$$原式 = \int \frac{(1+t^2)\ln(1+t^2)}{t}\cdot \frac{2t}{1+t^2}\,\mathrm{d}t = 2\int \ln(1+t^2)\,\mathrm{d}t = 2t\ln(1+t^2) - 2\int \frac{2t^2}{1+t^2}\,\mathrm{d}t$$

$$= 2t\ln(1+t^2) - 4\int (1-\frac{1}{1+t^2})\,\mathrm{d}t = 2t\ln(1+t^2) - 4t + 4\arctan t + C$$

$$\overset{t=\sqrt{\mathrm{e}^x-1}}{=} 2\sqrt{\mathrm{e}^x-1}\ln(1+\mathrm{e}^x-1) - 4\sqrt{\mathrm{e}^x-1} + 4\arctan\sqrt{\mathrm{e}^x-1} + C$$

$$= 2x\sqrt{\mathrm{e}^x-1} - 4\sqrt{\mathrm{e}^x-1} + 4\arctan\sqrt{\mathrm{e}^x-1} + C$$

(3) 因为 $f(x)$ 有一个原函数 $\dfrac{\cos x}{x}$ ，所以

$$\int f(x)\,\mathrm{d}x = \frac{\cos x}{x} + C, \qquad f(x) = \left(\frac{\cos x}{x}\right)' = \frac{-x\sin x - \cos x}{x^2},$$

$$原式 = \int x\,\mathrm{d}f(x) = x\cdot f(x) - \int f(x)\,\mathrm{d}x$$

$$= x\cdot \frac{-x\sin x - \cos x}{x^2} - \frac{\cos x}{x} + C = -\sin x - \frac{2\cos x}{x} + C$$

实训 5.4

用分部积分法求下列不定积分.

(1) $\displaystyle\int x\sin x\,\mathrm{d}x$ ；　　　(2) $\displaystyle\int x\mathrm{e}^{-x}\,\mathrm{d}x$ ；　　　(3) $\displaystyle\int x\cos\frac{x}{2}\,\mathrm{d}x$ ；

(4) $\displaystyle\int \ln(2x-1)\,\mathrm{d}x$ ；　　(5) $\displaystyle\int \frac{\ln x}{\sqrt{x}}\,\mathrm{d}x$ ；　　(6) $\displaystyle\int x^2\,\mathrm{e}^{3x}\,\mathrm{d}x$ ；

(7) $\displaystyle\int \arcsin x\,\mathrm{d}x$ ；　　(8) $\displaystyle\int x\sin(3x+1)\,\mathrm{d}x$.

总实训 5

1. 求下列不定积分.

(1) $\int (x-2x^2)^2 \, dx$;

(2) $\int \sqrt[3]{x} (\frac{1}{2\sqrt{x}} - x) \, dx$;

(3) $\int \frac{2+\cos^2 x}{\cos^2 x} \, dx$;

(4) $\int (1-6x)^{10} \, dx$;

(5) $\int \sin x (2\cot x - \frac{1}{\sin^3 x}) \, dx$;

(6) $\int x \cdot \sqrt[3]{8+9x^2} \, dx$;

(7) $\int \frac{1}{(\arcsin x)^2 \sqrt{1-x^2}} \, dx$;

(8) $\int \frac{1}{x\sqrt{1-\ln^2 x}} \, dx$;

(9) $\int \frac{1}{x(2+3\ln x)} \, dx$;

(10) $\int \frac{e^x}{\sqrt{1+e^x}} \, dx$;

(11) $\int \frac{1}{\cos^2 x \cdot \sqrt[4]{\tan x+1}} \, dx$;

(12) $\int x^2 \sin x^3 \, dx$;

(13) $\int e^{\tan x} \sec^2 x \, dx$;

(14) $\int x\sqrt{x+1} \, dx$;

(15) $\int \frac{1}{\sqrt{2x-3}+1} \, dx$;

(16) $\int \frac{x}{\sqrt{x-3}} \, dx$;

(17) $\int \cos \sqrt{x} \, dx$;

(18) $\int (x+1)\sin 2x \, dx$;

(19) $\int x\sec^2 x \, dx$;

(20) $\int x^2 e^{-x} \, dx$;

(21) $\int e^{\sqrt{2x-1}} \, dx$;

(22) $\int \frac{\ln(1+x)}{\sqrt{x}} \, dx$;

(23) $\int \frac{dx}{x\sqrt{9-x^2}}$;

(24) $\int \frac{dx}{x\sqrt{x^2+4}}$.

2. 已知 $f(x) = \frac{1}{x}e^x$, 求 $\int x \cdot f''(x) \, dx$.

3. 已知 $f(x)$ 有一个原函数为 $\ln^2 x$, 求 $\int x \cdot f'(x) \, dx$.

第 6 章　定积分

【案例 6-1】 设某人一次性付款 20 万元购买某汽车，该车最多使用 15 年就报废，报废补贴为 1300 元. 设银行的年利率为 3.6%，且今后 15 年利率不变. 求：(1) 以均匀货币流①方式计算，该车购车成本对应的年使用价值；(2) 考虑到 15 年车有点旧，如果该车用 10 年后能按其残值出售，则该车购车成本对应的年使用价值又是多少？(3) 如果市面上，可用日均 200 元租用同款车型 100 天/年，问是租车合算还是买车合算？

解： (1) 记银行的年利率为 r，该车购车成本对应的年使用价值为 a 万元，使用年限为 T，折现值为 Z. 则按均匀货币流方式计算，第 t（$t \in [0,T]$）年的年使用价值 a 万元. 即当前使用了 $a\mathrm{e}^{-rt}$ 万元买车，在第 t 年的年使用价值为 a 万元. 称 $a\mathrm{e}^{-rt}$ 万元为 t 年后 a 万元的当前值，则 T 年的年使用价值的当前值之和为 $\int_0^T a\mathrm{e}^{-rt}\mathrm{d}t$.

而 $\int_0^T a\mathrm{e}^{-rt}\mathrm{d}t = a\int_0^T \mathrm{e}^{-rt}\mathrm{d}t = \dfrac{a}{-r}\int_0^T \mathrm{e}^{-rt}\mathrm{d}(-rt) = \dfrac{a}{-r}\mathrm{e}^{-rt}\Big|_0^T = \dfrac{a}{r}(1-\mathrm{e}^{-rT})$ （万元）

因该车 T 年后报废，报废补贴折现值 Z 万元，其当前值为 $Z\mathrm{e}^{-rT}$.
由汽车购价为 20 万元，得方程

$$\frac{a}{r}(1-\mathrm{e}^{-rT}) = 20 - Z\mathrm{e}^{-rT}, \qquad\qquad (6\text{-}1)$$

取 $r = 0.036$，$T = 15$，$Z = 0.13$，解方程得 $a \approx 1.71904$（万元）.
故以均匀货币流方式计算，该车购车成本对应的年使用价值 1.71904 万元.

(2) 按第 2 章的案例 2-2，该车 $T = 10$ 年后的残值为 $Z = 20\mathrm{e}^{-10\times0.3357} = 0.696792$（万元），取 $r = 0.036$，代入方程 (6-1)，解得 $a \approx 2.32367$（万元）. 即如果该车使用 10 年后，能按其残值出售，则该车购车成本对应的年使用价值 2.32367 万元.

(3) 日均 200 元租用同款车型 100 天/年，则年租金为 $b = 0.02 \times 100 = 2$（万元），即

$$1.71904 < b < 2.32367$$

这说明，在不考虑汽车的保养费用，且年用车为 100 天的前提下，如果报废年限为 15 年，则购车成本对应的使用价值小于年租金，即买车比租车合算；而如果该车用 10 年后，能按其残值出售，则购车成本对应的使用价值大于年租金，即租车比买车合算.

当然，如果用车量比较大，如一年中天天要用车，则年租车的费用为 7.3 万元（365

---

① 均匀货币流，就是使货币像流水一样以常量源源不断地流进银行，类似于商店每天把固定数量的营业额存进银行的方法.

天/年)，按第 2 章的案例 2-2，该车 $T=1$ 年后的残值为 $20\mathrm{e}^{-0.3357}=14.297$（万元），就是说，就算出售价为 $Z=14$ 万元，取 $r=0.036$，代入方程（6-1），解得 $a\approx 6.61265$（万元），即购车成本对应的年使用价值约为 6.61265 万元，小于年租车的费用 7.3 万元. 即年年换新车也比租车合算.

案例 6-1 的求解中，求 $\int_0^{15}a\mathrm{e}^{-rt}\mathrm{d}t$ 的运算称为定积分计算. 本章以非均匀变化的求和问题为任务目的，通过定积分的计算和应用等任务，帮助我们理解定积分的概念，熟练掌握微积分学基本定理，掌握定积分的换元积分法和分部积分法，能用定积分解决简单问题. 下面我们先来学习定积分的概念和性质.

6.1　定积分的概念与性质

6.1.1　引例——曲边梯形的面积

区间 $[a,b]$ 上位于 x 轴上方的连续曲线 $y=f(x)$（$f(x)\geqslant 0$），直线 $x=a$，$x=b$ 与 x 轴所围成的平面图形称为曲边梯形，如图 6-1 所示，求其面积.

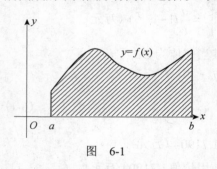

图　6-1

在初等数学中，我们已经学会求梯形、矩形等由有限条直线所围成的平面图形的面积. 现在，曲边梯形在其底边上各点处的高 $f(x)$ 是变化的，它的面积就不能直接按矩形面积公式来计算. 然而，由于函数 $y=f(x)$ 在区间 $[a,b]$ 上是连续的，为了计算曲边梯形的面积，我们设法把区间 $[a,b]$ 划分为若干个小区间，在每个小区间上，小曲边梯形的面积可以近似地看作矩形的面积. 这样，所有小矩形面积之和，就是曲边梯形面积 A 的近似值（如图 6-2 所示）. 显然，底边 $[a,b]$ 分割得越细，近似程度就越高. 因此，无限的细分，使每一个小区间的长度趋于零，面积的近似值就成为精确值.

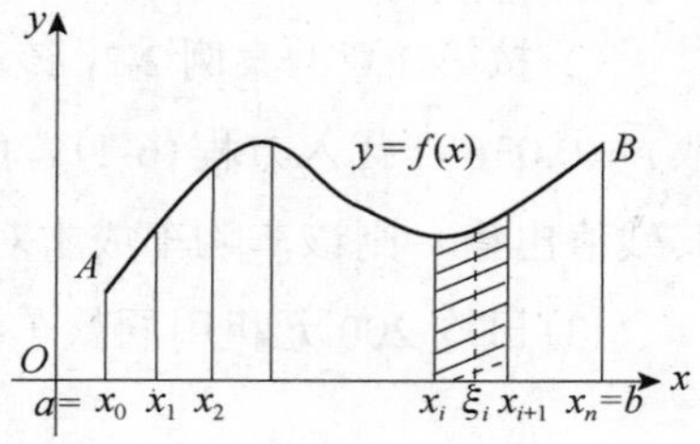

根据上述的分析，可按以下四个步骤计算曲边梯形面积 A.

图　6-2

（1）分割. 用分点 $a=x_0<x_1<x_2\cdots<x_{n-1}<x_n=b$ 把区间 $[a,b]$ 分成 n 个小区间
$$[x_0,x_1],\ [x_1,x_2],\ \cdots,\ [x_{n-1},x_n]$$
其中第 i 个小区间长度为 $\Delta x_i=x_i-x_{i-1}$（$i=1,2,\cdots,n$）. 过每一点 x_i（$i=1,2,\cdots,n$）作平行 y 轴的直线，它们把曲边梯形分成 n 个小曲边梯形，记第 i 个小曲边梯形的面积为 ΔA_i.

于是，曲边梯形的面积等于 $\sum_{i=1}^{n}\Delta A_i$.

（2）近似. 在每一小区间 $[x_{i-1},x_i]$ 上任取一点 ξ_i $(i=1,2,\cdots,n)$，以 Δx_i 为底边、$f(\xi_i)$ 为高作小矩形，则其面积为

$$\Delta S_i = f(\xi_i)\Delta x_i \quad (i=1,2,\cdots,n)$$

当 Δx_i 很小时，$\Delta A_i \approx \Delta S_i$.

（3）求和. 将 n 个小矩形面积求和，即得曲边梯形的面积 A 的近似值，即

$$A \approx S_n = \sum_{i=1}^{n}\Delta S_i = \sum_{i=1}^{n}f(\xi_i)\Delta x_i .$$

（4）取极限. 如果分点个数无限增大（即 $n\to\infty$），且 $\lambda=\max_{1\le i\le n}\{\Delta x_i\}$ 趋于零时，S_n 的极限就是曲边梯形的面积 A. 即

$$A = \lim_{\substack{n\to\infty\\\lambda\to0}} S_n = \lim_{\substack{n\to\infty\\\lambda\to0}}\sum_{i=1}^{n}\Delta S_i = \lim_{\substack{n\to\infty\\\lambda\to0}}\sum_{i=1}^{n}f(\xi_i)\Delta x_i$$

6.1.2　定积分的概念

定义 6.1　设函数 $f(x)$ 在区间 $[a,b]$ 上有定义. 用点 $a=x_0<x_1<x_2\ldots<x_{n-1}<x_n=b$，把区间 $[a,b]$ 分为 n 个小区间：

$$[x_0,x_1]，[x_1,x_2]，\ldots，[x_{n-1},x_n]$$

记 $\Delta x_i = x_i - x_{i-1}$ $(i=1,2,\cdots,n)$. 在每一小区间 $[x_{i-1},x_i]$ 上任取一点 ξ_i，作积 $f(\xi_i)\Delta x_i$，求和

$$S_n = \sum_{i=1}^{n}f(\xi_i)\Delta x_i$$

称为积分和. 记小区间长度的最大值为 $\lambda=\max_{1\le i\le n}\{\Delta x_i\}$，如果当 $n\to\infty$，且 $\lambda\to0$ 时，S_n 的极限存在，则称函数 $f(x)$ 在区间 $[a,b]$ 上可积，并称此极限值为函数 $f(x)$ 在区间 $[a,b]$ 上的定积分，记作

$$\int_a^b f(x)\mathrm{d}x$$

即

$$\int_a^b f(x)\mathrm{d}x = \lim_{\lambda\to0}\sum_{i=1}^{n}f(\xi_i)\Delta x_i$$

其中 $f(x)$ 称为被积函数，$[a,b]$ 称为积分区间；a 称为积分下限，b 称为积分上限，x 称为积分变量，$f(x)\mathrm{d}x$ 称为被积表达式，$\int_a^b f(x)\mathrm{d}x$ 读作" $f(x)$ 从 a 到 b 的定积分".

关于定积分的定义，有以下几点说明：

（1）函数 $f(x)$ 在区间 $[a,b]$ 上的定积分是积分和的极限，它是一个确定的常量. 它只与被积函数 $f(x)$ 和积分区间 $[a,b]$ 有关，而与积分变量使用的字母的选取无关，即

$$\int_a^b f(x)\mathrm{d}x = \int_a^b f(t)\mathrm{d}t = \int_a^b f(u)\mathrm{d}u ;$$

(2) 定积分 $\int_a^b f(x)\mathrm{d}x$ 与 $[a,b]$ 的划分方法及点 ξ_i 的取法无关；

(3) 如果函数 $f(x)$ 在区间 $[a,b]$ 上连续，则 $f(x)$ 在区间 $[a,b]$ 上可积. 甚至可将条件放宽为：如果函数 $f(x)$ 是区间 $[a,b]$ 上只有有限个第 I 类间断点的有界函数，则函数 $f(x)$ 在区间 $[a,b]$ 上可积；

(4) 在定积分的定义中，总是假设 $a < b$ 的. 而若 $b < a$，由定积分的定义，我们容易得出

$$\int_a^b f(x)\mathrm{d}x = -\int_b^a f(x)\mathrm{d}x$$

即互换定积分的上限与下限时，定积分变号.

特别地，当 $a = b$ 时，有

$$\int_a^a f(x)\mathrm{d}x = 0$$

6.1.3　定积分的几何意义

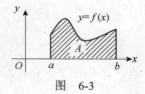

图　6-3

由定义 6.1，引例所讨论的问题可叙述为：如图 6-3 所示，曲边梯形的面积 A 是函数 $f(x)$ $(f(x) \geqslant 0)$ 在区间 $[a,b]$ 上的定积分，即

$$A = \int_a^b f(x)\mathrm{d}x$$

一般地，如果被积函数在积分区间上不变号，易知定积分有如下的几何意义：

(1) 如果 $f(x) \geqslant 0, x \in [a,b]$，那么定积分 $\int_a^b f(x)\mathrm{d}x$ 表示由曲线 $y = f(x)$，直线 $x = a$，$x = b$ 与 x 轴所围成的曲边梯形的面积；

(2) 如果 $f(x) \leqslant 0, x \in [a,b]$，那么定积分 $\int_a^b f(x)\mathrm{d}x$ 表示由曲线 $y = f(x)$，直线 $x = a$，$x = b$ 与 x 轴所围成的曲边梯形的面积的相反数，如图 6-4 所示，$A = -\int_a^b f(x)\mathrm{d}x$.

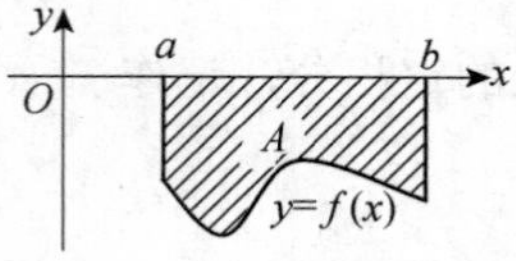

图　6-4

【任务 6-1】 求定积分 $\int_a^b \mathrm{d}x$.

解：根据定积分的几何意义知，定积分 $\int_a^b \mathrm{d}x$ 表示由直线 $y = 1$，直线 $x = a$，$x = b$ 与 x 轴所围成的矩形的面积（见图 6-5），所以

$$\int_a^b \mathrm{d}x = b - a$$

6.1.4 定积分的基本性质

在以下性质中，假设函数 $f(x)$、$g(x)$ 均可积.

性质 1 两个函数代数和的定积分等于各函数定积分的代数和，即

$$\int_a^b [f(x) \pm g(x)] dx = \int_a^b f(x) dx \pm \int_a^b g(x) dx$$

这一结论可以推广到任意有限多个函数代数和的情形.

性质 2 被积表达式中的常数因子可以提到积分号前，即

$$\int_a^b kf(x) dx = k \int_a^b f(x) dx \quad (k\ \text{为常数})$$

性质 3 对任意的点 c，有

$$\int_a^b f(x) dx = \int_a^c f(x) dx + \int_c^b f(x) dx$$

此性质称为积分区间的可加性. 注意，不论 $c \in [a, b]$，还是 $c \notin [a, b]$，只要 $f(x)$ 在相应区间上可积，这个性质总成立.

性质 4 如果在区间 $[a, b]$ 上，恒有 $f(x) \leqslant g(x)$，则

$$\int_a^b f(x) dx \leqslant \int_a^b g(x) dx$$

性质 5 如果被积函数 $f(x) = 1$，则 $\int_a^b dx = b - a$（见图 6-5）.

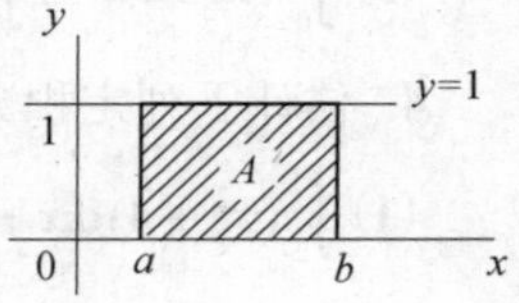

性质 6 如果函数 $f(x)$ 在区间 $[a, b]$ 上有最大值 M 和最小值 m，则

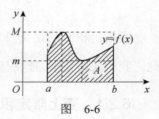

图 6-5

$$m(b - a) \leqslant \int_a^b f(x) dx \leqslant M(b - a)$$

此性质表示曲边梯形的面积介乎于大矩形面积和小矩形面积之间（见图 6-6）.

性质 7（积分中值定理） 如果函数 $f(x)$ 在区间 $[a, b]$ 上连续，则在 (a, b) 内至少有一点 ξ，使得

$$\int_a^b f(x) dx = f(\xi)(b - a), \xi \in (a, b)$$

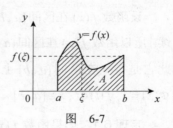

图 6-6

积分中值定理的几何意义是：由曲线 $y = f(x)$，直线 $x = a, x = b$ 与 x 轴所围成的曲边梯形面积，等于同底且高为区间 $[a, b]$ 内某一点 ξ 处的函数值 $f(\xi)$ 的矩形面积（见图 6-7）.

下面我们用定积分的性质来估算定积分的值.

【任务 6-2】 估算定积分 $\int_0^{\frac{\pi}{2}} \sin x\, dx$ 的值.

图 6-7

解：因为在区间 $[0, \frac{\pi}{2}]$ 上，$0 \leqslant \sin x \leqslant 1$，所以

$$0 \leqslant \int_0^{\frac{\pi}{2}} \sin x \, \mathrm{d}x \leqslant \frac{\pi}{2}$$

实训 6.1

1. 试用定积分列出以下各曲边梯形面积的表达式.

(1) 由曲线 $y = 2x^2$，直线 $x = -2$，$x = 2$ 及 x 轴所围成的曲边梯形；

(2) 由曲线 $y = \ln x$，直线 $x = \dfrac{1}{\mathrm{e}}$，$x = 1$ 及 x 轴所围成的曲边梯形.

2. 利用定积分的几何意义，计算下列各式的值.

(1) $\displaystyle\int_0^1 2x \, \mathrm{d}x$；　　　(2) $\displaystyle\int_0^a \sqrt{a^2 - x^2} \, \mathrm{d}x$；　　　(3) $\displaystyle\int_0^{2\pi} \sin x \, \mathrm{d}x$；　　　(4) $\displaystyle\int_a^b k \, \mathrm{d}x$.

3. 不计算，比较下列定积分的大小.

(1) $\displaystyle\int_0^1 x^2 \, \mathrm{d}x$ 与 $\displaystyle\int_0^1 x^3 \, \mathrm{d}x$；　　　(2) $\displaystyle\int_1^2 x^2 \, \mathrm{d}x$ 与 $\displaystyle\int_1^2 x^3 \, \mathrm{d}x$；

(3) $\displaystyle\int_0^{\frac{\pi}{2}} \sin x \, \mathrm{d}x$ 与 $\displaystyle\int_0^{\frac{\pi}{2}} \sin^2 x \, \mathrm{d}x$；　　　(4) $\displaystyle\int_{\mathrm{e}}^3 \ln x \, \mathrm{d}x$ 与 $\displaystyle\int_{\mathrm{e}}^3 \ln^2 x \, \mathrm{d}x$.

4. 估计下列定积分的值.

(1) $\displaystyle\int_2^5 (x^2 + 4) \, \mathrm{d}x$；　　　(2) $\displaystyle\int_{\frac{\pi}{4}}^{\frac{3\pi}{4}} \sin^2 x \, \mathrm{d}x$.

6.2　微积分基本定理

利用定积分的定义及几何意义计算 $\displaystyle\int_a^b f(x) \, \mathrm{d}x$ 都是不切实际，甚至是不可能的. 为此，我们还需要学习定积分的计算，微积分基本定理能解决定积分的计算问题.

6.2.1　变上限定积分

设函数 $f(x)$ 在区间 $[a, b]$ 上连续，对于任意的 $x \in [a, b]$，$f(x)$ 在区间 $[a, x]$ 上也连续. 所以函数 $f(x)$ 在区间 $[a, x]$ 上也可积，且定积分 $\displaystyle\int_a^x f(t) \, \mathrm{d}t$ 的值依赖于积分上限 x. 因此它是定义在区间 $[a, b]$ 上的以 x 为自变量的函数，称此函数为积分上限函数. 记 $\Phi(x) = \displaystyle\int_a^x f(t) \, \mathrm{d}t$，$x \in [a, b]$，也称为变上限定积分.

定理 6.1　如果函数 $f(x)$ 在区间 $[a, b]$ 上连续，则 $\Phi(x) = \displaystyle\int_a^x f(t) \, \mathrm{d}t$ 可导，且 $\Phi'(x)$ 等于被积函数在积分上限 x 处的值. 即

$$\Phi'(x) = \left[\int_a^x f(t) \, \mathrm{d}t \right]' = f(x) \tag{6-2}$$

由定理 6.1 和原函数的定义可得如下推论.

推论 如果函数 $f(x)$ 在区间 $[a,b]$ 上连续，则 $\Phi(x)=\int_a^x f(t)\mathrm{d}t$ 是 $f(x)$ 在区间 $[a,b]$ 上的一个原函数.

【任务 6-3】 求下列函数的导数.

(1) $\Phi(x)=\int_0^x \mathrm{e}^{-t}\sin 2t^2\,\mathrm{d}t$；　　　　　　(2) $F(x)=\int_x^{-1}\cos(3t+1)\,\mathrm{d}t$；

(3) $\Phi(x)=\int_0^{x^2}\ln(1+t)\,\mathrm{d}t$；　　　　　　(4) $y=\int_x^{x^2}\sqrt{1+t^3}\,\mathrm{d}t$.

解： (1) $\Phi'(x)=(\int_0^x \mathrm{e}^{-t}\sin 2t^2\,\mathrm{d}t)'=\mathrm{e}^{-x}\sin 2x^2$；

(2) $F'(x)=\dfrac{\mathrm{d}}{\mathrm{d}x}\int_x^{-1}\cos(3t+1)\,\mathrm{d}t=[-\int_{-1}^x\cos(3t+1)\,\mathrm{d}t]'=-\cos(3x+1)$；

(3) $\Phi'(x)=\dfrac{\mathrm{d}}{\mathrm{d}x}\int_0^{x^2}\ln(1+t)\,\mathrm{d}t\overset{u=x^2}{=}\dfrac{\mathrm{d}}{\mathrm{d}u}\int_0^u\ln(1+t)\,\mathrm{d}t\cdot\dfrac{\mathrm{d}x^2}{\mathrm{d}x}\overset{u=x^2}{=}\ln(1+u)\cdot 2x=2x\ln(1+x^2)$；

(4) $y'=\dfrac{\mathrm{d}}{\mathrm{d}x}\int_x^{x^2}\sqrt{1+t^3}\,\mathrm{d}t=(\int_x^0\sqrt{1+t^3}\,\mathrm{d}t+\int_0^{x^2}\sqrt{1+t^3}\,\mathrm{d}t)'$

$\qquad=-\sqrt{1+x^3}+\sqrt{1+(x^2)^3}\cdot 2x$

$\qquad=-\sqrt{1+x^3}+2x\sqrt{1+x^6}$.

【任务 6-4】 求下列极限.

(1) $\lim\limits_{x\to 1}\dfrac{\int_1^x\cos\pi t\,\mathrm{d}t}{x-1}$；　　　　　　(2) $\lim\limits_{x\to 0}\dfrac{1}{x^2}\int_0^x\ln(1+t)\,\mathrm{d}t$.

解： (1) 原式 $\overset{\frac{0}{0}}{=}\lim\limits_{x\to 1}\dfrac{(\int_1^x\cos\pi t\,\mathrm{d}t)'}{(x-1)'}=\lim\limits_{x\to 1}\dfrac{\cos\pi x}{1}=\cos\pi=-1$；

(2) 原式 $\overset{0\cdot\infty}{=}\lim\limits_{x\to 0}\dfrac{\int_0^x\ln(1+t)\,\mathrm{d}t}{x^2}\overset{\frac{0}{0}}{=}\lim\limits_{x\to 0}\dfrac{\ln(1+x)}{2x}\overset{\frac{0}{0}}{=}\lim\limits_{x\to 0}\dfrac{\frac{1}{1+x}}{2}=\dfrac{1}{2}$.

6.2.2 微积分基本定理

定理 6.2 如果函数 $f(x)$ 在区间 $[a,b]$ 上连续，$F(x)$ 是 $f(x)$ 的一个原函数，则

$$\int_a^b f(x)\,\mathrm{d}x=F(b)-F(a) \tag{6-3}$$

证明 由定理 6.1 的推论知，函数 $\Phi(x)=\int_a^x f(t)\mathrm{d}t$ 是 $f(x)$ 的一个原函数，而函数 $F(x)$ 也是 $f(x)$ 的一个原函数，所以 $\Phi(x)=\int_a^x f(t)\mathrm{d}t$ 与 $F(x)$ 在 $[a,b]$ 上仅差一个常数 C，即

$$\int_a^x f(t)\,\mathrm{d}t=F(x)+C$$

把 $x=a$ 代入上式，得 $0=F(a)+C$，即 $C=-F(a)$.

故

$$\int_a^x f(t)\,\mathrm{d}t = F(x) - F(a)$$

把 $x = b$ 代入上式，得

$$\int_a^b f(t)\,\mathrm{d}t = F(b) - F(a)$$

而定积分与积分变量无关，所以

$$\int_a^b f(x)\,\mathrm{d}x = F(b) - F(a)$$

上式又可写成

$$\int_a^b f(x)\,\mathrm{d}x = F(x)\Big|_a^b$$

定理 6.2 通常称为微积分基本定理，公式(6-2)称为牛顿(Newton)–莱布尼兹(Leibniz)公式. 这个公式揭示了定积分与被积函数的原函数或不定积分之间的联系，使定积分的计算，变成只需求出被积函数的一个原函数，然后计算函数值的差即可.

【任务 6-5】 计算下列定积分.

(1) $\displaystyle\int_1^2 x^2\,\mathrm{d}x$；　　　　(2) $\displaystyle\int_0^{\frac{\pi}{2}} \cos x\,\mathrm{d}x$；　　　　(3) $\displaystyle\int_{-2}^{-1} \frac{1}{x}\,\mathrm{d}x$.

解：(1) 原式 $= \dfrac{1}{3}x^3\Big|_1^2 = \dfrac{1}{3}(2^3 - 1^3) = \dfrac{7}{3}$；

(2) 原式 $= \sin x\big|_0^{\frac{\pi}{2}} = \sin\dfrac{\pi}{2} - \sin 0 = 1$；

(3) 原式 $= \ln|x|\big|_{-2}^{-1} = \ln 1 - \ln 2 = -\ln 2$.

【任务 6-6】 计算下列定积分.

(1) $\displaystyle\int_{-1}^1 \mathrm{e}^{|x|}\,\mathrm{d}x$；　　　　(2) 设 $f(x) = \begin{cases} \sqrt[3]{x} & 0 \leqslant x < 1 \\ \mathrm{e}^x & 1 \leqslant x < 3 \end{cases}$，求 $\displaystyle\int_0^3 f(x)\,\mathrm{d}x$；　　(3) $\displaystyle\int_{-1}^1 \frac{1}{x^2}\,\mathrm{d}x$.

解：(1) 原式 $= \displaystyle\int_{-1}^0 \mathrm{e}^{|x|}\,\mathrm{d}x + \int_0^1 \mathrm{e}^{|x|}\,\mathrm{d}x = \int_{-1}^0 \mathrm{e}^{-x}\,\mathrm{d}x + \int_0^1 \mathrm{e}^x\,\mathrm{d}x$

$\qquad\qquad = -\mathrm{e}^{-x}\big|_{-1}^0 + \mathrm{e}^x\big|_0^1 = -(\mathrm{e}^0 - \mathrm{e}) + (\mathrm{e} - \mathrm{e}^0) = 2(\mathrm{e} - 1)$；

(2) 原式 $= \displaystyle\int_0^1 f(x)\,\mathrm{d}x + \int_1^3 f(x)\,\mathrm{d}x = \int_0^1 x^{\frac{1}{3}}\,\mathrm{d}x + \int_1^3 \mathrm{e}^x\,\mathrm{d}x = \dfrac{3}{4}x^{\frac{4}{3}}\Big|_0^1 + \mathrm{e}^x\big|_1^3 = \dfrac{3}{4} + \mathrm{e}^3 - \mathrm{e}$；

(3) 原式 $= -\dfrac{1}{x}\Big|_{-1}^1 = -1 - 1 = -2$.

注意，上述求解(3)是错误的，原因是：牛顿–莱布尼兹公式需要满足"函数 $f(x)$ 在区间 $[a, b]$ 上连续"的条件，而 $x = 0$ 是函数 $f(x) = \dfrac{1}{x^2}$ 的无穷间断点，所以 $\displaystyle\int_{-1}^1 \frac{1}{x^2}\,\mathrm{d}x \neq -\dfrac{1}{x}\Big|_{-1}^1$.

另外，如果被积函数在积分区间内是分段函数或有有限个第 I 类间断点，则可利用积分区间的可加性分成若干个定积分之和再计算，如上述解的(1)和(2).

实训 6.2

1. 求下列函数的导数.

(1) $\Phi(x)=\int_1^x t\cos^2 t\,\mathrm{d}t$;　　　(2) $\Phi(x)=\int_x^{-1} t^3\ln(1+t^2)\,\mathrm{d}t$;　　　(3) $\Phi(x)=\int_0^{x^2} t^2\,\mathrm{e}^{-t}\,\mathrm{d}t$.

2. 求下列各极限.

(1) $\displaystyle\lim_{x\to 0}\frac{\int_0^x \sin t^2\,\mathrm{d}t}{x^3}$;　　　(2) $\displaystyle\lim_{x\to 0}\frac{\int_0^x \sqrt{1+t^2}\,\mathrm{d}t}{x}$;

(3) $\displaystyle\lim_{x\to 1}\frac{\int_1^x \mathrm{e}^{t^2}\,\mathrm{d}t}{\ln x}$;　　　(4) $\displaystyle\lim_{x\to 0}\frac{\int_0^x \ln(1+t)\,\mathrm{d}t}{x^2}$.

3. 计算下列定积分.

(1) $\displaystyle\int_1^3 x^3\,\mathrm{d}x$;　　　(2) $\displaystyle\int_{\frac{\sqrt3}{3}}^1 \frac{2}{1+x^2}\,\mathrm{d}x$;　　　(3) $\displaystyle\int_4^9 \sqrt{x}(1+\sqrt{x})\,\mathrm{d}x$;

(4) $\displaystyle\int_{-\frac12}^{\frac12} \frac{1}{\sqrt{1-x^2}}\,\mathrm{d}x$;　　　(5) $\displaystyle\int_{\frac{\pi}{6}}^{\frac{\pi}{4}} \frac{1}{\sin^2 x}\,\mathrm{d}x$;　　　(6) $\displaystyle\int_0^2 |1-x|\,\mathrm{d}x$;

(7) $\displaystyle\int_{-2}^1 x\sqrt{x^2}\,\mathrm{d}x$;　　　(8) $\displaystyle\int_0^{2\pi} \sqrt{\sin^2 x}\,\mathrm{d}x$;　　　(9) $\displaystyle\int_0^{\pi} \sqrt{1+\cos 2x}\,\mathrm{d}x$.

6.3　定积分的计算

微积分基本定理揭示了不定积分与定积分的联系,因此,定积分的计算与不定积分的计算相对应,也有换元积分法和分部积分法.

6.3.1　定积分的换元积分法

定理 6.3　设函数 $f(x)$ 在区间 $[a,b]$ 上连续,函数 $x=\varphi(t)$ 在区间 $[\alpha,\beta]$ 上单调且导数连续,若满足 $\varphi(\alpha)=a$, $\varphi(\beta)=b$,则

$$\int_a^b f(x)\,\mathrm{d}x=\int_\alpha^\beta f[\varphi(t)]\varphi'(t)\,\mathrm{d}t \tag{6-4}$$

此公式称为定积分的换元公式.

定积分的换元法与不定积分换元法的区别是定积分换元后,积分上限、下限必须同时更换,最后直接代入新的积分上、下限计算积分值而不必还原回原变量. 因此,定积分换元法强调:换元必须先换限.

【任务 6-7】　计算下列定积分.

(1) $\displaystyle\int_0^9 \frac{1}{1+\sqrt{x}}\,\mathrm{d}x$;　　　(2) $\displaystyle\int_0^{\frac{\pi}{2}} 5\sin^4 x\cos x\,\mathrm{d}x$.

解:(1) 令 $x=t^2$ $(0\le t\le 3)$,则 $\sqrt{x}=t$, $\mathrm{d}x=2t\,\mathrm{d}t$,且当 $x=0$ 时 $t=0$,当 $x=9$ 时 $t=3$,

所以

$$原式 = \int_0^3 \frac{1}{1+t} \cdot 2t\,\mathrm{d}t = 2\int_0^3 \frac{t}{1+t}\,\mathrm{d}t$$

$$= 2\int_0^3 (1 - \frac{1}{1+t})\,\mathrm{d}t = 2(t - \ln|1+t|)\Big|_0^3$$

$$= 2(3 - \ln 4) = 6 - 4\ln 2 ;$$

(2)解法一　令 $u = \sin x$，则 $\mathrm{d}u = \cos x\,\mathrm{d}x$，且当 $x=0$ 时 $u=0$，当 $x=\frac{\pi}{2}$ 时 $u=1$，

所以

$$原式 = \int_0^1 5u^4\,\mathrm{d}u = u^5\Big|_0^1 = 1.$$

解法二　$原式 = \int_0^{\frac{\pi}{2}} 5\sin^4 x\,\mathrm{d}\sin x = \sin^5 x\Big|_0^{\frac{\pi}{2}} = \sin^5 \frac{\pi}{2} - \sin^5 0 = 1.$

在解法二中，由于没有引入新的积分变量，所以，计算中不需要改变积分的上、下限. 因此，对于能用凑微分法求原函数的定积分，尽可能的用解法二，从而节省换限过程，减少运算，进一步地减少出现错误的机会.

【任务 6-8】 计算下列定积分.

(1) $\int_1^{e^3} \frac{\mathrm{d}x}{x\sqrt{1+\ln x}}$；　　　　(2) $\int_{-\frac{1}{2}}^{\frac{1}{2}} \frac{4-x}{\sqrt{1-x^2}}\,\mathrm{d}x$.

解：(1) $原式 = \int_1^{e^3} \frac{1}{\sqrt{1+\ln x}}\,\mathrm{d}(1+\ln x) = 2\sqrt{1+\ln x}\,\Big|_1^{e^3} = 2(\sqrt{1+3} - \sqrt{1+0}) = 2$；

(2) 令 $x = \sin t\,(-\frac{\pi}{6} \leqslant t \leqslant \frac{\pi}{6})$，则 $\sqrt{1-x^2} = \sqrt{1-\sin^2 t} = \cos t$，$\mathrm{d}x = \cos t\,\mathrm{d}t$，所以

$$原式 = \int_{-\frac{\pi}{6}}^{\frac{\pi}{6}} \frac{4-\sin t}{\cos t}\cos t\,\mathrm{d}t = \int_{-\frac{\pi}{6}}^{\frac{\pi}{6}} (4-\sin t)\,\mathrm{d}t = (4t - \cos t)\Big|_{-\frac{\pi}{6}}^{\frac{\pi}{6}} = 4\times\frac{\pi}{3} - 0 = \frac{4\pi}{3}.$$

【任务 6-9】 证明：

(1)如果函数 $f(x)$ 在区间 $[-a, a]$ 上连续且为偶函数，则

$$\int_{-a}^a f(x)\,\mathrm{d}x = 2\int_0^a f(x)\,\mathrm{d}x ;$$

(2)如果函数 $f(x)$ 在区间 $[-a, a]$ 上连续且为奇函数，则

$$\int_{-a}^a f(x)\,\mathrm{d}x = 0.$$

证 (1)因为 $f(x)$ 在区间 $[-a, a]$ 上连续，所以 $f(x)$ 在区间 $[-a, a]$ 上可积，且

$$\int_{-a}^a f(x)\,\mathrm{d}x = \int_{-a}^0 f(x)\,\mathrm{d}x + \int_0^a f(x)\,\mathrm{d}x$$

由 $f(x)$ 在区间 $[-a, a]$ 是偶函数，则 $f(-x) = f(x)$，令 $x = -t$，则

$$\int_{-a}^0 f(x)\,\mathrm{d}x = \int_a^0 f(-t)\cdot(-1\mathrm{d}t) = -\int_a^0 f(t)\,\mathrm{d}t = -\int_a^0 f(x)\,\mathrm{d}x = \int_0^a f(x)\,\mathrm{d}x$$

所以

$$\int_{-a}^a f(x)\,\mathrm{d}x = \int_0^a f(x)\,\mathrm{d}x + \int_0^a f(x)\,\mathrm{d}x = 2\int_0^a f(x)\,\mathrm{d}x$$

故 $\displaystyle\int_{-a}^{a} f(x)\,\mathrm{d}x = 2\int_{0}^{a} f(x)\,\mathrm{d}x$ 成立.

同理可证(2)成立.

上述结论在定积分运算中可当作定理使用,在计算对称区间上的定积分时,如果能先判断被积函数的奇偶性,利用上述结论可以使计算过程简化. 如

$$\int_{-\frac{1}{2}}^{\frac{1}{2}} \frac{4-x}{\sqrt{1-x^2}}\,\mathrm{d}x = \int_{-\frac{1}{2}}^{\frac{1}{2}} \frac{4}{\sqrt{1-x^2}}\,\mathrm{d}x - \int_{-\frac{1}{2}}^{\frac{1}{2}} \frac{x}{\sqrt{1-x^2}}\,\mathrm{d}x$$

$$= 2\int_{0}^{\frac{1}{2}} \frac{4}{\sqrt{1-x^2}}\,\mathrm{d}x - 0 = 8\arcsin x \Big|_{0}^{\frac{1}{2}} = 8 \times \frac{\pi}{6} = \frac{4\pi}{3}.$$

【任务 6-10】 计算下列定积分.

(1) $\displaystyle\int_{-3}^{3} \frac{x}{x^2 + \cos x}\,\mathrm{d}x$;   (2) $\displaystyle\int_{-1}^{1} \frac{3 - x^2 \arcsin x}{1 + x^2}\,\mathrm{d}x$.

解:(1)因为 $f(x) = \dfrac{x}{x^2 + \cos x}$ 在区间 $[-3,3]$ 上是奇函数,所以

$$\int_{-3}^{3} \frac{x}{x^2 + \cos x}\,\mathrm{d}x = 0$$

(2)虽然 $y = \dfrac{3 - x^2 \arcsin x}{1 + x^2}$ 在区间 $[-1,1]$ 上是非奇非偶函数,但 $f(x) = \dfrac{3}{1 + x^2}$ 在区间 $[-1,1]$ 上是偶函数, $g(x) = \dfrac{x^2 \arcsin x}{1 + x^2}$ 在区间 $[-1,1]$ 上是奇函数. 所以

$$原式 = \int_{-1}^{1} \frac{3}{1+x^2}\,\mathrm{d}x - \int_{-1}^{1} \frac{x^2 \arcsin x}{1+x^2}\,\mathrm{d}x = 2\int_{0}^{1} \frac{3}{1+x^2}\,\mathrm{d}x$$

$$= 6\arctan x \Big|_{0}^{1} = 6\left(\frac{\pi}{4} - 0\right) = \frac{3}{2}\pi$$

6.3.2 定积分的分部积分法

设函数 $u = u(x)$ 和 $v = v(x)$ 在区间 $[a,b]$ 上的导数连续,则由不定积分的分部积分公式,得

$$\int_{a}^{b} u\,\mathrm{d}v = uv \Big|_{a}^{b} - \int_{a}^{b} v\,\mathrm{d}u \tag{6-5}$$

这就是定积分的分部积分公式. 公式表明,原函数已经积出的部分可先代入积分上、下限计算.

【任务 6-11】 计算下列定积分.

(1) $\displaystyle\int_{0}^{1} x\mathrm{e}^x\,\mathrm{d}x$;   (2) $\displaystyle\int_{\frac{\pi}{4}}^{\frac{\pi}{3}} \frac{x}{\sin^2 x}\,\mathrm{d}x$;   (3) $\displaystyle\int_{0}^{\frac{1}{2}} \arcsin x\,\mathrm{d}x$.

解:(1)原式 $= \displaystyle\int_{0}^{1} x\,\mathrm{d}\mathrm{e}^x = x\mathrm{e}^x \Big|_{0}^{1} - \int_{0}^{1} \mathrm{e}^x\,\mathrm{d}x = \mathrm{e} - \mathrm{e}^x \Big|_{0}^{1}$

$$= \mathrm{e} - \mathrm{e} + 1 = 1$$

(2) 原式 $= -\int_{\frac{\pi}{4}}^{\frac{\pi}{3}} x\,\mathrm{d}\cot x = -x\cot x\,\big|_{\frac{\pi}{4}}^{\frac{\pi}{3}} + \int_{\frac{\pi}{4}}^{\frac{\pi}{3}} \cot x\,\mathrm{d}x$

$$= -\frac{\pi}{3}\frac{\sqrt{3}}{3} + \frac{\pi}{4} + \int_{\frac{\pi}{4}}^{\frac{\pi}{3}}\frac{\cos x}{\sin x}\,\mathrm{d}x = (\frac{1}{4} - \frac{\sqrt{3}}{9})\pi + \int_{\frac{\pi}{4}}^{\frac{\pi}{3}}\frac{1}{\sin x}\,\mathrm{d}\sin x$$

$$= (\frac{1}{4} - \frac{\sqrt{3}}{9})\pi + \ln|\sin x|\,\big|_{\frac{\pi}{4}}^{\frac{\pi}{3}} = (\frac{1}{4} - \frac{\sqrt{3}}{9})\pi + \ln|\sin\frac{\pi}{3}| - \ln|\sin\frac{\pi}{4}|$$

$$= (\frac{1}{4} - \frac{\sqrt{3}}{9})\pi + \ln\frac{\sqrt{3}}{2} - \ln\frac{\sqrt{2}}{2} = (\frac{1}{4} - \frac{\sqrt{3}}{9})\pi + \frac{1}{2}\ln\frac{3}{2};$$

(3) 原式 $= x\arcsin x\,\big|_0^{\frac{1}{2}} - \int_0^{\frac{1}{2}}\frac{x}{\sqrt{1-x^2}}\,\mathrm{d}x = \frac{1}{2}\frac{\pi}{6} + \frac{1}{2}\int_0^{\frac{1}{2}}\frac{1}{\sqrt{1-x^2}}\,\mathrm{d}(1-x^2)$

$$= \frac{\pi}{12} + \sqrt{1-x^2}\,\big|_0^{\frac{1}{2}} = \frac{\pi}{12} + \sqrt{\frac{3}{4}} - 1 = \frac{\pi}{12} + \frac{\sqrt{3}}{2} - 1$$

如同不定积分计算, 计算定积分时, 经常需要综合使用积分方法.

【任务 6-12】 计算下列定积分.

(1) $\int_0^1 \mathrm{e}^{\sqrt{x}}\,\mathrm{d}x$;

(2) $\int_{-\frac{\sqrt{2}}{2}}^{\frac{\sqrt{2}}{2}}\frac{(x-2)\arcsin x}{\sqrt{1-x^2}}\,\mathrm{d}x$;

(3) 设 $f(x)$ 在区间 $[0,1]$ 上连续, 且 $f(x) = x\arctan x + \sqrt{x}\int_0^1 f(x)\,\mathrm{d}x$, 求 $\int_0^1 f(x)\,\mathrm{d}x$.

解: (1) 令 $x = t^2$ $(0 \leqslant t \leqslant 1)$, 则

$$\sqrt{x} = t, \quad \mathrm{d}x = 2t\,\mathrm{d}t$$

当 $x=1$ 时, $t=1$; 当 $x=0$ 时, $t=0$.

因此, 原式 $= \int_0^1 \mathrm{e}^t \cdot 2t\,\mathrm{d}t = 2\int_0^1 t\,\mathrm{d}\mathrm{e}^t = 2t\mathrm{e}^t\,\big|_0^1 - 2\int_0^1 \mathrm{e}^t\,\mathrm{d}t$

$$= 2\mathrm{e} - 2\mathrm{e}^t\,\big|_0^1 = 2\mathrm{e} - 2\mathrm{e} + 2 = 2$$

(2) 原式 $= \int_{-\frac{\sqrt{2}}{2}}^{\frac{\sqrt{2}}{2}}\frac{x\arcsin x}{\sqrt{1-x^2}}\,\mathrm{d}x - \int_{-\frac{\sqrt{2}}{2}}^{\frac{\sqrt{2}}{2}}\frac{2\arcsin x}{\sqrt{1-x^2}}\,\mathrm{d}x = 2\int_0^{\frac{\sqrt{2}}{2}}\frac{x\arcsin x}{\sqrt{1-x^2}}\,\mathrm{d}x - 0$

$$= -2\int_0^{\frac{\sqrt{2}}{2}}\arcsin x\,\mathrm{d}\sqrt{1-x^2} = -2\sqrt{1-x^2}\arcsin x\,\big|_0^{\frac{\sqrt{2}}{2}} + 2\int_0^{\frac{\sqrt{2}}{2}}\,\mathrm{d}x$$

$$= -2\sqrt{1-\frac{1}{2}}\arcsin\frac{\sqrt{2}}{2} + 2(\frac{\sqrt{2}}{2} - 0) = \sqrt{2} - \frac{\sqrt{2}\pi}{4}$$

(3) 因为 $f(x)$ 在区间 $[0,1]$ 上连续, 所以 $f(x)$ 在区间 $[0,1]$ 上可积, 令 $I = \int_0^1 f(x)\,\mathrm{d}x$, 则由 $f(x) = x\arctan x + \sqrt{x}\int_0^1 f(x)\,\mathrm{d}x$, 得

$$I = \int_0^1 (x\arctan x + \sqrt{x}\cdot I)\,\mathrm{d}x = \int_0^1 x\arctan x\,\mathrm{d}x + I\int_0^1 \sqrt{x}\,\mathrm{d}x$$

$$= \frac{1}{2}\int_0^1 \arctan x\,\mathrm{d}(1+x^2) + I\cdot\frac{2}{3}x^{\frac{3}{2}}\,\bigg|_0^1 = \frac{1}{2}(1+x^2)\arctan x\,\big|_0^1 - \frac{1}{2}\int_0^1\,\mathrm{d}x + \frac{2}{3}I$$

移项, 得

$$\frac{1}{3}I = \frac{1}{2}(1+1)\cdot\frac{\pi}{4} - \frac{1}{2}(1-0) = \frac{\pi}{4} - \frac{1}{2}$$

故

$$I = \frac{3\pi}{4} - \frac{3}{2}$$

即

$$\int_0^1 f(x)\,dx = \frac{3\pi}{4} - \frac{3}{2}$$

实训 6.3

1. 计算下列定积分.

(1) $\int_{\frac{\pi}{3}}^{\pi} \sin(x+\frac{\pi}{3})\,dx$;

(2) $\int_{-2}^{1} \frac{dx}{(11+5x)^2}$;

(3) $\int_0^{\frac{\pi}{2}} \sin\varphi\cos^3\varphi\,d\varphi$;

(4) $\int_0^1 t e^{\frac{t^2}{2}}\,dt$;

(5) $\int_0^{\sqrt{2}} \sqrt{2-x^2}\,dx$;

(6) $\int_{\frac{3}{4}}^{1} \frac{dx}{\sqrt{1-x}-1}$;

(7) $\int_{-2}^{0} \frac{dx}{x^2+2x+2}$;

(8) $\int_0^{\pi} \sqrt{1+\cos x}\,dx$;

(9) $\int_0^1 \frac{x^2}{\sqrt{1+2x^3}}\,dx$.

2. 设函数 $f(x)$ 在区间 $[-a,a]$ 上连续且为奇函数，证明 $\int_{-a}^{a} f(x)\,dx = 0$.

3. 利用函数的奇偶性计算下列积分.

(1) $\int_{-\pi}^{\pi} x^4 \sin x\,dx$;

(2) $\int_{-\frac{1}{2}}^{\frac{1}{2}} \frac{(\arcsin x)^2}{\sqrt{1-x^2}}\,dx$;

(3) $\int_{-1}^{1} \frac{x\,dx}{\sqrt{5-4x^2}}$;

(4) $\int_{-\frac{\pi}{3}}^{\frac{\pi}{3}} \sin x\cos^2 x\,dx$;

(5) $\int_{-\frac{\pi}{2}}^{\frac{\pi}{2}} 4\cos^4\theta\,d\theta$;

(6) $\int_{-5}^{5} \frac{x^3\sin^2 x}{x^4+2x^2+1}\,dx$.

4. 计算下列定积分.

(1) $\int_0^1 x e^{-x}\,dx$;

(2) $\int_1^e x\ln x\,dx$;

(3) $\int_0^{2\pi} x\sin x\,dx$;

(4) $\int_{\frac{\pi}{4}}^{\frac{\pi}{3}} \frac{x}{\cos^2 x}\,dx$;

(5) $\int_0^1 x\arctan x\,dx$;

(6) $\int_{\frac{1}{e}}^{e} |\ln x|\,dx$.

6.4 广义积分

前面所讨论的定积分，既要求积分区间都是有限区间，也要求被积函数在积分区间上有界. 但是，在实际问题中，往往会遇到积分区间为无穷区间，或者被积函数在积分区间上无界的定积分，即广义积分.

6.4.1 无穷区间上的广义积分

定义 6.2 设函数 $f(x)$ 在区间 $[a,+\infty)$ 上连续,取实数 $b>a$,若极限 $\lim\limits_{b\to+\infty}\int_a^b f(x)\mathrm{d}x$ 存在,则称此极限值为函数 $f(x)$ 在无穷区间 $[a,+\infty)$ 上的广义积分,记作 $\int_a^{+\infty} f(x)\mathrm{d}x$,即

$$\int_a^{+\infty} f(x)\mathrm{d}x = \lim_{b\to+\infty}\int_a^b f(x)\mathrm{d}x$$

这时也称广义积分 $\int_a^{+\infty} f(x)\mathrm{d}x$ 收敛;如果极限 $\lim\limits_{b\to+\infty}\int_a^b f(x)\mathrm{d}x$ 不存在,则称广义积分 $\int_a^{+\infty} f(x)\mathrm{d}x$ 发散.

类似地,可定义 $f(x)$ 在其他无穷区间上的广义积分.

定义 6.3 设函数 $f(x)$ 在区间 $(-\infty,b]$ 上连续,取实数 $a<b$,若极限 $\lim\limits_{a\to-\infty}\int_a^b f(x)\mathrm{d}x$ 存在,则称此极限值为函数 $f(x)$ 在无穷区间 $(-\infty,b]$ 上的广义积分,记作 $\int_{-\infty}^b f(x)\mathrm{d}x$,即

$$\int_{-\infty}^b f(x)\mathrm{d}x = \lim_{a\to-\infty}\int_a^b f(x)\mathrm{d}x$$

这时也称广义积分 $\int_{-\infty}^b f(x)\mathrm{d}x$ 收敛;如果极限 $\lim\limits_{a\to-\infty}\int_a^b f(x)\mathrm{d}x$ 不存在,则称广义积分 $\int_{-\infty}^b f(x)\mathrm{d}x$ 发散.

定义 6.4 设函数 $f(x)$ 在区间 $(-\infty,+\infty)$ 上连续,对于任意实数 c,若两个广义积分 $\int_c^{+\infty} f(x)\mathrm{d}x$ 和 $\int_{-\infty}^c f(x)\mathrm{d}x$ 都收敛,

则称它们之和为函数 $f(x)$ 在无穷区间 $(-\infty,+\infty)$ 上的广义积分,记作 $\int_{-\infty}^{+\infty} f(x)\mathrm{d}x$,即

$$\int_{-\infty}^{+\infty} f(x)\mathrm{d}x = \int_{-\infty}^c f(x)\mathrm{d}x + \int_c^{+\infty} f(x)\mathrm{d}x$$

这时也称广义积分 $\int_{-\infty}^{+\infty} f(x)\mathrm{d}x$ 收敛;否则称广义积分 $\int_{-\infty}^{+\infty} f(x)\mathrm{d}x$ 发散.

上述三种广义积分统称无穷区间上的广义积分,也称无穷区间上的反常积分.

根据广义积分的定义可知,广义积分的计算是首先计算定积分,然后计算极限. 不过为书写方便,在计算过程中可以不写极限符号,分别用记号 $F(+\infty)$ 和 $F(-\infty)$ 表示 $\lim\limits_{x\to+\infty} F(x)$ 和 $\lim\limits_{x\to-\infty} F(x)$,因此,上述三种广义积分可表示为

$$\int_a^{+\infty} f(x)\mathrm{d}x = F(x)\Big|_a^{+\infty} = F(+\infty)-F(a);$$

$$\int_{-\infty}^b f(x)\mathrm{d}x = F(x)\Big|_{-\infty}^b = F(b)-F(-\infty);$$

$$\int_{-\infty}^{+\infty} f(x)\mathrm{d}x = F(x)\Big|_{-\infty}^{+\infty} = F(+\infty)-F(-\infty).$$

【任务 6-13】 计算下列广义积分.

$(1)\ \int_0^{+\infty} \mathrm{e}^{-x}\mathrm{d}x$;　　　　$(2)\ \int_{-\infty}^0 x\mathrm{e}^{px}\mathrm{d}x\ (p>0)$;　　　　$(3)\ \int_{-\infty}^{+\infty}\dfrac{1}{1+x^2}\mathrm{d}x$.

解:(1) 原式 $= -\int_0^{+\infty} \mathrm{e}^{-x}\mathrm{d}(-x) = -\mathrm{e}^{-x}\Big|_0^{+\infty} = -\lim\limits_{x\to+\infty}\mathrm{e}^{-x}+\mathrm{e}^0 = 1$;

(2) 原式 $= \dfrac{1}{p}\displaystyle\int_{-\infty}^{0} x\,\mathrm{d}\mathrm{e}^{px} = \dfrac{1}{p} x\,\mathrm{e}^{px}\Big|_{-\infty}^{0} - \dfrac{1}{p}\displaystyle\int_{-\infty}^{0}\mathrm{e}^{px}\,\mathrm{d}x$

$\qquad = -\dfrac{1}{p}\displaystyle\lim_{x\to-\infty} x\,\mathrm{e}^{px} - \dfrac{1}{p^2}\displaystyle\int_{-\infty}^{0}\mathrm{e}^{px}\,\mathrm{d}px = -\dfrac{1}{p}\displaystyle\lim_{x\to-\infty}\dfrac{x}{\mathrm{e}^{-px}} - \dfrac{1}{p^2}\mathrm{e}^{px}\Big|_{-\infty}^{0}$

$\qquad = -\dfrac{1}{p}\displaystyle\lim_{x\to-\infty}\dfrac{1}{-p\,\mathrm{e}^{-px}} - \dfrac{1}{p^2}(\mathrm{e}^{0} - \displaystyle\lim_{x\to-\infty}\mathrm{e}^{px}) = -\dfrac{1}{p^2}$;

其中，极限 $\displaystyle\lim_{x\to-\infty}\dfrac{x}{\mathrm{e}^{-px}}$ 是 "$\dfrac{\infty}{\infty}$" 型的未定式，用洛必达法则计算.

(3) 原式 $= \displaystyle\int_{-\infty}^{0}\dfrac{1}{1+x^2}\,\mathrm{d}x + \displaystyle\int_{0}^{+\infty}\dfrac{1}{1+x^2}\,\mathrm{d}x = \arctan x\Big|_{-\infty}^{0} + \arctan x\Big|_{0}^{+\infty}$

$\qquad = \arctan 0 - \displaystyle\lim_{x\to-\infty}\arctan x + \displaystyle\lim_{x\to+\infty}\arctan x - \arctan 0$

$\qquad = -(-\dfrac{\pi}{2}) + \dfrac{\pi}{2} = \pi$.

【任务 6-14】 讨论列广义积分 $\displaystyle\int_{1}^{+\infty}\dfrac{1}{x^p}\,\mathrm{d}x$ （ p 是常数）的敛散性.

解： 当 $p \neq 1$ 时，$\displaystyle\int_{1}^{+\infty}\dfrac{1}{x^p}\,\mathrm{d}x = \displaystyle\int_{1}^{+\infty}x^{-p}\,\mathrm{d}x = \dfrac{x^{-p+1}}{-p+1}\Big|_{1}^{+\infty}$

$$= \begin{cases} \displaystyle\lim_{x\to+\infty}\dfrac{x^{1-p}}{1-p} - \dfrac{1}{-p+1} & p < 1 \\[2mm] \displaystyle\lim_{x\to+\infty}\dfrac{1}{(1-p)x^{p-1}} - \dfrac{1}{-p+1} & p > 1 \end{cases}$$

$$= \begin{cases} +\infty & p < 1 \\[2mm] \dfrac{1}{p-1} & p > 1 \end{cases}$$

当 $p = 1$ 时，$\displaystyle\int_{1}^{+\infty}\dfrac{1}{x}\,\mathrm{d}x = \ln|x|\,\Big\|_{1}^{+\infty} = +\infty$.

因此，当 $p > 1$ 时，$\displaystyle\int_{1}^{+\infty}\dfrac{1}{x^p}\,\mathrm{d}x = \dfrac{1}{p-1}$ ；当 $p \leqslant 1$ 时，$\displaystyle\int_{1}^{+\infty}\dfrac{1}{x^p}\,\mathrm{d}x$ 发散.

下面我们来学习另一类广义积分，就是无界函数的广义积分.

6.4.2 无界函数的广义积分

定义 6.5 设函数 $f(x)$ 在区间 $(a,b]$ 上连续，而 $\displaystyle\lim_{x\to a^{+}}f(x) = \infty$ ，取 $\varepsilon > 0$ ，若极限 $\displaystyle\lim_{\varepsilon\to 0^{+}}\displaystyle\int_{a+\varepsilon}^{b}f(x)\,\mathrm{d}x$ 存在，则称此极限值为函数 $f(x)$ 在区间 (a,b) 上的广义积分，记作 $\displaystyle\int_{a}^{b}f(x)\,\mathrm{d}x$ ，即

$$\int_{a}^{b}f(x)\,\mathrm{d}x = \lim_{\varepsilon\to 0^{+}}\int_{a+\varepsilon}^{b}f(x)\,\mathrm{d}x$$

这时也称广义积分 $\displaystyle\int_{a}^{b}f(x)\,\mathrm{d}x$ 收敛，点 a 称为瑕点；否则，称广义积分 $\displaystyle\int_{a}^{b}f(x)\,\mathrm{d}x$ 发散.

类似地，可以定义函数 $f(x)$ 在区间 $[a,b]$ 上的广义积分

$$\int_a^b f(x)\mathrm{d}x = \lim_{\varepsilon\to 0^+}\int_a^{b-\varepsilon} f(x)\mathrm{d}x$$

定义 6.6　设函数 $f(x)$ 在区间 $[a,b]$ 上除点 $c(a<c<b)$ 外连续，而在点 c 的邻域内无界，若广义积分 $\int_a^c f(x)\mathrm{d}x$ 和 $\int_c^b f(x)\mathrm{d}x$ 都收敛，则称它们之和为函数 $f(x)$ 在区间 $[a,b]$ 上的广义积分，记作

$$\int_a^b f(x)\mathrm{d}x$$

即　　　　　　　　　　　$$\int_a^b f(x)\mathrm{d}x = \int_a^c f(x)\mathrm{d}x + \int_c^b f(x)\mathrm{d}x$$

这时也称广义积分 $\int_a^b f(x)\mathrm{d}x$ 收敛；否则，称广义积分 $\int_a^b f(x)\mathrm{d}x$ 发散.

在区间 $[a,b]$ 上无界函数 $f(x)$ 的广义积分也称瑕积分，其中函数 $f(x)$ 的无穷间断点称为瑕点.

【任务 6-15】　计算下列广义积分.

(1) $\int_0^1 \dfrac{1}{\sqrt{1-x^2}}\mathrm{d}x$ ；　　　　　　　(2) $\int_0^1 \dfrac{1}{x^p}\mathrm{d}x$（$p$ 为常数）.

解：(1) 原式 $= \lim\limits_{\varepsilon\to 0^+}\int_0^{1-\varepsilon}\dfrac{1}{\sqrt{1-x^2}}\mathrm{d}x = \lim\limits_{\varepsilon\to 0^+}\arcsin x\big|_0^{1-\varepsilon} = \lim\limits_{\varepsilon\to 0^+}\arcsin(1-\varepsilon)-0$

$\qquad\qquad = \arcsin 1 = \dfrac{\pi}{2}$ ；

(2) 当 $p=1$ 时，因为 $\int_0^1 \dfrac{1}{x^p}\mathrm{d}x = \int_0^1 \dfrac{1}{x}\mathrm{d}x = \lim\limits_{\varepsilon\to 0^+}\int_\varepsilon^1 \dfrac{1}{x}\mathrm{d}x = \lim\limits_{\varepsilon\to 0^+}\ln|x|\big|_\varepsilon^1 = +\infty$，所以 $\int_0^1 \dfrac{1}{x}\mathrm{d}x$ 发散；

当 $p\neq 1$ 时，

$$\int_0^1 \dfrac{1}{x^p}\mathrm{d}x = \lim_{\varepsilon\to 0^+}\int_\varepsilon^1 x^{-p}\mathrm{d}x = \lim_{\varepsilon\to 0^+}\dfrac{x^{-p+1}}{-p+1}\bigg|_\varepsilon^1$$

$$= \dfrac{1}{1-p} - \lim_{\varepsilon\to 0^+}\dfrac{\varepsilon^{-p+1}}{1-p} = \begin{cases} +\infty & p>1 \\ \dfrac{1}{1-p} & p<1 \end{cases}$$

因此，当 $p<1$ 时，$\int_0^1 \dfrac{1}{x^p}\mathrm{d}x = \dfrac{1}{1-p}$ ；当 $p\geq 1$ 时，$\int_0^1 \dfrac{1}{x^p}\mathrm{d}x$ 发散.

由此，可知前述 $\int_{-1}^1 \dfrac{1}{x^2}\mathrm{d}x$ 发散.

实训 6.4

判断下列广义积分的敛散性，若收敛，求其值.

(1) $\int_2^{+\infty} \dfrac{1}{x^2} \mathrm{d}x$;   (2) $\int_e^{+\infty} \dfrac{\mathrm{d}x}{x\ln^4 x}$;   (3) $\int_{-\infty}^0 \dfrac{2x}{1+x^2}\mathrm{d}x$;

(4) $\int_{-\infty}^{+\infty} \dfrac{\mathrm{d}x}{x^2+4x+5}$;   (5) $\int_0^2 \dfrac{\mathrm{d}x}{\sqrt[3]{(1-x)^2}}$;   (6) $\int_1^{+\infty} \dfrac{\mathrm{d}x}{x^2(x^2+1)}$.

6.5 定积分的应用

由定积分的定义，定积分就是一种连续函数的求和运算，所以对于能表示为连续函数的求和运算问题都可以归结为定积分应用，如求平面图形的面积、旋转体的体积、曲线弧的弧长、变力所做的功、经济总量计算等.

6.5.1 微元法

定积分引例中，第 i 个小曲边梯形的面积近似为矩形的面积计算，即 $\Delta A_i \approx f(\xi_i)\Delta x_i$. 我们把第 i 个小区间记为一个任意小区间 $[x, x+\Delta x]$ ，则当 $|\Delta x|$ 足够小时， $\mathrm{d}A \approx \Delta A$ ，即小区间 $[x, x+\Delta x]$ 上面积的微分为

$$\mathrm{d}A = f(x)\mathrm{d}x$$

从而曲边梯形的面积为

$$A = \int_a^b \mathrm{d}A = \int_a^b f(x)\mathrm{d}x$$

上面这种在求和区间内任取一个小区间 $[x, x+\mathrm{d}x]$ ，把小区间内变化的函数 $f(x)$ 看作是均匀的，则小区间内的总和为 $f(x)\mathrm{d}x$ ，最后取定积分 $\int_a^b f(x)\mathrm{d}x$. 把这种求和的方法称为微元法.

6.5.2 直角坐标系下平面图形的面积

由定积分的几何意义，对于区间 $[a,b]$ 上的非负函数 $f(x)$ ，定积分 $\int_a^b f(x)\mathrm{d}x$ 表示由曲线 $y=f(x)$ ，直线 $x=a$, $x=b$ 及 x 轴所围平面图形的面积.

若在区间 $[a,b]$ 上 $f(x)$ 不是非负的函数，如图 6-8 所示，由曲线 $y=f(x)$ ，直线 $x=a$, $x=b$ 及 x 轴所围平面图形的面积微元为 $\mathrm{d}A = |f(x)|\mathrm{d}x$ ，面积为

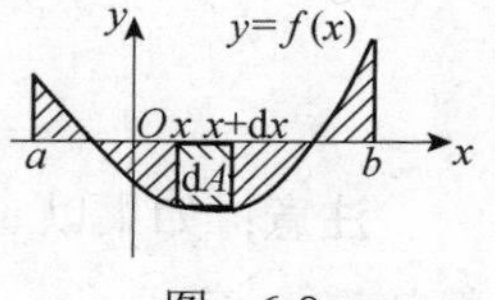

图 6-8

$$A = \int_a^b |f(x)|\mathrm{d}x$$

一般地，由上、下两条曲线 $y=f(x)$ ， $y=g(x)$ 与直线 $x=a$, $x=b$ 所围的平面图形如图 6-9(a)、(b)所示，其面积微元为 $\mathrm{d}A = [f(x)-g(x)]\mathrm{d}x$ ，面积为

$$A = \int_a^b [f(x)-g(x)]\mathrm{d}x$$

由左、右两条曲线 $x = \varphi(y)$，$x = \psi(y)$ 与直线 $y = c$，$y = d$ 所围的平面图形如图 6-10 所示，其面积微元为 $\mathrm{d}A = [\psi(y) - \varphi(y)]\mathrm{d}y$，面积为

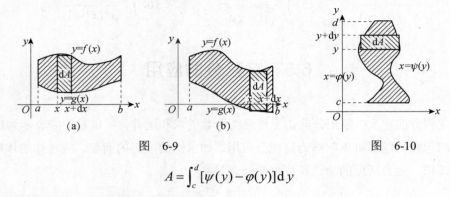

图　6-9　　　　　　　　　　　　　　　　　图　6-10

$$A = \int_c^d [\psi(y) - \varphi(y)]\mathrm{d}y$$

【任务 6-16】 求下列平面图形的面积：

(1) 曲线 $y = x^2$，$y = 2 - x^2$ 所围成的平面图形；

(2) 曲线 $y^2 = 2x$ 与直线 $2x + y - 2 = 0$ 所围成的平面图形；

解：(1) 如图 6-11 所示，解方程组 $\begin{cases} y = x^2 \\ y = 2 - x^2 \end{cases}$，得交点

$(-1, 1)$，$(1, 1)$，

故所求的面积为

$$\begin{aligned} A &= \int_{-1}^1 [(2 - x^2) - x^2]\mathrm{d}x \\ &= \int_{-1}^1 (2 - 2x^2)\mathrm{d}x = 4\int_0^1 (1 - x^2)\mathrm{d}x \\ &= 4\left(x - \frac{1}{3}x^3\right)\Big|_0^1 = \frac{8}{3} \end{aligned}$$

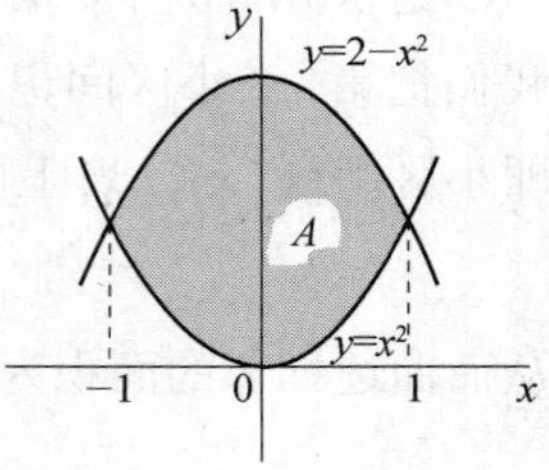

图　6-11

(2) 如图 6-12 所示，解方程组 $\begin{cases} y^2 = 2x \\ 2x + y - 2 = 0 \end{cases}$，得交点 $\left(\frac{1}{2}, 1\right)$，

$(2, -2)$，故所求的面积为

$$\begin{aligned} A &= \int_{-2}^1 \left[\left(1 - \frac{1}{2}y\right) - \frac{1}{2}y^2\right]\mathrm{d}y \\ &= \left(y - \frac{1}{4}y^2 - \frac{1}{6}y^3\right)\Big|_{-2}^1 = \frac{9}{4} \end{aligned}$$

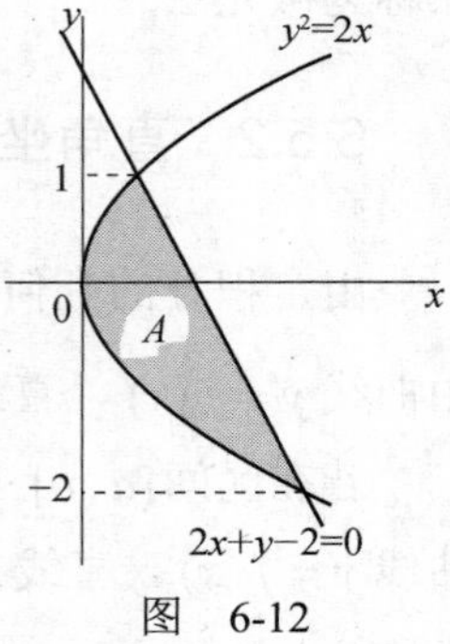

注意：如果以 x 为积分变量，则所求面积需分块计算，计算较繁.

图　6-12

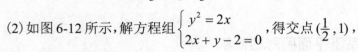

$$A = \int_0^{\frac{1}{2}} [\sqrt{2x} - (-\sqrt{2x})]\mathrm{d}x + \int_{\frac{1}{2}}^2 [2 - 2x - (-\sqrt{2x})]\mathrm{d}x = \frac{9}{4}$$

由此可见，利用定积分求平面图形面积时，选取积分变量很重要，适当的选取积分变量可使问题简化.

【任务6-17】求在区间 $[0,\pi]$ 上曲线 $y = \cos x$ 与 $y = \sin x$ 之间所围成的平面图形面积.

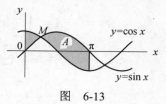

图 6-13

解：如图 6-13 所示，在区间 $[0,\pi]$ 上曲线 $y = \cos x$ 与 $y = \sin x$ 的交点坐标为 $M(\dfrac{\pi}{4}, \dfrac{\sqrt{2}}{2})$，因此，所求面积为

$$A = \int_0^{\frac{\pi}{4}} (\cos x - \sin x)\, \mathrm{d}x + \int_{\frac{\pi}{4}}^{\pi} (\sin x - \cos x)\, \mathrm{d}x$$

$$= (\sin x + \cos x)\Big|_0^{\frac{\pi}{4}} + (-\cos x - \sin x)\Big|_{\frac{\pi}{4}}^{\pi}$$

$$= \frac{\sqrt{2}}{2} + \frac{\sqrt{2}}{2} - 1 + (1 + \frac{\sqrt{2}}{2} + \frac{\sqrt{2}}{2}) = 2\sqrt{2}$$

由以上求解，可总结出在直角坐标系下求由若干条曲线围成的平面图形面积的一般步骤：

(1)画草图，选择适当的积分变量；

(2)求曲线交点的坐标，确定积分区间；

(3)用定积分表示平面图形的面积，计算定积分.

6.5.3 极坐标系下平面图形的面积

设曲线的方程由极坐标形式给出

$$r = r(\theta) \quad (\alpha \leqslant \theta \leqslant \beta)$$

求由曲线 $r = r(\theta)$，射线 $\theta = \alpha$ 和 $\theta = \beta$ 所围成的曲边扇形（见图 6-14）的面积 A.

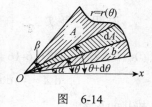

图 6-14

如图 6-14 所示，选取极角在区间 $[\theta, \theta + \mathrm{d}\theta]$ 上的小曲边扇形为面积微元，则 $\mathrm{d}\theta$ 足够小时，这个小曲边扇形可近似为半径是 $r(\theta)$，圆心角是 $\mathrm{d}\theta$ 的扇形，所以曲边扇形的面积微元为

$$\mathrm{d}A = \frac{1}{2\pi} \pi r^2(\theta) \cdot \mathrm{d}\theta = \frac{1}{2} r^2(\theta)\, \mathrm{d}\theta$$

面积为

$$A = \int_\alpha^\beta \frac{1}{2} r^2(\theta)\, \mathrm{d}\theta = \frac{1}{2} \int_\alpha^\beta r^2(\theta)\, \mathrm{d}\theta$$

【任务 6-18】 求下列平面图形的面积：

(1)心形线 $r = a(1 + \cos\theta)$ $(a > 0)$ 所围的图形；

(2)椭圆 $\dfrac{x^2}{a^2} + \dfrac{y^2}{b^2} = 1$.

解：(1)如图 6-15 所示，所求的面积为

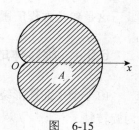

图 6-15

$$A = 2\int_0^\pi \frac{1}{2} a^2 (1+\cos\theta)^2 \, \mathrm{d}\theta = a^2 \int_0^\pi (1+2\cos\theta + \cos^2\theta) \, \mathrm{d}\theta$$

$$= a^2 \int_0^\pi (\frac{3}{2} + 2\cos\theta + \frac{\cos 2\theta}{2}) \, \mathrm{d}\theta$$

$$= a^2 (\frac{3}{2}\theta + 2\sin\theta + \frac{1}{4}\sin 2\theta)\Big|_0^\pi = \frac{3\pi}{2} a^2$$

（2）设椭圆的极坐标方程为 $r = r(\theta)$ $(0 \leqslant \theta \leqslant 2\pi)$，其参数方程则为 $\begin{cases} x = r\cos\theta \\ y = r\sin\theta \end{cases}$

$(0 \leqslant \theta \leqslant 2\pi)$，代入原方程，得

$$\frac{r^2 \cos^2\theta}{a^2} + \frac{r^2 \sin^2\theta}{b^2} = 1$$

解得，

$$r^2 = \frac{a^2 b^2}{b^2 \cos^2\theta + a^2 \sin^2\theta}$$

故如图 6-16 所示，椭圆的面积为

$$A = 4\int_0^{\frac{\pi}{2}} \frac{1}{2} \frac{a^2 b^2}{b^2\cos^2\theta + a^2\sin^2\theta} \, \mathrm{d}\theta = 2\int_0^{\frac{\pi}{2}} \frac{a^2 \sec^2\theta}{1 + (\frac{a}{b}\tan\theta)^2} \, \mathrm{d}\theta$$

$$= 2ab\int_0^{\frac{\pi}{2}} \frac{1}{1 + (\frac{a}{b}\tan\theta)^2} \, \mathrm{d}\frac{a}{b}\tan\theta = 2ab \cdot \arctan(\frac{a}{b}\tan\theta)\Big|_0^{\frac{\pi}{2}}$$

$$= 2ab \cdot \frac{\pi}{2} = \pi ab$$

说明，事实上，椭圆的参数方程为 $\begin{cases} x = a\cos\theta \\ y = b\sin\theta \end{cases}$

$(0 \leqslant \theta \leqslant 2\pi)$，如图 6-16 所示，其面积的微元为

$$\mathrm{d}A = y \cdot \mathrm{d}x = b\sin\theta \, \mathrm{d}(a\cos\theta)$$

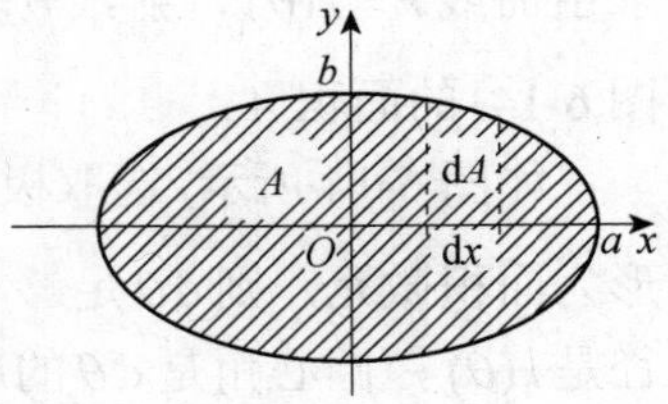

故其面积为

$$A = 4\int_0^a \mathrm{d}A = 4\int_0^a y \cdot \mathrm{d}x = 4\int_{\frac{\pi}{2}}^0 b\sin\theta \, \mathrm{d}(a\cos\theta)$$

图　6-16

$$= 4ab\int_0^{\frac{\pi}{2}} \sin^2\theta \, \mathrm{d}\theta = 2ab(\theta - \frac{1}{2}\sin 2\theta)\Big|_0^{\frac{\pi}{2}} = \pi ab$$

这是参数方程所围的平面图形面积的求解方法，有时比极坐标法更简单.

6.5.4　旋转体的体积

由一个平面图形绕该平面内一条直线旋转一周而成的立体称为旋转体，这条直线称为旋转轴.

如图 6-17（a）所示，是连续曲线 $y = f(x)$ 与直线 $x = a$，$x = b$ $(a < b)$ 及 x 轴所围的平

面图形绕 x 轴旋转一周而成的旋转体，求此旋转体的体积 V.

如图 6-17(b) 所示，在区间 $[a,b]$ 上任取一点 x，并给 x 一个增量 $\mathrm{d}x$，使 $[x,x+\mathrm{d}x]\subset[a,b]$，则在区间

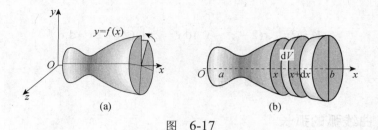

图　6-17

$[x,x+\mathrm{d}x]$ 上的小旋转体的体积微元 $\mathrm{d}V$ 近似为底面半径是 $f(x)$，高是 $\mathrm{d}x$ 的圆柱体的体积，即

$$\mathrm{d}V = \pi[f(x)]^2\,\mathrm{d}x$$

故此旋转体的体积为

$$V = \int_a^b \pi[f(x)]^2\,\mathrm{d}x = \pi\int_a^b[f(x)]^2\,\mathrm{d}x$$

同理，连续曲线 $x=\varphi(y)$ 与直线 $y=c$，$y=d$ $(c<d)$ 及 y 轴所围的平面图形绕 y 轴旋转一周而成的旋转体的体积为

$$V = \pi\int_c^d[\varphi(y)]^2\,\mathrm{d}y$$

连续曲线 $y=f(x)$ 与直线 $x=a$，$x=b$ $(a<b)$ 及 x 轴所围的平面图形绕 y 轴旋转一周而成的旋转体的体积为

$$V = 2\pi\int_a^b x\,|f(x)|\,\mathrm{d}x$$

【任务 6-19】 求下列旋转体的体积：

(1) 椭圆 $\dfrac{x^2}{a^2}+\dfrac{y^2}{b^2}=1$ 绕 x 轴旋转一周而成的旋转体；

(2) 由曲线 $y=x^2$，$y=2-x^2$ 所围的图形绕 y 轴旋转一周而成的旋转体.

解： (1) 如图 6-16 所示，所求的旋转体可看作曲线 $y=\dfrac{b}{a}\sqrt{a^2-x^2}$ $(-a\leqslant x\leqslant a)$ 绕 x 轴旋转一周而成，故所求的体积为

$$V = \pi\int_{-a}^a \left(\frac{b}{a}\sqrt{a^2-x^2}\right)^2\,\mathrm{d}x = 2\pi\frac{b^2}{a^2}\int_0^a(a^2-x^2)\,\mathrm{d}x$$

$$= 2\pi\frac{b^2}{a^2}\left(a^2x-\frac{1}{3}x^3\right)\Big|_0^a = \frac{4}{3}\pi ab^2$$

(2) 如图 6-11 所示，所求旋转体由两部分构成，一部分为曲线 $x=\sqrt{y}$ $(0\leqslant y\leqslant1)$ 绕 y 轴旋转一周而成；另一部分为曲线 $x=\sqrt{2-y}$ $(1\leqslant y\leqslant2)$ 绕 y 轴旋转一周而成. 故所求的体积为

$$V = \pi \int_0^1 (\sqrt{y})^2 \, \mathrm{d} y + \pi \int_1^2 (\sqrt{2-y})^2 \, \mathrm{d} y = \pi \int_0^1 y \, \mathrm{d} y + \pi \int_1^2 (2-y) \, \mathrm{d} y$$

$$= \pi \frac{1}{2} y^2 \Big|_0^1 + \pi (2y - \frac{1}{2} y^2) \Big|_1^2 = \pi$$

也可以另解为

$$V = 2\pi \int_0^1 x(2 - x^2 - x^2) \, \mathrm{d} x = 2\pi \int_0^1 (2x - 2x^3) \, \mathrm{d} x$$

$$= 2\pi (x^2 - \frac{1}{2} x^4) \Big|_0^1 = \pi$$

6.5.5 曲线弧的弧长

如图 6-18 所示，设函数 $y = f(x)$ 在区间 $[a, b]$ 上连续可微，则在区间 $[a, b]$ 上 $y = f(x)$ 是一段平滑的连续曲线弧，求此曲线弧的弧长 l.

如图 6-18 所示，在区间 $[a, b]$ 任取一点 x，并给 x 一个增量 $\mathrm{d} x$，则由微分的几何意义，$\mathrm{d} x, \mathrm{d} y$ 和弧长 l 的微元 $\mathrm{d} l$ 近似为直角三角形，即

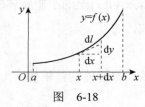

图　6-18

$$\mathrm{d} l = \sqrt{(\mathrm{d} x)^2 + (\mathrm{d} y)^2} = \sqrt{(\mathrm{d} x)^2 + [f'(x) \mathrm{d} x]^2} = \sqrt{1 + [f'(x)]^2} \, \mathrm{d} x$$

故曲线弧的弧长 l 为

$$l = \int_a^b \mathrm{d} l = \int_a^b \sqrt{1 + [f'(x)]^2} \, \mathrm{d} x$$

【任务 6-20】　求曲线 $y = \frac{1}{3} \sqrt{x}(3 - x)$ 上相应于 $1 \leqslant x \leqslant 3$ 的一段的弧长.

解：由弧长公式，所求的弧长为

$$l = \int_1^3 \sqrt{1 + (y')^2} \, \mathrm{d} x = \int_1^3 \frac{1+x}{2\sqrt{x}} \, \mathrm{d} x$$

$$= (\sqrt{x} + \frac{1}{3} x\sqrt{x}) \Big|_1^3 = 2\sqrt{3} - \frac{4}{3}$$

6.5.6 变力所做的功

设一个变力作用在某物体上，使其从位置 $x = a$ 直线运动移动到位置 $x = b$，所用的力是在区间 $[a, b]$ 上的连续函数 $F(x)$，求此过程中所做的功 W.

如图 6-19 所示，在区间 $[a, b]$ 上任意取一点 x，并给 x 一个增量 $\mathrm{d} x$，在区间 $[x, x + \mathrm{d} x]$ 上力 $F(x)$ 近似为常数，则在区间 $[x, x + \mathrm{d} x]$ 上所做的功为

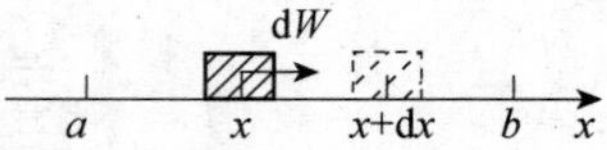

图　6-19

$$\mathrm{d} W = F(x) \mathrm{d} x$$

故物体从位置 $x=a$ 移动到位置 $x=b$，力 $F(x)$ 所做的功为

$$W = \int_a^b \mathrm{d}W = \int_a^b F(x)\,\mathrm{d}x$$

6.5.7 经济总量计算

【任务 6-21】 设某产品的生产是连续进行的，总产量 Q 是时间 t 的函数. 如果总产量的变化率为

$$Q'(t) = \frac{324}{t^2}\mathrm{e}^{-\frac{9}{t}}（单位：吨/天）$$

求投产后从 $t=3$ 到 $t=30$ 这 27 天的总产量 .

解：总产量 $Q(t)$ 是其变化率 $Q'(t)$ 的原函数，所以从 $t=3$ 到 $t=30$ 这 27 天的总产量为

$$\int_3^{30} Q'(t)\,\mathrm{d}t = \int_3^{30}\frac{324}{t^2}\mathrm{e}^{-\frac{9}{t}}\,\mathrm{d}t = 36\int_3^{30}\mathrm{e}^{-\frac{9}{t}}\,\mathrm{d}\left(-\frac{9}{t}\right)$$

$$= 36\cdot\mathrm{e}^{-\frac{9}{t}}\,\bigg|_3^{30} = 36\left(\mathrm{e}^{-\frac{3}{10}}-\mathrm{e}^{-3}\right) \approx 24.9\ (\text{吨})$$

【案例 6-2】 甲企业因生产需要一机器. 该机器如果是购买，需要一次付款 500 万元现金，机器的使用寿命为 15 年. 如果是向厂家租用该机器，每年需要支付 60 万元的租金，租金以均匀货币流的方式支付. (1)若银行的年利率为 3.6%，问购买机器与租用机器哪种方法更好？(2)如果银行的年利率为 10%呢？(3)对生产该机器的厂家来说，更愿意出租机器，问厂家如何调整机器的年租金？

解：(1)记租用机器的租金为 a. 下面计算以均匀货币流的方式每年支付 a，15 年租金的当前值(贴现价值)总和.

设现在($t=0$)把现金 y 存入银行，年利率为 r 时，按连续复利计算，t 年后在银行的存款额恰好为 a，则由第 2 章【案例 2-1】的连续复利计算方法，有

$$a = y\mathrm{e}^{rt} \Rightarrow y = a\mathrm{e}^{-rt}$$

称 $a\mathrm{e}^{-rt}$ 为 t 年后金额 a 的当前值(也称贴现价值). 如图 6-20 所示，第 t 年均匀流入厂家账户的现金总数 a 在时间 $\mathrm{d}t$ 内的当前值微元 $\mathrm{d}P$ 近似为 $a\mathrm{e}^{-rt}\mathrm{d}t$ ，即

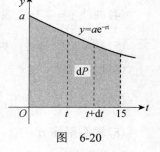

$$\mathrm{d}P = a\mathrm{e}^{-rt}\mathrm{d}t$$

就是说，从现在起到 T 年内每年流入厂家账户的现金为 a 的当前值总和为

图 6-20

$$P = \int_0^T \mathrm{d}P = \int_0^T a\mathrm{e}^{-rt}\mathrm{d}t = -\frac{a}{r}\mathrm{e}^{-rt}\,\bigg|_0^T = \frac{a}{r}(1-\mathrm{e}^{-rT})$$

因此，银行年利率为 3.6%，每年支付 60 万元租金，15 年租金的当前值总和为

$$P = \frac{60}{0.036}(1 - e^{-0.036 \times 15}) \approx 695.42 > 500 \,(万元)$$

就是说，当银行年利率为3.6%时，购买机器比租用机器方法好.

（2）当银行年利率为10%时，则

$$P = \frac{60}{0.1}(1 - e^{-0.1 \times 15}) \approx 466.122 < 500 \,(万元)$$

即当银行年利率为10%时，租用机器比购买机器方法好.

（3）综上所述，当银行年利率较小时，15年租金的当前值总和会多于当前售价500万元. 所以，为使用户更愿意租用机器，必须 $\frac{a}{r}(1 - e^{-15r}) \leqslant 500 \rightarrow a \leqslant \frac{500r}{1 - e^{-15r}}$，代入 $r = 0.036$，得 $a < 43.139$（万元），即银行年利率为3.6%时，年租金不能超过43.139万元.

说明，若 r 为年利率，在金融管理学中称 $P = \frac{a}{r}\left(1 - e^{-rT}\right)$ 为均匀货币流贴现价值，其对变量 T 的导数为 ae^{-rT}，是 T 年末金额 a 的当前值；又称 $A_T = \frac{a}{r}\left(e^{rT} - 1\right)$ 为均匀货币流期末价值，其值是每年把总金额 a 均匀存入银行，T 年末的本利之和. 根据 $A_T = Pe^{rT}$ 知，以均匀货币流的方式计算，当前一次性把金额 $P = \frac{a}{r}\left(1 - e^{-rT}\right)$ 存入银行与同期起每年把总数金额 a 均匀存入银行，T 年末的本利之和相等.

实训 6.5

1. 求下列平面图形的面积：

（1）曲线 $y = e^x$，$y = e^{-x}$ 与直线 $x = 1$ 所围成的平面图形；

（2）抛物线 $y = x^2$ 与直线 $y = 2x$ 所围成的平面图形；

（3）曲线 $y = \sqrt{x}$ 与直线 $y = x$ 所围成的平面图形；

（4）曲线 $y = \frac{1}{x}$ 与直线 $y = x$，$x = 2$ 所围成的平面图形；

（5）在 $y \in [0, 1]$ 时，抛物线 $y = 2x^2$ 与 $y = x^2$ 所围成的平面图形；

（6）抛物线 $y^2 = 2x$ 与直线 $y = x - 4$ 所围成的平面图形；

（7）在直角坐标系下，椭圆 $\frac{x^2}{a^2} + \frac{y^2}{b^2} = 1 \,(a > b > 0)$ 所围平面图形；

（8）求心形线 $\rho = 3(1 - \sin\theta)$ 所围的图形.

2. 将 $y = x^3, x = 2, y = 0$ 所围成的图形分别绕 x 轴及 y 轴旋转，计算所得的两个旋转体的体积.

3. 求曲线弧 $y = \frac{2}{3}x^{\frac{3}{2}}$ $(0 \leqslant x \leqslant 1)$ 的弧长.

4. 已知某商品销售 Q 个单位的边际收益为 $R'(Q) = 200 - \dfrac{Q}{50}$（元/单位），求总收益函数.

5. 设生产某产品 x 箱的总成本为 $C(x)$，总成本的边际成本为 $C'(x) = 2x + 10$（万元/箱），固定成本为 20（万元），求总成本函数 $C(x)$.

6. 已知某商品的固定成本为 50（元），边际成本和边际收益分别为
$$C'(Q) = 0.8Q + 44 \text{（元/单位）}, \quad R'(Q) = 100 - 2Q \text{（元/单位）}$$
求利润函数，并问产量是多少时利润最大，最大利润是多少？

总实训 6

1. 单选题

(1) 函数 $f(x)$ 在区间 $[a,b]$ 上连续，$F(x)$ 是 $f(x)$ 的一个原函数，则（　　）成立.

(A) $\displaystyle\int_a^b f(x)\,\mathrm{d}x = \int_b^a f(x)\,\mathrm{d}x$；

(B) $\displaystyle\int_a^b F(x)\,\mathrm{d}x = \int_a^b f(x)\,\mathrm{d}x$；

(C) $\displaystyle\int_a^b f(x)\,\mathrm{d}x = \int_a^c f(x)\,\mathrm{d}x - \int_c^b f(x)\,\mathrm{d}x$；

(D) $\displaystyle\int_a^b f(x)\,\mathrm{d}x = F(b) - F(a)$.

(2) 下列等式中正确的是（　　）.

(A) $\dfrac{\mathrm{d}}{\mathrm{d}x}\displaystyle\int_a^x f(t)\,\mathrm{d}t = f(x)$；

(B) $\displaystyle\int f'(x)\,\mathrm{d}x = f(x)$；

(C) $\displaystyle\int \mathrm{d}F(x) = F(x)$；

(D) $\mathrm{d}\displaystyle\int_a^b f(x)\,\mathrm{d}x = f(x)\,\mathrm{d}x$.

(3) 设 $\displaystyle\int_0^x f(t)\,\mathrm{d}t = \dfrac{x}{3}$，则 $f(x) = ($　　$)$.

(A) $\dfrac{x}{3}$；

(B) $\dfrac{1}{3}$；

(C) $-\dfrac{1}{3}$；

(D) $-\dfrac{x}{3}$.

(4) 设 $\displaystyle\int_0^x f(t)\,\mathrm{d}t = \mathrm{e}^{\sin x} - \mathrm{e}$，则 $f(x) = ($　　$)$.

(A) $\cos x\,\mathrm{e}^{\cos x}$；

(B) $\sin x\,\mathrm{e}^{\sin x}$；

(C) $\cos x\,\mathrm{e}^{\sin x}$；

(D) $\sin x\,\mathrm{e}^{\cos x}$.

(5) 下列积分值为零的是（　　）.

(A) $\displaystyle\int_{-1}^1 x^2\,\mathrm{d}x$；

(B) $\displaystyle\int_0^{\frac{\pi}{2}} \cos x\,\mathrm{d}x$；

(C) $\displaystyle\int_{\frac{\pi}{2}}^{\frac{\pi}{2}} x\sin x\,\mathrm{d}x$；

(D) $\displaystyle\int_0^{2\pi} \cos x\,\mathrm{d}x$.

(6) 下列积分中不等于 0 的是（　　）.

(A) $\displaystyle\int_{-1}^1 x^2\,\mathrm{d}x$；

(B) $\displaystyle\int_{-\frac{\pi}{2}}^{\frac{\pi}{2}} \sin x\,\mathrm{d}x$；

(C) $\int_{-1}^{1} x\cos x\,\mathrm{d}x$;　　　　　　　　　　　　　　(D) $\int_{-1}^{1} x^3\,\mathrm{d}x$.

2. 设 $f(x)=\int_{1}^{x^2} xt\,\mathrm{d}t$ ，求 $f'(x)$.

3. 求下列极限.

(1) $\lim\limits_{x\to 0}\dfrac{\int_{0}^{x}\cos t^2\,\mathrm{d}t}{\int_{0}^{x}\dfrac{\sin t}{t}\,\mathrm{d}t}$;　　　　　　　　　(2) $\lim\limits_{x\to +\infty}\dfrac{\int_{0}^{2x}\ln(1+t)\,\mathrm{d}t}{x^2}$.

4. 用适当的方法求下列定积分.

(1) $\int_{0}^{3}|x-1|\,\mathrm{d}x$;　　　(2) $\int_{1}^{e}\dfrac{1+\ln x}{x}\,\mathrm{d}x$;　　　(3) $\int_{0}^{\frac{\pi}{2}} x\sin x\,\mathrm{d}x$;

(4) $\int_{-2}^{2} x^2\sin x\,\mathrm{d}x$;　　　(5) $\int_{0}^{1} xe^{2x}\,\mathrm{d}x$;　　　(6) $\int_{0}^{\frac{\pi}{2}}(1+x\cos 2x)\,\mathrm{d}x$;

(7) $\int_{0}^{3}\dfrac{x}{1+\sqrt{1+x}}\,\mathrm{d}x$;　　　(8) $\int_{0}^{1}\dfrac{\mathrm{d}x}{(2-x)\sqrt{1-x}}$;　　　(9) $\int_{-1}^{1}(2x^4+x)\arcsin x\,\mathrm{d}x$.

5. 已知 $f(x)$ 有一个原函数为 $(1+\sin x)\ln x$ ，求 $\int_{\frac{\pi}{2}}^{\pi} xf'(x)\,dx$.

6. 设 $f(x)=\int_{\ln x}^{2} e^{t^2}\,\mathrm{d}t$ ，求 $\int_{1}^{e^2}\dfrac{1}{x}f(x)\,\mathrm{d}x$.

7. 求下列平面图形的面积：

(1) 求由曲线 $y=\dfrac{1}{x}$ 直线 $y=4$ ，$x=1$ 所围成的图形；

(2) 求由曲线 $y=\ln x,\ y=1$ ，x 轴及 y 轴所围成图形；

(3) 求曲线 $y=x^2$ 与 $x+y=2$ 所围成的图形.

8. 求摆线的一拱 $\begin{cases} x=a(t-\sin t)\\ y=a(1-\cos t)\end{cases}$ $(0\leqslant t\leqslant 2\pi)$ 与 x 轴所围成的图形的面积及其绕 x 轴旋转一周所得旋转体的体积.

9. 求曲线弧 $y=\ln\sec x$ $(0\leqslant x\leqslant \dfrac{\pi}{3})$ 的弧长.

10. 【案例 6-2】的机器每年需要保养，如果租用，厂家免费服务；如果购买，则厂家收取年保养费 10 万元，以均匀货币流的方式支付. 若银行的年利率为 3.6%，问租用与购买哪个方案更佳？若年保养费是购价的 3.5%，又如何？

第7章 常微分方程

【案例7-1】 设某人一天的食量折合成热量为10467J，其中用于基本的新陈代谢（即自动消耗）需5038J. 在一天的运动训练中，他所消耗的热量大约是69（J/kg·day）乘以他的体重(kg). 假设以脂肪形式贮藏的热量 100%地有效，而 1 kg 脂肪所含热量为41868J. 试求：（1）此人的体重与时间的函数关系；（2）此人体重的稳定值.

解：（1）记某人的体重为 W （kg），它是时间 t 的函数，即 $W = W(t)$ ，并记 $W_0 = W|_{t=0}$ ，则一天中某人的体重变化为其热量的摄入10467与消耗5038+69$W(t)$之差所对应的脂肪重量，即

$$\frac{\Delta W}{\Delta t} = \frac{10467 - (5038 + 69W)}{41868} = \frac{5429 - 69W}{41868}$$

考虑到一天对人的一生来说只是一个短暂的时间，即 $\Delta t \to 0$ ，所以可以认为 $W(t)$ 是关于 t 的连续且充分光滑的函数，故上式中的 $\frac{\Delta W}{\Delta t}$ 可用 $\frac{\mathrm{d}W}{\mathrm{d}t}$ 代替，由此得到

$$\begin{cases} \dfrac{\mathrm{d}W}{\mathrm{d}t} = \dfrac{5429 - 69W}{41868} \\ W|_{t=0} = W_0 \end{cases}$$

对方程 $\dfrac{\mathrm{d}W}{\mathrm{d}t} = \dfrac{5429 - 69W}{41868}$ 分离变量，得

$$\frac{\mathrm{d}W}{5429 - 69W} = \frac{\mathrm{d}t}{41868}$$

两边积分，得

$$-\frac{1}{69}\ln|5429 - 69W| = \frac{t}{41868} + C$$

可求得

$$W(t) = \frac{5429}{69} + C\mathrm{e}^{-\frac{23t}{13956}}$$

代入 $W|_{t=0} = W_0$ ，得 $C = W_0 - \dfrac{5429}{69}$ ，故此人的体重与时间的函数关系为

$$W(t) = \frac{5429}{69} + \left(W_0 - \frac{5429}{69}\right)\mathrm{e}^{-\frac{23t}{13956}}$$

（2）因为当 $t \to +\infty$ 时，

$$\lim_{t \to +\infty} W(t) = \lim_{t \to +\infty}\left[\frac{5429}{69} + \left(W_0 - \frac{5429}{69}\right)\mathrm{e}^{-\frac{23t}{13956}}\right] = \frac{5429}{69} \approx 78.6812 \ (\text{kg})$$

所以，经过一段较长的时间，此人体重的稳定值为 78.6812 kg. 与平衡状态下，W 是不发生变化的，即 $\dfrac{\mathrm{d}W}{\mathrm{d}t}=0$ 时，方程 $\dfrac{5429-69W}{41868}=0$ 的解吻合.

案例 7-1 的求解中，由 $\begin{cases}\dfrac{\mathrm{d}W}{\mathrm{d}t}=\dfrac{5429-69W}{41868}\\ W\big|_{t=0}=W_0\end{cases}$ 得出 $W(t)=\dfrac{5429}{69}+\left(W_0-\dfrac{5429}{69}\right)\mathrm{e}^{\frac{23t}{13956}}$ (kg)，

称为求解微分方程的初值问题. 本章以求解含未知函数及其导数或微分的方程为任务目的，通过可分离变量的微分方程、一阶线性微分方程、二阶常系数线性微分方程及可降阶微分方程等简单常微分方程的求解任务，使我们达成理解微分方程的相关概念，熟练掌握可分离变量微分方程、一阶线性微分方程的求解方法，了解二阶常系数线性微分方程及可降阶微分方程的求解方法.

7.1　一阶常微分方程

7.1.1　引例

在实际问题中，往往很难直接得出所研究的量之间的函数关系，却较容易得出它们与其导数或微分之间的关系式，如下面的例子.

例 7-1　某物体放置于空气中，在时刻 $t=0$ 时，测得它的温度为 $u_0=150\,℃$，要求确定此物体的温度 u 与时间 t 的关系.设空气温度保持在 $u_a=24\,℃$.

根据牛顿冷却定律，我们可列出关系等式

$$\begin{cases}\dfrac{\mathrm{d}u}{\mathrm{d}t}=-k(u-u_a)\\ u\big|_{t=0}=150\end{cases} \tag{7-1}$$

这里 $k>0$，是比例常数.

例 7-2　如图 7-1 所示的 R-L 电路中，设 $t=0$ 时，电路中没有电流.要求确定：当开关 k 合上后，电流强度 I 与时间 t 之间的关系.

由电路的基尔霍夫第二定律，有

$$\begin{cases}E-L\dfrac{\mathrm{d}I}{\mathrm{d}t}-IR=0\\ I\big|_{t=0}=0\end{cases} \tag{7-2}$$

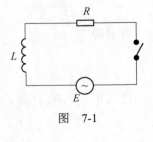

图　7-1

例 7-3　经研究知道某商品的需求量对价格的弹性为 $P\ln 3$，且该商品的最大需求量为 1200（即当 $P=0$ 时，$Q=1200$），确定商品需求量 Q 对价格 P 的函数关系式.

由需求弹性的意义有下列关系式：

$$\begin{cases} \dfrac{PQ'}{Q} = P\ln 3 \\ Q\big|_{P=0} = 1200 \end{cases} \tag{7-3}$$

例 7-4　降落伞从降落塔下落后,所受空气阻力与下落速度成正比,考察下降路程 s 与时间 t 的函数关系.

由已知,降落伞所受的合外力 F 可由下式计算出,其中 m 为降落伞的质量,k 为阻力与速度的比例系数,g 为重力加速度.

$$F = mg - kv = mg - k\dfrac{\mathrm{d}s}{\mathrm{d}t} \tag{7-4}$$

再根据牛顿第二定律可得出关系式:

$$mg - k\dfrac{\mathrm{d}s}{\mathrm{d}t} = m\dfrac{\mathrm{d}^2 s}{\mathrm{d}t^2} \tag{7-5}$$

从上述不同实际问题的例子知道,在我们的生产实践和经济领域中,常常会遇到各种微分关系式需我们分析和解决,因此,我们有必要对这种微分关系式进行专门的学习和研究.下面先学习相关概念.

7.1.2　基本概念

定义 7.1　含有未知函数及其导数或微分的方程,称为微分方程. 如果方程的未知函数只有一个自变量,则称这样的微分方程为常微分方程.

定义 7.2　未知函数在微分方程中出现的导数或微分的最高阶数称为微分方程的阶.

上述例子得出的关系式都是常微分方程,例 7-1～例 7-3 得到的是一阶常微分方程,而例 7-4 的则是二阶常微分方程.

定义 7.3　代替微分方程的未知函数后,能使方程成为恒等式的确定函数称为微分方程的解.

在例 7-1 中,函数 $u = 24 + 126\mathrm{e}^{-kt}$ 是该常微分方程的解. 事实上

$$\dfrac{\mathrm{d}u}{\mathrm{d}t} = -126k\mathrm{e}^{-kt} \tag{7-6}$$

$$-k(u - u_a) = -k(24 - 126\mathrm{e}^{-kt} - 24) = -126k\mathrm{e}^{-kt} \tag{7-7}$$

由式(7-6)和式(7-7)及定义 7.3 可知:$u = 24 + 126\mathrm{e}^{-kt}$ 是例 7-1 常微分方程的解.

定义 7.4　n 阶常微分方程的含有 n 个相互独立任意常数的解叫该常微分方程的通解,不含任意常数的解叫特解.

$u = 24 + 126\mathrm{e}^{-kt}$ 是案例 7-1 的常微分方程的一个特解.

【任务 7-1】　验证函数 $x = C_1\cos kt + C_2\sin kt$ 是常微分方程

$$\frac{d^2 x}{dt^2} + k^2 x = 0, (k \neq 0)$$

的通解，并求该常微分方程满足初始条件 $x|_{t=0} = A, \frac{dx}{dt}|_{t=0} = 0$ 的特解.

证明 由 $x = C_1 \cos kt + C_2 \sin kt$ ，得

$$\frac{dx}{dt} = -C_1 k \sin kt + C_2 k \cos kt$$

$$\frac{d^2 x}{dt^2} = -k^2 (C_1 \cos kt + C_2 \sin kt)$$

把它们代入题设常微分方程的左边，得

$$-k^2 (C_1 \cos kt + C_2 \sin kt) + k^2 (C_1 \cos kt + C_2 \sin kt) \equiv 0$$

而该常微分方程的右边是 0，故 $x = C_1 \cos kt + C_2 \sin kt$ 是所述方程的解.

又函数 $x = C_1 \cos kt + C_2 \sin kt$ 中含有两个相互独立的任意常数，而题设常微分方程是二阶常微分方程，所以 $x = C_1 \cos kt + C_2 \sin kt$ 是方程 $\frac{d^2 x}{dt^2} + k^2 x = 0, (k \neq 0)$ 的通解.

把初始条件 $x|_{t=0} = A, \frac{dx}{dt}|_{t=0} = 0$ 代入 $x = C_1 \cos kt + C_2 \sin kt$ 及其一阶导数，得 $C_1 = A$，$C_2 = 0$. 故所求特解为 $x = A \cos kt$.

7.1.3 可分离变量微分方程

定义 7.5 形如

$$\frac{dy}{dx} = f(x)g(y) \tag{7-8}$$

的方程，称为可分离变量微分方程.

为求解方程 (7-8)，可先设 $g(y) \neq 0$，方程两边同除以 $g(y)$，再同乘以 dx，即

$$\frac{1}{g(y)} dy = f(x) dx$$

这一步叫分离变量. 再在上述等式两边积分，得

$$\int \frac{1}{g(y)} dy = \int f(x) dx$$

积分后便可得通解. 另若有 $g(y_0) = 0$，易知 $y = y_0$ 也是方程 (7-8) 的解.

【任务 7-2】 求微分方程 $\frac{dy}{dx} = -2xy$.

解： 当 $y \neq 0$ 时，分离变量，得

$$\frac{dy}{y} = -2x \, dx$$

两边积分，得

$$\ln|y| = -x^2 + C_1 \qquad （C_1 为任意常数）$$

故　$|y| = e^{-x^2 + C_1} = e^{C_1} e^{-x^2}$，即　$y = \pm e^{C_1} e^{-x^2}$.

令 $C = \pm e^{C_1}$，则 C 为非零的任意常数；此外，$y = 0$ 也是方程的解.

综上，原方程的通解为　$y = C e^{-x^2}$（C 为任意常数）.

上述解法是严格的，但在解题过程中，时常采用下列简化的表达方法，这表达方法虽然不够严密，但得出的结果同样是正确的.

解：分离变量，得

$$\frac{\mathrm{d}y}{y} = -2x\,\mathrm{d}x$$

两边积分，得

$$\ln y = -x^2 + \ln C \Rightarrow \ln y = \ln C e^{-x^2}$$

则通解为 $y = C e^{-x^2}$.

以后我们常常使用后一种写法.

【任务 7-3】 求方程 $\dfrac{x}{1+y}\mathrm{d}x - \dfrac{y}{1+x}\mathrm{d}y = 0$ 满足初始条件 $y(0) = 1$ 的特解.

解：分离变量，得

$$x(1+x)\,\mathrm{d}x = y(1+y)\,\mathrm{d}y$$

两边积分，得

$$\frac{1}{2}x^2 + \frac{1}{3}x^3 = \frac{1}{2}y^2 + \frac{1}{3}y^3 + C$$

将初始条件代入上式，得

$$0 = \frac{1}{2} + \frac{1}{3} + C,$$

即 $C = -\dfrac{5}{6}$，从而得到满足该初始条件的特解

$$3(x^2 - y^2) + 2(x^3 - y^3) + 5 = 0$$

方程 $\dfrac{x}{1+y}\mathrm{d}x - \dfrac{y}{1+x}\mathrm{d}y = 0$ 的通解在这里是以隐函数的形式表示，这种解叫**隐式解**.

7.1.4　一阶线性微分方程

定义 7.6　形如

$$\frac{\mathrm{d}y}{\mathrm{d}x} + P(x)y = Q(x) \tag{7-9}$$

的微分方程叫一阶线性微分方程. 特别地，当 $Q(x) = 0$ 时，方程变为

$$\frac{\mathrm{d}y}{\mathrm{d}x} + P(x)y = 0 \tag{7-10}$$

称为一阶齐次线性微分方程；而当 $Q(x) \neq 0$ 时，方程(7-9)称为一阶非齐次线性微分方程.

方程(7-10)可用分离变量法求解，分离变量得

$$\frac{\mathrm{d}y}{y} = -P(x)\mathrm{d}x$$

两边积分，得

$$\ln y = \int -P(x)\mathrm{d}x + \ln C = \ln C \mathrm{e}^{-\int P(x)\mathrm{d}x}$$

由此得到方程(7-10)的通解

$$y = C\mathrm{e}^{-\int P(x)\mathrm{d}x} \tag{7-11}$$

我们经常用一种称为常数变易法的方法求解非齐次线性微分方程(7-9)，具体做法如下：

在求出齐次线性方程的通解后，将通解中的任意常数 C 变易为待定函数 $C(x)$，即设方程(7-9)的通解为

$$y = C(x)\mathrm{e}^{-\int P(x)\mathrm{d}x} \tag{7-12}$$

代入方程(7-9)得

$$C'(x)\mathrm{e}^{-\int P(x)\mathrm{d}x} + C(x)\left[-P(x)\right]\mathrm{e}^{-\int P(x)\mathrm{d}x} + P(x)C(x)\mathrm{e}^{-\int P(x)\mathrm{d}x} = Q(x)$$

化简整理，得

$$C'(x) = Q(x)\mathrm{e}^{\int P(x)\mathrm{d}x}$$

两边积分，得

$$C(x) = \int Q(x)\mathrm{e}^{\int P(x)\mathrm{d}x}\,\mathrm{d}x + C$$

从而得到一阶非齐次线性微分方程的通解

$$y = \mathrm{e}^{-\int P(x)\mathrm{d}x}\left[\int Q(x)\mathrm{e}^{\int P(x)\mathrm{d}x}\,\mathrm{d}x + C\right] \quad （C\text{ 为任意常数}） \tag{7-13}$$

式(7-11)和式(7-13)可作为公式使用.

【任务 7-4】 求方程 $y' + \dfrac{1}{x}y = \dfrac{\sin x}{x}$ 的通解.

解法一：(1) 先解方程

$$y' + \frac{1}{x}y = 0$$

分离变量，得

$$\frac{1}{y}\mathrm{d}y = -\frac{1}{x}\mathrm{d}x$$

两边积分，得

$$\int \frac{1}{y}\mathrm{d}y = -\int \frac{1}{x}\mathrm{d}x$$

即

$$\ln y = -\ln x + \ln C = \ln \frac{C}{x}$$

所以

$$y = \frac{C}{x}$$

（2）设原方程的解为 $y = \dfrac{C(x)}{x}$，代入该方程，得

$$\left[\frac{C(x)}{x}\right]' + \frac{1}{x}\left[\frac{C(x)}{x}\right] = \frac{\sin x}{x}$$

求导计算并化简，得

$$C'(x) = \sin x$$
$$C(x) = \int \sin x\,\mathrm{d}x = -\cos x + C$$

所以，原方程的通解为

$$y = \frac{C - \cos x}{x}$$

解法二：这里 $P(x) = \dfrac{1}{x}$，$Q(x) = \dfrac{\sin x}{x}$，代入公式（7-13）得

$$y = \mathrm{e}^{-\int \frac{1}{x}\mathrm{d}x}\left(\int \frac{\sin x}{x}\mathrm{e}^{\int \frac{1}{x}\mathrm{d}x}\mathrm{d}x + C\right) = \mathrm{e}^{-\ln x}\left(\int \frac{\sin x}{x}\mathrm{e}^{\ln x}\mathrm{d}x + C\right) = \frac{1}{x}\left(\int \sin x\,\mathrm{d}x + C\right)$$

故所求通解为

$$y = \frac{1}{x}(-\cos x + C)$$

在微分方程的求解中，未知函数的因变量和自变量不是固定不变的，如方程 $y\,\mathrm{d}x + (x - y^3)\,\mathrm{d}y = 0$ 不是可分离变量微分方程. 若整理为 $\dfrac{\mathrm{d}y}{\mathrm{d}x} + \dfrac{y}{x - y^3} = 0$，也不是关于 y 的一阶线性微分方程. 但如果把变量 x 当作未知函数，方程重新整理为关于 x' 的微分方程，则可发现这是形如方程（7-9）的一阶线性微分方程，从而可用公式（7-13）求解.

【任务 7-5】 求解方程 $y\,\mathrm{d}x + (x - y^3)\,\mathrm{d}y = 0$.

解：原方程改写为 $\dfrac{\mathrm{d}x}{\mathrm{d}y} + \dfrac{1}{y}x = y^2$，则

$$P(y) = \frac{1}{y}, \ Q(y) = y^2$$

由公式（7-13），得

$$x = \mathrm{e}^{-\int \frac{1}{y}\mathrm{d}y}\left(\int y^2 \mathrm{e}^{\int \frac{1}{y}\mathrm{d}y}\mathrm{d}y + C\right) = \mathrm{e}^{-\ln y}\left(\int y^2 \mathrm{e}^{\ln y}\mathrm{d}y + C\right)$$

故所求的通解为

$$x = \frac{1}{y}(\frac{1}{4}y^4 + C)$$

请学习者用常数变易法再求解一次.

实训 7.1

1. 验证函数 $y = x\mathrm{e}^{2x}$ 是微分方程 $y'' - y' - 2y = 3\mathrm{e}^{2x}$ 的解，并说明是通解还是特解.

2. 求下列微分方程的通解.

（1）$(1+y)\mathrm{d}x + (x-1)\mathrm{d}y = 0$；　　　　（2）$y' + \mathrm{e}^x y = 0$；

（3）$(1+x^2)\mathrm{d}y - 2xy\ln y\,\mathrm{d}x = 0$；　　　（4）$y' = \sqrt{\dfrac{1-y^2}{1-x^2}}$.

3. 求下列微分方程的通解或特解.

（1）$y' + y = \mathrm{e}^{-x}$；　　　　　　　　　（2）$(y^2 - 6x)\dfrac{\mathrm{d}y}{\mathrm{d}x} + 2y = 0$；

（3）$\dfrac{\mathrm{d}y}{\mathrm{d}x} - \dfrac{2y}{x+1} = (x+1)^3$；　　　（4）$(x^2+1)\dfrac{\mathrm{d}y}{\mathrm{d}x} + 2xy = 4x^2$；

（5）$x\dfrac{\mathrm{d}y}{\mathrm{d}x} - 2y = x^3\mathrm{e}^x, y\big|_{x=1} = 0$；　　（6）$xy' + y = 3, y\big|_{x=1} = 0$.

4. 试求解例 7-2 和例 7-3 的微分方程.

7.2　二阶常系数线性微分方程

7.2.1　二阶常系数线性微分方程解的性质

定义 7.7　形如

$$y'' + py' + qy = 0 \tag{7-14}$$

的常微分方程（其中 p,q 为常数），称为二阶常系数齐次线性微分方程. 为方便叙述，下面简称二阶齐次线性方程.

定理 7.1　（叠加原理）若 y_1, y_2 是齐次线性方程(7-14)的两个解，则 $y = C_1 y_1 + C_2 y_2$ 也是方程(7-14)的解，且当 y_1, y_2 线性无关时，$y = C_1 y_1 + C_2 y_2$ 就是方程(7-14)的通解.

所谓 y_1, y_2 线性无关，是指 y_1/y_2 不恒为某一常数，因而表达式 $C_1 y_1 + C_2 y_2$ 中的常数不能合并，将此表达式代入方程(7-14)，易证该叠加原理.

定义 7.8　形如

$$y'' + py' + qy = f(x) \tag{7-15}$$

的常微分方程（其中 p, q 为常数，$f(x)$ 不恒为 0）称为二阶常系数非齐次线性微分方程，称方程(7-14)为方程(7-15)对应的齐次线性方程. 方程(7-15)等号右边的函数 $f(x)$ 称为非齐次线性方程(7-15)的自由项.

定理 7.2 (非齐次线性方程的解结构) 若 y_p 是非齐次线性方程(7-15)的某个特解, y_c 为齐次线性方程(7-14)的通解,则

$$y = y_p + y_c$$

是非齐次线性方程(7-15)的通解.

把 $y = y_p + y_c$ 代入方程(7-14)并考虑到 y_c 含有两个独立的任意常数,便可证定理 7.2.

7.2.2 二阶常系数齐次线性方程的求解方法

由常系数齐次线性方程左边的结构可推测,可能有形如 $y = e^{rx}$ 的特解(r 为待定常数),将其代入方程(7-14),有

$$r^2 e^{rx} + pr e^{rx} + q e^{rx} = 0$$

从而

$$r^2 + pr + q = 0 \tag{7-16}$$

称关于 r 的二次方程(7-16)为齐次线性方程(7-14)的特征方程,而二次方程(7-16)的根称为齐次方程(7-14)的特征根.按上面讨论,我们有:$y = e^{rx}$ 为齐次线性方程(7-14)的解的充要条件是 r 为齐次线性方程(7-14)的特征根(亦即为二次方程(7-16)的根). 设其特征根为 r_1 和 r_2,下面分三种情况讨论.

(1)特征方程(7-16)有两个不等的实数根时,即 $r_1 \neq r_2$. 易知,方程(7-14)有两个线性无关的解 $y_1 = e^{r_1 x}$ 和 $y_2 = e^{r_2 x}$. 因此,方程(7-14)有通解

$$y = C_1 e^{r_1 x} + C_2 e^{r_2 x} \tag{7-17}$$

(2)特征方程(7-16)有两个相等的实数根时,即 $r_1 = r_2 = r$,方程除有解 $y = e^{rx}$ 外,还有解 $y = x e^{rx}$(请读者验证),易知,它们是线性无关的,故有通解

$$y = (C_1 + C_2 x) e^{rx} \tag{7-18}$$

(3)特征方程(7-16)有一对共轭的复数根 $r = \alpha \pm i\beta$ 时,则 $e^{(\alpha + i\beta)x}$ 是方程(7-14)的解. 又考虑欧拉公式

$$e^{(\alpha + i\beta)x} = e^{\alpha x} \cos \beta x + i e^{\alpha x} \sin \beta x \tag{7-19}$$

代入方程(7-14)(注意 i 是常数),把实部和虚部分别合并,最后得到下式

$$[(e^{\alpha x} \cos \beta x)'' + p(e^{\alpha x} \cos \beta x)' + q(e^{\alpha x} \cos \beta x)] + i[(e^{\alpha x} \sin \beta x)'' + p(e^{\alpha x} \sin \beta x)' + q(\sin \beta x)] = 0$$

由于两复数相等则其实部、虚部分别相等,因此可得 $y = e^{\alpha x} \cos \beta x$ 和 $y = e^{\alpha x} \sin \beta x$ 都是方程(7-14)的解,显见它们是线性无关的,因而有通解 $y = C_1 e^{\alpha x} \cos \beta x + C_2 e^{\alpha x} \sin \beta x$,即

$$y = \mathrm{e}^{\alpha x}(C_1 \cos \beta x + C_2 \sin \beta x) \tag{7-20}$$

上述讨论整理后见表 7-1.

表 7-1

特征方程的根	通解的形式
$r_1 \neq r_2$	$y = C_1 \mathrm{e}^{r_1 x} + C_2 \mathrm{e}^{r_2 x}$
$r_1 = r_2 = r$	$y = (C_1 + C_2 x)\mathrm{e}^{rx}$
$r = \alpha \pm \mathrm{i}\beta$	$y = \mathrm{e}^{\alpha x}(C_1 \cos \beta x + C_2 \sin \beta x)$

【任务 7-6】 求下列微分方程的通解.

(1) $y'' + 3y' - 4y = 0$ ； (2) $y'' - 4y' + 4y = 0$.

解：(1) 该方程的特征方程为 $r^2 + 3r - 4 = 0$ ，

解得特征根为 $r_1 = -4$ ， $r_2 = 1$ ，

所以所求通解为 $y = C_1 \mathrm{e}^x + C_2 \mathrm{e}^{-4x}$ （C_1 ， C_2 为任意常数）.

(2) 该方程的特征方程为 $r^2 - 4r + 4 = 0$ ，

解得特征根为 $r_1 = r_2 = r = 2$ ，

所以所求通解为 $y = (C_1 x + C_2)\mathrm{e}^{2x}$ （C_1 ， C_2 为任意常数）.

【任务 7-7】 求方程 $y'' + 2y' + 3y = 0$ 满足初始条件 $y(0) = 1$ ， $y'(0) = 1$ 的特解.

解：该方程的特征方程为 $r^2 + 2r + 3 = 0$ ，

解得特征根为 $r_1 = -1 + \sqrt{2}\,\mathrm{i}$ ， $r_2 = -1 - \sqrt{2}\,\mathrm{i}$ ，

所以，所求微分方程的通解为 $y = \mathrm{e}^{-x}(C_1 \cos \sqrt{2}x + C_2 \sin \sqrt{2}x)$ （C_1 ， C_2 为任意常数）.

以 $y(0) = 1$ 代入通解可先解出， $C_1 = 1$ ，得 $y = \mathrm{e}^{-x}(\cos \sqrt{2}x + C_2 \sin \sqrt{2}x)$ ，

再求 y' ，有 $y' = -\mathrm{e}^{-x}(\cos \sqrt{2}x + \sqrt{2}\sin \sqrt{2}x) + C_2 \mathrm{e}^{-x}(-\sin \sqrt{2}x + \sqrt{2}\cos \sqrt{2}x)$ ，

以 $y'(0) = 1$ 代入上式又可解出， $C_2 = \sqrt{2}$. 于是所求的特解为

$$y = \mathrm{e}^{-x}(\cos \sqrt{2}x + \sqrt{2}\sin \sqrt{2}x) .$$

7.2.3　二阶常系数非齐次线性方程的求解方法

由定理 7.2，非齐次线性方程 (2.2) 的通解 y 等于其任一特解 y_p 加上对应齐次方程 (2.2) 的通解 y_c，y_c 的求法据前所述，现就下面两种情况讨论怎样找 (2.2) 的一个特解 y_p.

1. $f(x) = P_m(x)\mathrm{e}^{\lambda x}$

这里 λ 是常数，而 $P_m(x)$ 是 x 的 m 次多项式，即

$$P_m(x) = a_m x^m + a_{m-1}x^{m-q} + \cdots + a_0$$

此时方程 (7-15) 为

$$y'' + py' + qy = P_m(x)\mathrm{e}^{\lambda x} \tag{7-21}$$

根据此方程的特点，可推测方程有形如 $y_p = Q(x)e^{\lambda x}$ 的解，其中 $Q(x)$ 为待定多项式．现把 y_p 代入式（7-21），再同除以 $e^{\lambda x}$，整理得

$$Q''(x) + (2\lambda + p)Q'(x) + (\lambda^2 + p\lambda + q)Q(x) = P_m(x) \qquad (7\text{-}22)$$

分三种情形讨论如下：

（1）λ 不是特征根，即 $\lambda^2 + p\lambda + q \neq 0$，由式（7-22），$Q(x)$ 也须是 x 的 m 次多项式．

（2）λ 是 1 重特征根，则 $\lambda^2 + p\lambda + q = 0$，同时还有 $2\lambda + p \neq 0$，这是因为若 $2\lambda + p = 0$，那么 $\lambda = -p - \lambda$，由韦达定理，λ 又是另一特征根，这样 λ 便是二重特征根，与这一情形的假设矛盾．再由式（7-22）易知，$Q'(x)$ 必须是 x 的 m 次多项式，从而可取

$$Q(x) = xQ_m(x) \qquad （Q_m(x) \text{ 是 } x \text{ 的待定 } m \text{ 次多项式}）$$

（3）λ 是 2 重特征根，则 $\lambda^2 + p\lambda + q = 0$，由韦达定理，$2\lambda + p = 0$，根据式（7-22），$Q''(x)$ 必须是 x 的 m 次多项式，因而可取

$$Q(x) = x^2 Q_m(x) \qquad （Q_m(x) \text{ 是 } x \text{ 的待定 } m \text{ 次多项式}）$$

综上所述，若 λ 是特征方程（7-16）的 k 重根（$k = 0,1,2$），则方程（7-15）有以下形式的特解：

$$y_p = x^k Q_m(x)e^{\lambda x} \qquad （Q_m(x) \text{ 为 } x \text{ 的待定 } m \text{ 次多项式}）$$

【任务 7-8】　求下列非齐次线性方程的通解．

（1）$y'' - 3y' + 2y = 4xe^{2x}$；　　　　　　　　　（2）$y'' - 4y' + 13y = 13x^2$．

解：（1）对应齐次线性方程的特征方程 $r^2 - 3r + 2 = 0$，其特征根为 $r_1 = 1, r_2 = 2$，对应齐次线性方程的通解是 $y_c = C_1 e^x + C_2 e^{2x}$．由于 $\lambda = 2$ 是 1 重特征根，故可设原方程的一个特解为

$$y_p = x(Ax + B)e^{2x} = (Ax^2 + Bx)e^{2x}$$

将 $Q(x) = Ax^2 + Bx$ 代入式（7-22），得

$$2A + (4-3)(2Ax + B) = 4x$$

比较同次项系数，得

$$\begin{cases} 2A + B = 0 \\ 2A = 4 \end{cases} \Rightarrow \begin{cases} A = 2 \\ B = -4 \end{cases} \Rightarrow y_p = (2x^2 - 4x)e^{2x}$$

所以，所求的通解为

$$y = C_1 e^x + (2x^2 - 4x + C_2)e^{2x} \qquad （C_1，C_2 \text{ 为任意常数}）$$

（2）对应齐次线性方程的特征方程 $r^2 - 4r + 13 = 0$，其特征根为 $r_1 = 2 + 3i$，$r_2 = 2 - 3i$，对应齐次线性方程的通解是 $y_c = e^{2x}(C_1 \cos 3x + C_2 \sin 3x)$．由于 $\lambda = 0$ 是 0 重特征根（即不是特征根），故可设原方程的一个特解为

$$y_p = Ax^2 + Bx + C$$

将其直接代入原方程，得

$$2A - 4(2Ax + B) + 13(Ax^2 + Bx + C) = 13x^2$$

比较同次项系数，得

$$\begin{cases} 2A - 4B + 13C = 0 \\ -8A + 13B = 0 \\ 13A = 13 \end{cases} \Rightarrow \begin{cases} A = 1 \\ B = \dfrac{8}{13} \\ C = \dfrac{6}{169} \end{cases} \Rightarrow y_p = x^2 + \dfrac{8}{13}x + \dfrac{6}{169}$$

所以，所求的通解为

$$y = x^2 + \frac{8}{13}x + \frac{6}{169} + e^{2x}(C_1 \cos 3x + C_2 \sin 3x) \qquad (C_1，C_2 \text{ 为任意常数})$$

2. $f(x) = P_m(x)e^{\alpha x}\cos\beta x$ 或 $f(x) = P_m(x)e^{\alpha x}\sin\beta x$

这里 α，β 是实常数，$P_m(x)$ 是关于 x 的 m 次多项式. 此时方程（7-15）变为

$$y'' + py' + qy = P_m(x)e^{\alpha x}\cos\beta x \tag{7-23}$$

或

$$y'' + py' + qy = P_m(x)e^{\alpha x}\sin\beta x \tag{7-24}$$

令 $\lambda = \alpha + i\beta$，引入辅助方程

$$y'' + py' + qy = P_m(x)e^{(\alpha + i\beta)x} \tag{7-25}$$

仍可用情形 1 中讲述的方法求得辅助方程的特解 $\bar{y} = y_1 + iy_2$，把这特解代入式 (7-25)，得

$$(y_1'' + py_1' + qy_1) + i(y_2'' + py_2' + qy_2) = P_m(x)e^{\alpha x}\cos\beta x + iP_m(x)e^{\alpha x}\sin\beta x$$

这里用到了欧拉公式 $e^{(\alpha + i\beta)x} = e^{\alpha x}(\cos\beta x + i\sin\beta x)$，从上式看出 y_1，y_2 分别是方程 (7-23) 和 (7-24) 的解.

【任务 7-9】 求微分方程 $y'' + 3y' + 2y = e^{-x}\cos x$ 的通解.

解：对应齐次线性方程的特征方程 $r^2 + 3r + 2 = 0$，其特征根为 $r_1 = -2$，$r_2 = -1$，对应齐次线性方程的通解是 $y_c = C_1 e^{-2x} + C_2 e^{-x}$，构造辅助方程

$$y'' + 3y' + 2y = e^{(-1+i)x}$$

由于 $\lambda = -1 + i$ 不是特征方程 $r^2 + 3r + 2 = 0$ 的根，故可设辅助方程有特解 $\bar{y} = Ae^{(-1+i)x}$，以 $Q(x) = A$ 代入式 (7-22)，得

$$[(-1+i)^2 + 3(-1+i) + 2]A = 1 \Rightarrow A = -\frac{1}{2} - \frac{1}{2}i$$

$$\Rightarrow \bar{y} = (-\frac{1}{2} - \frac{1}{2}i)(e^{-x}\cos x + e^{-x}\sin x)$$

$$= e^{-x}\left(-\frac{1}{2}\cos x + \frac{1}{2}\sin x\right) + ie^{-x}\left(-\frac{1}{2}\cos x - \frac{1}{2}\sin x\right)$$

由于原方程的自由项 $e^{-x}\cos x$ 是辅助方程自由项 $e^{(-1+i)x}$ 的实部，所以 $\bar{y}$ 的实部为

$$y_p = \mathrm{e}^{-x}\left(-\frac{1}{2}\cos x + \frac{1}{2}\sin x\right)$$

是原方程的一个特解. 从而原方程的通解为

$$y = \mathrm{e}^{-x}\left(-\frac{1}{2}\cos x + \frac{1}{2}\sin x\right) + C_1 \mathrm{e}^{-2x} + C_2 \mathrm{e}^{-x} \qquad (C_1,\ C_2\ \text{为任意常数})$$

实训 7.2

1. 求下列各微分方程的通解或在给定初始条件下的特解.

(1) $y'' - 4y' + 3y = 0$；

(2) $y'' - y' - 6y = 0$；

(3) $y'' - 4y' + 4y = 0$；

(4) $y'' - 6y' + 9y = 0$；

(5) $y'' + 4y = 0$；

(6) $y'' - 2y' + 5y = 0$；

(7) $y'' - 5y' + 6y = 0$，$y|_{x=0} = \frac{1}{2}, y'|_{x=0} = 1$；

(8) $y'' - 8y' + 16y = 0$，$y|_{x=0} = \frac{1}{2}, y'|_{x=0} = 1$.

2. 求下列各微分方程的通解或在给定初始条件下的特解.

(1) $y'' - 4y = 2x + 1$；

(2) $y'' + 5y' + 4y = 3 - 2x$；

(3) $2y'' + y' - y = 2\mathrm{e}^x$；

(4) $y'' + 4y = x\cos x$；

(5) $y'' - 8y' + 16y = x + \mathrm{e}^{4x}$；

(6) $y'' - 4y = 4$，$y|_{x=0} = 1, y'|_{x=0} = 0$；

(7) $y'' + 4y = 8\sin 2x$.

7.3　可降阶的高阶微分方程及微分方程应用举例

7.3.1　可降阶的高阶微分方程

除前文所述外，还有些高阶微分方程可通过降阶得以求解.

1. $y^{(n)} = f(x)$ 型方程

很明显，通过 n 次连续的积分可求出其通解.

【任务 7-10】　求微分方程 $y''' = \sin 3x + \mathrm{e}^{2x}$ 的通解.

解：$y'' = \int(\sin 3x + \mathrm{e}^{2x})\mathrm{d}x = -\frac{1}{3}\cos 3x + \frac{1}{2}\mathrm{e}^{2x} + \overline{C}_1$

$y' = \int\left(-\frac{1}{3}\cos 3x + \frac{1}{2}\mathrm{e}^{2x} + \overline{C}_1\right)\mathrm{d}x = -\frac{1}{9}\sin 3x + \frac{1}{4}\mathrm{e}^{2x} + \overline{C}_1 x + C_2$

$y = \int\left(-\frac{1}{9}\sin 3x + \frac{1}{4}\mathrm{e}^{2x} + \overline{C}_1 x + C_2\right)\mathrm{d}x = \frac{1}{27}\cos 3x + \frac{1}{8}\mathrm{e}^{2x} + C_1 x^2 + C_2 x + C_3$

（这里 $C_1 = \frac{1}{2}\overline{C}_1$）

故所求通解为

$$y = \frac{1}{27}\cos 3x + \frac{1}{8}e^{2x} + C_1 x^2 + C_2 x + C_3 \qquad (C_1，C_2，C_3 \text{ 为任意常数})$$

2. $F(x, y', y'') = 0$ 型方程

该类型方程的特点是不显含未知函数 y，可令 $y' = P$，从而 $y'' = P'$，方程变为

$$F(x, P, P') = 0$$

这样就化成了关于 P 的一阶方程. 具体解法如下例.

【任务 7-11】 求微分方程 $(1 + x^2)y'' - 2xy' = 0$ 的通解.

解：令 $y' = P$，则 $y'' = \dfrac{\mathrm{d}P}{\mathrm{d}x}$ 方程化为

$$(1 + x^2)\frac{\mathrm{d}P}{\mathrm{d}x} - 2xP = 0$$

这是可分离变量微分方程，分离变量得

$$\frac{1}{P}\mathrm{d}P = \frac{2x}{(1 + x^2)}\mathrm{d}x$$

两边积分，得

$$\ln P = \ln(1 + x^2) + \ln C_1 = \ln C_1(1 + x^2)$$

从而

$$P = C_1(1 + x^2)$$

以 $y' = P$ 代入，得

$$y' = C_1(1 + x^2)$$

积分得所求之通解

$$y = C_1\left(x + \frac{1}{3}x^3\right) + C_2 \qquad (C_1，C_2 \text{ 为任意常数})$$

3. $F(y, y', y'') = 0$ 型方程

该类型方程特点为不显含自变量 x，仍可令 $y' = P$，则 $y'' = \dfrac{\mathrm{d}P}{\mathrm{d}x} = \dfrac{\mathrm{d}P}{\mathrm{d}y}\dfrac{\mathrm{d}y}{\mathrm{d}x} = P\dfrac{\mathrm{d}P}{\mathrm{d}y}$，

原方程变为

$$F\left(y, P, P\frac{\mathrm{d}P}{\mathrm{d}y}\right) = 0$$

这样就化成了以 y 为自变量，以 P 为未知函数的一阶方程，如下例.

【任务 7-12】 求微分方程 $yy'' - y'^2 = 0$ 的通解.

解：令 $y' = P$，则 $y'' = \dfrac{\mathrm{d}P}{\mathrm{d}x} = P\dfrac{\mathrm{d}P}{\mathrm{d}y}$ 方程化为

$$yP\frac{\mathrm{d}P}{\mathrm{d}y} - P^2 = 0$$

这是可分离变量微分方程，分离变量得

$$\frac{1}{P}\mathrm{d}P = \frac{1}{y}\mathrm{d}y$$

两边积分，得

$$\ln P = \ln y + \ln C_1 = \ln C_1 y$$

从而

$$P = C_1 y$$

以 $\frac{\mathrm{d}y}{\mathrm{d}x} = P$ 代入，得

$$\frac{\mathrm{d}y}{\mathrm{d}x} = C_1 y$$

同样用分离变量法求解

$$\frac{\mathrm{d}y}{y} = C_1 \mathrm{d}x \Rightarrow \ln y = C_1 x + \ln C_2 = \ln C_2 \mathrm{e}^{C_1 x}$$

故所求之通解为

$$y = C_2 \mathrm{e}^{C_1 x} \quad (C_1, C_2 \text{ 为任意常数})$$

7.3.2 常微分方程应用举例

1. 市场价格模型

我们来建立描述市场价格形成的动态过程. 假设时刻 t，商品的价格为 $p(t)$. 对于纯粹的市场经济来说，$p(t)$ 取决于市场的供需情况，当供过于求时，$p(t)$ 将会减小，新的价格又产生新的供需，如此不断调节，便构成了市场价格的动态过程. 设 $p(t)$ 的变化率与需供之差成正比，记 $f(p,r)$ 为需求函数（r 为参数），而 $g(p)$ 为供给函数. 于是

$$\begin{cases}\frac{\mathrm{d}p}{\mathrm{d}t} = \alpha[f(p,r) - g(p)] \\ p(0) = p_0\end{cases}$$

其中，p_0 为商品在 $t = 0$ 时的价格，α 为正常数.

若设 $f(p,r) = -ap + b, g(p) = cp + d$，其中 a,b,c,d 均为常数，则上式变为

$$\begin{cases}\frac{\mathrm{d}p}{\mathrm{d}t} = -\alpha(a+c)p + \alpha(b-d) \\ p(0) = p_0\end{cases} \tag{7-26}$$

这是一阶线性微分方程的初值问题，其解为

$$p(t) = \left(p_0 - \frac{b-d}{a+c}\right)\mathrm{e}^{-a(a+c)t} + \frac{b-d}{a+c}$$

下面对它进行深入讨论.

(1) 设 $\bar{p}$ 为静态均衡价格（即供需平衡时的价格），则应满足：

$$f(p,r) - g(p) = 0 \Leftrightarrow -a\bar{p} + b = c\bar{p} + d \Leftrightarrow \bar{p} = \frac{b-d}{a+c}$$

从而价格函数 $p(t)$ 可写成

$$p(t) = (p_0 - \bar{p})\mathrm{e}^{-a(a+c)t} + \bar{p}$$

令 $t \to +\infty$，取极限得

$$\lim_{t \to +\infty} p(t) = \bar{p}$$

这说明市场价格逐步趋于均衡价格. 又若初始价格 $p_0 = \bar{p}$，则动态价格就保持在均衡价格上，整个动态过程就化为静态过程.

（2）由于

$$\frac{\mathrm{d}p}{\mathrm{d}t} = (\bar{p} - p_0)\alpha(a+c)\mathrm{e}^{-\alpha(a+c)t}$$

所以，当 $p_0 > \bar{p}$ 时，$\dfrac{\mathrm{d}p}{\mathrm{d}t} < 0, p(t)$ 单调下降向 $\bar{p}$ 靠拢；当 $p_0 < \bar{p}$ 时，$\dfrac{\mathrm{d}p}{\mathrm{d}t} > 0, p(t)$ 单调增加向 $\bar{p}$ 靠拢. 因此，方程（7-26）在一定程度上反映了价格影响供求，而供求反过来又影响价格的动态过程并指明了动态价格逐步向均衡价格靠拢的变化趋势.

2. 振动模型

生产和经济领域的许多现象都可以抽象为下述振动问题.

如图 7-2 所示，设有一个弹簧，它的上端固定，下端挂一个质量为 m 的物体. 取平衡位置为坐标原点，x 轴的正方向为竖直向下. 物体在一定的初始位置 x_0 及初速 v_0 下离开平衡位置，物体在时刻 t 的位置坐标 $x(t)$. 振动过程中，物体受阻力作用，阻力大小与物体速度成正比，但方向与速度相反，即为 $-h\dfrac{\mathrm{d}x}{\mathrm{d}t}$，$h$ 为阻尼系数. 由虎克定律，物体所受的弹力为 $-kx$，k 为倔强系数. 物体在运动过程中还受外力 $f(x)$ 作用. 下面研究振动规律.

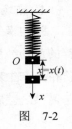

图　7-2

由牛顿第二定律有

$$m\frac{\mathrm{d}^2 x}{\mathrm{d}t^2} = -h\frac{\mathrm{d}x}{\mathrm{d}t} - kx + f(t) \tag{7-27}$$

这是该物体的强迫振动方程. 方程中 $f(t)$ 未具体给出，下面分四种情况讨论.

（1）无阻尼自由振动　此时，设物体在振动中既无阻力又无外力，方程（7-27）变为

$$m\frac{\mathrm{d}^2 x}{\mathrm{d}t^2} + kx = 0$$

令 $\dfrac{k}{m} = \omega^2 (\omega > 0)$，则方程整理为

$$\frac{\mathrm{d}^2 x}{\mathrm{d}t^2} + \omega^2 x = 0$$

特征方程 $r^2 + \omega^2 = 0$，其特征根为 $r_{1,2} = \pm i\omega$，微分方程的通解是

$$x = C_1 \sin \omega t + C_2 \cos \omega t$$

或将其写为

$$x = \sqrt{C_1^2 + C_2^2} \left(\frac{C_1}{\sqrt{C_1^2 + C_2^2}} \sin \omega t + \frac{C_2}{\sqrt{C_1^2 + C_2^2}} \cos \omega t \right)$$

$$= A(\cos \varphi \sin \omega t + \sin \varphi \cos \omega t) = A \sin(\omega t + \varphi),$$

其中，$A = \sqrt{C_1^2 + C_2^2}, \sin \varphi = \frac{C_2}{\sqrt{C_1^2 + C_2^2}}, \cos \varphi = \frac{C_1}{\sqrt{C_1^2 + C_2^2}}$

无阻尼自由振动的振幅 $A = \sqrt{C_1^2 + C_2^2}$，角频率 $\omega = \sqrt{\dfrac{k}{m}}$，均为常数.

(2) 有阻尼自由振动　此时，物体只受到阻力作用，而没有外力，方程（7-27）变为

$$m \frac{\mathrm{d}^2 x}{\mathrm{d} t^2} + h \frac{\mathrm{d} x}{\mathrm{d} t} + kx = 0$$

令 $\dfrac{k}{m} = \omega^2, \dfrac{h}{m} = 2\delta$，方程变为

$$\frac{\mathrm{d}^2 x}{\mathrm{d} t^2} + 2\delta \frac{\mathrm{d} x}{\mathrm{d} t} + \omega^2 x = 0$$

其特征方程 $r^2 + 2\delta r + \omega^2 = 0$，特征根为 $r_{1,2} = -\delta \pm \sqrt{\delta^2 - \omega^2}$，又分三种情况：

① $\delta > \omega$，称为大阻尼情形. 特征根为两不等实根，通解为

$$x = C_1 \mathrm{e}^{(-\delta + \sqrt{\delta^2 - \omega^2})t} + C_2 \mathrm{e}^{(-\delta - \sqrt{\delta^2 - \omega^2})t}$$

② $\delta = \omega$，称为临界阻尼情形. 特征根为重根，通解为

$$x = (C_1 + C_2 t) \mathrm{e}^{-\delta t}$$

这两种情形，都不发生振动. 当有一初始拢动后，质点慢慢回到平衡位置. x-t 变化规律分别如图 7-3 和图 7-4 所示.

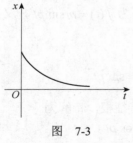
图　7-3

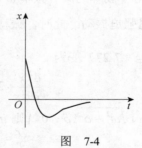
图　7-4

③ $\delta < \omega$，小阻尼情形. 特征根为共轭复根，通解为

$$x = \mathrm{e}^{-\delta t}(C_1 \sin \sqrt{\omega^2 - \delta^2} \, t + C_2 \cos \sqrt{\omega^2 - \delta^2} \, t)$$

将其化简为

$$x = A \mathrm{e}^{-\delta t} \sin\left(\sqrt{\omega^2 - \delta^2} \, t + \varphi \right),$$

其中，$A = \sqrt{C_1{}^2 + C_2{}^2}, \sin\varphi = \dfrac{C_2}{\sqrt{C_1{}^2 + C_2{}^2}}, \cos\varphi =$

$\dfrac{C_1}{\sqrt{C_1{}^2 + C_2{}^2}}$. 振幅 $Ae^{-\delta t}$ 随时间 t 的增加而减小，因

此，这是一种衰减振动. x-t 变化规律如图 7-5 所示.

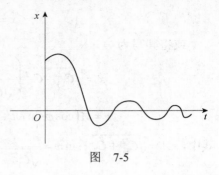

图　7-5

(3) 无阻尼强迫振动　此时，物体不受阻力作用，其所受外力为简谐力 $f(t) = m\sin pt$，方程 (7-27) 化为

$$m\frac{d^2 x}{dt^2} + kx = m\sin pt$$

$$\frac{d^2 x}{dt^2} + \omega^2 x = \sin pt$$

依据 ip 是否等于特征根 $i\omega$，其通解分为以下两种情况：

①当 $p \neq \omega$ 时，用辅助方程法求得该微分方程有特解 $x_p = \dfrac{1}{\omega^2 - p^2}\sin pt$，故通解为

$$x = \frac{1}{\omega^2 - p^2}\sin pt + C_1\sin\omega t + C_2\cos\omega t$$

此时，特解的振幅为 $\dfrac{1}{\omega^2 - p^2}$，当 p 接近 ω 时，振幅将增大，发生类似共振现象.

②当 $p = \omega$ 时，求得该微分方程有特解 $x_p = -\dfrac{1}{2p}t\cos t$，故通解为

$$x = -\frac{1}{2p}t\cos t + C_1\sin\omega t + C_2\cos\omega t$$

此时，特解的振幅随时间 t 的增加而增大，这种现象称为共振. 这就是常说的：当外力的频率 p 等于物体的固有频率 ω 时，将发生共振现象.

(4) 有阻尼强迫振动　此时，振动物体既有外力 $f(t) = m\sin pt$，又有阻力 $2\delta\dfrac{dx}{dt}$，设 $\delta < \omega$，方程 (7-27) 变为

$$\frac{d^2 x}{dt^2} + 2\delta\frac{dx}{dt} + \omega^2 x = \sin pt$$

特征根 $r = -\delta \pm i\sqrt{\omega^2 - \delta^2}, \delta \neq 0$，则 ip 不可能为特征根，特解为

$$x_p = A\sin pt + B\cos pt$$

其中，$A = \dfrac{\omega^2 - p^2}{(\omega^2 - p^2)^2 + 4\delta^2 p^2}, B = \dfrac{-2\delta p}{(\omega^2 - p^2)^2 + 4\delta^2 p^2}$.

由此可见，在有阻尼的情况下，将还会发生共振，不过，当 $p = \omega$ 时，若 δ 很小，仍会有较大的振幅；若 δ 比较大，则还会有较大振幅.

【任务 7-13】　设有电阻 R、电感 L、电容 C 串联的电路，如图 7-6 所示，其中 R、

L、C 为常数，设电容器已经已经充电，则当开关合上后，电容器开始放电，现在我们来研究电容器上的电压随时间变化的规律.

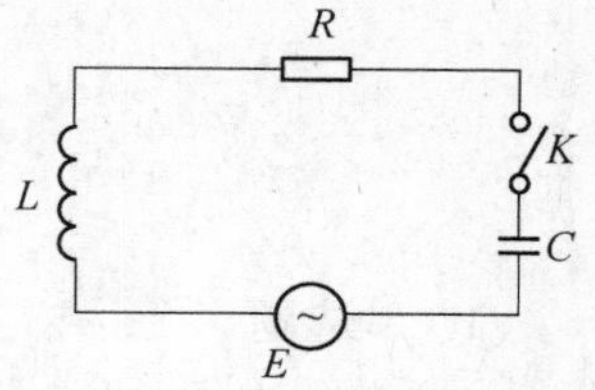

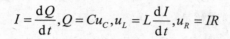

图　7-6

解：由电学中的回路电压定律有

$$u_L + u_R + u_C = 0$$

因

$$I = \frac{\mathrm{d}Q}{\mathrm{d}t}, Q = Cu_C, u_L = L\frac{\mathrm{d}I}{\mathrm{d}t}, u_R = IR$$

于是

$$u_R = RC\frac{\mathrm{d}u_C}{\mathrm{d}t}, \quad u_L = LC\frac{\mathrm{d}^2 u_C}{\mathrm{d}t^2}$$

代入上式，得

$$LC\frac{\mathrm{d}^2 u_C}{\mathrm{d}t^2} + RC\frac{\mathrm{d}u_C}{\mathrm{d}t} + u_C = 0$$

令 $\frac{R}{2L} = \delta, \frac{1}{LC} = \omega^2$，则上面方程可改写为

$$\frac{\mathrm{d}^2 u_C}{\mathrm{d}t^2} + 2\delta\frac{\mathrm{d}u_C}{\mathrm{d}t} + \omega^2 u_C = 0$$

这方程与上述有阻尼自由振动有相同的形式，故可类似地分三种情况讨论，在此不再赘述.

实训 7.3

1. 求下列方程的通解.

（1）$y''' = x + \sin x$；　　　　（2）$y''' = x\mathrm{e}^x$；　　　　（3）$y'' = \frac{1}{1+x^2}$；

（4）$xy'' + y' = 0$；　　　　（5）$y'' - y' = x$；　　　　（6）$y'' + y'^2 = 0$；

（7）$yy'' - y'^2 = 0$；　　　　（8）$xy'' - 2y' = x^3 + x$.

2. 求下列初值值问题的特解.

（1）$y''' = \mathrm{e}^{2x}, y(1) = y'(1) = y''(1) = 0$；　　　　（2）$y'' = \frac{3x^2}{1+x^3}y', y(0) = 1, y'(0) = 4$；

（3）$y'' = \frac{3}{2}y^2, y(3) = y'(3) = 1$.

3. 仿照弹簧振动模型分析【任务 7-13】中 u_C 的变化规律.

总实训 7

1. 单选题.

(1) 微分方程 $(y')^4 + 3(y'')^3 = 0$ 的阶是( ).

(A) 4；　　　　　(B) 3；　　　　　(C) 2；　　　　　(D) 1.

(2) 方程 $y' = y\cot x$ 的通解是( ).

(A) $y = C\cos x$；　　(B) $y = C\sin x$；　　(C) $y = C\tan x$；　　(D) $y = -C/\sin x$.

(3) 下面可分离变量的方程是( ).

(A) $y' - xy' = ay^2 + y'$；

(B) $\dfrac{\mathrm{d}y}{\mathrm{d}x} = \dfrac{x}{y}$；

(C) $xy' = y\ln\dfrac{y^2}{x}$；

(D) $\dfrac{\mathrm{d}y}{\mathrm{d}x} + 2xy = \mathrm{e}^{-x^2}$.

(4) 方程 $\mathrm{e}^{x-y}\dfrac{\mathrm{d}y}{\mathrm{d}x} = 1$ 的通解是( ).

(A) $\mathrm{e}^x + \mathrm{e}^y = C$；

(B) $\mathrm{e}^{-x} + \mathrm{e}^{-y} = C$；

(C) $\mathrm{e}^x - \mathrm{e}^y = C$；

(D) $\mathrm{e}^{-x} - \mathrm{e}^{-y} = C$.

(5) 方程 $y'' = y' + x$ 满足初始条件 $y(0) = y'(0) = 0$ 的特解是( ).

(A) $y = \mathrm{e}^x - \dfrac{x^2}{2} - x + 1$；

(B) $y = \mathrm{e}^x - x^2 - x + 1$；

(C) $y = \mathrm{e}^x - \dfrac{x^2}{2} - x - 1$；

(D) $y = \mathrm{e}^x - x^2 + x - 1$.

(6) 下面为常系数齐次线性微分方程的是( ).

(A) $y''^2 + 5y' - 4y = 0$；

(B) $y''^2 + 5y' - 4y = x$；

(C) $y'' - 4y = 0$；

(D) $y'' - xy = 0$.

(7) 方程 $y'' - 2y' = y$ 的特征方程为( ).

(A) $\lambda^2 - 2\lambda + 1 = 0$；

(B) $\lambda^2 - 2\lambda = 0$；

(C) $\lambda^2 + 1 = 0$；

(D) $\lambda^2 - 2\lambda - 1 = 0$.

(8) 方程 $y'' + 2y' + 3y = 0$ 的通解是( ).

(A) $y = \mathrm{e}^x(C_1\cos 2x + C_2\sin 2x)$；

(B) $y = \mathrm{e}^{-x}(C_1\cos\sqrt{2}x + C_2\sin\sqrt{2}x)$；

(C) $y = \mathrm{e}^{\sqrt{2}x}[C_1\cos(-x) + C_2\sin(-x)]$；

(D) $y = \mathrm{e}^{-x}[C_1\cos(-\sqrt{2}x) + C_2\sin(-\sqrt{2}x)]$.

2. 填空题.

(1) 方程 $x^3\,\mathrm{d}x - y\,\mathrm{d}y = 0$ 的通解是_____；

(2) 方程 $x\sqrt{1+y^2}\,\mathrm{d}x + y\sqrt{1+x^2}\,\mathrm{d}y = 0$ 满足初始条件 $y(0) = 0$ 的特解是_____

_____；

(3) 方程 $y' + 2xy - 2x\mathrm{e}^{-x^2} = 0$ 的满足 $y(0)=\mathrm{e}$ 的特解是＿＿＿＿＿＿＿＿＿＿＿＿＿

＿＿＿＿＿＿＿；

(4) 方程 $y'' + 4y' + 29y = 0$ 的满足条件 $y(0)=0$，$y'(0)=15$ 的特解是＿＿＿＿＿＿＿

＿＿＿＿＿＿＿；

(5) 设 $y = \varphi(x)$ 为连续函数，且满足 $\varphi(x) = \mathrm{e}^x - \int_0^x (x-t)\varphi(t)\,\mathrm{d}t$ 则 $\varphi(x) =$ ＿＿＿＿＿＿

＿＿＿＿＿＿．

3. 求下列微分方程的通解.

(1) $y'x + y = y\ln xy$；

(2) $y'\cos^2 x + y = \tan x$；

(3) $2xy'y'' = (y')^2 + 1$；

(4) $\dfrac{\mathrm{d}y}{\mathrm{d}x} = \dfrac{1}{x + \sin y}$；

(5) $y - xy' = a(1 + x^2 y')$；

(6) $y'' - 4(y')^2 = 0$；

(7) $y'' + 5y' + 4y = 3 - 2x$；

(8) $2y'' + y' - y = \mathrm{e}^{-x}$；

(9) $y'' - 2y' = 2\cos^2 x$；

(10) $y'' - 6y' + 9y = \mathrm{e}^{3x}(x+1)$；

(11) $y'' - 7y' + 6y = \sin x$．

4. 求下列微分方程的特解.

(1) $x^2 y' + xy = y^2$，　$y(1) = 1$；

(2) $y = \mathrm{e}^x$ 是方程 $xy' + p(x)y = x$ 的一个解，求此微分方程满足条件 $y(\ln 2) = 0$ 特解；

(3) 求解方程 $\begin{cases} xy' + (1-x)y = \mathrm{e}^{2x},(0 < x < +\infty) \\ \lim\limits_{x \to 0^+} y(x) = 1 \end{cases}$

第8章 多元函数微分学

【案例8-1】 某公司计划对新产品进行广告宣传，采用两种形式：一种是电视广告，投入的费用与费用加上 5（单位：万元）的比等于增加收入的 5‰；另一种是报纸广告，投入的费用与费用加上 10（单位：万元）的比等于增加收入的 1%. 根据以上资料，两种广告宣传带来的利润相当于五分之一的广告投入所增加的收入并要扣除广告费用. 问：
(1)公司利润与广告投入的关系；(2)如果广告费用总预算金额为 25 万元，如何分配两种广告的费用，可使利润达到最大？(3)最大利润是多少？

解：(1)记电视广告的费用为 x 万元，报纸广告的费用为 y 万元，公司利润为 L，则电视广告投入所增加收入为 $\dfrac{x}{x+5} \div 0.005 = \dfrac{200x}{x+5}$；同理，报纸广告投入所增加收入为 $\dfrac{100y}{y+10}$，利润与广告投入的关系为

$$L = \frac{1}{5}\left(\frac{200x}{x+5} + \frac{100y}{y+10}\right) - x - y = \frac{40x}{x+5} + \frac{20y}{y+10} - x - y$$

(2)因广告费用总额为 25 万元，即 $x+y=25$，所以这是条件极值问题. 令

$$L(x,y,\lambda) = \frac{40x}{x+5} + \frac{20y}{y+10} - x - y + \lambda(x+y-25)$$

则可得方程组

$$\begin{cases} L_x = \dfrac{200}{(5+x)^2} - 1 + \lambda = 0 \\[3mm] L_y = \dfrac{200}{(y+10)^2} - 1 + \lambda = 0 \\[3mm] L_\lambda = x + y - 25 = 0 \end{cases}$$

由方程组的前两个方程得

$$(5+x)^2 = (y+10)^2$$

把 $y = 25 - x$ 代入，解得

$$x = 15 \text{（万元）}, \quad y = 10 \text{（万元）}$$

根据问题的意义及驻点的唯一性，当投入电视广告费 15 万元，报纸广告费 10 万元时，可使利润最大.

(3)把 $x=15$，$y=10$ 代入利润函数，得最大利润是

$$L\big|_{\substack{x=15\\y=10}} = \left(\frac{40x}{x+5} + \frac{20y}{y+10} - x - y\right)\bigg|_{\substack{x=15\\y=10}} = 15\ (万元)$$

正如案例 8-1，在自然科学、工程技术和经济管理中经常会遇到多个自变量的函数，这种函数称为多元函数. 本章将在一元函数的基础上，重点讨论二元函数的基本概念及其微分法和应用，因为从一元函数到二元函数会产生很多新问题，而从二元函数的概念和方法则可以自然地推广到二元以上的函数.

8.1　多元函数的极限

8.1.1　多元函数

1. 引例

实际问题中，经常会遇到多个变量之间的依赖关系.

例 8-1　圆柱体的体积 V 和它的半径 r、高 h 之间具有关系

$$V = \pi \cdot r^2 \cdot h$$

这里，当 r、h 在集合 $\{(r,h)\,|\,r>0, h>0\}$ 内取定一对值时，V 的对应值就随之确定.

例 8-2　设 R 是电阻 R_1 与 R_2 并联之后的总电阻，则它们之间具有关系

$$R = \frac{R_1 \cdot R_2}{R_1 + R_2}$$

这里，当 R_1，R_2 在集合 $\{(R_1, R_2)\,|\,R_1>0, R_2>0\}$ 内取定一对值时，R 的对应值就随之确定.

例 8-3　一定量的理想气体的压强 p，体积 V 和热力学温度 T 之间有如下关系

$$p = \frac{RT}{V}\ (R\ 是常数)$$

这里，当 T、V 在集合 $\{(T,V)\,|\,T>0, V>0\}$ 内取定一对值时，P 的对应值就随之确定.

以上几个例子，虽然来自不同的实际问题，但是都说明在一定条件下，三个变量之间存在一种依赖关系，这种关系给出了一个变量与另两个变量之间的对应法则，依照这个法则，当两个变量在允许的范围内取定一组数时，另一个变量有唯一确定的值与之对应. 由这些共性，我们给出二元函数的定义.

2. 二元函数的定义

定义 8.1　设 D 是平面上的一个点集，如果对于每个点 $P(x,y) \in D$，变量 z 按照一定法则总有唯一确定的值与之对应，则称 z 是变量 x，y 的二元函数（或点 P 的函数），并记为

$$z = f(x,y)\ 或\ z = f(P)$$

其中，x，y 称为自变量，点集 D 称为该函数的定义域，z 称为因变量，与点 $P_0(x_0, y_0)$ 对

应的 z 值称为二元函数在点 (x_0, y_0) 处的函数值，记为

$$z\big|_{\substack{x=x_0 \\ y=y_0}}, z\big|_{(x_0, y_0)} \text{ 或 } f(x_0, y_0)$$

而数集 $\{z \mid z = f(x, y), (x, y) \in D\}$ 称为该函数的值域.

【任务 8-1】 设 $z = \sin(xy) - \sqrt{1 + y^2}$，求 $z\big|_{(\frac{\pi}{2}, 1)}$.

解： $z\big|_{(\frac{\pi}{2}, 1)} = \sin(\frac{\pi}{2} \cdot 1) - \sqrt{1 + 1^2} = 1 - \sqrt{2}$

按照定义，例 8-1 中，体积 V 是 r 和 h 函数；例 8-2 中，总电阻 R 是 R_1 与 R_2 的函数；例 8-3 中，压强 p 是 V 和 T 的函数，它们的定义域都是由实际问题来确定的. 当二元函数是用解析式表示时，定义域约定为使每个算式有意义的点的集合.

3. 二元函数的定义域

一元函数的自变量只有一个，因而函数的定义域比较简单，常见的是区间. 二元函数有两个自变量，它们的自变量或者是整个平面，或者是平面上的一部分. 由一条或几条光滑曲线所围成的具有连通性（如果一块部分平面内任意两点均可用完全属于此部分平面的折线连接起来，这样的部分平面称为具有连通性）的部分平面，称为平面区域，简称区域. 二元函数的定义域通常为平面区域，围成区域的曲线称为区域的边界，边界上的点称为边界点. 包括边界在内的区域称为闭域，不包括边界在内的区域称为开域. 如果区域延伸到无穷远处，则称为无界区域，否则称为有界区域.

把满足不等式

$$(x - x_0)^2 + (y - y_0)^2 < \delta^2 \quad (\delta > 0)$$

的点 $P(x, y)$ 的全体称为点 $P_0(x_0, y_0)$ 的 δ 邻域. 它是以点 P_0 为中心，δ 为半径的圆形开区域，称不包含点 P_0 的邻域为去心邻域.

常见的区域还有矩形区域：

$$\{(x, y) \mid a < x < b, c < y < d\}$$

【任务 8-2】 求二元函数 $z = \sqrt{x + y}$ 的定义域.

解： 要使 $z = \sqrt{x + y}$ 有意义，必须有

$$x + y \geqslant 0$$

即函数的定义域为 $D = \{(x, y) \mid x + y \geqslant 0\}$，其几何图形为平面上位于直线 $y = -x$ 右方的半平面（如图 8-1 所示）.

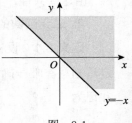

图 8-1

【任务 8-3】 求二元函数 $z = \ln(16 - x^2 - y^2) + \dfrac{1}{\sqrt{x^2 + y^2 - 4}}$ 的定义域及其在点 $(2,3)$ 处的函数值.

解： 要使 $z = \ln(16 - x^2 - y^2) + \dfrac{1}{\sqrt{x^2 + y^2 - 4}}$ 有意义，必须有

$$\begin{cases} 16 - x^2 - y^2 > 0 \\ x^2 + y^2 - 4 > 0 \end{cases} \Rightarrow \begin{cases} x^2 + y^2 < 16 \\ x^2 + y^2 > 4 \end{cases}$$

即函数的定义域为 $D = \{(x, y) \mid 4 < x^2 + y^2 < 16\}$，其几何图形为平面上以原点为圆心、半径为 2 的圆和以原点为圆心、半径为 4 的圆所围成的圆环域（不包括边界线，如图 8-2 所示）.

函数在点 $(2, 3)$ 处的函数值为 $z\big|_{(2, 3)} = \ln 3 + \dfrac{1}{3}$.

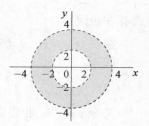

图　8-2

4. 二元函数的几何意义

一元函数 $y = f(x)$ 通常表示平面上的一条曲线. 二元函数 $z = f(x, y), (x, y) \in D$ 的定义域 D 是平面上的一个区域，任取一点 $P(x, y) \in D$，其对应的函数值为 $z = f(x, y)$，于是得到了空间内的一点 $M(x, y, z)$. 所有这样确定的点的集合就是二元函数 $z = f(x, y)$ 的图形，其通常是一张空间曲面 Σ（如图 8-3 所示）.

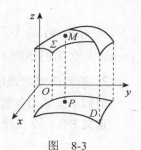

图　8-3

8.1.2　二元函数的极限与连续

1. 二元函数的极限

二元函数的极限在形式上与一元函数很相似. 考察一元函数的极限时，动点 (x) 趋于定点的各种方式总是沿坐标轴进行的，而对于二元函数的情形，动点 $P(x, y)$ 可以沿平面上更为复杂的各种方式趋于定点 P_0.

定义 8.2　设二元函数 $z = f(x, y)$，如果当点 (x, y) 以任何方式接近于点 (x_0, y_0) 时，$f(x, y)$ 无限地接近于一个确定的常数 A，则称常数 A 为函数 $z = f(x, y)$ 在 $x \to x_0$，$y \to y_0$ 时的极限，记作

$$\lim_{\substack{x \to x_0 \\ y \to y_0}} f(x, y) = A \text{ 或 } \lim_{(x, y) \to (x_0, y_0)} f(x, y) = A \text{ 或 } f(x, y) \to A((x, y) \to (x_0, y_0))$$

由定义可知，如果点 P 沿不同路径趋于点 P_0 时，函数趋于不同的值，则函数的极限一定不存在.

【任务 8-4】　求 $\lim\limits_{\substack{x \to 0 \\ y \to 0}} \dfrac{\sin(x^2 + y^2)}{x^2 + y^2}$.

解： 令 $u = x^2 + y^2$，因为当 $x \to 0, y \to 0$ 时，$u \to 0$，所以

$$\lim_{\substack{x \to 0 \\ y \to 0}} \frac{\sin(x^2 + y^2)}{x^2 + y^2} = \lim_{u \to 0} \frac{\sin u}{u} = 1$$

本例表明，二元函数的极限问题有时可以转化为一元函数的极限问题.

【任务 8-5】 讨论二元函数 $f(x, y) = \begin{cases} \dfrac{xy}{x^2 + y^2}, & x^2 + y^2 \neq 0; \\ 0, & x^2 + y^2 = 0. \end{cases}$ 当 $(x, y) \to (0, 0)$ 时是

否存在极限.

解：令 $y = x$，即当点 (x, y) 沿直线 $y = x$ 趋于 $(0, 0)$ 时，有

$$\lim_{\substack{x \to 0 \\ y \to 0}} f(x, y) = \lim_{x \to 0} \frac{x^2}{x^2 + x^2} = \frac{1}{2}$$

又令 $y = x^2$，即当点 (x, y) 沿曲线 $y = x^2$ 趋于 $(0, 0)$ 时，有

$$\lim_{\substack{x \to 0 \\ y \to 0}} f(x, y) = \lim_{x \to 0} \frac{x^3}{x^2 + x^4} = \lim_{x \to 0} \frac{x}{1 + x^2} = 0$$

可见 (x, y) 沿不同路径趋于 $(0, 0)$ 时，函数趋于不同的值，因此，该函数当 $(x, y) \to (0, 0)$ 时极限不存在.

2. 多元函数的连续性

类似一元函数的连续定义，可利用多元函数极限的概念定义多元函数的连续性.

定义 8.3 设二元函数 $z = f(x, y)$ 在点 $P_0(x_0, y_0)$ 的某个邻域内有定义，若

$$\lim_{\substack{x \to x_0 \\ y \to y_0}} f(x, y) = f(x_0, y_0) \tag{8-1}$$

则称二元函数 $z = f(x, y)$ 在点 $P_0(x_0, y_0)$ 处连续. 若函数 $z = f(x, y)$ 在区域 D 上每一点处都连续，则称函数 $f(x, y)$ 在区域 D 上连续.

若令 $x = x_0 + \Delta x$，$y = y_0 + \Delta y$，则式 (8-1) 可写成

$$\lim_{\substack{\Delta x \to 0 \\ \Delta y \to 0}} [f(x_0 + \Delta x, y_0 + \Delta y) - f(x_0, y_0)] = 0$$

即

$$\lim_{\substack{\Delta x \to 0 \\ \Delta y \to 0}} \Delta z = 0$$

这里 Δz 为函数 $f(x, y)$ 在点 (x_0, y_0) 处的全增量，即

$$\Delta z = f(x_0 + \Delta x, y_0 + \Delta y) - f(x_0, y_0)$$

设函数 $f(x, y)$ 在点 (x_0, y_0) 的某个邻域内有定义，若 $f(x, y)$ 在点 (x_0, y_0) 处不连续，则称函数 $f(x, y)$ 在点 (x_0, y_0) 处间断，点 (x_0, y_0) 称为间断点.

可以证明，多元连续函数的和、差、积为连续函数；在分母不为零时，连续函数的商也是连续函数；连续函数的复合函数也是连续函数. 由此还可以得出如下结论：多元初等函数在其定义域内连续.

实训 8.1

1. 求下列函数的定义域 D，并作出 D 的图形.

(1) $z = x + \sqrt{y}$ ；

(2) $z = \ln xy$ ；

(3) $z = \sqrt{4x^2 + y^2 - 1}$ ；

(4) $z = \sqrt{9 - x^2 - y^2} - \ln(y^2 - x + 1)$.

2. 用不等式组表示下列曲线围成的区域 D.

(1) D 由 $y = x^2, y = 1 - x^2$ 围成；

(2) D 由 $y = 2x, y = 2, y = \dfrac{8}{x}$ 围成；

(3) D 由 $y = 1 - x, y = x - 1, y$ 轴围成.

3. 求下列极限.

(1) $\displaystyle \lim_{(x,y) \to (0,2)} \frac{\sin(xy)}{x}$ ；

(2) $\displaystyle \lim_{(x,y) \to (0,0)} \frac{2 - \sqrt{xy + 4}}{xy}$ ；

(3) $\displaystyle \lim_{(x,y) \to (0,0)} \frac{x^2 y}{x^3 - y^3}$ ；

(4) $\displaystyle \lim_{(x,y) \to (0,1)} xy \sin \frac{1}{x^2 + y^2}$ ；

(5) $\displaystyle \lim_{(x,y) \to (0,1)} \arcsin \sqrt{x^2 + y^2}$.

4. 下列函数在何处间断.

(1) $z = \ln(x^2 + y^2)$ ；

(2) $z = \dfrac{1}{y^2 - 2x}$.

8.2　偏导数

以一元函数的导数为基础，本节将介绍多元函数的偏导数.

8.2.1　偏导数

与一元函数相似，多元函数也需要讨论变化率问题. 由于多元函数的自变量不止一个，因变量与自变量的关系比一元函数复杂得多. 本节主要讨论当某一自变量在变化，而其他自变量不变化（视为常数）时，函数的变化率问题，它就是多元函数的偏导数.

以二元函数 $z = f(x, y)$ 为例，若只有自变量 x 变化，而自变量 y 固定（即看作常量），这时 $z = f(x, y)$ 就成了一元函数，因此可以利用一元函数的导数概念，得到二元函数对某一自变量的变化率，称之为二元函数 z 对于 x 的偏导数.

1. 偏导数的定义

定义 8.4　设函数 $z = f(x, y)$ 在点 (x_0, y_0) 的某一邻域内有定义，当 y 固定为 y_0，而 x 在 x_0 处有增量 Δx 时，相应的函数有增量

$$f(x_0 + \Delta x, y_0) - f(x_0, y_0)$$

如果极限

$$\lim_{\Delta x \to 0} \frac{f(x_0 + \Delta x, y_0) - f(x_0, y_0)}{\Delta x}$$

存在，则称此极限为函数 $z = f(x, y)$ 在点 (x_0, y_0) 处对 x 的偏导数，并记作

$$\left.\frac{\partial z}{\partial x}\right|_{\substack{x=x_0 \\ y=y_0}}, \quad \left.\frac{\partial f}{\partial x}\right|_{\substack{x=x_0 \\ y=y_0}}, \quad z_x\Big|_{\substack{x=x_0 \\ y=y_0}} \text{ 或 } f_x(x_0, y_0)$$

类似地，当 x 固定为 x_0，而 y 在 y_0 处有增量 Δy 时，如果极限

$$\lim_{\Delta y \to 0} \frac{f(x_0, y_0 + \Delta y) - f(x_0, y_0)}{\Delta y}$$

存在，则称此极限为函数 $z = f(x, y)$ 在点 (x_0, y_0) 处对 y 的偏导数，并记作

$$\left.\frac{\partial z}{\partial y}\right|_{\substack{x=x_0 \\ y=y_0}}, \quad \left.\frac{\partial f}{\partial y}\right|_{\substack{x=x_0 \\ y=y_0}}, \quad z_y\Big|_{\substack{x=x_0 \\ y=y_0}} \text{ 或 } f_y(x_0, y_0)$$

如果函数 $z = f(x, y)$ 在区域 D 内每一点 (x, y) 处对 x 的偏导数都存在，这个偏导数仍然是 x，y 的函数，称它为函数 $z = f(x, y)$ 对自变量 x 的偏导函数，记作

$$\frac{\partial z}{\partial x}, \frac{\partial f}{\partial x}, z_x \text{ 或 } f_x(x, y)$$

类似地，可以定义函数 $z = f(x, y)$ 对自变量 y 的偏导函数，并记作

$$\frac{\partial z}{\partial y}, \frac{\partial f}{\partial y}, z_y \text{ 或 } f_y(x, y)$$

由偏导函数概念可知，$f(x, y)$ 在点 (x_0, y_0) 处对 x 的偏导数 $f_x(x_0, y_0)$，其实就是偏导函数 $f_x(x, y)$ 在点 (x_0, y_0) 处的函数值；$f_y(x_0, y_0)$ 就是偏导函数 $f_y(x, y)$ 在点 (x_0, y_0) 处的函数值. 在不产生混淆的情况下，我们以后把偏导函数也简称为偏导数.

显然，偏导数的概念可推广到三元以上的函数情形. 例如，三元函数 $u = f(x, y, z)$ 在点 (x, y, z) 处对 x 的偏导数可以定义为

$$f_x(x, y, z) = \lim_{\Delta x \to 0} \frac{f(x + \Delta x, y, z) - f(x, y, z)}{\Delta x}$$

由偏导数的定义不难看出，求多元函数的偏导数，并不需要新的方法. 因为这里只有一个自变量在变化，其他自变量被看成是固定的，所以仍然是一元函数的导数.

【任务 8-6】　求下列函数的偏导数.

(1) $z = xy + \dfrac{x}{y}$；　　　　　　　　　　(2) $z = x^y \ (x > 0, x \neq 1, y \text{ 为任意实数})$.

分析：对 x 求偏导数时，把 y 看作常量对 x 求导数；类似地，把 x 看作常量对 y 求导数得到对 y 的偏导数.

解：(1) $\dfrac{\partial z}{\partial x} = y \cdot (x)' + \dfrac{1}{y} \cdot (x)' = y + \dfrac{1}{y}$

$$\frac{\partial z}{\partial y} = x \cdot (y)' + x \cdot \left(\frac{1}{y}\right)' = x - \frac{x}{y^2}$$

(2) $\frac{\partial z}{\partial x} = y \cdot x^{y-1}$

$\frac{\partial z}{\partial y} = x^y \cdot \ln x$

【任务 8-7】 求 $z = x^2 + 3xy + y^2$ 在点 $(1, 2)$ 处的偏导数.

解法一： 因为

$$\frac{\partial z}{\partial x} = 2x + 3y, \quad \frac{\partial z}{\partial y} = 3x + 2y$$

所以

$$\frac{\partial z}{\partial x}\bigg|_{\substack{x=1\\y=2}} = 2\times1 + 3\times2 = 8, \quad \frac{\partial z}{\partial y}\bigg|_{\substack{x=1\\y=2}} = 3\times1 + 2\times2 = 7$$

解法二： 由 $z = x^2 + 3xy + y^2$，得

$$f(x, 2) = x^2 + 6x + 4, \quad f(1, y) = 1 + 3y + y^2$$

所以

$$f_x(1, 2) = (2x+6)\big|_{x=1} = 8, \quad f_y(1, 2) = (3+2y)\big|_{y=2} = 7$$

可见，对于求某点处的偏导数，解法二比较直观、易理解，因而有时会方便一些.

【任务 8-8】 设 $f(x, y) = (1 + xy)^y \ln(1 + x^2 + y^2)$，求 $f_x(1, 0)$.

解： 因为

$$f(x, 0) = \ln(1 + x^2)$$

所以

$$f_x(1, 0) = \frac{2x}{1+x^2}\bigg|_{x=1} = 1$$

【任务 8-9】已知理想气体的状态方程为 $pV = RT$（R 为常量），求证 $\frac{\partial p}{\partial V} \cdot \frac{\partial V}{\partial T} \cdot \frac{\partial T}{\partial p} = -1$.

证明： 因为 $pV = RT$，所以

$$p = \frac{RT}{V}, \quad \frac{\partial p}{\partial V} = -\frac{RT}{V^2}$$

$$V = \frac{RT}{p}, \quad \frac{\partial V}{\partial T} = \frac{R}{p}$$

$$T = \frac{pV}{R}, \quad \frac{\partial T}{\partial p} = \frac{V}{R}$$

故

$$\frac{\partial p}{\partial V} \cdot \frac{\partial V}{\partial T} \cdot \frac{\partial T}{\partial p} = -\frac{RT}{V^2} \cdot \frac{R}{p} \cdot \frac{V}{R} = -\frac{RT}{pV} = -1$$

【任务 8-10】 求函数 $z = f(x, y) = \begin{cases} \dfrac{xy}{x^2 + y^2}, & x^2 + y^2 \neq 0 \\ 0, & x^2 + y^2 = 0 \end{cases}$ ，在点 $(0, 0)$ 处的偏导数.

解： $f_x(0, 0) = \lim\limits_{x \to 0} \dfrac{f(x, 0) - f(0, 0)}{x} = \lim\limits_{x \to 0} \dfrac{0}{x} = 0$

同理可得 $f_y(0, 0) = 0$.

在上一节中，已经证明此函数在点 $(0, 0)$ 处不连续. 因此，由此例得到：二元函数在一点处的偏导数存在，并不能保证函数在该点处连续.

2. 偏导数的几何意义

设 $M_0(x_0, y_0, f(x_0, y_0))$ 为曲面 $z = f(x, y)$ 上的一点，过 M_0 作平面 $y = y_0$，与曲面相交而截得一条曲线，其方程为 $\begin{cases} y = y_0 \\ z = f(x, y_0) \end{cases}$ ，而偏导数 $f_x(x_0, y_0)$ 就是一元函数 $z = f(x, y_0)$ 在 $x = x_0$ 处的导数 $\dfrac{\mathrm{d}}{\mathrm{d}x} f(x, y_0) \Big|_{x = x_0}$. 在几何上，它表示曲线 $z = f(x, y_0)$ 在点 M_0 处的切线 $M_0 T_x$ 关于 x 轴的斜率（见图 8-4），即

$$f_x(x_0, y_0) = \tan \alpha$$

同理，偏导数 $f_y(x_0, y_0)$ 表示曲面 $z = f(x, y)$ 被平面 $x = x_0$ 所截得曲线 $\begin{cases} x = x_0 \\ z = f(x_0, y) \end{cases}$ 在点 M_0 处的切线关于 y 轴的斜率，即 $f_y(x_0, y_0) = \tan \beta$.

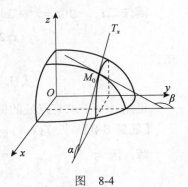

图 8-4

8.2.2 高阶偏导数

设函数 $z = f(x, y)$ 在区域 D 内具有偏导数

$$\frac{\partial z}{\partial x} = f_x(x, y), \quad \frac{\partial z}{\partial y} = f_y(x, y)$$

一般地，在 D 内 $f_x(x, y), f_y(x, y)$ 均是 x, y 的函数，若这两个函数的偏导数也存在，则称它们是函数的二阶偏导数.

按照对变量求导次序有下列四种二阶偏导数：

$$\frac{\partial}{\partial x}\left(\frac{\partial z}{\partial x}\right) = \frac{\partial^2 z}{\partial x^2} = f_{xx}(x, y)$$

$$\frac{\partial}{\partial y}\left(\frac{\partial z}{\partial x}\right) = \frac{\partial^2 z}{\partial x \partial y} = f_{xy}(x, y)$$

$$\frac{\partial}{\partial x}\left(\frac{\partial z}{\partial y}\right) = \frac{\partial^2 z}{\partial y \partial x} = f_{yx}(x, y)$$

$$\frac{\partial}{\partial y}\left(\frac{\partial z}{\partial y}\right)=\frac{\partial^2 z}{\partial y^2}=f_{yy}(x,y)$$

其中，$f_{xy}(x,y)$ 与 $f_{yx}(x,y)$ 均称为二阶混合偏导数. 类似地，可得到三阶、四阶和更高阶的偏导数. 二阶及二阶以上的偏导数统称为高阶偏导数.

【任务 8-11】　求函数 $z=x^3 y^2-3xy^2-xy$ 的二阶偏导数.

解：因为函数的一阶偏导数为

$$\frac{\partial z}{\partial x}=3x^2 y^2-3y^2-y,\ \frac{\partial z}{\partial y}=2x^3 y-6xy-x$$

所以，二阶偏导数为

$$\frac{\partial^2 z}{\partial x^2}=\frac{\partial}{\partial x}(3x^2 y^2-3y^2-y)=6xy^2$$

$$\frac{\partial^2 z}{\partial x \partial y}=\frac{\partial}{\partial y}(3x^2 y^2-3y^2-y)=6x^2 y-6y-1$$

$$\frac{\partial^2 z}{\partial y \partial x}=\frac{\partial}{\partial x}(2x^3 y-6xy-x)=6x^2 y-6y-1$$

$$\frac{\partial^2 z}{\partial y^2}=\frac{\partial}{\partial y}(2x^3 y-6xy-x)=2x^3-6x$$

此例中的两个二阶混合偏导数相等，即 $\dfrac{\partial^2 z}{\partial x \partial y}=\dfrac{\partial^2 z}{\partial y \partial x}$，但这个结论不具备一般性. 只有当两个二阶混合偏导数满足以下定理的条件时，结论 $\dfrac{\partial^2 z}{\partial x \partial y}=\dfrac{\partial^2 z}{\partial y \partial x}$ 才一定成立.

定理 8.1　若函数 $z=f(x,y)$ 的两个混合偏导数 $\dfrac{\partial^2 z}{\partial x \partial y}$ 与 $\dfrac{\partial^2 z}{\partial y \partial x}$ 在区域 D 内连续，则在该区域内这两个二阶混合偏导数相等.

这一结论表明，在二阶混合偏导数连续的条件下，它与求导次序无关. 对于二元以上的函数，高阶混合偏导数在偏导数连续的条件下也与求导的次序无关.

实训 8.2

1. 求下列函数的偏导数.

(1) $z=2xy^2-\sin x+5y^3$；　　　　(2) $z=x^2 \sin y$；　　　　(3) $z=\mathrm{e}^{xy}$；

(4) $z=\dfrac{x+y}{x-y}$　；　　　　(5) $z=\arctan\dfrac{y}{x}$；　　　　(6) $z=(\cos x)^{\sin y}$；

(7) $u=xy+yz+xz$；　　　　(8) $u=x^{yz^2}$.

2. 求下列函数在指定点处的偏导数.

(1) $f(x,y)=\cos(x+2y)$，求 $f_x(\dfrac{\pi}{2},0)$，$f_y(\dfrac{\pi}{2},0)$；

(2) $f(x, y) = \ln(1 + x^2 + y^2)$，求 $f_x(1, 2)$，$f_y(1, 2)$.

3. 求曲线 $\begin{cases} x = \sqrt{3} \\ z = \sqrt{x^2 + y^2 + 1} \end{cases}$ 在点 $(\sqrt{3}, 1, \sqrt{5})$ 处的切线关于 y 轴的斜率.

4. 求下列函数的二阶偏导数.

(1) $z = x^3 y - 3x^2 y^3$；

(2) $z = y \ln x$；

(3) $z = \sin^2(ax + by)$（a，b 为常数）；

(4) $z = x \ln(xy)$.

5. 求下列函数在指定点处的二阶偏导数.

(1) $f(x, y) = e^x(\sin y + x \cos y)$，求 $f_{xx}(0, \frac{\pi}{2})$, $f_{xy}(0, \frac{\pi}{2})$, $f_{yy}(0, \frac{\pi}{2})$；

(2) $f(x, y, z) = xy^2 + yz^2 + zx^2$，求 $f_{xx}(0, 0, 1)$, $f_{xy}(1, 0, 2)$, $f_{xz}(1, 1, 0)$.

8.3 全微分

类似一元函数的微分，本节将学习多元函数的全微分.

8.3.1 全微分的定义

一元函数 $y = f(x)$ 在点 $x = x_0$ 处的微分是指，如果函数在 $x = x_0$ 处的增量 Δy 可以表示成

$$\Delta y = A\Delta x + \alpha$$

其中，A 与 Δx 无关，α 是较 Δx 高阶的无穷小，即 $\lim\limits_{\Delta x \to 0} \frac{\alpha}{\Delta x} = 0$. 那么 $A\Delta x$ 是函数 $y = f(x)$ 在 $x = x_0$ 处的微分，这时称函数在点 x_0 处可微.

类似地，二元函数的全微分定义如下。

定义 8.5 如果二元函数 $z = f(x, y)$ 在点 (x, y) 处的全增量

$$\Delta z = f(x + \Delta x, y + \Delta y) - f(x, y)$$

可以表示为 $A\Delta x + B\Delta y + \omega$，即

$$\Delta z = A\Delta x + B\Delta y + \omega$$

其中，A，B 与 Δx，Δy 无关，ω 是较 $\rho = \sqrt{\Delta x^2 + \Delta y^2}$ 高阶的无穷小，即 $\lim\limits_{\rho \to 0} \frac{\omega}{\rho} = 0$，则称 $A\Delta x + B\Delta y$ 为函数 $z = f(x, y)$ 在点 (x, y) 处的全微分，记作 $\mathrm{d}z$，即

$$\mathrm{d}z = A\Delta x + B\Delta y$$

此时，也称 $z = f(x, y)$ 在点 (x, y) 处可微.

我们知道，一元函数 $y = f(x)$ 在点 x 处可微与在点 x 处可导是等价的，且 $\mathrm{d}y = f'(x)\Delta x$. 类似地，对于二元函数有以下定理.

定理 8.2（可微的必要条件）　如果函数 $z = f(x, y)$ 在点 (x, y) 处可微，则它在点 (x, y) 处的偏导数 $\dfrac{\partial z}{\partial x}, \dfrac{\partial z}{\partial y}$ 存在，且

$$dz = \frac{\partial z}{\partial x}\Delta x + \frac{\partial z}{\partial y}\Delta y$$

一般地，我们用 dx 记 Δx，用 dy 记 Δy，并分别称为 x, y 的微分. 这样，函数的全微分可写成

$$dz = \frac{\partial z}{\partial x}dx + \frac{\partial z}{\partial y}dy$$

下面给出可微的充分条件.

定理 8.3（可微的充分条件）　如果函数 $z = f(x, y)$ 的偏导数 $\dfrac{\partial z}{\partial x}, \dfrac{\partial z}{\partial y}$ 在点 (x, y) 处连续，则函数在该点处可微.

与一元函数类似，二元函数 $z = f(x, y)$ 在点 (x, y) 处可微，则函数在该点处连续.

定理 8.4　如果函数 $z = f(x, y)$ 在点 (x, y) 处可微，则它在该点处一定连续.

全微分的概念可以推广到二元以上函数的情形. 如果三元函数 $u = f(x, y, z)$ 可微，那么

$$du = \frac{\partial u}{\partial x}dx + \frac{\partial u}{\partial y}dy + \frac{\partial u}{\partial z}dz$$

【任务 8-12】　求函数 $z = \dfrac{y}{x}$ 在点 $(2,1)$ 处当 $\Delta x = 0.1, \Delta y = -0.2$ 时的全增量与全微分.

解：全增量为

$$\Delta z = \frac{1-0.2}{2+0.1} - \frac{1}{2} \approx -0.119$$

因为

$$\frac{\partial z}{\partial x}\bigg|_{(2,1)} = -\frac{y}{x^2}\bigg|_{(2,1)} = -\frac{1}{4} = -0.25 , \quad \frac{\partial z}{\partial y}\bigg|_{(2,1)} = \frac{1}{x}\bigg|_{(2,1)} = \frac{1}{2} = 0.5$$

所以

$$dz = \frac{\partial z}{\partial x}\bigg|_{(2,1)}\Delta x + \frac{\partial z}{\partial y}\bigg|_{(2,1)}\Delta y = -0.25 \times 0.1 + 0.5 \times (-0.2) = -0.125$$

【任务 8-13】　求下列函数的全微分.

(1) $z = \tan(x + y^2)$；　　　　　　　　　(2) $u = x + \sin\dfrac{y}{2} + e^{yz}$.

解：(1) 因为

$$\frac{\partial z}{\partial x} = \sec^2(x + y^2), \quad \frac{\partial z}{\partial y} = 2y\sec^2(x + y^2)$$

所以

$$dz = \sec^2(x + y^2)dx + 2y\sec^2(x + y^2)dy$$

(2) 因为

$$\frac{\partial u}{\partial x} = 1, \quad \frac{\partial u}{\partial y} = \frac{1}{2}\cos\frac{y}{2} + z\,\mathrm{e}^{yz}, \quad \frac{\partial u}{\partial z} = y\,\mathrm{e}^{yz}$$

所以

$$\mathrm{d}u = \mathrm{d}x + (\frac{1}{2}\cos\frac{y}{2} + z\,\mathrm{e}^{yz})\mathrm{d}y + y\,\mathrm{e}^{yz}\mathrm{d}z$$

8.3.2　全微分在近似计算中的应用

由全微分的定义可知，二元函数全微分具有类似于一元函数微分的两个性质：

(1) $\mathrm{d}z$ 是 Δx 和 Δy 的线性函数；

(2) 当 $(\Delta x, \Delta y) \to (0,0)$（即 $\rho \to 0$）时，$\mathrm{d}z$ 与 Δz 之差是比 ρ 高阶的无穷小量. 因此，当 Δx 和 Δy 都很小时，全增量可近似地用全微分代替，即

$$\Delta z \approx \mathrm{d}z = f_x(x, y)\Delta x + f_y(x, y)\Delta y$$

又

$$\Delta z = f(x + \Delta x, y + \Delta y) - f(x, y)$$

所以

$$f(x + \Delta x, y + \Delta y) \approx f_x(x, y)\Delta x + f_y(x, y)\Delta y + f(x, y)$$

【任务 8-14】 当圆柱体的半径由 20cm 增加到 20.05cm，高由 40cm 减少到 39.95cm 时，求体积变化的近似值.

解：圆柱体的体积为

$$V = \pi r^2 h$$

因为

$$\frac{\partial V}{\partial r} = 2\pi rh, \frac{\partial V}{\partial h} = \pi r^2$$

所以

$$\mathrm{d}V = 2\pi rh\Delta r + \pi r^2\Delta h$$

于是

$$\Delta V \approx 2\pi rh\Delta r + \pi r^2\Delta h$$

将 $r = 20, \Delta r = 0.05, h = 40, \Delta h = -0.05$ 代入上式，得圆柱体体积的近似值

$$\Delta V \approx 2\pi \times 20 \times 40 \times 0.05 + \pi \times 20^2 \times (-0.05) = 188.5$$

故体积变化的近似值为 188.5cm^3.

【任务 8-15】 求 $(1.02)^{4.96}$ 的近似值.

解：设 $f(x, y) = x^y$，取 $x = 1, \Delta x = 0.02, y = 5, \Delta y = -0.04$，则

$$f(1, 5) = 1^5 = 1, \quad f_x(1, 5) = yx^{y-1}\big|_{(1, 5)} = 5 \times 1^4 = 5$$

$$f_y(1, 5) = x^y \ln x \big|_{(1, 5)} = 1^5 \ln 1 = 0$$

由 $f(x + \Delta x, y + \Delta y) \approx f_x(x, y)\Delta x + f_y(x, y)\Delta y + f(x, y)$，得

$$(1.02)^{4.96} \approx 5 \times 0.02 + 0 \times (-0.04) + 1 = 1.1$$

实训 8.3

1. 求下列函数的全微分.

（1）$z = xy + \dfrac{x}{y}$；　　　　　（2）$z = \ln(3x - 2y)$；　　　　　（3）$z = \mathrm{e}^{x+y}\cos(xy)$；

（4）$z = \dfrac{\mathrm{e}^{xy}}{x + y}$；　　　　　（5）$u = z\tan(xy)$；　　　　　（6）$u = z^{\frac{y}{x}}$.

2. 求函数 $z = x^2 y^3$ 在点 $(2, -1)$ 处当 $\Delta x = 0.02$，$\Delta y = 0.01$ 时的全增量与全微分.

3. 求函数 $z = \arcsin(xy)$ 在点 $x = 1, y = 0$ 处全微分.

4. 利用全微分计算近似值.

（1）$(1.04)^{2.02}$；　　　　　　　　　　　（2）$\sqrt{(1.02)^3 + (1.97)^3}$.

5. 设有一无盖圆柱形容器，容器的壁与底的厚度均为 0.1cm，内高为 20cm，半径为 4cm，求容器外壳体积的近似值.

8.4　二元复合函数与隐函数的微分法

求多元函数的偏导数和全微分的方法统称为微分法. 前两节已经讨论了比较简单的多元函数的微分法，本节将要讨论二元复合函数和隐函数的微分法.

8.4.1　二元复合函数微分法

设 $z = f(u, v)$ 是 u, v 的函数，而 u, v 又是 x, y 的函数，即 $u = \varphi(x, y), v = \psi(x, y)$，于是 $z = f(\varphi(x, y), \psi(x, y))$ 是 x, y 的函数，称函数

$$z = f(\varphi(x, y), \psi(x, y))$$

是由 $z = f(u, v)$ 和 $u = \varphi(x, y), v = \psi(x, y)$ 复合而成的复合函数.

定理 8.5　设 $u = \varphi(x, y), v = \psi(x, y)$ 在点 (x, y) 处具有对 x 及 y 的偏导数，函数 $z = f(u, v)$ 在相应点 (u, v) 处具有连续偏导数，则复合函数 $z = f(\phi(x, y), \psi(x, y))$ 在点 (x, y) 处的两个偏导数存在，且

$$\frac{\partial z}{\partial x} = \frac{\partial z}{\partial u}\frac{\partial u}{\partial x} + \frac{\partial z}{\partial v}\frac{\partial v}{\partial x}$$

$$\frac{\partial z}{\partial y} = \frac{\partial z}{\partial u}\frac{\partial u}{\partial y} + \frac{\partial z}{\partial v}\frac{\partial v}{\partial y}$$

【任务 8-16】 设 $z = e^u \cos v, u = xy, v = 3x - y$，求 $\frac{\partial z}{\partial x}, \frac{\partial z}{\partial y}$.

解：因为

$$\frac{\partial z}{\partial u} = e^u \cos v, \frac{\partial z}{\partial v} = -e^u \sin v$$

$$\frac{\partial u}{\partial x} = y, \frac{\partial v}{\partial x} = 3 ; \quad \frac{\partial u}{\partial y} = x, \frac{\partial v}{\partial y} = -1$$

所以

$$\frac{\partial z}{\partial x} = e^u \cos v \cdot y - e^u \sin v \cdot 3 = e^{xy}[y\cos(3x - y) - 3\sin(3x - y)],$$

$$\frac{\partial z}{\partial y} = e^u \cos v \cdot x - e^u \sin v \cdot (-1) = e^{xy}[x\cos(3x - y) + \sin(3x - y)]$$

【任务 8-17】 设 $z = e^{2x-y}, x = 3t^2, y = 2t^3$，求 $\frac{dz}{dt}$.

解：由全微分公式知 $dz = \frac{\partial z}{\partial x}dx + \frac{\partial z}{\partial y}dy$，则

$$\frac{dz}{dt} = \frac{\partial z}{\partial x}\frac{dx}{dt} + \frac{\partial z}{\partial y}\frac{dy}{dt}$$

因为

$$\frac{\partial z}{\partial x} = 2e^{2x-y}, \quad \frac{\partial z}{\partial y} = -e^{2x-y}$$

$$\frac{dx}{dt} = 6t, \quad \frac{dy}{dt} = 6t^2$$

所以

$$\frac{dz}{dt} = 2e^{2x-y} \cdot 6t - e^{2x-y} \cdot 6t^2$$
$$= 2e^{2\times3t^2-2t^3} \cdot 6t - e^{2\times3t^2-2t^3} \cdot 6t^2$$
$$= 6t\,e^{2t^2(3-t)}(2-t)$$

【任务 8-18】 设 $z = f(\frac{y}{x}, x - 2y, y\sin x)$，求 $\frac{\partial z}{\partial x}, \frac{\partial z}{\partial y}$.

解：令 $u = \frac{y}{x}, v = x - 2y, w = y\sin x$，则

$$z = f(u, v, w)$$

因为

$$\frac{\partial u}{\partial x} = -\frac{y}{x^2}, \quad \frac{\partial v}{\partial x} = 1, \quad \frac{\partial w}{\partial x} = y\cos x$$

$$\frac{\partial u}{\partial y} = \frac{1}{x}, \quad \frac{\partial v}{\partial y} = -2, \quad \frac{\partial w}{\partial y} = \sin x$$

所以

$$\frac{\partial z}{\partial x} = -\frac{y}{x^2} \cdot f_u(u,v,w) + f_v(u,v,w) + y\cos x \cdot f_w(u,v,w)$$

$$\frac{\partial z}{\partial y} = \frac{1}{x} \cdot f_u(u,v,w) - 2f_v(u,v,w) + \sin x \cdot f_w(u,v,w)$$

8.4.2　二元隐函数微分法

设三元方程 $F(x,y,z)=0$ 确定了一个二元函数 $z=f(x,y)$. 考察恒等式

$$F(x,y,f(x,y))=0$$

两侧的偏导数，令 $u=x, v=y, w=z=f(x,y)$ 为中间变量，则恒等式两边分别对变量 x, y 求偏导数，得

$$\frac{\partial F}{\partial u} \cdot \frac{\partial u}{\partial x} + \frac{\partial F}{\partial v} \cdot \frac{\partial v}{\partial x} + \frac{\partial F}{\partial w} \cdot \frac{\partial w}{\partial x} = 0$$

$$\frac{\partial F}{\partial u} \cdot \frac{\partial u}{\partial y} + \frac{\partial F}{\partial v} \cdot \frac{\partial v}{\partial y} + \frac{\partial F}{\partial w} \cdot \frac{\partial w}{\partial y} = 0$$

注意到 $u=x, v=y$，得

$$\frac{\partial F}{\partial x} + \frac{\partial F}{\partial z} \cdot \frac{\partial z}{\partial x} = 0 , \quad \frac{\partial F}{\partial y} + \frac{\partial F}{\partial z} \cdot \frac{\partial z}{\partial y} = 0$$

当 $\frac{\partial F}{\partial z} \neq 0$ 时，解出 $\frac{\partial z}{\partial x}$ 和 $\frac{\partial z}{\partial y}$，得二元隐函数的偏导数

$$\frac{\partial z}{\partial x} = -\frac{\dfrac{\partial F}{\partial x}}{\dfrac{\partial F}{\partial z}} , \quad \frac{\partial z}{\partial y} = -\frac{\dfrac{\partial F}{\partial y}}{\dfrac{\partial F}{\partial z}}$$

即

$$\frac{\partial z}{\partial x} = -\frac{F_x}{F_z} , \quad \frac{\partial z}{\partial y} = -\frac{F_y}{F_z}$$

类似地，若 $F(x,y)=0$，且 $F_y \neq 0$，则 $\dfrac{\mathrm{d}y}{\mathrm{d}x} = -\dfrac{F_x}{F_y}$.

【任务 8-19】 设 $x^2 + y^2 + z^2 - 4z = 0$，求 $\dfrac{\partial z}{\partial x}, \dfrac{\partial z}{\partial y}$.

解一： 将方程 $x^2 + y^2 + z^2 - 4z = 0$ 中的 z 视为 x 的隐函数，y 为常数，两边对 x 求偏导数有

$$2x + 2z \cdot \frac{\partial z}{\partial x} - 4\frac{\partial z}{\partial x} = 0$$

解关于 $\dfrac{\partial z}{\partial x}$ 为未知量的方程，得

$$\frac{\partial z}{\partial x} = \frac{x}{2-z}$$

类似地，得

$$\frac{\partial z}{\partial y} = \frac{y}{2-z}$$

解二： 令 $F(x, y, z) = x^2 + y^2 + z^2 - 4z$，则

$$F_x = 2x, F_y = 2y, F_z = 2z - 4$$

所以

$$\frac{\partial z}{\partial x} = -\frac{F_x}{F_z} = \frac{x}{2-z}, \quad \frac{\partial z}{\partial y} = -\frac{F_y}{F_z} = \frac{y}{2-z}$$

【任务 8-20】 设 $x^2 + y^2 = 2x$，求 $\dfrac{\mathrm{d}y}{\mathrm{d}x}$.

解： 令 $F(x, y) = x^2 + y^2 - 2x$，则

$$F_x = 2x - 2, F_y = 2y$$

所以

$$\frac{\mathrm{d}y}{\mathrm{d}x} = -\frac{F_x}{F_y} = \frac{1-x}{y}$$

实训 8.4

1. 求下列复合函数的偏导数或导数.

(1) 设 $z = u^v (u > 0), u = \sin x, v = \cos x$，求 $\dfrac{\mathrm{d}z}{\mathrm{d}x}$；

(2) 设 $z = u^2 \ln v, u = xy, v = 5x - 2y$，求 $\dfrac{\partial z}{\partial x}, \dfrac{\partial z}{\partial y}$；

(3) 设 $z = \dfrac{\sin v}{u}, u = \dfrac{y}{x}, v = x^2 y$，求 $\dfrac{\partial z}{\partial x}, \dfrac{\partial z}{\partial y}$；

(4) 设 $z = 2^{uv}, u = xy, v = \ln(x + y)$，求 $\dfrac{\partial z}{\partial x}, \dfrac{\partial z}{\partial y}$；

(5) 设 $z = u^2 x^3, u = \sin x$，求 $\dfrac{\mathrm{d}z}{\mathrm{d}x}$；

(6) 设 $z = \dfrac{y}{x}, x = \mathrm{e}^{-t}, y = t\,\mathrm{e}^t$，求 $\dfrac{\mathrm{d}z}{\mathrm{d}t}$；

(7) 设 $u = \mathrm{e}^{2x-y+z}, x = t, y = \sin t, z = \cos t$，求 $\dfrac{\mathrm{d}u}{\mathrm{d}t}$；

(8) 设 $z = f(x^2 - y^2, \mathrm{e}^{xy})$，求 $\dfrac{\partial z}{\partial x}, \dfrac{\partial z}{\partial y}$.

2. 求由下列方程所确定的隐函数的导数或偏导数.

(1) 设 $\sin y - xy^2 = 0$，求 $\dfrac{\mathrm{d}y}{\mathrm{d}x}$；

(2) 设 $\mathrm{e}^z = xyz$，求 $\dfrac{\partial z}{\partial x}, \dfrac{\partial z}{\partial y}$；

(3) 设 $\dfrac{x}{z} = \ln \dfrac{z}{y}$，求 $\dfrac{\partial z}{\partial x}, \dfrac{\partial z}{\partial y}$；

(4) 设 $x = y \tan z$，求 $\dfrac{\partial z}{\partial x}, \dfrac{\partial z}{\partial y}$.

8.5 偏导数的几何应用

8.5.1 空间曲线的切线与法平面

定义 8.6 设 M_0 是空间曲线 Γ 上的一点，M 是 Γ 上的另一点（见图 8-5），则当点 M 沿曲线 Γ 趋向于点 M_0 时，割线 M_0M 的极限位置 M_0T（如果存在），称为曲线 Γ 在点 M_0 处的切线，过点 M_0 且与切线 M_0T 垂直的平面，称为曲线 Γ 在点 M_0 处的法平面.

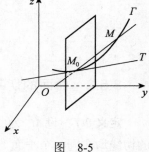

图 8-5

下面建立空间曲线和法平面的方程.

设空间曲线 Γ 的参数方程为

$$\begin{cases} x = \varphi(t) \\ y = \psi(t) \\ z = \omega(t) \end{cases}$$

当 $t = t_0$ 时，曲线 Γ 上的对应点为 $M_0(x_0, y_0, z_0)$，假定 $x = \varphi(t), y = \psi(t), z = \omega(t)$ 可导，且 $\varphi'(t_0), \psi'(t_0), \omega'(t_0)$ 不同时为零. 给 t_0 以增量 Δt，对应地曲线 Γ 上的点为

$$M_0(x_0 + \Delta x, y_0 + \Delta y, z_0 + \Delta z)$$

则割线 M_0M 的方程为

$$\frac{x - x_0}{\Delta x} = \frac{y - y_0}{\Delta y} = \frac{z - z_0}{\Delta z}$$

上式中等号两侧同乘以 Δt，整理得

$$\frac{x - x_0}{\dfrac{\Delta x}{\Delta t}} = \frac{y - y_0}{\dfrac{\Delta y}{\Delta t}} = \frac{z - z_0}{\dfrac{\Delta z}{\Delta t}}$$

因 $\Delta t \to 0$ 时，$M_0M \to M_0T$，故曲线 Γ 在点 M_0 处的切线方程为

$$\frac{x - x_0}{\varphi'(t_0)} = \frac{y - y_0}{\psi'(t_0)} = \frac{z - z_0}{\omega'(t_0)}$$

其方向向量 $\{\varphi'(t_0), \psi'(t_0), \omega'(t_0)\}$ 称为曲线 Γ 在点 M_0 处的切向量.

易知，曲线 Γ 在点 M_0 处的法平面方程为

$$\varphi'(t_0)(x - x_0) + \psi'(t_0)(y - y_0) + \omega'(t_0)(z - z_0) = 0$$

【任务 8-21】 求等速螺旋线 $\begin{cases} x = 2\cos t \\ y = 2\sin t \\ z = 3t \end{cases}$ 在 $t_0 = \dfrac{\pi}{3}$ 处的切线方程和法平面方程.

解： 因为

$$x'_t = -2\sin t,\ y'_t = 2\cos t,\ z'_t = 3$$

当 $t_0 = \dfrac{\pi}{3}$ 时，曲线上对应的点为 $(1, \sqrt{3}, \pi)$ ，该点处切线的方向向量为 $(-\sqrt{3}, 1, 3)$.

故，所求的切线方程为

$$\frac{x-1}{-\sqrt{3}} = \frac{y-\sqrt{3}}{1} = \frac{z-\pi}{3}$$

所求的法平面方程为

$$-\sqrt{3}(x-1) + (y-\sqrt{3}) + 3(z-\pi) = 0$$

即

$$\sqrt{3}x - y - 3z + 3\pi = 0$$

8.5.2 曲面的切平面与法线

定义 8.7 设 M_0 为曲面 Σ 上的一点，若过点 M_0 且在曲面 Σ 上的任何曲线在点 M_0 处的切线均在同一个平面上，则称该平面为曲面 Σ 在点 M_0 处的切平面，过点 M_0 且垂直于切平面的直线，称为曲面 Σ 在点 M_0 处的法线.

设曲面 Σ 的方程为 $F(x, y, z) = 0$ ， $M_0(x_0, y_0, z_0)$ 是 Σ 上的一点， F_x, F_y, F_z 在点 M_0 处连续且不同时为零. 则可以证明过点 M_0 的任何切线都在同一个平面上，即该平面就是曲面 Σ 在点 M_0 处的切平面，且其方程为

$$F_x(x_0, y_0, z_0)(x - x_0) + F_y(x_0, y_0, z_0)(y - y_0) + F_z(x_0, y_0, z_0)(z - z_0) = 0$$

曲面 Σ 在点 M_0 处的法线方程为

$$\frac{x - x_0}{F_x(x_0, y_0, z_0)} = \frac{y - y_0}{F_y(x_0, y_0, z_0)} = \frac{z - z_0}{F_z(x_0, y_0, z_0)}$$

其方向向量 $\{F_x(x_0, y_0, z_0), F_y(x_0, y_0, z_0), F_z(x_0, y_0, z_0)\}$ 称为曲面 Σ 在点 M_0 处的法向量.

若曲面 Σ 的方程为 $z = f(x, y)$ ，令 $F(x, y, z) = f(x, y) - z = 0$ ，则

$$F_x = f_x,\ F_y = f_y,\ F_z = -1$$

当偏导数 $f_x(x, y), f_y(x, y)$ 在点 (x_0, y_0) 处连续时，曲面在点 $M_0(x_0, y_0, z_0)$ 处的切平面方程为

$$z - z_0 = f_x(x_0, y_0)(x - x_0) + f_y(x_0, y_0)(y - y_0)$$

而法线方程为

$$\frac{x - x_0}{f_x(x_0, y_0)} = \frac{y - y_0}{f_y(x_0, y_0)} = \frac{z - z_0}{-1}$$

【任务 8-22】 求球面 $x^2 + y^2 + z^2 = 29$ 在点 $(2,3,4)$ 处的切平面和法线方程.

解：令 $F(x,y,z) = x^2 + y^2 + z^2 - 29$，则

$$F_x = 2x, F_y = 2y, F_z = 2z$$

即所求切平面的法向量为 $\{4,6,8\}$.

所以，所求的切平面方程为

$$4(x-2) + 6(y-3) + 8(z-4) = 0$$

即

$$4x + 6y + 8z - 58 = 0$$

法线方程为

$$\frac{x-2}{4} = \frac{y-3}{6} = \frac{z-4}{8}$$

即

$$\frac{x-2}{2} = \frac{y-3}{3} = \frac{z-4}{4}$$

实训 8.5

1. 求曲线 $x = t - \sin t, y = 1 - \cos t, z = 2\sin\frac{t}{2}$ 在点 $(\frac{\pi}{2}-1, 1, \sqrt{2})$ 处的切线方程和法平面方程.

2. 求曲线 $x = \frac{t}{1+t}, y = 1 + \frac{1}{t}, z = t^2$ 在对应于 $t = 1$ 的点处的切线方程和法平面方程.

3. 求曲面 $z = x^2 + y^2$ 在点 $(1,2,5)$ 处的切平面方程和法线方程.

4. 求曲面 $e^z - z + xy = 3$ 在点 $(1,2,0)$ 处的切平面方程和法线方程.

8.6 多元函数的极值

在很多工程、科技等实际问题中，需要求多元函数的极值，与一元函数类似，利用多元函数的偏导数可以求得函数的极值. 本节着重讨论二元函数的情形.

8.6.1 二元函数的极值

定义 8.8 设函数 $z = f(x,y)$ 在点 (x_0, y_0) 的某个邻域内有定义. 如果对于该邻域内任何异于 (x_0, y_0) 的点 (x,y)，都有 $f(x,y) < f(x_0, y_0)$ 成立，则称 $f(x_0, y_0)$ 为函数 $f(x,y)$ 的极大值；如果总有 $f(x,y) > f(x_0, y_0)$ 成立，则称 $f(x_0, y_0)$ 为函数 $f(x,y)$ 的极小值. 极大值和极小值统称为极值. 使函数取得极值的点称为极值点，取得极大值的是极大值点，

取得极小值的是极小值点.

二元函数的极值是一个局部概念，这一概念可推广到多元函数.

如函数 $z = \sqrt{1-x^2-y^2}$ 在点 $(0,0)$ 处的值为 1，而在点 $(0,0)$ 的某个去心邻域内（半径 $\delta < 1$）的函数值恒小于 1，因此函数在点 $(0,0)$ 处取得极大值 1，点 $(0,0)$ 是函数的极大值点. 实际上，曲面 $z = \sqrt{1-x^2-y^2}$ 是上半球面，点 $(0,0,1)$ 是它的顶点，球面在这点的切平面 $z = 1$ 平行于 xOy 坐标面.

定理 8.6（极值存在的必要条件）　设函数 $z = f(x,y)$ 在点 (x_0, y_0) 处的两个偏导数存在，且在点 (x_0, y_0) 处取得极值，则函数在该点处的偏导数必为零. 即

$$f_x(x_0, y_0) = f_y(x_0, y_0) = 0$$

使 $f_x(x,y) = 0$，$f_y(x,y) = 0$ 同时成立的点 (x_0, y_0)，称为函数 $f(x,y)$ 的驻点.

定理表明，可（偏）导函数的极值点必为驻点. 但要注意，函数的驻点却不一定是极值点. 如点 $(0,0)$ 是函数 $z = xy$ 驻点，但函数 $z = xy$ 在点 $(0,0)$ 处不能取得极值.

此外，偏导数 $f_x(x_0, y_0)$ 或 $f_y(x_0, y_0)$ 不存在的点 (x_0, y_0) 也是函数 $f(x,y)$ 的可能极值点.

定理 8.7（极值存在的充分条件）　设函数 $z = f(x,y)$ 在点 (x_0, y_0) 的某个邻域内具有二阶连续的偏导数，且 $f_x(x_0, y_0) = f_y(x_0, y_0) = 0$，记

$$A = f_{xx}(x_0, y_0), B = f_{xy}(x_0, y_0), C = f_{yy}(x_0, y_0), \Delta = AC - B^2$$

则

(1) 当 $\Delta > 0$ 时 $f(x_0, y_0)$ 是极值，且当 $A < 0$ 时 $f(x_0, y_0)$ 是极大值，当 $A > 0$ 时 $f(x_0, y_0)$ 是极小值；

(2) 当 $\Delta < 0$ 时 $f(x_0, y_0)$ 不是极值；

(3) 当 $\Delta = 0$ 时 $f(x_0, y_0)$ 可能是极值，也可能不是极值，需另作讨论.

综合定理 8.6、定理 8.7，我们可以把具有二阶连续偏导数的函数 $z = f(x,y)$ 的求极值方法归纳如下：

①求偏导数 $f_x(x,y), f_y(x,y), f_{xx}(x,y), f_{xy}(x,y), f_{yy}(x,y)$；

②解方程组 $\begin{cases} f_x(x,y) = 0 \\ f_y(x,y) = 0 \end{cases}$，求出驻点；

③求出驻点处 $A = f_{xx}(x_0, y_0), B = f_{xy}(x_0, y_0), C = f_{yy}(x_0, y_0)$ 的值及确定 $\Delta = AC - B^2$ 的符号，据此判定出极值点，并求出极值.

【任务 8-23】　求函数 $f(x,y) = x^3 - y^3 + 3x^2 - 9x + 3y$ 的极值.

解： $f_x(x,y) = 3x^2 + 6x - 9 = 3(x+3)(x-1)$

$f_y(x,y) = -3y^2 + 3 = -3(y+1)(y-1)$

$f_{xx}(x,y) = 6x + 6, f_{xy}(x,y) = 0, f_{yy}(x,y) = -6y$

令

$$\begin{cases} f_x(x,y)=0 \\ f_y(x,y)=0 \end{cases} \Rightarrow \begin{cases} 3(x+3)(x-1)=0 \\ -3(y+1)(y-1)=0 \end{cases}$$

解方程组，得驻点 $(-3,-1),(-3,1)$，　$(1,-1),(1,1)$．

列表讨论如下：

驻点 (x_0, y_0)	$A=6x_0+6$	$B=0$	$C=-6y$	$\Delta =AC-B^2$	结论
$(-3,-1)$	$-12<0$	0	6	$-72<0$	不是极值
$(-3,1)$	$-12<0$	0	-6	$72>0$	极大值 29
$(1,-1)$	$12>0$	0	6	$72>0$	极小值 -7
$(1,1)$	$12>0$	0	-6	$-72<0$	不是极值

故函数在点 $(-3,1)$ 处取得极大值 $f(-3,1)=29$，在点 $(1,-1)$ 处取得极小值 $f(1,-1)=-7$．

定理 8.6、8.7 的结论可以推广到多元函数．

8.6.2　二元函数的最值

与一元函数类似，对于有界闭区域 D 上的连续二元函数 $f(x,y)$，一定能在该区域上取得最大值和最小值．使函数取得最值的点可能在 D 的内部，也可能在 D 的边界上．

若函数的最值在 D 的内部取得，这个最值也是函数的极值，它必在函数的驻点或使 $f_x(x,y)$、$f_y(x,y)$ 不存在的点取得．

若函数在 D 的边界上取得最值，根据 D 的边界方程，将 $f(x,y)$ 化为定义在某个区间上的一元函数，进而利用一元函数求最值的方法求出最值．

综上所述，有界闭区域 D 上的连续函数 $f(x,y)$ 最值的求法如下：

(1)求出在 D 的内部使 $f_x(x,y)$，$f_y(x,y)$ 同时为零及使 $f_x(x,y)$ 或 $f_y(x,y)$ 不存在的点；

(2)计算出 $f(x,y)$ 在 D 的内部所有可能极值点处的函数值；

(3)计算出 $f(x,y)$ 在 D 的边界上的最值；

(4)比较上述函数值的大小，最大者便是函数在 D 上的最大值；最小者便是函数在 D 上的最小值．

对于实际问题中的最值问题，往往从问题本身能断定它的最值一定在 D 的内部取得，而函数在 D 内又只有一个驻点，则该驻点处的函数值就是函数在 D 上的最值．

【任务 8-24】 要制作一个容积为 $4\mathrm{m}^3$ 的无盖长方体水箱，如何选取长、宽、高才能使用料最省．

解：设水箱的长为 x m，宽为 y m，则高为 $\dfrac{4}{xy}$ m，水箱的表面积 A 为．

$$A = 2(x \cdot \frac{4}{xy} + y \cdot \frac{4}{xy}) + xy = \frac{8}{y} + \frac{8}{x} + xy, (x > 0, y > 0)$$

$$A_x = -\frac{8}{x^2} + y, \quad A_y = -\frac{8}{y^2} + x$$

令

$$\begin{cases} A_x = 0 \\ A_y = 0 \end{cases} \Rightarrow \begin{cases} -\dfrac{8}{x^2} + y = 0 \\ \\ -\dfrac{8}{y^2} + x = 0 \end{cases}$$

解方程组，得唯一驻点 $(2, 2)$.

根据实际问题，水箱用料面积的最小值一定存在，并在开区域 $D = \{(x, y) \mid x > 0, y > 0\}$ 内取得，又函数在 D 内只有唯一的驻点，因此，可断定当 $x = y = 2$ 时，A 取得最小值. 即当水箱的长、宽都是 2m，高为 $\frac{4}{2 \times 2} = 1\,\text{m}$ 时，用料最省.

8.6.3 条件极值

前面所讨论的极值问题，对于函数的自变量，除了限制它在定义域内之外，再无其他的约束条件，因此，我们称这类极值为无条件极值. 但是，在实际问题中，有时会遇到对函数的自变量还有附加条件的极值问题. 例 8-25 中若设长方体的长、宽、高分别为 x、y、z，则其表面积为

$$A = 2(xz + yz) + xy$$

这里除了 $x > 0, y > 0, z > 0$ 外，还需满足条件 $xyz = 4$.

我们把这类自变量有附加条件的极值称为条件极值.

有些实际问题，可将条件极值化为无条件极值，如任务 8-24；但对一些复杂的问题，条件极值很难化为无条件极值.

考虑函数 $z = f(x, y)$ 在限制条件 $\varphi(x, y) = 0$ 下的条件极值问题.

先构建拉格朗日函数 $F(x, y, \lambda) = f(x, y) + \lambda\varphi(x, y)$，其中 λ 为参数.

然后，求其对 x、y 与 λ 的一阶偏导数，并解方程组

$$\begin{cases} F_x = f_x(x, y) + \lambda\varphi_x(x, y) = 0 \\ F_y = f_y(x, y) + \lambda\varphi_y(x, y) = 0 \\ F_\lambda = \varphi(x, y) = 0 \end{cases}$$

求出 x、 y、λ，这样求出的点 (x, y) 就是可能的条件极值点.

最后，判别求出的点 (x, y) 是否为极值点，通常由实际问题的实际意义判定.

上述的方法称为拉格朗日乘数法，它可推广到二元以上的函数或限制条件多于一个的情形.

下面，我们用拉格朗日乘数法求解任务 8-24.

解：设长方体的长、宽、高分别为 x、y、z，体积为 $xyz=4$，表面积为 $A=2(xz+yz)+xy$，令拉格朗日函数为

$$F(x,y,z,\lambda)=2(xz+yz)+xy+\lambda(xyz-4)$$

则得方程组

$$\begin{cases} F_x=2z+y+\lambda yz=0 \\ F_y=2z+x+\lambda xz=0 \\ F_z=2x+2y+\lambda xy=0 \\ F_\lambda=xyz-4=0 \end{cases}$$

解方程组得唯一驻点 $(2,2,1)$．由问题本身可知最小值一定存在，因此当 $x=y=2,z=1$ 时，水箱所需的用料最省.

实训 8.6

1. 求下列函数的极值.

(1) $f(x,y)=x^3-4x^2+2xy-y^2+1$；

(2) $f(x,y)=\mathrm{e}^{2x}(y^2+x+2y)$.

2. 求函数 $f(x,y)=x^2-y^2$ 在闭区域 $x^2+y^2\leqslant 4$ 上的最大值和最小值.

3. 求函数 $z=x+y$ 在 $x^2+y^2=1$ 条件下的极值.

总实训 8

1. 设 $f(x,y)=\ln x\ln y$，求 $f(xy,x^2y^2)$.

2. 求下列函数的定义域并画出定义域的图形.

(1) $z=\sqrt{1-x^2}+\sqrt{y^2-1}$；　　(2) $z=\dfrac{1}{\sqrt{x^2+y^2}}$；

(3) $z=\dfrac{1}{\sqrt{R^2-x^2-y^2}}+\dfrac{1}{\sqrt{x^2+y^2-r^2}}\ (R>r>0)$；　(4) $z=\ln(y-x)+\arcsin x$.

3. 求下列函数的偏导数.

(1) $z=x^2\ln(x-y^2)$；　　(2) $z=\dfrac{x}{\sqrt{x^2+y^2}}$；

(3) $z=\ln\sin(x+2y)$；　　(4) $u=\mathrm{e}^{x(y-z^2)}$.

4. 求下列函数在指定点处的偏导数.

(1) $z=\dfrac{x^2y^2}{x+y},(2,1)$；　　(2) $z=\mathrm{e}^{\arctan\frac{y}{x}}\ln(x^2+y^2),(1,0)$.

5. 求下列函数的二阶偏导数.

(1) $z = \sqrt{xy}$；   (2) $z = y^{\ln x}$.

6. 求下列函数的全微分.

(1) $z = x\cos(x + y)$；   (2) $z = \sqrt{\dfrac{y}{x}}$；

(3) $z = e^{x^2 + y^2}$；   (4) $u = \ln(x^2 + y^2 + z^2)$.

7. 求函数 $z = x^2 y^3$，当 $x = 2, y = -1, \Delta x = 0.02, \Delta y = -0.01$ 时的全增量和全微分.

8. 某工厂生产的甲、乙两种产品，当产量分别为 x 和 y 时，这两种产品的总成本(单位：元)是

$$z = 400 + 2x + 3y + 0.01(3x^2 + xy + 3y^2)$$

(1) 求每种产品的边际成本(成本的偏导数)；

(2) 当出售两种产品的单价分别为 10 元和 9 元时，试求每种产品的边际利润(利润的偏导数).

9. 求下列复合函数的偏导数或导数.

(1) 设 $z = \dfrac{v}{u}, u = \ln x, v = e^x$，求 $\dfrac{dz}{dx}$；   (2) 设 $z = \arctan\dfrac{x}{y}, y = \sqrt{1 + x^2}$，求 $\dfrac{\partial z}{\partial x}, \dfrac{dz}{dx}$；

(3) 设 $z = e^{u\cos v}, u = xy, v = \ln(x - y)$，求 $\dfrac{\partial z}{\partial x}, \dfrac{\partial z}{\partial y}$；

(4) 设 $u = \sin(x^2 + y^2 + z^2), x = r + s + t, y = rs + st + tr, z = rst$，求 $\dfrac{\partial u}{\partial r}, \dfrac{\partial u}{\partial s}, \dfrac{\partial u}{\partial t}$.

10. 求下列函数的偏导数.

(1) 设 $z = f\left(x, \dfrac{x}{y}\right)$，求 $\dfrac{\partial z}{\partial x}, \dfrac{\partial z}{\partial y}$；   (2) 设 $z = f(x + y, x - y, xy)$，求 $\dfrac{\partial z}{\partial x}, \dfrac{\partial z}{\partial y}$.

11. 求下列方程所确定的隐函数的偏导数或导数.

(1) $\ln\sqrt{x^2 + y^2} = \arctan\dfrac{y}{x}$，求 $\dfrac{dy}{dx}$；   (2) $\cos^2 x + \cos^2 y + \cos^2 z = 1$，求 $\dfrac{\partial z}{\partial x}, \dfrac{\partial z}{\partial y}$；

(3) $z^3 + 3xyz = a^3$，求 $\dfrac{\partial z}{\partial x}, \dfrac{\partial z}{\partial y}, \dfrac{\partial^2 z}{\partial x \partial y}$.

12. 求曲线 $x = t^2, y = 1 - t, z = t^3$ 在点 $(1, 0, 1)$ 处的切线方程和法平面方程.

13. 求曲面 $z = \ln(1 + x^2 + 2y^2)$ 在点 $(1, 1, \ln 4)$ 处的切平面方程和法线方程.

14. 在曲面 $z = xy$ 上求一点，使这点的法线垂直于平面 $x + 3y + z + 9 = 0$，并求出此法线方程.

15. 求函数 $z = x^3 + y^3 + xy$ 的极值.

16. 求函数 $z = xy$ 在条件 $\dfrac{x}{a} + \dfrac{y}{b} = 1$ 下的极值.

17. 求三个正数，使它们的和为 50 而积最大.

18. 某企业产品的产量 Q 与技术工人数 x，非技术工人数 y 之间有如下的关系式
$$Q = -8x^2 + 12xy - 3y^3$$

若企业只能雇用 230 人，那么该雇用多少技术工人，多少非技术工人，才能使产量最大？

第9章　多元函数积分学

【案例 9-1】 已知曲线 $y = \dfrac{1}{\sqrt{2\pi}} e^{-\frac{x^2}{2}}$ 和 x 轴围成一个两侧开口的平面图形. 任务:

(1)画出此图形; (2)用积分表示此图形的面积; (3)计算此面积的值.

解: (1)图 9-1 所示就是曲线 $y = \dfrac{1}{\sqrt{2\pi}} e^{-\frac{x^2}{2}}$ 和 x 轴所围的

图形.

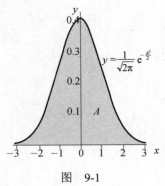

图　9-1

(2)因图 9-1 所示是一个两侧开口的图形, 所以面积表

达式的积分区间为 $(-\infty, +\infty)$, 面积为

$$A = \int_{-\infty}^{+\infty} \frac{1}{\sqrt{2\pi}} e^{-\frac{x^2}{2}} \mathrm{d}x$$

(3)由于无法用初等函数表示函数 $y = \dfrac{1}{\sqrt{2\pi}} e^{-\frac{x^2}{2}}$ 的原函

数, 所以我们要采用特别的方法计算此积分.

根据定积分与积分变量无关, 所以

$$A = \int_{-\infty}^{+\infty} \frac{1}{\sqrt{2\pi}} e^{-\frac{y^2}{2}} \mathrm{d}y$$

$$A^2 = \int_{-\infty}^{+\infty} \frac{1}{\sqrt{2\pi}} e^{-\frac{x^2}{2}} \mathrm{d}x \cdot \int_{-\infty}^{+\infty} \frac{1}{\sqrt{2\pi}} e^{-\frac{y^2}{2}} \mathrm{d}y = \frac{1}{2\pi} \int_{-\infty}^{+\infty} \int_{-\infty}^{+\infty} e^{-\frac{x^2+y^2}{2}} \mathrm{d}x \mathrm{d}y$$

令 $x = r\cos\theta, y = r\sin\theta$, 则 $0 \leqslant r < +\infty, 0 \leqslant \theta \leqslant 2\pi$, 且

$$A^2 = \frac{1}{2\pi} \int_0^{+\infty} \int_0^{2\pi} e^{-\frac{r^2}{2}} r \mathrm{d}r \mathrm{d}\theta = \frac{1}{2\pi} \int_0^{+\infty} e^{-\frac{r^2}{2}} r \left(\int_0^{2\pi} \mathrm{d}\theta\right) \mathrm{d}r$$

$$= \frac{1}{2\pi} \int_0^{+\infty} e^{-\frac{r^2}{2}} r \cdot 2\pi \mathrm{d}r = -\int_0^{+\infty} e^{-\frac{r^2}{2}} \mathrm{d}\left(-\frac{r^2}{2}\right)$$

$$= -e^{-\frac{r^2}{2}} \Big|_0^{+\infty} = 1$$

所以 $A = 1$.

案例 9-1 的计算中, 为了求解定积分 $\displaystyle\int_{-\infty}^{+\infty} \frac{1}{\sqrt{2\pi}} e^{-\frac{x^2}{2}} \mathrm{d}x$, 首先换算成

$\dfrac{1}{2\pi} \displaystyle\int_{-\infty}^{+\infty} \int_{-\infty}^{+\infty} e^{-\frac{x^2+y^2}{2}} \mathrm{d}x \mathrm{d}y$, 然后又通过极坐标变换成 $\dfrac{1}{2\pi} \displaystyle\int_0^{+\infty} \int_0^{2\pi} e^{-\frac{r^2}{2}} r \mathrm{d}r \mathrm{d}\theta$, 这一系列的换

算就是把一元函数的积分问题换算成了二元函数的积分.. 本章的任务是把一元函数的积分推广到多元函数的积分——重积分, 我们将介绍二重积分的概念、计算方法和它在几何方面的一些应用.

9.1　二重积分的概念与计算

本节从求曲顶柱体的体积入手引入二重积分的概念与计算.

9.1.1　二重积分的概念与性质

1. 引例：曲顶柱体的体积

若一个立体的底是 xOy 平面上的有界区域 D, 它的侧面是以 D 的边界曲线为准线, 母线平行于 z 轴的柱面, 顶是由二元函数 $z = f(x, y)$ 所表示的曲面. 求当 $f(x, y) \geqslant 0$ 时该曲顶柱体(见图 9-2)的体积.

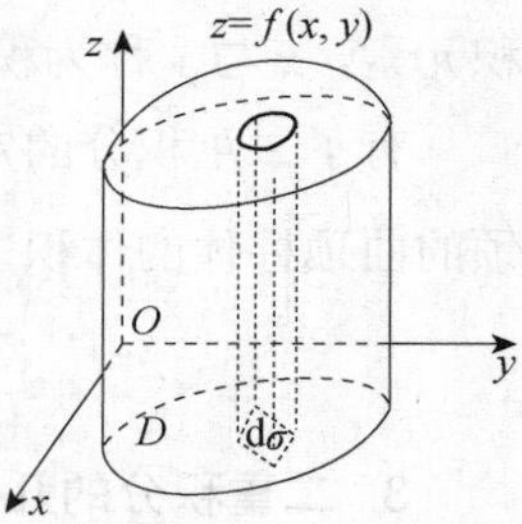

解：依照将曲边梯形的面积表示成定积分的方法, 采用"分割、近似、求和、取极限"四步来求曲顶柱体的体积.

(1)分割：将区域 D 任意分成 n 个小区域 $\Delta\sigma_1, \Delta\sigma_2, \cdots, \Delta\sigma_n$, 同时用 $\Delta\sigma_i$ 表示第 i 个小区域的面积.

(2)近似：在每个小区域 $\Delta\sigma_i$ 上任取一点 (ξ_i, η_i), 则以 $\Delta\sigma_i$ 为底, $f(\xi_i, \eta_i)$ 为曲顶的小曲顶柱体的体积近似值为

$$\Delta v_i = f(\xi_i, \eta_i)\Delta\sigma_i$$

图　9-2

(3)求和：将每个小曲顶柱体的体积近似值相加, 就得到整个曲顶柱体体积 V 的近似值, 即

$$V = \sum_{i=1}^{n} \Delta v_i \approx \sum_{i=1}^{n} f(\xi_i, \eta_i)\Delta\sigma_i$$

(4)取极限：我们注意到, 区域 D 分割的越细, 即每个小区域 $\Delta\sigma_i$ 的面积越小, 和式 $\sum\limits_{i=1}^{n} f(\xi_i, \eta_i)\Delta\sigma_i$ 就越接近曲顶柱体体积 V. 当每个小区域 $\Delta\sigma_i$ 的面积无限小时, $\sum\limits_{i=1}^{n} f(\xi_i, \eta_i)\Delta\sigma_i$ 就无限接近于曲顶柱体体积 V. 如果用 λ 表示这 n 个小区域直径中的最大值(有界闭区域的直径是指区域上任意两点间距离的最大值). 则有

$$V = \lim_{\lambda \to 0} \sum_{i=1}^{n} f(\xi_i, \eta_i)\Delta\sigma_i$$

在科学技术和工程实践中, 许多实际问题的计算可以表示成上述 "和式极限", 通常称其为二重积分.

2. 二重积分的概念

定义 9.1　设 $f(x, y)$ 是有界闭区域 D 上的有界函数，将闭区域 D 任意分成 n 个小区域 $\Delta\sigma_1, \Delta\sigma_2, \cdots, \Delta\sigma_i, \cdots, \Delta\sigma_n$，其中 $\Delta\sigma_i$ 表示第 i 个小区域，也表示它的面积. 在每个小区域 $\Delta\sigma_i$ 上任取一点 (ξ_i, η_i)，作乘积

$$f(\xi_i, \eta_i)\Delta\sigma_i \quad (i = 1, 2, \cdots, n)$$

并求和

$$\sum_{i=1}^{n} f(\xi_i, \eta_i)\Delta\sigma_i$$

如果当各小区域的直径中的最大值 λ 趋于零时，这和式的极限存在，则称此极限值为函数 $f(x, y)$ 在闭区域 D 上的二重积分，记作 $\iint\limits_{D} f(x, y)\mathrm{d}\sigma$，即

$$\iint\limits_{D} f(x, y)\mathrm{d}\sigma = \lim_{\lambda \to 0} \sum_{i=1}^{n} f(\xi_i, \eta_i)\Delta\sigma_i$$

其中，$f(x, y)$ 称为被积函数，D 称为积分区域，$f(x, y)\mathrm{d}\sigma$ 称为被积分式，$\mathrm{d}\sigma$ 称为面积元素，x 与 y 称为积分变量.

有了二重积分的定义，以 xOy 内的平面区域 D 为底，曲面 $z = f(x, y)\,(f(x, y) \geqslant 0)$ 为顶的曲顶柱体的体积 V 就可以表示为二重积分，即

$$V = \iint\limits_{D} f(x, y)\mathrm{d}\sigma$$

3. 二重积分的几何意义

把定积分的几何意义推广到二重积分，当 $f(x, y) \geqslant 0$ 时，二重积分 $\iint\limits_{D} f(x, y)\mathrm{d}\sigma$ 的几何意义就是图 9-2 所示的曲顶柱体的体积；当 $f(x, y) < 0$ 时，柱体在 xOy 平面的下方，二重积分 $\iint\limits_{D} f(x, y)\mathrm{d}\sigma$ 表示该柱体体积的相反值，即 $f(x, y)$ 的绝对值在 D 上的二重积分 $\iint\limits_{D} |f(x, y)|\mathrm{d}\sigma$ 才是该曲顶柱体的体积；当 $f(x, y)$ 在 D 上有正有负时，如果我们规定在 xOy 平面上方的柱体体积取正号，在 xOy 平面下方的柱体体积取负号，则二重积分 $\iint\limits_{D} f(x, y)\mathrm{d}\sigma$ 的值就是它们上、下方柱体体积的代数和.

9.1.2　二重积分的性质

二重积分与定积分的性质类似，现不加证明地叙述如下.

性质 1　常数因子可提到二重积分号外面，即

$$\iint\limits_{D} kf(x, y)\mathrm{d}\sigma = k\iint\limits_{D} f(x, y)\mathrm{d}\sigma \quad (k \text{ 为常数})$$

性质 2　函数和与差的二重积分等于各函数二重积分的和与差，即

$$\iint\limits_{D}[f(x,y)\pm g(x,y)]\mathrm{d}\sigma=\iint\limits_{D}f(x,y)\mathrm{d}\sigma\pm\iint\limits_{D}g(x,y)\mathrm{d}\sigma$$

性质 3　若积分区域 D 分割为 D_1 与 D_2 两部分，则有

$$\iint\limits_{D}f(x,y)\mathrm{d}\sigma=\iint\limits_{D_1}f(x,y)\mathrm{d}\sigma+\iint\limits_{D_2}f(x,y)\mathrm{d}\sigma$$

性质 4　若在闭区域 D 上有 $f(x,y)\equiv1$，σ 为 D 的面积，则

$$\iint\limits_{D}1\mathrm{d}\sigma=\iint\limits_{D}\mathrm{d}\sigma=\sigma$$

性质 5　若在闭区域 D 上有 $f(x,y)\leqslant g(x,y)$，则

$$\iint\limits_{D}f(x,y)\mathrm{d}\sigma\leqslant\iint\limits_{D}g(x,y)\mathrm{d}\sigma$$

特别地，有

$$\left|\iint\limits_{D}f(x,y)\mathrm{d}\sigma\right|\leqslant\iint\limits_{D}|f(x,y)|\mathrm{d}\sigma$$

性质 6　设 M,m 分别是 $f(x,y)$ 在闭区域 D 上的最大值和最小值，σ 为 D 的面积，则

$$m\sigma\leqslant\iint\limits_{D}f(x,y)\mathrm{d}\sigma\leqslant M\sigma$$

这个不等式称为二重积分的估值不等式.

性质 7　设函数 $f(x,y)$ 在闭区域 D 上连续，σ 为 D 的面积，则在 D 上至少存在一点 (ξ,η)，使得

$$\iint\limits_{D}f(x,y)\mathrm{d}\sigma=f(\xi,\eta)\cdot\sigma$$

这个性质称为二重积分的中值定理. 其几何意义为：在闭区域 D 上以曲面 $z=f(x,y)$ 为顶的曲顶柱体的体积，等于以区域 D 内某一点 (ξ,η) 的函数值为高的平顶柱体的体积.

【任务 9-1】　比较积分 $\iint\limits_{D}xy\mathrm{d}\sigma$ 与 $\iint\limits_{D}(x\cdot y)^2\mathrm{d}\sigma$ 的大小，其中区域 D 为矩形区域：

$$\{(x\cdot y)\,|\,0\leqslant x\leqslant1,0\leqslant y\leqslant1\}$$

解： 因在区域 $D=\{(x\cdot y)\,|\,0\leqslant x\leqslant1,0\leqslant y\leqslant1\}$ 内，有 $xy\geqslant(x\cdot y)^2$，所以

$$\iint\limits_{D}xy\mathrm{d}\sigma>\iint\limits_{D}(x\cdot y)^2\mathrm{d}\sigma$$

实训 9.1

1. 利用二重积分的几何意义判定积分 $\iint\limits_{D}\ln(x^2+y^2)\mathrm{d}\sigma$ 的符号，其中 $D=\{(x,y)\,|\,\dfrac{1}{2}\leqslant x^2+y^2\leqslant1\}$.

2. 利用二重积分的几何意义，不经计算给出下列二重积分的值.

(1) $\iint\limits_{D} \mathrm{d}\sigma$，$D = \{(x,y) \mid x^2 + y^2 \leqslant 1\}$；

(2) $\iint\limits_{D} \sqrt{R^2 - x^2 - y^2}\, \mathrm{d}\sigma$，$D = \{(x,y) \mid x^2 + y^2 \leqslant R^2\}$.

3. 比较下列积分值的大小.

(1) $\iint\limits_{D} \ln(x^2 + y^2)\mathrm{d}\sigma$ 与 $\iint\limits_{D} \ln^2(x^2 + y^2)\mathrm{d}\sigma$，$D = \{(x,y) \mid 3 \leqslant x^2 + y^2 \leqslant 4\}$；

(2) $\iint\limits_{D} (x+y)^3 \mathrm{d}\sigma$ 与 $\iint\limits_{D} \sin^3(x+y)\mathrm{d}\sigma$，其中 D 由 $x = 0, y = 0, x + y = \frac{1}{2}, x + y = 1$ 所围成.

4. 估计二重积分 $\iint\limits_{D} \cos^2(x+y)\mathrm{d}\sigma$ 的值，其中 $D = \{(x,y) \mid 0 \leqslant x \leqslant 1, 0 \leqslant y \leqslant 1\}$.

9.2　二重积分的计算方法及几何应用

按定义来计算二重积分是困难的，我们需要找到一种可行的计算方法. 下面介绍在直角坐标系下和极坐标系下二重积分的计算方法，然后介绍二重积分在求几何体体积方面的应用.

9.2.1　在直角坐标系下计算二重积分

在直角坐标系中我们采用平行于 x 轴和 y 轴的直线把区域 D 分成许多小矩形，于是面积元素 $\mathrm{d}\sigma = \mathrm{d}x\mathrm{d}y$，二重积分可以写成

$$\iint\limits_{D} f(x,y)\mathrm{d}x\mathrm{d}y$$

下面用二重积分的几何意义来导出化二重积分为累次积分的方法.

1. 积分区域 D 可表示为 y 是 x 的单值函数的不等式组情形

$$\begin{cases} y_1(x) \leqslant y \leqslant y_2(x) \\ a \leqslant x \leqslant b \end{cases}$$

如图 9-3 所示，我们将用微元法来计算二重积分 $\iint\limits_{D} f(x,y)\mathrm{d}\sigma$ 所表示的柱体的体积.

选取 x 为积分变量，任取 $x \in [a,b]$，设 $A(x)$ 表示过点 x 且垂直 x 轴的平面与曲顶柱体相交的截面的面积（见图 9-4），则曲顶柱体体积 V 的微元 $\mathrm{d}V$ 为

$$\mathrm{d}V = A(x)\mathrm{d}x$$

所以

$$V = \int_a^b A(x)\mathrm{d}x \tag{9-1}$$

由图 9-4 知，该截面是由曲线 $z = f(x,y)$ $(y_1(x) \leqslant y \leqslant y_2(x))$ （x 为定值）为曲边的曲边梯形，其面积为

$$A(x) = \int_{y_1(x)}^{y_2(x)} f(x,y)\,\mathrm{d}y \tag{9-2}$$

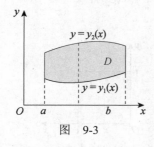

图　9-3

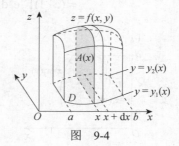

图　9-4

将式(9-2)代入式(9-1)，得曲顶柱体的体积

$$V = \int_a^b \left[\int_{y_1(x)}^{y_2(x)} f(x,y)\,\mathrm{d}y \right] \mathrm{d}x$$

于是

$$\iint_D f(x,y)\,\mathrm{d}\sigma = \int_a^b \left[\int_{y_1(x)}^{y_2(x)} f(x,y)\,\mathrm{d}y \right] \mathrm{d}x$$

上式也可简记为

$$\iint_D f(x,y)\,\mathrm{d}\sigma = \int_a^b \mathrm{d}x \int_{y_1(x)}^{y_2(x)} f(x,y)\,\mathrm{d}y \tag{9-3}$$

由此知，二重积分的计算可化为两次定积分来计算，这种方法称为累次积分法. 利用公式(9-3)的计算过程是：第一次积分时，把 x 看作常量，以 y 为积分变量求 $f(x,y)$ 从 $y_1(x)$ 到 $y_2(x)$ 上的定积分；第二次是以 x 为积分变量，积分上、下限分别为常数 b 和 a 的定积分. 把公式(9-3)称为先积 y（也称内积分对 y）后积 x（也称外积分对 x）的累次积分公式.

类似地，也可得到先积 x（也称内积分对 x）后积 y（也称外积分对 y）的累次积分公式.

2. 积分区域 D 可表示为 x 是 y 的单值函数的不等式组情形

$$\begin{cases} x_1(y) \leqslant x \leqslant x_2(y) \\ c \leqslant y \leqslant d \end{cases}$$

如图 9-5 所示，则化二重积分为累次积分的方法如下：

$$\iint_D f(x,y)\,\mathrm{d}\sigma = \int_c^d \mathrm{d}y \int_{x_1(y)}^{x_2(y)} f(x,y)\,\mathrm{d}x \tag{9-4}$$

【任务 9-2】　设积分区域为

$$D = \{(x,y) \mid 0 \leqslant x \leqslant 1, 0 \leqslant y \leqslant 1\}$$

计算二重积分 $\displaystyle\iint_D \mathrm{e}^{x+y}\,\mathrm{d}\sigma$.

解一： 积分区域如图 9-6 所示，则

$$\iint\limits_{D} e^{x+y} d\sigma = \int_0^1 (\int_0^1 e^{x+y} dy) dx$$

$$= \int_0^1 (e^x \int_0^1 e^y dy) dx = \int_0^1 e^x (e^y \big|_0^1) dx$$

$$= (e-1) \int_0^1 e^x dx = (e-1)(e^x \big|_0^1) = (e-1)^2$$

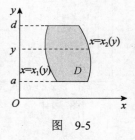

图　9-5

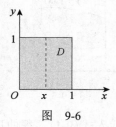

图　9-6

解二： 积分区域如图9-7所示，则

$$\iint\limits_{D} e^{x+y} d\sigma = \int_0^1 (\int_0^1 e^{x+y} dx) dy$$

$$= \int_0^1 (e^y \int_0^1 e^x dx) dy = \int_0^1 e^y (e^x \big|_0^1) dy$$

$$= (e-1) \int_0^1 e^y dy = (e-1)(e^y \big|_0^1) = (e-1)^2$$

这个例子说明，对于矩形的积分区域

$$D = \{(x,y) \mid a \leqslant x \leqslant b, c \leqslant y \leqslant d\}$$

如果 $z = f(x,y) = \varphi(x) \cdot \psi(y)$，其中 $\varphi(x), \psi(y)$ 分别为变量 x, y 的一元函数，则二重积分为

$$\iint\limits_{D} f(x,y) d\sigma = \int_a^b \varphi(x) dx \cdot \int_c^d \psi(y) dy$$

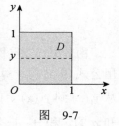

图　9-7

【**任务 9-3**】　计算 $\iint\limits_{D} xy \, d\sigma$，其中 $D = \left\{(x,y) \mid x^2 + y^2 \leqslant 1, x \geqslant 0, y \geqslant 0\right\}$.

解： 如图9-8所示，积分区域 D 可表示为不等式组

$$\begin{cases} 0 \leqslant y \leqslant \sqrt{1-x^2} \\ 0 \leqslant x \leqslant 1 \end{cases}$$

所以

$$\iint\limits_{D} xy \, d\sigma = \int_0^1 (\int_0^{\sqrt{1-x^2}} xy \, dy) dx$$

$$= \int_0^1 (\frac{x}{2} y^2 \big|_0^{\sqrt{1-x^2}}) dx = \int_0^1 \frac{x}{2}(1-x^2) dx$$

$$= \frac{1}{2} (\frac{1}{2} x^2 - \frac{1}{4} x^4) \big|_0^1 = \frac{1}{8}$$

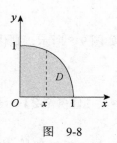

图　9-8

【任务 9-4】　交换累次积分 $\int_0^1 \mathrm{d}x \int_x^{\sqrt[3]{x}} \mathrm{e}^{-y^2} \mathrm{d}y$ 的积分次序并计算

它的值.

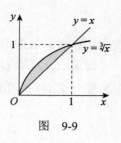

解： 如图 9-9 所示，积分区域可表示为不等式组

$$\begin{cases} y^3 \leqslant x \leqslant y \\ 0 \leqslant y \leqslant 1 \end{cases}$$

图　9-9

所以

$$\int_0^1 \mathrm{d}x \int_x^{\sqrt[3]{x}} \mathrm{e}^{-y^2} \mathrm{d}y = \int_0^1 \mathrm{d}y \int_y^{y^3} \mathrm{e}^{-y^2} \mathrm{d}x$$

$$= \int_0^1 (\mathrm{e}^{-y^2} x \big|_y^{y^3}) \mathrm{d}y = \int_0^1 (y^3 - y) \mathrm{e}^{-y^2} \mathrm{d}y = -\frac{1}{2} \int_0^1 (y^2 - 1) \mathrm{d}\mathrm{e}^{-y^2}$$

$$= -\frac{1}{2}(y^2 - 1) \mathrm{e}^{-y^2} \Big|_0^1 + \frac{1}{2} \int_0^1 \mathrm{e}^{-y^2} \mathrm{d}y^2$$

$$= \frac{1}{2} - \frac{1}{2} \mathrm{e}^{-y^2} \Big|_0^1 = 1 - \frac{1}{2\mathrm{e}}$$

9.2.2　在极坐标系下计算二重积分

对于积分域为圆形、扇形、环形等区域上的二重积分，在直角坐标系下计算往往比较困难，但用极坐标计算会比较简单. 下面介绍二重积分在极坐标下化为累次积分的方法.

将二重积分 $\iint\limits_D f(x,y) \mathrm{d}\sigma$ 化为极坐标形式，会遇到两个问题：

①如何把被积函数 $f(x,y)$ 化为极坐标形式；

②如何把面积元素 $\mathrm{d}\sigma$ 化为极坐标形式.

第一个问题容易解决. 我们选取极点 O 为直角坐标系的原点、极轴为 x 轴，则直角坐标与极坐标的关系为

$$\begin{cases} x = r\cos\theta \\ y = r\sin\theta \end{cases}$$

即有

$$f(x,y) = f(r\cos\theta, r\sin\theta)$$

为解决第二个问题，我们先取 r 等于一系列常数得到一簇中心在极点的同心圆，再取 θ 等于一系列常数得到一簇过极点的直线. 两组线把区域 D 分割成许多小的"弯曲的矩形"（如图 9-10 中阴影部分）. 所以当 Δr 和 $\Delta\theta$ 很小时，图 9-10 中阴影所示的子域的面积近似等于 $r\,\mathrm{d}\theta\,\mathrm{d}r = r\,\mathrm{d}r\,\mathrm{d}\theta$，即在直角坐标系下的面积元素 $\mathrm{d}\sigma$ 在极坐标系下为 $r\,\mathrm{d}r\,\mathrm{d}\theta$.

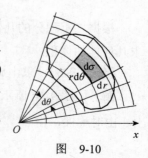

图　9-10

于是二重积分的极坐标形式为

$$\iint_D f(x,y)\mathrm{d}\sigma = \iint_D f(r\cos\theta, r\sin\theta) r\,\mathrm{d}r\,\mathrm{d}\theta \qquad (9\text{-}5)$$

实际计算时，与直角坐标系下的情形类似，还是化成累次积分来进行.

如果积分区域 D（见图 9-11）位于两条射线 $\theta = \alpha$ 和 $\theta = \beta$ 之间，D 的两段边界线段坐标方程分别为 $r = r_1(\theta)$，$r = r_2(\theta)$，则二重积分可化为如下的累次积分

$$\iint_D f(x,y)\mathrm{d}\sigma = \int_\alpha^\beta \mathrm{d}\theta \int_{r_1(\theta)}^{r_2(\theta)} f(r\cos\theta, r\sin\theta) r\,\mathrm{d}r \qquad (9\text{-}6)$$

如果极点在积分区域 D（见图 9-12）内部，则二重积分可化为如下的累次积分

$$\iint_D f(x,y)\mathrm{d}\sigma = \int_0^{2\pi} \mathrm{d}\theta \int_0^{r(\theta)} f(r\cos\theta, r\sin\theta) r\,\mathrm{d}r \qquad (9\text{-}7)$$

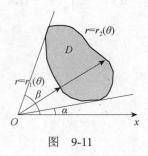

图 9-11

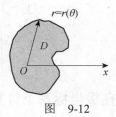

图 9-12

【任务 9-5】 计算图 9-13 中阴影所示区域 D 上的二重积分 $\iint_D \dfrac{1}{(x^2+y^2)^{3/2}}\mathrm{d}\sigma$.

解：在极坐标第下，积分区域可表示为不等式组

$$\begin{cases} 1 \leqslant r \leqslant 2 \\ 0 \leqslant \theta \leqslant \pi/4 \end{cases}$$

故

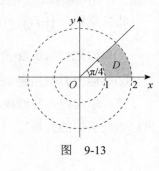

图 9-13

$$\iint_D \frac{1}{(x^2+y^2)^{3/2}}\mathrm{d}\sigma = \int_0^{\frac{\pi}{4}} \mathrm{d}\theta \int_1^2 \frac{1}{r^3} r\,\mathrm{d}r$$

$$= \int_0^{\frac{\pi}{4}} \mathrm{d}\theta \int_1^2 \frac{1}{r^2}\mathrm{d}r = \frac{\pi}{4}\cdot\left(-\frac{1}{r}\Big|_1^2\right) = \frac{\pi}{8}$$

9.2.3 二重积分在几何上的应用——体积

根据二重积分的几何意义，几何体的体积可表示为二重积分，从而可利用二重积分求几何体的体积.

【任务 9-6】 求由旋转抛物面 $z = 6 - x^2 - y^2$ 与 xOy 面所围成的立体的体积.

解：如图 9-14 所示，该立体是以曲面 $z = 6 - x^2 - y^2$ 为顶，$x^2 + y^2 = 6$ 为底的曲顶柱体. 由对称性，得

$$V = 4\iint_D (6 - x^2 - y^2)\mathrm{d}\sigma$$

其中积分区域 D 如图 9-15 所示. 所以

$$V = 4\int_0^{\frac{\pi}{2}} \mathrm{d}\theta \int_0^{\sqrt{6}} (6-r^2)\cdot r\,\mathrm{d}r$$

$$= 4\times\frac{\pi}{2}\times\left.\left(3r^2 - \frac{1}{4}r^4\right)\right|_0^{\sqrt{6}} = 18\pi$$

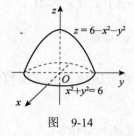
图　9-14

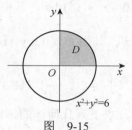
图　9-15

【任务 9-7】　求圆锥面 $z = 2 - \sqrt{x^2+y^2}$ 与旋转抛物面 $z = x^2+y^2$ 所围成的立体的体积.

解：如图 9-16 所示，曲线

$$\begin{cases} z = 2 - \sqrt{x^2+y^2} \\ z = x^2+y^2 \end{cases}$$

在 xOy 面上的投影所围的区域为积分区域 D.

消去 z，得投影区域的边界曲线为

$$\begin{cases} z = 0 \\ x^2+y^2 = 1 \end{cases}$$

即积分积分区域 D 为 $\{(x,y)\mid x^2+y^2 \leqslant 1\}$（见图 9-17）.

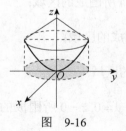
图　9-16

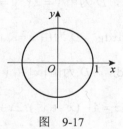
图　9-17

故所求的体积为

$$V = \iint\limits_D [2-\sqrt{x^2+y^2}-(x^2+y^2)]\mathrm{d}\sigma$$

$$= \int_0^{2\pi}\mathrm{d}\theta\int_0^1 (2-r-r^2)\cdot r\,\mathrm{d}r = 2\pi\cdot\left.\left(r^2-\frac{1}{3}r^3-\frac{1}{4}r^4\right)\right|_0^1 = \frac{10}{12}\pi = \frac{5}{6}\pi$$

我们可以看到，如果二重积分的被积函数是以 x^2+y^2 为变量，或积分区域 D 是圆形域、环形域、扇形域等，那么，它在极坐标系下计算一般比在直角坐标系下计算简单.

实训 9.2

1. 计算 $\iint\limits_{D} e^{6x+y} d\sigma$，其中 D 由 xOy 面上的直线 $y=1, y=2$ 及 $x=-1, x=2$ 所围成.

2. 计算 $\iint\limits_{D} \ln(100 + x^2 + y^2) d\sigma$，其中 $D = \{(x,y) \mid x^2 + y^2 \leqslant 1\}$.

3. 计算 $\iint\limits_{D} y^2 d\sigma$，其中 $D = \{(x,y) \mid 1 \leqslant x^2 + y^2 \leqslant 4\}$.

4. 画出二次积分 $\int_0^2 dy \int_{2-\sqrt{4-y^2}}^{2+\sqrt{4-y^2}} f(x,y) dx$ 的积分区域 D 并交换积分次序.

5. 利用二重积分求下列几何体的体积.

(1) 平面 $x=0, y=0, z=0, x+y+z=1$ 所围成的几何体.

(2) 平面 $z=0$ 及抛物面 $x^2 + y^2 = 6 - z$ 所围成的几何体.

总实训 9

1. 用二重积分表示以下列曲面为顶，区域 D 为底的曲顶柱体的体积.

(1) $z = x + y$，$D = \{(x,y) \mid 0 \leqslant x \leqslant 1, 0 \leqslant y \leqslant 2\}$.

(2) $z = \sqrt{1 - x^2 - y^2}$，$D = \{(x,y) \mid x^2 + y^2 \leqslant 1\}$.

2. 画出下列积分区域，并计算二重积分.

(1) $\iint\limits_{D} x e^{xy} dx dy$，$D = \{(x,y) \mid 1 \leqslant x \leqslant 2, 1 \leqslant y \leqslant 2\}$；

(2) $\iint\limits_{D} xy dx dy$，$D$ 为由 $y = 2x, y = x, x = 2, x = 4$ 所围成的区域；

(3) $\iint\limits_{D} (x + y) dx dy$，$D$ 为由 $y = \sqrt{x}, y = x^2$ 所围成的区域；

(4) $\iint\limits_{D} e^{x+y} dx dy$，$D$ 为由 $|x| + |y| \leqslant 1$ 所围成的区域.

3. 求由曲面 $z = 4 - (x^2 + y^2), 2x + y = 4, x = 0, y = 0, z = 0$ 所围成的立体在第一卦限部分的体积.

4. 利用极坐标计算下列积分.

(1) $\iint\limits_{D} e^{x^2+y^2} d\sigma$，$D = \{(x,y) \mid x^2 + y^2 \leqslant 1\}$；

(2) $\iint\limits_{D} y d\sigma$，$D = \{(x,y) \mid x \geqslant 0, y \geqslant 0, x^2 + y^2 \leqslant 16\}$.

5. 选择适当的坐标系计算下列积分.

(1) $\iint\limits_{D} \dfrac{x^2}{y^2} \mathrm{d}\sigma$，$D$ 为由 $x = 2, y = x, xy = 1$ 所围成的区域；

(2) $\iint\limits_{D} \sqrt{x^2 + y^2} \mathrm{d}\sigma$，$D$ 为圆环区域为 $1 \leqslant x^2 + y^2 \leqslant 4$.

第10章 无穷级数

【案例 10-1】 某人尝试求圆周率 π 的近似值.（1）请设计一种利用微积分的方法；（2）是否还有更优的方法？

解： （1）设 $F(x) = \arctan x$，则

$$\because F'(x) = \frac{1}{1+x^2} = 1 - \frac{x^2}{1+x^2} = 1 - x^2 + \frac{x^4}{1+x^2}$$

$$= 1 - x^2 + x^4 - \frac{x^6}{1+x^2} = 1 - x^2 + x^4 - x^6 + \frac{x^8}{1+x^2}$$

$$= 1 - x^2 + x^4 - x^6 + x^8 + \cdots + (-1)^{n-1}x^{2(n-1)} + \frac{(-1)^n x^{2n}}{1+x^2}$$

$$= 1 - x^2 + x^4 - x^6 + x^8 + \cdots + (-1)^{n-1}x^{2(n-1)} + \cdots$$

$$\therefore F(x) = x - \frac{1}{3}x^3 + \frac{1}{5}x^5 - \frac{1}{7}x^7 + \frac{1}{9}x^9 + \cdots + (-1)^{n-1}\frac{1}{2n-1}x^{2n-1} + \cdots \tag{10-1}$$

而 $\arctan 1 = \frac{\pi}{4}$，所以

$$\pi = 4F(1) = 4 \times [1 - \frac{1}{3} + \frac{1}{5} - \frac{1}{7} + \frac{1}{9} + \cdots + (-1)^{n-1}\frac{1}{2n-1} + \cdots] \tag{10-2}$$

但是，我们发现，利用式（10-2）计算 π 的近似值，就算误差为 0.01，也必须取 $n = 100$. 可见，这不是一种好的近似计算方法.

（2）设 $\tan \alpha = \frac{1}{2}$，则

$$\tan(\frac{\pi}{4} - \alpha) = \frac{\tan\frac{\pi}{4} - \tan\alpha}{1 + \tan\frac{\pi}{4}\tan\alpha} = \frac{1 - \frac{1}{2}}{1 + \frac{1}{2}} = \frac{1}{3}$$

即

$$\frac{\pi}{4} - \alpha = \arctan\frac{1}{3}$$

$$\frac{\pi}{4} = \arctan\frac{1}{2} + \arctan\frac{1}{3}$$

所以

$$\pi = 4 \times (\arctan\frac{1}{2} + \arctan\frac{1}{3}) = 4[F(\frac{1}{2}) + F(\frac{1}{3})]$$

$$= 4[(\frac{1}{2} + \frac{1}{3}) - \frac{1}{3}(\frac{1}{2^3} + \frac{1}{3^3}) + \frac{1}{5}(\frac{1}{2^5} + \frac{1}{3^5}) - \frac{1}{7}(\frac{1}{2^7} + \frac{1}{3^7}) + \cdots + (-1)^{n-1}\frac{1}{2n-1}(\frac{1}{2^{2n-1}} + \frac{1}{3^{2n-1}})] \tag{10-3}$$

利用式(10-3)计算 π 的近似值，即使误差为 0.000001，也只须取 $n=9$ 即可．可见，这是一种更优的计算方法．

像式(10-1)、式(10-2)、式(10-3)这样的数学式子，我们称为无穷级数．无穷级数是数与函数的一种重要表达形式，在表示函数、研究函数的性质以及进行数值计算等方面成为一种重要的工具，在科学计算、经济管理等活动中有广泛的应用．本章从常数级数入手，扼要介绍级数的一些基本概念，然后介绍如何将函数展开成幂级数的问题．

10.1　级数的概念和性质

10.1.1　级数的概念

定义 10.1　设给定一个数列

$$u_1, u_2, u_3, \cdots, u_n, \cdots$$

则表达式

$$u_1 + u_2 + u_3 + \cdots + u_n + \cdots$$

称为无穷级数，简称级数，记为 $\sum\limits_{n=1}^{\infty} u_n$，即

$$\sum_{n=1}^{\infty} u_n = u_1 + u_2 + u_3 + \cdots + u_n + \cdots \tag{10-4}$$

其中 u_n 称为级数的第 n 项，也称为一般项或通项．u_n 是常数的级数称为常数项级数，简称数项级数；u_n 是函数的级数称为函数项级数．

例如：$1 + \dfrac{1}{2} + \dfrac{1}{3} + \cdots + \dfrac{1}{n} + \cdots$，$1 - \dfrac{1}{3} + \dfrac{1}{5} + \cdots + (-1)^{n-1} \dfrac{1}{2n-1} + \cdots$，$1 - 1 + 1 + \cdots + (-1)^{n-1} + \cdots$，都是数项级数，而 $x - \dfrac{1}{3}x^3 + \dfrac{1}{5}x^5 + \cdots + (-1)^{n-1} \dfrac{1}{2n-1} x^{2n-1} + \cdots$，$\sin x + \sin 2x + \cdots + \sin nx + \cdots$ 都是函数项级数，本节只讨论数项级数．

定义 10.2　级数 $\sum\limits_{n=1}^{\infty} u_n$ 的前 n 项之和

$$S_n = u_1 + u_2 + u_3 + \cdots + u_n$$

称为该级数的前 n 项部分和．数列 $\{S_n\}$ 称为它的部分和数列．

定义 10.3　设 $\{S_n\}$ 是级数(10-4)的部分和数列，若 $\lim\limits_{n \to \infty} S_n = S$，则称级数(10-4)收敛，称 S 为级数(10-4)的和．记为 $\sum\limits_{n=1}^{\infty} u_n = S$．若当 $n \to \infty$ 时，$\{S_n\}$ 没有极限，则称级数(10-4)发散．

当级数(10-4)收敛时，其和 S 与部分和 S_n 之差记为 R_n，即

$$R_n = S - S_n = u_{n+1} + u_{n+2} + \cdots$$

称 R_n 为级数(10-4)的余项，用 S_n 作为 S 的近似值所产生的误差就是 $|R_n|$.

【任务 10-1】 讨论级数 $\frac{1}{1\cdot2}+\frac{1}{2\cdot3}+\frac{1}{3\cdot4}+\cdots+\frac{1}{n\cdot(n+1)}+\cdots$ 的敛散性？若收敛，求其和.

解： 由 $u_n=\frac{1}{n\cdot(n+1)}=\frac{1}{n}-\frac{1}{n+1}$，得

$$S_n=(1-\frac{1}{2})+(\frac{1}{2}-\frac{1}{3})+(\frac{1}{3}-\frac{1}{4})+\cdots+(\frac{1}{n}-\frac{1}{n+1})=1-\frac{1}{n+1}$$

所以

$$\lim_{n\to\infty}S_n=\lim_{n\to\infty}(1-\frac{1}{n+1})=1$$

即此级数收敛，且它的和为 1.

【任务 10-2】 讨论级数 $1+\frac{1}{2}+\overbrace{\frac{1}{4}+\frac{1}{4}}^{\text{共}2^1\text{项}}+\overbrace{\frac{1}{8}+\frac{1}{8}+\frac{1}{8}+\frac{1}{8}}^{\text{共}2^2\text{项}}+\overbrace{\frac{1}{16}+\cdots+\frac{1}{16}}^{\text{共}2^3\text{项}}+\cdots$ 的敛散性.

解： 由原级数，有

$S_1=1$

$S_2=1+\frac{1}{2}$

$S_{2^2}=1+\frac{1}{2}+\frac{1}{4}+\frac{1}{4}=1+\frac{1}{2}+\frac{1}{2}=1+\frac{2}{2}$

$S_{2^3}=1+\frac{1}{2}+\frac{1}{4}+\frac{1}{4}+\frac{1}{8}+\frac{1}{8}+\frac{1}{8}+\frac{1}{8}=1+\frac{1}{2}+\frac{1}{2}+\frac{1}{2}=1+\frac{3}{2}$

…

一般地，有

$$S_{2^k}=1+\frac{k}{2}$$

因为 $\lim\limits_{k\to\infty}S_{2^k}=\lim\limits_{k\to\infty}(1+\frac{k}{2})=\infty$，即 $\lim\limits_{n\to\infty}S_n$ 不存在，所以该级数发散.

【任务 10-3】 讨论等比级数(又称为几何级数)

$$\sum_{n=0}^{\infty}aq^n=a+aq+aq^2+\cdots+aq^n+\cdots\ (a\neq0)$$

的敛散性.

解： 当 $|q|\neq1$ 时，

$$S_n=a+aq+aq^2+\cdots+aq^n=\frac{a(1-q^n)}{1-q}$$

如果 $|q|<1$，则 $\lim\limits_{n\to\infty}q^n=0$，所以

$$\lim_{n\to\infty}S_n=\lim_{n\to\infty}\frac{a(1-q^n)}{1-q}=\frac{a}{1-q}$$

如果 $|q|>1$，则 $\lim\limits_{n\to\infty}q^n=\infty$，所以

$$\lim_{n\to\infty}S_n=\lim_{n\to\infty}\frac{a(1-q^n)}{1-q}=\infty$$

当 $q=1$ 时，$S_n=a+a+a+\cdots+a=na$，所以

$$\lim_{n\to\infty}S_n=\lim_{n\to\infty}na=\infty$$

当 $q=-1$ 时，$S_n=a-a+a+\cdots+(-1)^{n-1}a=\dfrac{a}{2}[1+(-1)^{n-1}]$，所以 $\lim\limits_{n\to\infty}S_n$ 不存在.

综上所述，当 $|q|<1$ 时，等比级数收敛，且

$$a+aq+aq^2+\cdots+aq^n+\cdots=\frac{a}{1-q}$$

当 $|q|\geqslant 1$ 时，等比级数发散.

10.1.2　收敛级数的性质

由于对无穷级数的敛散性讨论是基于其部分和 S_n 的敛散性的讨论，因此这里计算 S_n 很关键. 然而对许多级数而言，S_n 的具体表达式不易算出，因此求收敛级数的和难以计算. 但从实用角度来讲，若能判定级数是收敛的，那么取足够多的项数算出部分和，就可作为级数和的近似值. 因此，在级数的研究中，我们关注的是判定级数是否收敛. 为此，我们由数列的极限性质得到以下的收敛级数的基本性质.

性质 1　如果级数 $\sum\limits_{n=1}^{\infty}u_n,\sum\limits_{n=1}^{\infty}v_n$ 分别收敛于和 A，B，则对于任意两个常数 α，β，级数 $\sum\limits_{n=1}^{\infty}(\alpha u_n+\beta v_n)$ 均收敛，且

$$\sum_{n=1}^{\infty}(\alpha u_n+\beta v_n)=\alpha A+\beta B$$

性质 1 也可表述为：收敛级数可以任意逐项相加减.

推论　如果级数 $\sum\limits_{n=1}^{\infty}u_n$ 收敛于 A，则任意一个常数 α，级数 $\sum\limits_{n=1}^{\infty}\alpha u_n$ 也收敛，且

$$\sum_{n=1}^{\infty}\alpha u_n=\alpha A$$

性质 2　级数 $\sum\limits_{n=1}^{\infty}u_n$ 与 $\sum\limits_{n=k}^{\infty}u_n\,(k>1)$ 有相同的敛散性.

性质 2 说明：改变或增、减级数的有限项，不会改变级数的敛散性.

比如等比级数 $1+\dfrac{1}{2}+\dfrac{1}{4}+\dfrac{1}{8}+\cdots$ 是收敛的，减去它的前 5 项而得到级数 $\dfrac{1}{32}+\dfrac{1}{64}+\dfrac{1}{128}+\cdots$，

显然仍是收敛的，其和分别为 2 和 $\dfrac{1}{16}$.

性质 3　收敛级数加括号后所成的级数仍收敛于原来的和.

性质 3 也可表述为：收敛级数可任意添加括号. 比如任务 10-2 所讨论的级数.

推论 如果加括号后所成的级数发散，则原级数也发散.

性质 4（级数收敛的必要条件） 如果级数 $\sum\limits_{n=1}^{\infty} u_n$ 收敛，则 $\lim\limits_{n\to\infty} u_n = 0$.

推论 如果 $\lim\limits_{n\to\infty} u_n$ 不存在或 $\lim\limits_{n\to\infty} u_n \neq 0$，则级数 $\sum\limits_{n=1}^{\infty} u_n$ 发散.

用这个推论可较简便地判定一些级数的发散性，但注意 $\lim\limits_{n\to\infty} u_n = 0$ 仅是级数收敛的必要条件，而非充分条件.

比如，级数 $1 - \dfrac{2}{3} + \dfrac{3}{5} - \dfrac{4}{7} + \cdots + (-1)^{n-1}\dfrac{n}{2n-1} + \cdots$，因为 $\lim\limits_{n\to\infty} u_n = \lim\limits_{n\to\infty}(-1)^{n-1}\dfrac{n}{2n-1}$ 不存在，即当 $n \to \infty$ 时，它的一般项不趋于零，所以该级数是发散的.

【任务 10-4】 判定下列级数的敛散性.

(1) $\sum\limits_{n=1}^{\infty} \dfrac{3-(-1)^n}{2^n}$；

(2) $\sum\limits_{n=1}^{\infty} \dfrac{1}{n}$.

解：(1) 因为 $\sum\limits_{n=1}^{\infty} \dfrac{1}{2^n} = \lim\limits_{n\to\infty} \dfrac{\dfrac{1}{2}\left[1-\left(\dfrac{1}{2}\right)^n\right]}{1-\dfrac{1}{2}} = 1$

$$\sum\limits_{n=1}^{\infty} \dfrac{(-1)^n}{2^n} = \lim\limits_{n\to\infty} \dfrac{-\dfrac{1}{2}\left[1-\left(-\dfrac{1}{2}\right)^n\right]}{1-\left(-\dfrac{1}{2}\right)} = -\dfrac{1}{3}$$

而

$$\sum\limits_{n=1}^{\infty} \dfrac{3-(-1)^n}{2^n} = \sum\limits_{n=1}^{\infty}\left[3 \cdot \dfrac{1}{2^n} - \dfrac{(-1)^n}{2^n}\right]$$

则由性质 1 知，级数 $\sum\limits_{n=1}^{\infty} \dfrac{3-(-1)^n}{2^n}$ 收敛，且其和为 $3 \cdot 1 - \left(-\dfrac{1}{3}\right) = \dfrac{10}{3}$.

(2) 对级数 $\sum\limits_{n=1}^{\infty} \dfrac{1}{n}$ 按如下方式加括号，

$$1 + \dfrac{1}{2} + \left(\dfrac{1}{3} + \dfrac{1}{4}\right) + \left(\dfrac{1}{5} + \dfrac{1}{6} + \dfrac{1}{7} + \dfrac{1}{8}\right) + \cdots + \left(\dfrac{1}{2^m+1} + \dfrac{1}{2^m+2} + \cdots + \dfrac{1}{2^{m+1}}\right) + \cdots$$

记 $u_1 = 1$，$u_2 = \dfrac{1}{2}$，$u_3 = \dfrac{1}{3} + \dfrac{1}{4}$，$u_4 = \dfrac{1}{5} + \dfrac{1}{6} + \dfrac{1}{7} + \dfrac{1}{8}$，$\cdots$，$u_m = \dfrac{1}{2^m+1} + \dfrac{1}{2^m+2} + \cdots + \dfrac{1}{2^{m+1}}$，$\cdots$，则级数 $\sum\limits_{m=1}^{\infty} u_m$ 的第 3 项起每一项都满足

$$u_m = \dfrac{1}{2^m+1} + \dfrac{1}{2^m+2} + \cdots + \dfrac{1}{2^{m+1}} > \overbrace{\dfrac{1}{2^{m+1}} + \dfrac{1}{2^{m+1}} + \cdots + \dfrac{1}{2^{m+1}}}^{\text{共}2^m\text{项}} = 2^m \dfrac{1}{2^{m+1}} = \dfrac{1}{2}$$

即 $\lim\limits_{m\to\infty} u_m > \dfrac{1}{2} \neq 0$，由性质 4 的推论知，级数 $\sum\limits_{m=1}^{\infty} u_m$ 发散，又由性质 3 的推论知级数 $\sum\limits_{n=1}^{\infty} \dfrac{1}{n}$

发散.

称级数 $\sum\limits_{n=1}^{\infty}\dfrac{1}{n}$ 为调和级数. 由调和级数发散可知：满足 $\lim\limits_{n\to\infty}u_n=0$ 的级数不一定收敛.

实训 10.1

1. 写出下列级数的前 4 项.

(1) $\sum\limits_{n=1}^{\infty}\dfrac{1+n}{1+n^2}$;

(2) $\sum\limits_{n=1}^{\infty}\dfrac{1\cdot 3\cdots(2n-1)}{2\cdot 4\cdots 2n}$;

(3) $\sum\limits_{n=1}^{\infty}\dfrac{(-1)^n}{3^n}$.

2. 判定下列各级数的敛散性，并求收敛级数的和.

(1) $\dfrac{2}{3}-\dfrac{2^2}{3^2}+\dfrac{2^3}{3^3}-\cdots$;

(2) $\dfrac{1}{1\cdot 3}+\dfrac{1}{3\cdot 5}+\dfrac{1}{5\cdot 7}+\cdots$;

(3) $\sum\limits_{n=1}^{\infty}(\sqrt{n+1}-\sqrt{n})$;

(4) $\sum\limits_{n=1}^{\infty}\dfrac{1}{2n}$;

(5) $\sum\limits_{n=1}^{\infty}\dfrac{2n^n}{(1+n)^n}$;

(6) $\sum\limits_{n=1}^{\infty}\left(\dfrac{1}{2^n}+\dfrac{1}{3^n}\right)$.

10.2　常数项级数的审敛法

利用级数收敛和发散的定义以及级数的性质可以判定级数是否收敛，但求部分和及其极限并非易事，因此需要建立级数敛散性的判别法，首先我们介绍一类特殊的级数.

10.2.1　正项级数及其审敛法

定义 10.4　若 $u_n\geqslant 0\,(n=1,2,\cdots)$ ，则称级数 $\sum\limits_{n=1}^{\infty}u_n$ 为**正项级数**.

由 $u_n\geqslant 0\,(n=1,2,\cdots)$ ，得 $S_1\leqslant S_2\leqslant S_3\leqslant\cdots\leqslant S_n\leqslant\cdots$ ，即正项级数的部分和数列 $\{S_n\}$ 是单调增数列. 由数列极限的单调有界收敛准则知，如果数列 $\{S_n\}$ 有界，则它收敛；否则发散. 于是可得正项级数收敛的充要条件.

定理 10.1　正项级数 $\sum\limits_{n=1}^{\infty}u_n$ 收敛的充要条件是其部分和数列 $\{S_n\}$ 有界.

根据定理 10.1，我们可以建立一系列判别正项级数敛散性的准则.

定理 10.2（比较判别法）设有正项级数 $\sum\limits_{n=1}^{\infty}u_n$ 和 $\sum\limits_{n=1}^{\infty}v_n$ ，且 $u_n\leqslant v_n\,(n=1,2,\cdots)$ ，则

(1) 当 $\sum\limits_{n=1}^{\infty}v_n$ 收敛时，$\sum\limits_{n=1}^{\infty}u_n$ 收敛；

(2) 当 $\sum\limits_{n=1}^{\infty}u_n$ 发散时，$\sum\limits_{n=1}^{\infty}v_n$ 发散.

【任务 10-5】　讨论 $p-$ 级数 $\sum\limits_{n=1}^{\infty}\dfrac{1}{n^p}$ 的敛散性，其中常数 $p>0$.

解：当 $p \le 1$ 时，则 $n^p \le n$，$\dfrac{1}{n^p} \ge \dfrac{1}{n}$．由调和级数 $\displaystyle\sum_{n=1}^{\infty} \dfrac{1}{n}$ 发散及比较判别法知，此时 $p-$ 级数发散．

当 $p > 1$ 时，若 $n-1 \le x < n$，则 $n^p > x^p$，$\dfrac{1}{n^p} < \dfrac{1}{x^p}$，所以

$$\frac{1}{n^p} = \int_{n-1}^{n} \frac{1}{n^p} \mathrm{d}x < \int_{n-1}^{n} \frac{1}{x^p} \mathrm{d}x \ (n=2,3,\cdots)$$

从而级数 $\displaystyle\sum_{n=1}^{\infty} \dfrac{1}{n^p}$ 的部分和为

$$S_n = 1 + \frac{1}{2^p} + \frac{1}{3^p} + \cdots + \frac{1}{n^p}$$

$$< 1 + \int_1^2 \frac{1}{x^p} \mathrm{d}x + \int_2^3 \frac{1}{x^p} \mathrm{d}x + \cdots + \int_{n-1}^n \frac{1}{x^p} \mathrm{d}x$$

$$= 1 + \int_1^n \frac{1}{x^p} \mathrm{d}x = 1 + \frac{1}{p-1}\left(1 - \frac{1}{n^{p-1}}\right) < 1 + \frac{1}{p-1}$$

即正项级数 $\displaystyle\sum_{n=1}^{\infty} \dfrac{1}{n^p}$ 的部分和数列 $\{S_n\}$ 有界，故此时，$p-$ 级数收敛．

综上所述，当 $p > 1$ 时，$p-$ 级数收敛；当 $0 < p \le 1$ 时，$p-$ 级数发散．

【任务 10-6】 判定下列级数的敛散性．

(1) $1 + \dfrac{1}{\sqrt[3]{2}} + \dfrac{1}{\sqrt[3]{3}} + \cdots + \dfrac{1}{\sqrt[3]{n}} + \cdots$；

(2) $\displaystyle\sum_{n=1}^{\infty} \dfrac{1}{(n+1)\sqrt{n}}$；

(3) $3\sin\dfrac{\alpha}{5} + 3^2\sin\dfrac{\alpha}{5^2} + \cdots + 3^n\sin\dfrac{\alpha}{5^n} + \cdots (0 < \alpha < \pi)$；

(4) $\displaystyle\sum_{n=1}^{\infty} \dfrac{1}{(1+n)^n}$．

解：(1) 原级数为 $\displaystyle\sum_{n=1}^{\infty} \dfrac{1}{\sqrt[3]{n}}$，是一个 $p = \dfrac{1}{3} < 1$ 的 $p-$ 级数，所以它是发散的；

(2) 因为 $\dfrac{1}{(n+1)\sqrt{n}} < \dfrac{1}{n\sqrt{n}}$，而 $\displaystyle\sum_{n=1}^{\infty} \dfrac{1}{n\sqrt{n}} = \displaystyle\sum_{n=1}^{\infty} \dfrac{1}{n^{\frac{3}{2}}}$ 是 $p = \dfrac{3}{2} > 1$ 的 $p-$ 级数，所以它是收敛的．故由比较判别法知级数 $\displaystyle\sum_{n=1}^{\infty} \dfrac{1}{(n+1)\sqrt{n}}$ 收敛；

(3) 因为 $0 < \sin\dfrac{\alpha}{5^n} < \dfrac{\alpha}{5^n}$，所以 $3^n\sin\dfrac{\alpha}{5^n} < \dfrac{3^n}{5^n}\alpha$，而级数 $\displaystyle\sum_{n=1}^{\infty} \dfrac{3^n}{5^n}\alpha$ 是公比为 $\dfrac{3}{5}$ 的几何级数，它是收敛的．故由比较判别法知级数 $\displaystyle\sum_{n=1}^{\infty} 3^n\sin\dfrac{\alpha}{5^n}$ 收敛；

(4) 因为 $\dfrac{1}{(1+n)^n} \le \dfrac{1}{2^n}$，而级数 $\displaystyle\sum_{n=1}^{\infty} \dfrac{1}{2^n}$ 是公比为 $\dfrac{1}{2}$ 的等比级数，是收敛的，所以级数 $\displaystyle\sum_{n=1}^{\infty} \dfrac{1}{(1+n)^n}$ 是收敛．

需要注意的是，由于去掉或添加有限多项，不改变级数的收敛性，所以运用比较判

敛法时，对于级数 $\sum\limits_{n=1}^{\infty} u_n$ 和 $\sum\limits_{n=1}^{\infty} v_n$，并不要求对一切 n 都有 $u_n \leqslant v_n$，只需从某项开始，后面的所有各项都满足 $u_n \leqslant v_n$ 即可；同时，级数每一项都乘以不为零的常数 k，也不会影响级数的敛散性，于是可得如下推论.

推论 设 $\sum\limits_{n=1}^{\infty} u_n$ 和 $\sum\limits_{n=1}^{\infty} v_n$ 都是正项级数，且存在 $N > 0$，当 $n > N$ 时，$u_n \leqslant kv_n$ 成立，则

(1) 当 $\sum\limits_{n=1}^{\infty} v_n$ 收敛时，$\sum\limits_{n=1}^{\infty} u_n$ 收敛；　　　　　　(2) 当 $\sum\limits_{n=1}^{\infty} u_n$ 发散时，$\sum\limits_{n=1}^{\infty} v_n$ 发散.

为了应用上的方便，下面给出比较判敛法的极限形式.

定理 10.3（比较判别法的极限形式） 已知 $\sum\limits_{n=1}^{\infty} u_n$ 和 $\sum\limits_{n=1}^{\infty} v_n$ 是正项级数，

(1) 当 $\lim\limits_{n \to \infty} \dfrac{u_n}{v_n} = A \neq 0$ 时，$\sum\limits_{n=1}^{\infty} u_n$ 与 $\sum\limits_{n=1}^{\infty} v_n$ 有相同的敛散性；

(2) 当 $\lim\limits_{n \to \infty} \dfrac{u_n}{v_n} = 0$，且 $\sum\limits_{n=1}^{\infty} v_n$ 收敛时，$\sum\limits_{n=1}^{\infty} u_n$ 收敛；

(3) 当 $\lim\limits_{n \to \infty} \dfrac{u_n}{v_n} = \infty$，且 $\sum\limits_{n=1}^{\infty} v_n$ 发散时，$\sum\limits_{n=1}^{\infty} u_n$ 发散.

【任务 10-7】 讨论级数 $\sum\limits_{n=1}^{\infty} \sin \dfrac{3}{n}$ 的敛散性.

解： 因为 $\lim\limits_{n \to \infty} \dfrac{\sin \dfrac{3}{n}}{\dfrac{3}{n}} = 1$，所以 $\sum\limits_{n=1}^{\infty} \sin \dfrac{3}{n}$ 与 $\sum\limits_{n=1}^{\infty} \dfrac{3}{n}$ 有相同的敛散性，而 $\sum\limits_{n=1}^{\infty} \dfrac{3}{n}$ 发散，因此，

级数 $\sum\limits_{n=1}^{\infty} \sin \dfrac{3}{n}$ 是发散.

使用比较判别法，需要找到一个已知敛散性的级数进行比较，这是困难的，对初学者犹甚. 下面我们学习更实用的比值判别法.

定理 10.4（比值判别法） 设 $\sum\limits_{n=1}^{\infty} u_n$ 是一正项级数，且 $\lim\limits_{n \to \infty} \dfrac{u_{n+1}}{u_n} = \rho$（或 $+\infty$），则

(1) 当 $\rho < 1$ 时，级数收敛；

(2) 当 $\rho > 1$（含 $\rho = +\infty$）时，级数发散；

(3) 当 $\rho = 1$，级数可能收敛，也可能发散.

【任务 10-8】 判别下列各级数的敛散性.

(1) $\sum\limits_{n=1}^{\infty} \dfrac{n}{3^n}$；　　　　　　　　　　　　(2) $\sum\limits_{n=1}^{\infty} \dfrac{n^n}{n!}$.

解：（1）因为

$$\lim_{n\to\infty}\frac{u_{n+1}}{u_n}=\lim_{n\to\infty}\frac{n+1}{3^{n+1}}\cdot\frac{3^n}{n}=\frac{1}{3}\lim_{n\to\infty}\frac{n+1}{n}=\frac{1}{3}<1$$

由比值判敛法知，级数 $\displaystyle\sum_{n=1}^{\infty}\frac{n}{3^n}$ 收敛.

(2) 因为

$$\lim_{n\to\infty}\frac{u_{n+1}}{u_n}=\lim_{n\to\infty}\frac{(n+1)^{n+1}}{(n+1)!}\cdot\frac{n!}{n^n}=\lim_{n\to\infty}\left(\frac{n+1}{n}\right)^n=\lim_{n\to\infty}\left(1+\frac{1}{n}\right)^n=\mathrm{e}>1$$

由比值判敛法知，级数 $\displaystyle\sum_{n=1}^{\infty}\frac{n^n}{n!}$ 发散.

应当指出，当 $\displaystyle\lim_{n\to\infty}\frac{u_{n+1}}{u_n}=1$ 时，它得不出级数是收敛或发散的结论，必须另选其他方法判别敛散性.

比如，对于所有 $p-$级数都满足 $\displaystyle\lim_{n\to\infty}\frac{u_{n+1}}{u_n}=1$，当 $p>1$ 时，级数收敛，当 $p\leqslant1$ 时，级数发散.

10.2.2 交错级数及其审敛法

若 $u_n\geqslant0(n=1,2,\cdots)$，则称级数 $\displaystyle\sum_{n=1}^{\infty}(-1)^{n-1}u_n$ 为**交错级数**. 对于交错级数的敛散性有如下判别方法.

定理 10.5（莱布尼兹法则） 若交错级数 $\displaystyle\sum_{n=1}^{\infty}(-1)^{n-1}u_n$ 满足条件：

(1) $u_n\geqslant u_{n+1}$ $(n=1,2,\cdots)$；　　　　　　　(2) $\displaystyle\lim_{n\to\infty}u_n=0$.

则级数 $\displaystyle\sum_{n=1}^{\infty}(-1)^{n-1}u_n$ 收敛，且其和 $S\leqslant u_1$.

【任务 10-9】 判定下列级数的敛散性.

(1) $\displaystyle\sum_{n=1}^{\infty}\frac{(-1)^{n-1}}{n}$；　　　　　　　　　　(2) $\displaystyle\sum_{n=1}^{\infty}(-1)^{n-1}\frac{\ln n}{n}$.

解：(1) 易见，这是一个交错级数. 因为 $u_n=\dfrac{1}{n}$，所以 $u_{n+1}=\dfrac{1}{n+1}<\dfrac{1}{n}=u_n$，且

$\displaystyle\lim_{n\to\infty}u_n=\lim_{n\to\infty}\frac{1}{n}=0$，因此级数 $\displaystyle\sum_{n=1}^{\infty}\frac{(-1)^{n-1}}{n}$ 收敛.

(2) 显然，这是一个交错级数. 依照 $u_n=\dfrac{\ln n}{n}$，令 $f(x)=\dfrac{\ln x}{x}(x>3)$，则

$$f'(x)=\frac{1-\ln x}{x^2}<0\ \ (x>3)$$

即函数 $f(x)=\dfrac{\ln x}{x}$ 在区间 $(3,+\infty)$ 内单调减少. 所以当 $n>3$ 时，$u_{n+1}=\dfrac{\ln(n+1)}{n+1}<\dfrac{\ln n}{n}=u_n$，

且 $\lim\limits_{n\to\infty}u_n=\lim\limits_{n\to\infty}\dfrac{\ln n}{n}=\lim\limits_{x\to+\infty}\dfrac{\ln x}{x}=\lim\limits_{x\to+\infty}\dfrac{1}{x}=0$，因此级数 $\sum\limits_{n=1}^{\infty}(-1)^{n-1}\dfrac{\ln n}{n}$ 收敛.

10.2.3　任意项级数的审敛法

若 $u_n\geqslant 0(n=1,2,\cdots)$ 为任意实数，则称数项级数 $\sum\limits_{n=1}^{\infty}u_n$ 称为任意项级数. 对任意项级数的每一项取绝对值，变换成正项级数 $\sum\limits_{n=1}^{\infty}|u_n|$. 对于任意项级数有下面定理.

定理 10.6　若级数 $\sum\limits_{n=1}^{\infty}|u_n|$ 收敛，则级数 $\sum\limits_{n=1}^{\infty}u_n$ 收敛.

对于任意项级数 $\sum\limits_{n=1}^{\infty}u_n$，若 $\sum\limits_{n=1}^{\infty}|u_n|$ 收敛，则称级数 $\sum\limits_{n=1}^{\infty}u_n$ 绝对收敛；若 $\sum\limits_{n=1}^{\infty}|u_n|$ 发散，但 $\sum\limits_{n=1}^{\infty}u_n$ 收敛，则称 $\sum\limits_{n=1}^{\infty}u_n$ 条件收敛.

【任务 10-10】　判定下列级数的敛散性.

(1) $\sum\limits_{n=1}^{\infty}\dfrac{\cos 2^n}{2^n}$；
　　　　　　　　　　　　(2) $\sum\limits_{n=1}^{\infty}\dfrac{(-1)^{n-1}}{\sqrt[3]{n}}$.

解：(1) 因为 $|u_n|=|\dfrac{\cos 2^n}{2^n}|\leqslant\dfrac{1}{2^n}$，而几何级数 $\sum\limits_{n=1}^{\infty}\dfrac{1}{2^n}$ 收敛，所以级数 $\sum\limits_{n=1}^{\infty}|\dfrac{\cos 2^n}{2^n}|$ 收敛，故级数 $\sum\limits_{n=1}^{\infty}\dfrac{\cos 2^n}{2^n}$ 绝对收敛.

(2) 因为 $\sum\limits_{n=1}^{\infty}|u_n|=\sum\limits_{n=1}^{\infty}\dfrac{1}{\sqrt[3]{n}}$，是 $p=\dfrac{1}{3}<1$ 的 $p-$级数，所以 $\sum\limits_{n=1}^{\infty}\dfrac{1}{\sqrt[3]{n}}$ 发散. 而 $\sum\limits_{n=1}^{\infty}\dfrac{(-1)^{n-1}}{\sqrt[3]{n}}$ 是交错级数，且 $|u_{n+1}|=\dfrac{1}{\sqrt[3]{n+1}}<\dfrac{1}{\sqrt[3]{n}}=|u_n|$，$\lim\limits_{n\to\infty}|u_n|=\lim\limits_{n\to\infty}\dfrac{1}{\sqrt[3]{n}}=0$，所以 $\sum\limits_{n=1}^{\infty}\dfrac{(-1)^{n-1}}{\sqrt[3]{n}}$ 收敛. 故级数 $\sum\limits_{n=1}^{\infty}\dfrac{(-1)^{n-1}}{\sqrt[3]{n}}$ 条件收敛.

实训 10.2

1. 用比较判别法判定下列级数的敛散性.

(1) $\sum\limits_{n=1}^{\infty}\dfrac{1}{5^n+1}$；　　(2) $\sum\limits_{n=1}^{\infty}\dfrac{1+n}{1+n^2}$；　　(3) $\sum\limits_{n=1}^{\infty}\dfrac{1}{n^2+3n+2}$；　　(4) $\sum\limits_{n=1}^{\infty}\dfrac{1}{n\sqrt{n+1}}$.

2. 用比值判别法判定下列级数的敛散性.

(1) $\sum\limits_{n=1}^{\infty}\dfrac{5^n}{n\cdot 3^n}$；　　(2) $\sum\limits_{n=1}^{\infty}\dfrac{2n+1}{3^n}$；　　(3) $\sum\limits_{n=1}^{\infty}\dfrac{n^3}{2^n}$；　　(4) $\sum\limits_{n=1}^{\infty}\dfrac{3^n}{n!}$；

(5) $\sum\limits_{n=1}^{\infty} n\sin\dfrac{\pi}{3^n}$;   (6) $\sum\limits_{n=1}^{\infty}\dfrac{6^n}{7^n-2^n}$;   (7) $\sum\limits_{n=1}^{\infty}\dfrac{2^n}{n(n+1)}$;   (8) $\sum\limits_{n=1}^{\infty}\dfrac{n^2\cdot n!}{n^n}$.

3．判定下列级数的敛散性，若收敛，是条件收敛还是绝对收敛？

(1) $\sum\limits_{n=1}^{\infty}\dfrac{(-1)^{n+1}}{\sqrt{n}}$;   (2) $\sum\limits_{n=1}^{\infty}\dfrac{(-1)^n n}{3^{n+1}}$;   (3) $\sum\limits_{n=1}^{\infty}(-1)^{n-1} n\tan\dfrac{\pi}{2^n}$;

(4) $\sum\limits_{n=1}^{\infty}\dfrac{\sin\dfrac{n\pi}{2}}{\sqrt{n^3}}$;   (5) $\sum\limits_{n=1}^{\infty}\dfrac{(-1)^n}{na^n}\ (a>0)$;   (6) $\sum\limits_{n=1}^{\infty}[1+\dfrac{(-1)^n}{n^3}]$;

(7) $\sum\limits_{n=1}^{\infty}(-1)^{\frac{n(n-1)}{2}}\dfrac{(2n+1)^2}{2^{n+1}}$;   (8) $\sum\limits_{n=1}^{\infty}\dfrac{(-1)^{n-1}}{\ln(n+1)}$.

10.3   幂级数

10.3.1   幂级数及其敛散性

定义 10.5   形如

$$\sum_{n=0}^{\infty} a_n x^n = a_0 + a_1 x + a_2 x^2 + \cdots + a_n x^n + \cdots \qquad (10\text{-}5)$$

的级数称为幂级数，其中 $a_0, a_1, a_2, \cdots, a_n, \cdots$ 为常数.

对于形如 $\sum\limits_{n=0}^{\infty} a_n(x-x_0)^n$ 的幂级数，可通过变换 $t=x-x_0$ 转化为级数式(10-5)的形式，所以我们主要针对形如级数式(10-5)的级数展开讨论.

例如，对于级数

$$1 + (x-1) + (x-1)^2 + \cdots + (x-1)^n + \cdots$$

令 $t=x-1$ ，则得级数

$$1 + t + t^2 + \cdots + t^n + \cdots$$

当级数式(10-5)的 x 取定值 x_0 时，幂级数 $\sum\limits_{n=0}^{\infty} a_n x^n$ 就成为常数项级数 $\sum\limits_{n=0}^{\infty} a_n x_0^n$ ，如果 $\sum\limits_{n=0}^{\infty} a_n x_0^n$ 收敛，则称 x_0 是幂级数 $\sum\limits_{n=0}^{\infty} a_n x^n$ 的一个收敛点，或称幂级数 $\sum\limits_{n=0}^{\infty} a_n x^n$ 在点 x_0 处收敛. 若级数 $\sum\limits_{n=0}^{\infty} a_n x_0^n$ 发散，则称 x_0 是幂级数 $\sum\limits_{n=0}^{\infty} a_n x^n$ 的一个发散点，或称幂级数 $\sum\limits_{n=0}^{\infty} a_n x^n$ 在点 x_0 处发散. 幂级数 $\sum\limits_{n=0}^{\infty} a_n x^n$ 的所有收敛点组成的集合称为级数 $\sum\limits_{n=0}^{\infty} a_n x^n$ 的收敛域. 同样的，把所有发散点组成的集合称为幂级数的发散域.

例如，对于几何级数 $\sum\limits_{n=0}^{\infty} x^n = 1 + x + x^2 + \cdots + x^n + \cdots$ ，当 $|x|<1$ 时，它收敛于 $\dfrac{1}{1-x}$ ；

当 $|x|\geqslant 1$ 时，它发散. 幂级数 $\sum\limits_{n=0}^{\infty}x^n$ 的收敛域是 $(-1,1)$，发散域是 $(-\infty,-1]\bigcup[1,+\infty)$.

对于一般幂级数 $\sum\limits_{n=0}^{\infty}a_n x^n$，点 $x=0$ 是其收敛点. 而任意一点 x 处，其收敛性可以利用比值判别法来判定. 我们考察极限

$$\lim_{n\to\infty}\frac{|a_{n+1}x^{n+1}|}{|a_n x^n|}=\lim_{n\to\infty}\frac{|a_{n+1}|}{|a_n|}|x|=\rho|x|\quad(\lim_{n\to\infty}\frac{|a_{n+1}|}{|a_n|}=\rho)$$

则当 $\rho|x|<1$ 时，幂级数 $\sum\limits_{n=0}^{\infty}a_n x^n$ 收敛；当 $\rho|x|>1$ 时，幂级数 $\sum\limits_{n=0}^{\infty}a_n x^n$ 发散；当 $\rho|x|=1$ 时，幂级数 $\sum\limits_{n=0}^{\infty}a_n x^n$ 可能收敛也可能发散. 就是说，幂级数 $\sum\limits_{n=0}^{\infty}a_n x^n$ 的敛散性与数 $\rho=\lim\limits_{n\to\infty}\frac{|a_{n+1}|}{|a_n|}$ 密切相关，我们称这个数的倒数 $R=\dfrac{1}{\rho}$ 为幂级数 $\sum\limits_{n=0}^{\infty}a_n x^n$ 的收敛半径，区间 $(-R,R)$ 为幂级数 $\sum\limits_{n=0}^{\infty}a_n x^n$ 的收敛区间. 这时幂级数在它的收敛区间 $(-R,R)$ 内就确定了一个函数 $f(x)$，即 $f(x)=\sum\limits_{n=0}^{\infty}a_n x^n$，称函数 $f(x)$ 为幂级数 $\sum\limits_{n=0}^{\infty}a_n x^n$ 在它的收敛区间 $(-R,R)$ 内的和函数.

关于幂级数的收敛半径，有如下定理.

定理 10.7 设幂级数 $\sum\limits_{n=0}^{\infty}a_n x^n$ 的所有系数 $a_n\neq 0$，如果 $\lim\limits_{n\to\infty}\dfrac{|a_{n+1}|}{|a_n|}=\rho$，则

(1) 当 $\rho\neq 0$ 时，该幂级数的收敛半径为 $R=\dfrac{1}{\rho}$；

(2) 当 $\rho=0$ 时，该幂级数的收敛半径为 $R=+\infty$；

(3) 当 $\rho=+\infty$ 时，该幂级数的收敛半径为 $R=0$.

【任务 10-11】 求下列幂级数的收敛区间.

(1) $\sum\limits_{n=1}^{\infty}\dfrac{x^n}{n!}$；　　　　　　(2) $\sum\limits_{n=1}^{\infty}(nx)^{n-1}$；　　　　　(3) $\sum\limits_{n=1}^{\infty}(-1)^n\dfrac{2^n}{\sqrt[3]{n}}(x-\dfrac{1}{2})^n$.

解：（1）因为

$$\rho=\lim_{n\to\infty}\frac{|a_{n+1}|}{|a_n|}=\lim_{n\to\infty}\frac{n!}{(n+1)!}=\lim_{n\to\infty}\frac{1}{(n+1)}=0$$

所以收敛半径为 $R=+\infty$，所求的收敛区间为 $(-\infty,+\infty)$；

（2）因为

$$\rho=\lim_{n\to\infty}\frac{|a_{n+1}|}{|a_n|}=\lim_{n\to\infty}\frac{(n+1)^n}{n^{n-1}}=\lim_{n\to\infty}n(1+\frac{1}{n})^n=+\infty$$

所以收敛半径为 $R=0$，所求的收敛区间只含 $x=0$ 一个点；

(3) 令 $t = x - \dfrac{1}{2}$，则原级数转化为

$$\sum_{n=1}^{\infty} (-1)^n \frac{2^n}{\sqrt[3]{n}} t^n$$

$$\rho = \lim_{n \to \infty} \frac{|a_{n+1}|}{|a_n|} = \lim_{n \to \infty} \frac{2^{n+1}}{\sqrt[3]{n+1}} \cdot \frac{\sqrt[3]{n}}{2^n} = \lim_{n \to \infty} 2\sqrt[3]{\frac{n}{n+1}} = 2$$

所以级数 $\displaystyle\sum_{n=1}^{\infty} (-1)^n \frac{2^n}{\sqrt[3]{n}} t^n$ 的收敛半径为 $R = \dfrac{1}{2}$，收敛区间为 $t \in (-\dfrac{1}{2}, \dfrac{1}{2})$.

故原级数的收敛区间为 $x \in (0, 1)$.

10.3.2　幂级数的运算性质

性质 1　如果幂级数 $\displaystyle\sum_{n=0}^{\infty} a_n x^n$ 和 $\displaystyle\sum_{n=0}^{\infty} b_n x^n$ 的和函数分别为 $f(x), x \in (-R_1, R_1)$，$g(x)$，

$x \in (-R_2, R_2)$，且 $R = \min\{R_1, R_2\}$，则幂级数 $\displaystyle\sum_{n=0}^{\infty} (a_n \pm b_n) x^n = f(x) \pm g(x), x \in (-R, R)$.

性质 2　幂级数 $\displaystyle\sum_{n=0}^{\infty} a_n x^n$ 的和函数 $f(x), x \in (-R, R)$ 在区间 $(-R, R)$ 内连续.

性质 3　幂级数 $\displaystyle\sum_{n=0}^{\infty} a_n x^n$ 的和函数 $f(x), x \in (-R, R)$ 在区间 $(-R, R)$ 内可逐项求导，且

$$f'(x) = \left(\sum_{n=0}^{\infty} a_n x^n\right)' = \sum_{n=0}^{\infty} (a_n x^n)' = \sum_{n=0}^{\infty} n a_n x^{n-1}, x \in (R, R)$$

性质 4　幂级数 $\displaystyle\sum_{n=0}^{\infty} a_n x^n$ 的和函数 $f(x), x \in (-R, R)$ 在区间 $(-R, R)$ 内可逐项积分，

且

$$\int_0^x f(x)\,\mathrm{d}x = \int_0^x \left(\sum_{n=0}^{\infty} a_n x^n\right) \mathrm{d}x = \sum_{n=0}^{\infty} \int_0^x a_n x^n \,\mathrm{d}x = \sum_{n=0}^{\infty} \frac{a_n}{n+1} x^{n+1}, x \in (R, R)$$

必须指出，幂级数逐项求导数和逐项积分得到的幂级数与原幂级数有相同的收敛半径. 但收敛区间端点上的敛散性可能不同，由此也可知道，幂级数在其收敛区间上可以逐项求导数或逐项积分任意有限次.

【任务 10-12】　求下列幂级数的和函数.

(1) $f(x) = 1 - 2x + 3x^2 + \cdots + (-1)^n (n+1) x^n + \cdots$;

(2) $g(x) = x - \dfrac{x^3}{3} + \dfrac{x^5}{5} + \cdots + (-1)^{n-1} \dfrac{x^{2n-1}}{2n-1} + \cdots$;

(3) $s(x) = x - \dfrac{x^2}{2} + \dfrac{x^3}{3} + \cdots + (-1)^{n-1} \dfrac{x^n}{n} + \cdots$

解：(1) 因为

$$\int_0^x f(x) \mathrm{d}x = x - x^2 + x^3 + \cdots + (-1)^n x^{n+1} + \cdots = \frac{x}{1+x}$$

所以

$$f(x) = \frac{\mathrm{d}}{\mathrm{d}x} \int_0^x f(x) \mathrm{d}x = \left(\frac{x}{1+x}\right)' = \frac{1}{(1+x)^2}$$

又对于幂级数 $\displaystyle\sum_{n=1}^{\infty}(-1)^{n-1}x^n$，有 $\rho = \lim\limits_{n\to\infty}\dfrac{|a_{n+1}|}{|a_n|} = \lim\limits_{n\to\infty}1 = 1$，而且可以验证，当 $x = \pm 1$ 时，

级数发散，因此原级数的和函数为 $f(x) = \dfrac{1}{(1+x)^2}$，$x \in (-1, 1)$．

(2) 因为

$$g'(x) = 1 - x^2 + x^4 + \cdots + (-1)^n x^{2n} + \cdots = \frac{1}{1+x^2}$$

所以

$$g(x) = \int_0^x g'(x) \mathrm{d}x = \int_0^x \frac{1}{1+x^2} \mathrm{d}x = \arctan x$$

又对于幂级数 $\displaystyle\sum_{n=1}^{\infty}(-1)^{n-1}\dfrac{x^{2n-1}}{2n-1}$，有 $\rho = \lim\limits_{n\to\infty}\dfrac{|a_{n+1}|}{|a_n|} = \lim\limits_{n\to\infty}\dfrac{2n-1}{2n+1} = 1$，而且可以验证，当

$x = \pm 1$ 时，级数收敛，因此原级数的和函数为 $g(x) = \arctan x$，$x \in [-1, 1]$．

这就是本章开始处案例 10-1 的理论根据，而且由案例知，虽然级数 $\displaystyle\sum_{n=1}^{\infty}(-1)^{n-1}\dfrac{x^{2n-1}}{2n-1}$

的收敛区间为 $[-1, 1]$，但当 $x \in [-1, 1]$ 时，$|x|$ 越小，级数的收敛速度越快．

(3) 因为

$$s'(x) = 1 - x + x^2 + \cdots + (-1)^{n-1} x^{n-1} + \cdots = \frac{1}{1+x}$$

所以

$$s(x) = \int_0^x s'(x) \mathrm{d}x = \int_0^x \frac{1}{1+x} \mathrm{d}x = \ln(1+x)$$

又对于幂级数 $\displaystyle\sum_{n=1}^{\infty}(-1)^{n-1}\dfrac{x^n}{n}$，有 $\rho = \lim\limits_{n\to\infty}\dfrac{|a_{n+1}|}{|a_n|} = \lim\limits_{n\to\infty}\dfrac{n}{n+1} = 1$，而且可以验证，当 $x = 1$

时，级数收敛，当 $x = -1$ 时，级数发散．因此原级数的和函数为 $s(x) = \ln(1+x)$，$x \in (-1, 1]$．

实训 10.3

1. 求下列幂级数的收敛区间．

(1) $\displaystyle\sum_{n=0}^{\infty} -(n+1)x^n$；

(2) $\displaystyle\sum_{n=1}^{\infty}(-1)^{n-1}\dfrac{x^n}{n^2}$；

(3) $\displaystyle\sum_{n=1}^{\infty}\dfrac{x^n}{n \cdot 2^n}$；

(4) $\displaystyle\sum_{n=1}^{\infty}\dfrac{x^n}{2 \cdot 4 \cdots (2n)}$；

(5) $\displaystyle\sum_{n=1}^{\infty}\dfrac{3^n}{n^2+1}x^n$；

(6) $\displaystyle\sum_{n=1}^{\infty}\dfrac{\ln n}{n}x^{n-1}$；

(7) $\displaystyle\sum_{n=1}^{\infty}\dfrac{(x-1)^n}{n^2}$；

(8) $\displaystyle\sum_{n=1}^{\infty}\dfrac{n(x+1)^n}{2^n}$．

2. 求下列幂级数的和函数.

(1) $\sum_{n=0}^{\infty}(n+1)x^{n}$；　　　　(2) $\sum_{n=0}^{\infty}\dfrac{x^{2n+1}}{2n+1}$；　　　　(3) $\sum_{n=1}^{\infty}2nx^{2n-1}$；　　　　(4) $\sum_{n=1}^{\infty}n(n+1)x^{n}$.

10.4　函数的幂级数展开式

前面我们讨论了幂级数的收敛区间及其在收敛区间的和函数. 现在我们考虑相反的问题, 即给定函数 $f(x)$, 确定它能否在某区间上表示成幂级数, 就是说, 能否找到一个幂级数 $\sum_{n=0}^{\infty}a_{n}(x-x_{0})^{n}$, 使得这个幂级数在某区间上收敛于给定的函数 $f(x)$.

10.4.1　泰勒级数

若函数 $f(x)$ 在点 x_{0} 的某邻域内有 $n+1$ 阶导数, 则在该邻域内 $f(x)$ 可展开为 n 阶泰勒公式

$$f(x)=f(x_{0})+f'(x_{0})(x-x_{0})+\frac{f''(x_{0})}{2!}(x-x_{0})^{2}+\cdots+\frac{f^{(n)}(x_{0})}{n!}(x-x_{0})^{n}+R_{n}(x)$$

其中, R_{n} 常表示为 $R_{n}(x)=\dfrac{f^{(n+1)}(\xi)}{(n+1)!}(x-x_{0})^{n+1}$, 称为拉格朗日余项, 这里 ξ 是介于 x_{0} 与 x 之间的某个值.

如果 $f(x)$ 在点 x_{0} 的某邻域内存在任意阶导数, 且 $\sum_{n=0}^{\infty}\dfrac{f^{(n)}(x_{0})}{n!}(x-x_{0})^{n}$ 的收敛半径为 R, 则

$$f(x)=\sum_{n=0}^{\infty}\frac{f^{(n)}(x_{0})}{n!}(x-x_{0})^{n}$$

在 $|x-x_{0}|<R$ 时成立的充分必要条件是: 在该区间内 $\lim\limits_{n\to\infty}R_{n}(x)=\lim\limits_{n\to\infty}\dfrac{f^{(n+1)}(\xi)}{(n+1)!}(x-x_{0})^{n+1}=0$.

级数 $\sum_{n=0}^{\infty}\dfrac{f^{(n)}(x_{0})}{n!}(x-x_{0})^{n}$ 称为 $f(x)$ 在点 x_{0} 处的泰勒级数. $x_{0}=0$ 时, 泰勒级数化为

$$f(0)+f'(0)\cdot x+\frac{f''(0)}{2!}\cdot x^{2}+\cdots+\frac{f^{(n)}(0)}{n!}\cdot x^{n}+\cdots$$

称此级数为麦克劳林级数.

即如果 $f(x)$ 能展开成 x 的幂级数, 则这个幂级数是 $f(x)$ 的麦克劳林级数. 下面我们讨论如何把 $f(x)$ 展开成 x 的幂级数.

10.4.2　直接法

根据上述讨论，将一个函数 $f(x)$ 展开成 x 的幂级数的步骤如下：

(1)计算 $f(x)$ 的各阶导数 $f'(x_0),f''(x_0),\cdots,f^{(n)}(x_0),\cdots$；

(2)写出对应的泰勒级数 $\sum\limits_{n=0}^{\infty}\dfrac{f^{(n)}(x_0)}{n!}(x-x_0)^n$，并求出其收敛半径 R；

(3)验证在 $|x-x_0|<R$ 时，$\lim\limits_{n\to\infty}R_n(x)=0$；

(4)写出所求函数 $f(x)$ 的泰勒级数及其收敛区间，即

$$f(x)=\sum_{n=0}^{\infty}\frac{f^{(n)}(x_0)}{n!}(x-x_0)^n,(x_0-R,x_0+R)$$

【任务 10-13】　将下列函数展开成 x 的幂级数.

(1) $f(x)=\mathrm{e}^x$；　　　　　　　　　　(2) $f(x)=\sin x$.

解：(1)函数 $f(x)=\mathrm{e}^x$ 的各阶导数为

$$f^{(n)}(x)=\mathrm{e}^x,(n=0,1,2,\cdots)$$

得 $f^{(n)}(0)=1,(n=0,1,2,\cdots)$.

所以 $f(x)$ 的麦克劳林级数为

$$1+x+\frac{x^2}{2!}+\cdots+\frac{x^n}{n!}+\cdots$$

其收敛半径 $R=+\infty$.

对于任何有限数 x,ξ（ξ 介于 0 与 x 之间），有

$$|R_n(x)|=|\frac{\mathrm{e}^{\xi}}{(n+1)!}x^{n+1}|<\mathrm{e}^{|x|}\cdot\frac{|x|^{n+1}}{(n+1)!}$$

因 $\mathrm{e}^{|x|}$ 有限，而 $\dfrac{|x|^{n+1}}{(n+1)!}$ 是收敛级数 $\sum\limits_{n=0}^{\infty}\dfrac{|x|^{n+1}}{(n+1)!}$ 的一般项，所以 $\lim\limits_{n\to\infty}\mathrm{e}^{|x|}\cdot\dfrac{|x|^{n+1}}{(n+1)!}=0$，即 $\lim\limits_{n\to\infty}|R_n(x)|=0$.

因此

$$\mathrm{e}^x=1+x+\frac{x^2}{2!}+\cdots+\frac{x^n}{n!}+\cdots,x\in(-\infty,+\infty).$$

(2)函数 $f(x)=\sin x$ 的各阶导数为

$$f^{(n)}(x)=\sin(x+\frac{n\pi}{2}),(n=0,1,2,\cdots)$$

得

$$f(0)=0,f'(0)=1,f''(0)=0,f'''(0)=-1,f^{(4)}(0)=0,\cdots$$

因此 $f(x)=\sin x$ 的麦克劳林级数为

$$x - \frac{x^3}{3!} + \frac{x^5}{5!} - \frac{x^7}{7!} \cdots + (-1)^{n-1} \frac{x^{2n-1}}{(2n-1)!} + \cdots$$

其收敛半径 $R = +\infty$.

对于任何有限数 x, ξ（ξ 介于 0 与 x 之间），有

$$|R_n(x)| = \left| \frac{\sin(\xi + \frac{n+1}{2}\pi)}{(n+1)!} x^{n+1} \right| < \frac{|x|^{n+1}}{(n+1)!}$$

而 $\lim\limits_{n\to\infty} \frac{|x|^{n+1}}{(n+1)!} = 0$，所以 $\lim\limits_{n\to\infty} |R_n(x)| = 0$. 因此

$$\sin x = x - \frac{x^3}{3!} + \frac{x^5}{5!} - \frac{x^7}{7!} \cdots + (-1)^{n-1} \frac{x^{2n-1}}{(2n-1)!} + \cdots, x \in (-\infty, +\infty)$$

10.4.3　间接法

一般情况下，只有少数简单函数能以直接法展开成幂级数，而且计算时要逐项求导计算系数，还要判定余项的极限是否为零，过程较为麻烦. 对于更多的函数，我们利用已知的几个函数的幂级数展开式和幂级数的运算性质，采用间接方法，来求另一些函数的幂级数展开式.

【任务 10-14】　将下列函数展开成 x 的幂级数.

(1) $f(x) = \cos x$；　　　　(2) $f(x) = \ln\frac{1+x}{1-x}$；　　　　(3) $f(x) = \frac{x}{x^2 - x - 2}$.

解：(1)因为 $\cos x = (\sin x)'$，所以根据 $\sin x$ 的幂级数展开式逐项求导，得

$$\cos x = \left[x - \frac{x^3}{3!} + \frac{x^5}{5!} - \frac{x^7}{7!} \cdots + (-1)^{n-1} \frac{x^{2n-1}}{(2n-1)!} + \cdots \right]'$$

$$= 1 - \frac{x^2}{2!} + \frac{x^4}{4!} - \frac{x^6}{6!} \cdots + (-1)^n \frac{x^{2n}}{(2n)!} + \cdots, \ x \in (-\infty, +\infty)$$

(2)由 10.3.2 小节【任务 10-12】知，

$$\ln(1+x) = x - \frac{x^2}{2} + \frac{x^3}{3} + \cdots + (-1)^{n-1} \frac{x^n}{n} + \cdots, x \in (-1, 1]$$

上式中，将 x 换为 $-x$，有

$$\ln(1-x) = -x - \frac{x^2}{2} - \frac{x^3}{3} - \cdots - \frac{x^n}{n} - \cdots, x \in (-1, 1)$$

所以

$$\ln\frac{1+x}{1-x} = \ln(1+x) - \ln(1-x)$$

$$= 2x + \frac{2}{3}x^3 + \frac{2}{5}x^5 \cdots + \frac{2}{2n-1}x^{2n-1} + \cdots, x \in (-1, 1)$$

(3) 由

$$\frac{x}{x^2-x-2}=\frac{x}{(x+1)(x-2)}=\frac{1}{3}(\frac{1}{x+1}+\frac{2}{x-2})=\frac{1}{3}(\frac{1}{1+x}-\frac{1}{1-\frac{x}{2}})$$

而

$$\frac{1}{1+x}=1-x+x^2-x^3+\cdots+(-1)^n x^n+\cdots,x\in(-1,1)$$

$$\frac{1}{1-\frac{x}{2}}=1+\frac{x}{2}+\frac{x^2}{2^2}-\frac{x^3}{2^3}+\cdots+\frac{x^n}{2^n}+\cdots,x\in(-2,2)$$

所以

$$\frac{x}{x^2-x-2}=\frac{1}{3}[\sum_{n=0}^{\infty}(-1)^n x^n-\sum_{n=0}^{\infty}\frac{x^n}{2^n}]=\frac{1}{3}\sum_{n=0}^{\infty}[(-1)^n-\frac{1}{2^n}]x^n\,,x\in(-1,1)$$

【任务 10-15】 将下列函数在 $x=1$ 处展开成幂级数.

(1) $f(x)=\frac{1}{3-x}$；　　　　　　　　(2) $f(x)=\frac{1}{x^2-x-6}$.

解：(1) 由 $\frac{1}{3-x}=\frac{1}{2-(x-1)}=\frac{1}{2}\frac{1}{1-\frac{x-1}{2}}$，令 $t=\frac{x-1}{2}$，则

$$\frac{1}{3-x}=\frac{1}{2}\frac{1}{1-t}=\frac{1}{2}(1+t+t^2+\cdots+t^n+\cdots),t\in(-1,1)$$

所以

$$\frac{1}{3-x}=\frac{1}{2}[1+\frac{1}{2}(x-1)+\frac{1}{2^2}(x-1)^2+\cdots+\frac{1}{2^n}(x-1)^n+\cdots],x\in(-1,3)$$

(2) 由

$$\frac{1}{x^2-x-6}=\frac{1}{(x+2)(x-3)}=\frac{1}{5}(\frac{1}{x-3}-\frac{1}{x+2})=-\frac{1}{5}[\frac{1}{2-(x-1)}+\frac{1}{3+(x-1)}]$$

$$=-\frac{1}{5}\left[\frac{1}{2(1-\frac{x-1}{2})}+\frac{1}{3(1+\frac{x-1}{3})}\right]$$

而

$$\frac{1}{1-\frac{x-1}{2}}=1+\frac{1}{2}(x-1)+\frac{1}{2^2}(x-1)^2+\frac{1}{2^3}(x-1)^3+\cdots+\frac{1}{2^n}(x-1)^n+\cdots,x\in(-1,3)$$

$$\frac{1}{1+\frac{x-1}{3}}=1-\frac{1}{3}(x-1)+\frac{1}{3^2}(x-1)^2-\frac{1}{3^3}(x-1)^3+\cdots+(-1)^n\frac{1}{3^n}(x-1)^n+\cdots,x\in(-2,4)$$

所以

$$\frac{1}{x^2-x-6}=-\frac{1}{5}[\frac{1}{2}\sum_{n=0}^{\infty}\frac{1}{2^n}(x-1)^n+\frac{1}{3}\sum_{n=0}^{\infty}(-1)^n\frac{1}{3^n}(x-1)^n]$$

$$= -\frac{1}{5}\sum_{n=0}^{\infty}[\frac{1}{2^{n+1}}+\frac{(-1)^n}{3^{n+1}}](x-1)^n, x \in (-1,3)$$

为了便于查用，我们将常用的函数 e^x，$\sin x$，$\cos x$，$\ln(1+x)$，$(1+x)^m$，$\arctan x$ 的麦克劳林级数的幂级数展开式汇聚如下.

$$e^x = 1 + x + \frac{x^2}{2!} + \cdots + \frac{x^n}{n!} + \cdots, x \in (-\infty, +\infty)$$

$$\sin x = x - \frac{x^3}{3!} + \frac{x^5}{5!} + \cdots + (-1)^{n-1}\frac{x^{2n-1}}{(2n-1)!} + \cdots, x \in (-\infty, +\infty)$$

$$\cos x = 1 - \frac{x^2}{2!} + \frac{x^4}{4!} + \cdots + (-1)^n\frac{x^{2n}}{(2n)!} + \cdots, x \in (-\infty, +\infty)$$

$$\ln(1+x) = x - \frac{x^2}{2} + \frac{x^3}{3} + \cdots + (-1)^{n-1}\frac{x^n}{n} + \cdots, x \in (-1,1]$$

$$(1+x)^\alpha = 1 + \alpha x + \frac{1}{2!}\alpha(\alpha-1)x^2 + \frac{1}{3!}\alpha(\alpha-1)(\alpha-2)x^3 + \cdots$$

$$+ \frac{1}{n!}\alpha(\alpha-1)\cdots(\alpha-n+1)x^n + \cdots, x \in (-1,1)$$

$$\arctan x = x - \frac{x^3}{3} + \frac{x^5}{5} - \cdots + (-1)^{n-1}\frac{x^{2n-1}}{2n-1} + \cdots, x \in [-1,1]$$

10.4.4 幂级数的应用

【任务 10-16】 求下列各数的近似值.

（1）e；　　　　　　　　　　　（2）$\sin 12°$（精确到小数点后 4 位小数）.

解：（1）e^x 的幂级数为

$$e^x = 1 + x + \frac{x^2}{2!} + \cdots + \frac{x^n}{n!} + \cdots, x \in (-\infty, +\infty)$$

令 $x = 1$，得

$$e = 1 + 1 + \frac{1}{2!} + \cdots + \frac{1}{n!} + \cdots$$

以其前 $n+1$ 项求 e 的近似值，则

$$e \approx 1 + 1 + \frac{1}{2!} + \cdots + \frac{1}{n!}$$

取 $n = 7$，则

$$e \approx 1 + 1 + \frac{1}{2!} + \frac{1}{3!} + \frac{1}{4!} + \frac{1}{5!} + \frac{1}{6!} + \frac{1}{7!} = 2.71825$$

（2）$\sin x$ 的幂级数为

$$\sin x = x - \frac{x^3}{3!} + \frac{x^5}{5!} - \cdots + (-1)^{n-1}\frac{x^{2n-1}}{(2n-1)!} + \cdots, x \in (-\infty, +\infty)$$

令 $x=\dfrac{\pi}{180}\times 12=\dfrac{\pi}{15}$，得

$$\sin 12°=\dfrac{\pi}{15}-\dfrac{1}{3!}(\dfrac{\pi}{15})^3+\dfrac{1}{5!}(\dfrac{\pi}{15})^5-\cdots+(-1)^{n-1}\dfrac{1}{(2n-1)!}(\dfrac{\pi}{15})^{2n-1}+\cdots$$

以其前 n 项求 $\sin 12°$ 的近似值，则

$$\sin 12°\approx\dfrac{\pi}{15}-\dfrac{1}{3!}(\dfrac{\pi}{15})^3+\dfrac{1}{5!}(\dfrac{\pi}{15})^5-\cdots+(-1)^{n-1}\dfrac{1}{(2n-1)!}(\dfrac{\pi}{15})^{2n-1}$$

误差为

$$|R_n|=|\sum_{k=n+1}^{\infty}(-1)^{k-1}\dfrac{1}{(2k-1)!}(\dfrac{\pi}{15})^{2k-1}|<\dfrac{1}{(2n+1)!}(\dfrac{\pi}{15})^{2n+1}$$

$$=\dfrac{1}{(\dfrac{15}{\pi})^{2n+1}\cdot(2n+1)!}<\dfrac{1}{4^{2n+1}\cdot(2n+1)!}$$

由于精确到小数点后 4 位小数，就是说 $|R_n|<0.00001$，所以 $\dfrac{1}{4^{2n+1}\cdot(2n+1)!}\leqslant 0.00001$，

即 $4^{2n+1}\cdot(2n+1)!\geqslant 100000$，而 $4^{2\times 2+1}\times(2\times 2+1)!=122880>100000$.

故取 $n=2$，得 $\sin 12°\approx\dfrac{\pi}{15}-\dfrac{1}{3!}(\dfrac{\pi}{15})^3=0.2079$.

实训 10.4

1. 将下列函数展开成 x 的幂级数，并求其成立的区间.

(1) $f(x)=\dfrac{x^5}{1-x}$；

(2) $f(x)=a^x$；

(3) $f(x)=\dfrac{x}{1+x-2x^2}$；

(4) $f(x)=\mathrm{e}^{x^2}$；

(5) $f(x)=\cos^2 x$；

(6) $f(x)=x^2\,\mathrm{e}^{-3x}$；

(7) $f(x)=(1+x)\ln(1-x)$；

(8) $f(x)=\dfrac{\mathrm{e}^x-\mathrm{e}^{-x}}{2}$.

2. 将函数 $f(x)=\dfrac{1}{x}$ 展开成 $x-2$ 的幂级数.

3. 将函数 $f(x)=\dfrac{1}{x^2+5x+6}$ 展开成 $x+3$ 的幂级数.

4. 求下列各数的近似值.

(1) $\sqrt{\mathrm{e}}$；

(2) $\cos 3°$；

(3) $\ln 5$.

总实训 10

1. 判定下列各级数的敛散性，并求收敛级数的和.

(1) $\dfrac{1}{6}+\dfrac{3^2-2^2}{6^2}+\dfrac{3^3-2^3}{6^3}+\cdots+\dfrac{3^n-2^n}{6^n}+\cdots$; (2) $\dfrac{2}{3}+\dfrac{8}{9}+\dfrac{26}{27}+\cdots+\dfrac{3^n-1}{3^n}+\cdots$;

(3) $\ln 2+\ln\dfrac{3}{2}+\ln\dfrac{4}{3}+\cdots+\ln\dfrac{1+n}{n}+\cdots$; (4) $\dfrac{1}{2}+\dfrac{3}{4}+\dfrac{1}{8}+\cdots+\dfrac{2+(-1)^n}{2^n}+\cdots$;

(5) $\dfrac{1}{\sqrt{2}+1}+\dfrac{1}{\sqrt{3}+\sqrt{2}}+\dfrac{1}{\sqrt{4}+\sqrt{3}}+\cdots+\dfrac{1}{\sqrt{n+1}+\sqrt{n}}+\cdots$.

2. 用比较判别法判定下列各级数的敛散性.

(1) $\sum\limits_{n=1}^{\infty}\sin\dfrac{\pi}{2^n}$; (2) $\sum\limits_{n=1}^{\infty}\dfrac{1}{\sqrt{1+n\sqrt[3]{n}}}$;

(3) $\sum\limits_{n=1}^{\infty}(\sqrt{n^3+1}-\sqrt{n^3})$; (4) $\sum\limits_{n=1}^{\infty}\dfrac{1}{n!}$.

3. 用比值判别法判定下列各级数的敛散性.

(1) $\sum\limits_{n=1}^{\infty}\dfrac{n+3}{2^n}$; (2) $\sum\limits_{n=1}^{\infty}\dfrac{n!}{3^n+2}$; (3) $\sum\limits_{n=1}^{\infty}3^n\tan\dfrac{\pi}{2^n}$; (4) $\sum\limits_{n=1}^{\infty}\dfrac{5^{n-1}}{n!}$.

4. 判定下列各级数是条件收敛还是绝对收敛.

(1) $\sum\limits_{n=1}^{\infty}\dfrac{(-1)^n\sqrt{n}}{n+1}$; (2) $\sum\limits_{n=1}^{\infty}\dfrac{\sin n\alpha}{(n+1)^2}$;

(3) $\sum\limits_{n=1}^{\infty}(-1)^{n-1}\ln(1+\dfrac{1}{n})$; (4) $\sum\limits_{n=1}^{\infty}\dfrac{(-1)^n(n+3)}{(n+1)\sqrt{n}}$.

5. 求下列幂级数的收敛半径和收敛区间.

(1) $\sum\limits_{n=0}^{\infty}\dfrac{\ln(n+1)}{n}x^n$; (2) $\sum\limits_{n=1}^{\infty}\dfrac{2n-1}{n!}x^n$;

(3) $\sum\limits_{n=1}^{\infty}\dfrac{1}{n\cdot 2^n}(x-1)^n$; (4) $\sum\limits_{n=0}^{\infty}\dfrac{2n+1}{2^n}(x+2)^{2n}$.

6. 求下列幂级数的和函数.

(1) $\sum\limits_{n=1}^{\infty}\dfrac{(x+2)^n}{n\cdot 3^n}$; (2) $\sum\limits_{n=0}^{\infty}\dfrac{x^{2n}}{2^n\cdot n!}$;

(3) $\sum\limits_{n=1}^{\infty}(-1)^n\dfrac{1}{2n-1}x^{2n-1}$; (4) $\sum\limits_{n=0}^{\infty}(-1)^n\dfrac{2n+1}{n!}x^n$.

7. 将下列函数展开成 x 的幂级数，并求其成立的区间.

(1) $f(x)=x^2\sin x$; (2) $y=\ln(2x^2+3x+1)$;

(3) $f(x)=\displaystyle\int_0^x\dfrac{\sin t}{t}\mathrm{d}t$; (4) $y=\displaystyle\int_0^x\mathrm{e}^{-t^2}\mathrm{d}t$.

8. 求下列函数在指定点处的泰勒级数.

(1) $y=\dfrac{1}{2-x},x_0=-1$; (2) $y=\sin x,x_0=\dfrac{\pi}{4}$.

9. 求下列各数的近似值(精确到小数点后 4 位小数).

(1) $\sqrt{3}$; (2) π; (3) $\ln 3$.

第 11 章　Mathematica 操作与应用

本章将介绍 Mathematica 的基本操作及其在微积分学习中的简单应用，详细的内容请参阅 Mathematica 使用手册.

11.1　Mathematica 基本操作

Mathematica 是由美国 WolframResearch 公司开发的一套专门进行数学计算的软件，从 1988 年推出 Mathematica1.0. 目前已经有 11.0（甚至更高）的版本，但基于教学的考虑，本章以 Mathematica5.0 为例进行介绍.

Mathematica 是一个功能强大的数学软件包. 它将符号演算、数值计算和绘图功能有机结合在一起，能进行多项式的因式分解、展开，一般方程和微分方程的求根，幂级数的展开，复数、向量、矩阵、极限和微积分等各种运算. 利用 Mathematica 可以按需要计算成任意位数的小数表示出来（只要机器内存足够大），并且该软件包具有较强的二维函数、三维函数作图及动画功能. Mathematica 适合于从事实际工作的工程技术人员和科学工作者使用，正日益成为高等数学计算的一个不可缺少的工具.

11.1.1　Mathematica5.0 的启动与退出

1. Mathematica5.0 的启动

Mathematica5.0 的启动有两种方式：

（1）双击 Windows 桌面上的快捷方式（如果存在的话）可启动 Mathematica5.0；

（2）开始→程序→Mathematica5.0→Mathematica5.0，可以启动 Mathematica5.0；

启动 Mathematica5.0 后主程序会打开一个新的工作窗口，如图 11-1 所示.

2. Mathematica5.0 的退出

Mathematica5.0 的退出有两种方式：

（1）单击标题栏右边的关闭按钮；

（2）单击"File"菜单下的"Exit"也可退出 Mathematica5.0.

无论以上哪种方式，此时出现对话框（见图 11-2），若前面的输入和计算结果需要存储则选择"是(Y)". 则存储为文件名为 Untitled-1.nb 的文件，供下次使用时调用；否则选择"否(N)"；如果不想退出，选择"取消".

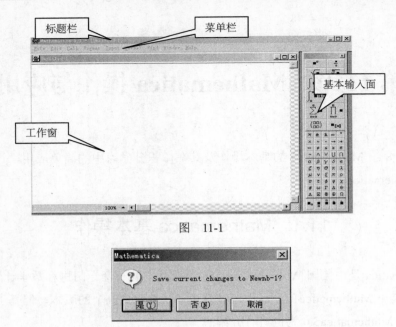

图 11-1

图 11-2

如果要将结果存储为一个你喜爱的名字，如"积分.nb". 可通过单击"File"菜单，选中子菜单"Save As/Export…"，在窗口的 File Name 栏中输入相应的文件名，如"积分.nb"，单击"OK"按钮即可.

11.1.2 Mathematica5.0 的基本操作

本节将对 Mathematica5.0 的基本运算、输入/输出等操作进行介绍.

1. 基本运算

Mathematica5.0 的基本运算包括两方面：

(1) 输入运算表达式；

(2) 执行运算的结果（按组合键 Shift+Enter）；

启动 Mathematica5.0 后在工作窗口中输入 3+8，再按 Shift+Enter 组合键执行这个运算，这时在工作窗口中会显示如图 11-3 所示的结果.

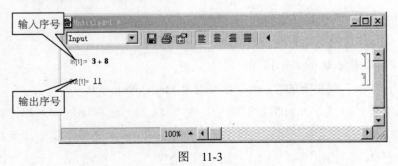

图 11-3

在图 11-3 中，In[1]:=与 Out[1]=是 Mathematica5.0 系统自动加上的，分别表示输入行数与输出的行数。在第一次执行运算的结果时，由于系统要把计算的核心文件（Kernel file）加载到内存，所以计算过程通常就会占用较多的时间，第二次及以后的计算就会快得多。

2. Mathematica5.0 表达式的输入规则

（1）数的表示

Mathematica5.0 的数以两种形式出现：精确数与浮点数。除了几个常用的数学常数外，与通常的数学数字的表示方法是一样的。常用的数学常数有：圆周率 π 用 Pi 表示，E 表示自然对数的底 e=2.718286…，Degree 表示角度 1°，I 表示虚数单位 i，Infinity 表示无穷大 ∞。以上的数学常数的输入也可直接单击基本输入面板上的特殊符号得到。

（2）数的运算符号

加、减、乘、除、乘方的运算符号分别是+、-、*、/、^。其中乘法的表示方法相对比较特殊，除了用"*"表示外，还可以用空格表示。下列的三种情况都是合法的乘法运算：

a*b；a b（a，b 两变量之间有空格符）；a（b+2）（变量 a 与（b+2）相乘）

在 Mathematica 的语法中规定 x2 表示变量，而 2x 表示 2 与变量 x 相乘，2　x（2 与 x 之间有空格）也表示 2 与 x 相乘。ab （a 与 b 之间没有空格）表示变量 ab。

（3）变量与函数的表示方法

在 Mathematica 中，函数的字母是区分大小写的，在输入 Mathematica 的内部函数时第一个字母要用大写，如下所示：

x=Cos[y]变量 x 通常用小写，函数 Cos[y]的第一个字母用大写，函数中的变量用方括号括起来；

x=Mod[16，7]当函数中有两个以上的参数时，参数之间用逗号分开.

3．基本运算命令

（1）整数运算的基本命令（见表 11-1）

表　　11-1

命令格式	命令的用途
Mod[m,n]	求 m/n 的余数，m,n 是整数
GCD[x1,x2,x3…]	求 x1,x2,x3…的最大公约数
LCM[x1,x2,x3,…]	求 x1,x2,x3…的最小公倍数
Factorial[n]或 n!	求 n 的阶乘
FactorInteger[n]	将整数 n 分解成多个质数的表（求 n 的质因子）
Random[Integer,{m,n}]	随机产生一个 m 到 n 的整数，其中 m,n 是整数

（2）浮点数的基本运算命令（见表 11-2）

表　11-2

命令格式	命令的用途
N[num]或 num//N	把精确数 num 化为浮点数
N[num,n]	把 num 化成具有 n 个有效数字的浮点数

（3）常用数学函数（见表 11-3）

表　11-3

函数名	功能
Sin[x]，Cos[x]，Tan[x]	三角函数，自变量以弧度为单位
Cot[x]，Sec[x]，Csc[x]	
ArcSin[x]，ArcCos[x]，ArcTan[x]	反三角函数
ArcCot[x]，ArcSec[x]，ArcCsc[x]	
Sqrt[x]	x 的开平方 $\sqrt{x}$
Exp[x]	指数函数 e^x
Log[x]	自然对数 $\ln x$
Log[a，x]	以 a 为底的对数 $\log_a x$
Abs[x]	绝对值函数 $|x|$
Round[x]	最接近 x 的整数（四舍五入）
Floor[x]	小于或等于 x 的最大整数
Ceiling[x]	大于或等于 x 的最小整数
IntegerPart[x]	取 x 的整数部分
Sign[x]	求 x 的符号
A+b*I	复数 a+bi
Re[z]	求复数 z 的实部
Im[z]	求复数 z 的虚部
Abs[z]	求复数 z 的模
Arg[z]	求复数 z 的辐角

【任务 11-1】　求下列表达式的值.

（1）$-3^2\sqrt[4]{(\frac{4}{7}+2)\times 5-8}$；　　　　（2）$5\sqrt[3]{17}\pi+\left(\frac{4}{9}\right)^0$；　　　　（3）$\sqrt{\sin 2}$.

解：（1）输入　$-3\wedge 2((4/7+2)5-8)\wedge(1/4)$

　　　　输出　$-9\left(\dfrac{34}{7}\right)^{1/4}$

　　　　输入　$-3\wedge 2((47+2)5-8)\wedge(14)//N$

　　　　输出　-13.36096199628852

（2）输入 $17\wedge(1/3)*5*Pi+(4/9)\wedge 0$

　　　　输出　$1+\dfrac{5\ 17^{1/3}}{\pi}$

　　　　输入　$N[17\wedge(1/3)*5*Pi+(4/9)\wedge 0,20]$

　　输出　　41.389596777612950615

（3）输入　Sqrt[Sin[2.]]

　　输出　　0.953571

4. 变量的赋值

　　我们可以通过运算符号"="或"：="来给一个变量赋值. 一般格式为

$$\boxed{\text{变量=表达式}}\qquad 或 \qquad \boxed{\text{变量 1=变量 2=表达式}}$$

　　其执行步骤为：先计算等号右侧的表达式的值，再将结果赋给左侧变量. 如果使用"：="进行赋值，并不计算表达式的值，而是将整个表达式赋给变量，直到需要时才被计算. 因此，"="称为立即赋值，"：="称为延迟赋值. 例如：

输入　　Math4 = 3*2 + 6.8

输出　　12.8

输入　　Math4 := 3*2 + 6.8　　　（*这一句没有输出*）

输入　　Math4 = 4x + 5x^2 + 2x^3 + 8x^4

输出　　$4x+5x^2+2x^3+8x^4$

输入　　s1 = s2 = 3*4 + 4.5

输出　　16.5

输入　　Math4 /. x -> 2

输出　　172

　　其中，"/.x->2"为变换规则，把变量 Math4 中的 x 变换为 2. 只要不进行重新赋值或退出系统，原有的变量就会保留. 有时候我们需要清除这些值，以免在以后的计算中发生错误. 清除变量 Math4,s1 的命令如下：

Clear[Math4,s1]

　　注意：上述输入语句没有输出.

5. 自定义函数

　　定义一个函数，在 Mathematica 中可以用以下两种方式：

$$\boxed{\text{f[x\_]=expr}}\qquad 或 \qquad \boxed{\text{f[x\_]:=expr}}$$

　　其中，expr 为函数 f(x) 的表达式. Clear[f]表示清除 f 的所有定义内容. 自定义函数可以像 Mathematica 系统内部函数一样使用，其书写要按照定义的函数名书写.

　　【任务 11-2】 已知 $f(x) = x^3$，求 $f(2)$.

　　解　输入　　f[x_] = x^3; f[2]

输出　　8

　　中间的分号表示该语句不输出结果，可以连续输入一些带分号的语句再执行. 带分号的语句之间无须换行.

【任务 11-3】 已知 $f(x)=\begin{cases} e^x\sin x, & x\leqslant 0; \\ \cos x, & 0<x\leqslant e; \\ \sin x\cos x, & x>e. \end{cases}$ 求 $f(1.2)$，$f(-2)$ 的值并作图.

解： 输入　　f[x_]:=(E^x)*Sin[x] /; x <= 0;

f[x_]:= Cos[x] /; 0 < x <= E;

f[x_]:= Sin[x]*Cos[x] /; x > E;

f[1.2]

f[-2]

Plot[f[x], {x, -4, 10}]

输出　　0.362358

−0.12306

其图形如图 11-4 所示.

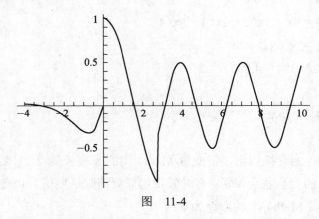

图　11-4

其中，"/;"后为条件；Plot[]为绘图语句，我们将在以后学习.

另外，这里的 $f(x)$ 也可以定义为

f[x_] := Which[x <= 0, (E^x)*Sin[x], x > E, Sin[x]*Cos[x], True, Cos[x]];

11.1.3　表及其运算

Mathematica 的表形式为{a,b,c,d,…}，其元素也可以为表，甚至其他任何形式的元素. 用表也可表示集合，形式上无区别. 表可以为一层或更多层，如{{1, 2}，{3, 4}{6, 7}}等. 常见的有单层、二层、三层表.

1. 表的生成

表的生成有很多种方法,如直接键入语句 gg={{1,2},{6,7}},表示将该表赋给 gg 变量. 下面介绍一种命令生成方法.

命令格式：　Table[expr,{n,n1,n2,step}]

表示将 n 依次按步长 step 取 n1 到 n2 间的值后，带入含 n 的表达式 expr 计算所得到的取值表. 例如：

输入　　Table[n^2, {n, 2, 6}]

输出　　{4, 9, 16, 25, 36}

当 step=1 时，step 可以省去不写；step=1 且 n1=1 时，两者皆可省去. 例如：

输入　　Table[n^2, {n, 2, 6}]

输出　　{4, 9, 16, 25, 36}

输入　　Table[n^2, {n, 6}]

输出　　{1, 4, 9, 16, 25, 36}

当 n1>n2 时，step 取负值.

2. 表的运算

表的运算有抽取、合并等.

（1）元素抽取

First[list],Last[list],list[[n]]分别表示抽取表的第一个、最后一个、第 n 个元素；当 list 为多层表示，list[[n1,n2,…]]表示取表 list 的位置为第 n1 个子表的第 n2 个子表的…元素；Take[list,整数 n]表示取出表 list 的前 n 个元素，如 n 为负，取后 n 个元素；Take[list,{整数 m，整数 n}]表示取出表 list 的第 m 个到第 n 个元素组成一个新表. 例如：

输入：Take[Sin[{0.7, 0.5, 0.3, 1.}], {2, 3}]

输出：{0.479 426, 0.295 52}

（2）表的合并

| Join[list1, list2, ...] | 连接表 list1, list2, ...

| Union[list1, list2, ...] |去掉重复元素并排序后的合并（集合的并）

这些对表的操作并不改变原表，如需要保留操作后的表，要将改变后的表赋给一个变量. 例如：gg={1,2,3},Append[gg,4]，执行结果为{1,2,3,4},但查看 gg 时仍为{1，2，3}. 如需要保留操作后的表，使用命令 gg= Append[gg,4]

11.1.4　多项式运算

多项式运算函数见表 11-4.

表　11-4

函数	含义
Expand[expr]	展开表达式 expr
Factor[expr]	因式分解
Simplify[expr]	化简表达式

【任务 11-4】 展开多项式 $(1+2x+3y)^3$，然后再因式分解.

解： 输入　p := Expand[(1 + 2x + 3y)^3]; p

输出　$1+6x+12x^2+8x^3+9y+36xy+36x^2y+27y^2+54xy^2+27y^3$

输入　Factor[p]

输出　$(1+2x+3y)^3$

输入　Simplify[p]

输出　$(1+2x+3y)^3$

实训 11.1

1. 计算下列各式的值.

(1) $\sqrt{5^{3.1}-7} = $ ＿＿＿＿＿＿＿＿ ;　　　　(2) $756^{17} = $ ＿＿＿＿＿＿ ;

(3) $\log_5 579.17 = $ ＿＿＿＿＿＿＿ ;　　　　(4) $\sin 23° = $ ＿＿＿＿＿＿ .

2. 将第 1 题的（3）、（4）计算到小数点后 15 位精度.

$\log_5 579.17 = $ ＿＿＿＿＿＿＿＿＿＿＿＿ ;　　$\sin 23° = $ ＿＿＿＿＿＿＿＿＿＿＿＿＿

3. 设 $a=3$，$b=\pi$，计算 $2a^2+3ab^3-5a^3b^5 = $ ＿＿＿＿＿＿＿＿＿＿＿＿

4. 因式分解 x^3-2x+1.

11.2　用 Mathematica 拟合函数

拟合函数是利用最小二乘法，将数值与要拟合的函数做分析运算，以求得最接近或最能反映数据趋势的函数. 下面我们给出拟合函数的部分命令（见表 11-5）.

表　11-5

命令格式	命令功能
Fit[{f1,f2, …},{1,x,},x]	设变量为 x，进行线性拟合
Fit[{f1,f2,…},{1,x,x^2},x]	变量为 x 的二次多项式拟合
Fit[{{x1,f1},{x2,f2},…},	当 x=x1 时函数的值为 f1,当 x=x2 时函数的值为 f2…做曲线拟合
ListPlot[f1,f2,…]	绘制 f1,f2,…的点

【任务 11-5】 用以下数据拟合 x 与 y 的关系（见表 11-6）.

表　11-6

x	0	2	4	6	8	10	12	14	16	18	20
y	0.6	2.0	4.4	7.5	11.8	17.1	23.3	31.2	39.6	49.7	61.7

解： 输入

data={{0,0.6},{2,2.0},{4,4.4},{6,7.5},{8,11.8},{10,17.1},{12,23.3},{14,31.2},{16,39.6},

{18,49.7},{20,61.7}};

　　tu1=ListPlot[data,PlotStyle->{RGBColor[0,1,0],PointSize[0.03]}]

　　输出见图 11-5.

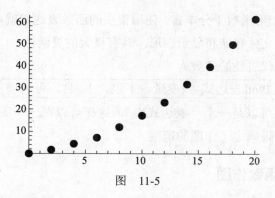

图　11-5

由图 11-5 可知，得到的散点图呈现二次曲线图形特征，所以

输入　　f1=Fit[data,{1,x,x^2},x]

　　　　tu2=Plot[f1,{x,0,20}];

　　　　Show[tu1,tu2]

输出　　$1.01049 + 0.19711x + 0.140326x^2$

输出的图形如图 11-6 所示.

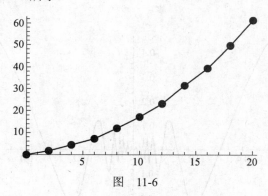

图　11-6

由图 11-6 可知，拟合函数的曲线完全过每一点，即拟合函数与数据完全吻合.

实训 11.2

现有二变量的一组实测数据见表 11-7，试拟合二变量的函数关系.

表　11-7

x	0	0.2	0.3	0.52	0.64	0.7	1.0
y	0.3	0.45	0.47	0.50	0.38	0.33	0.24

11.3 函数图形

Mathematica 的图形函数十分丰富，使用很少的函数表达式就可以画出复杂的图形，而且可以通过变量和文件存储和显示图形，具有极大的灵活性.

图形函数中最有代表性的函数为

> Plot[表达式，{变量，下限，上限}，可选项]

其中，表达式还可以是一个"表达式表"，这样可以在一个图里画多个函数；变量为自变量；上限和下限确定了作图的范围.

11.3.1 一元函数作图

一元图形函数为

> Plot[函数 f，{x，xmin，xmax}，选项]

在区间{x，xmin，xmax}上，按选项的要求画出函数 f 的图形.

【任务 11-6】 作 $y=x\sin\dfrac{1}{x}$ 的图形.

解：输入   Plot[x*Sin[1/x], {x,-1,1}]

输出 见图 11-7.

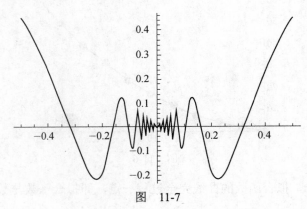

图 11-7

输入   Plot[x Sin[1/x], {x, -0.1, 0.1}]

输出   见图 11-8.

【任务 11-7】 在同一坐标系中作 $y=\sin x$ 和 $y=\cos x$ 的图形.

解：输入 Clear〔x〕

Plot[{Sin[x], Cos[x]},{x, 0, 2Pi}]

输出   见图 11-9.

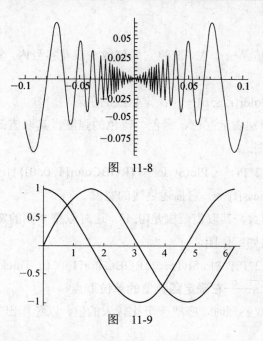

图　11-8

图　11-9

Plot 函数除了上述使用方式外还有另一种使用方式：

$$\boxed{\text{Plot}[\{ f1, f2, , fi,] \{ x, xmin, xmax \} \text{ 可选参数}]}$$

其中可选参数的格式为

可选参数名→可选参数值（或可选参数值表）

1. 参数 AspectRatio

此参数是设置图像的横纵比，默认的横纵比为 $1:0.618$. 将参数 AspectRatio 的值设置为 Automatic 可以按实际比例（$1:1$）作图. 比较：

Plot[{Sin[x], Cos[x]},{x, 0, 2*Pi}]

和　　　　　　Plot[{Sin[x], Cos[x]},{x, 0, 2*Pi},AspectRatio→Automatic]

它们的图像如图 11-10 所示.

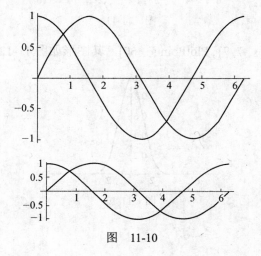

图　11-10

2. 参数 PlotStyle

参数 PlotStyle 的值是一个表，应将它的值放在双花括号内，它决定图形的划线的宽度、虚实、色彩等.

(1)参数值 RGBColor[r, g, b]——决定划线的色彩

其中，r、g、b 分别表示红色、绿色、蓝色的强度，其取值范围是[0, 1].

例如：用红线作图.

Plot[Sin[x], {x, 0, 2*Pi}   , PlotStyle→{{RGBColor[1, 0, 0]}}]

(2)参数值 Thickness[t]——它描述划线的宽度

其中，t 是一个实数，其取值范围是[0, 1]，这时以整个图的宽度为 1. 因此 t 的取值一般应远远小于 1. 例如：作图，

Plot[Sin[x], {x, 0, 2*Pi}, PlotStyle→{{RGBColor[1, 0, 0], Thickness[0.001]}}]

3. 参数 PlotPoints——它确定函数值的单位取点

当函数值变化比较剧烈时，应取一个比较大的值，以免作出的图形过分偏离函数的实际图形. 其格式为

PlotPoints->n

其中，n 为单位取点数. 比较下面图形：

Plot[Exp[-x^2/2], {x,-7, 7}]，其图形如图 11-11 所示.

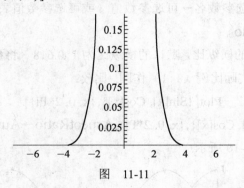

图　11-11

Plot[Exp[-x^2/2], {x,-7, 7}, PlotPoints→60]，其图形如图 11-12 所示.

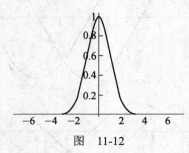

图　11-12

4. 参数 PlotRange

它决定作图时函数值的取什范围. 其格式为

$$PlotRange \rightarrow 参数值$$

其参数值为:

(1) Automatic——此为系统默认值, 当函数在作图区间存在无穷值点和很侠窄的尖峰, 系统会将这一部分切掉;

(2) All——要求画出函数值的全部情况, 当发现系统下切掉了重要的尖峰时可以使用该值重画图形. 但在无穷值点不应使用该值, 否则会跌入无穷循环的陷阱, 甚至导致死机;

(3) {y1, y2}——要求作出函数值在 {y1, y2} 范围内的图形.

例如, 作图: Plot[Tan[x], {x, － Pi, Pi}]

Plot[Tan[x], {x, － Pi, Pi}, PlotRange→{ － 60, 60}]

5. 参数 DisplayFunction

它决定图形的显示与否. 当它取值为 $DisplayFunction 时 (系统的默认值), 图形将在屏幕上显示出来; 当它取值为 Identity 时, 表示只生成图形表达式, 但不显示. 其格式为

DisplayFunction→$DisplayFunction (或 Identity)

执行下述语句后, 将只计算图形的表达式, 而不输出图形. 如:

输入

　　　A=Plot[Sin[x], {x, 0, 2*Pi}, DisplayFunction→Identity]

则输出为

　　-Graphics-

其中, -Graphics 是上述图形的表达式, 它包括与图形有关的数据和性态的描述, 可以用函数 InputForm[A] 或下面的 Show[A] 把它的内容显示出来.

11.3.2　图形的重新显示与组合显示——Show 函数

函数 Plot 可以在同一坐标系的同一区间作出不同函数的图像, 但不时需要在同一坐标系的不同区间作出不同函数的图像, 或者在一个坐标系内做一个函数图像时要求函数的各个部分有不同的性态, 这就需要使用 Show 函数.

我们知道 Plot 函数的参数 DisplayFunction 取值为 Identity 时, 可以得到图形的表达式-Graphics-, 而不把图形显式出来. Show 函数的功能就是把求出的图形表达式作为图像显式出来, 其格式为

Show[图形表达式, 图形表达式, …, 参数]

　　使用时可以重新指定作图参数(即 Plot 函数的相关参数),使图形按照需要的方式显示出来. 例如:用 a=Plot[{Sin[x], Cos[x]}, {x, 0, 2*Pi}]可以作出正弦和余弦函数在[0, 2π]上的图像. 如果希望用实际的比例显示这个图,那么只要输入:

Show[a, AspectRatio→Automatic]

就不必再计算图形表达式而直接把图形显示出来,以加快图形绘制的速度.

　　又如:要在同一坐标系内作出余弦、反余弦函数及直线 y=x 图像,且余弦函数和直线 y=x 的图像用黑色虚线作,反余弦函数的图像用红色实线作,程序如下,对应图像如图 11-13 所示.

Clear[a, b, d, x]

a=Plot[ArcCos[x],{x, −1, 1},PlotStyle→{{RGBColor[1, 0, 0]}},DisplayFunction→Identity, AspectRatio→Automatic]

b=Plot[x,{x, −1/2, 2},PlotStyle→{Dashing[{0.02, 0.01}]}],DisplayFunction→Identity]

d=Plot[Cos[x],{x,0,Pi},PlotStyle→{Dashing[{0.02, 0.01}]}],DisplatyFunction→Identity]

Show[a, b, d, DisplayFunction→$DisplayFunction]

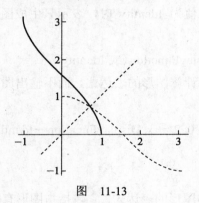

图　11-13

11.3.3　参数方程画图函数

参数方程画图函数为

ParametricPlot[{x[t],y[t]},{t,t0,t1},选项]

在平面上画一个 X 轴,Y 轴坐标为{x[t],y[t]},参变量 t 在[t0,t1]中的参数曲线,其中 ParametricPlot 的可选项与 Plot 函数相同.

【任务 11-8】 用 ParametricPlot 生成 $\begin{cases} x = \sin t; \\ y = \sin 2t. \end{cases}$ 的图形.

解　输入　x[$t\_$]:=Sin[t];

　　　　　　y[$t\_$]:=Sin[2*t];

　　　　　　ParametricPlot[{x[t],y[t]},{t,0,2*Pi},AspectRatio->Automatic]

输出　见图 11-14.

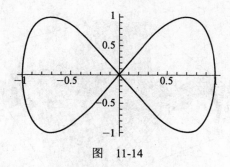

图　11-14

又如作等速螺线的图形. 起点在极点的等速螺线的极坐标方程为 $\rho = \theta$, 它在直角坐标系下的参数方程为

$$\begin{cases} x = \theta \cos \theta \\ y = \theta \sin \theta \end{cases}$$

输入：

　　Clear[a, t, x, y]

　　x[t_]: =t*Cos[t];

　　y[t_]: =t*Sin[t];

　　ParametricPlot[{x[t], y[t]}, {t, 0, 4*Pi}, PlotPoints→250, AspectRatio→Automatic]

输出　见图 11-15.

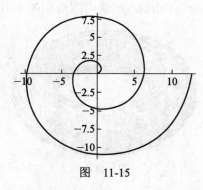

图　11-15

11.3.4　二元函数作图（空间图形）

格式一：

　　　Plot3D[f[x,y],{x,x0,x1},{y,y0,y1},选项]

输出：在区域 $x \in [x_0, x_1]$ 和 $y \in [y_0, y_1]$ 上，画出空间曲面 $f(x, y)$ 的图形.

【任务 11-9】 用 Plot3D 生成的 sin[x]*cos[y] 的三维图形.

解：输入　Plot3D[Sin[x Cos[y]], {x, -3, 3}, {y, -3, 3}, PlotPoints -> 40]

输出　见图 11-16.

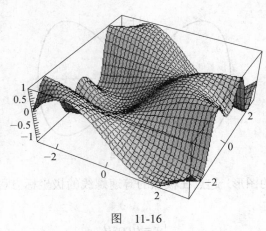

图　11-16

格式二：

ParametricPlot3D[{x[u,v],y[u,v],z[u,v]},{u,u0,u1},{v,v0,v1},选项]

输出：在极坐标区域 $u \in [u_0, u_1]$ 和 $v \in [v_0, v_1]$ 上，画出参数方程 $\begin{cases} x = x(u,v) \\ y = y(u,v) \\ z = z(u,v) \end{cases}$ 表示的空

间曲面.

如输入 ParametricPlot3D[{Cos[u](3+Cos[v]), Sin[u](3+Cos[v]), Sin[v]}, {u, 0, 2Pi}, {v, 0, 2Pi}, Boxed→False, Axes→False]，则输出图形如图 11-17 所示.

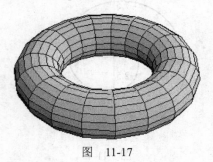

图　11-17

上面的命令使用了两个参数选项，其中 Boxed→False 是去掉外面的立体框，Axes→False 是去掉坐标轴.

除使用上述函数作图以外，Mathematica 还可以像其他语言一样使用图形元语言作图，如画点函数 Point[x,y]，画线函数 Line[x1,y1,x2,y2]，画圆函数 Circle[x,y,r]，画矩形和多边形函数 Rectangle 和 Polygon,字符输出的 Text[字符串,输出坐标]，还有颜色函数 RGBColor[red,green,blue]、Hue[],GrayLevel[gray]用来描述颜色的亮度、灰度、饱和度,用 PointSize[相对尺度]、Thickness[相对尺度]来表示点和线的宽度. 总之 Mathematica 可以精确地调节图形的每一个特征.

实训 11.3

作出下列函数的图像，并写出程序.

(1) 用实际尺寸作出函数 $y=\sin x+\sin 2x$ 在 $[-2\pi,2\pi]$ 上的图像.

(2) 用红色和虚线分别作出下列函数的图像.

$y=(x^2-1)^3+1$, $x\in[-2,2]$.

(3) 作出下列函数的图像.

①$y=3.2x^2-1.65x+2.67$ $(x\in[-5,5])$；　　　②$y=\log_\pi\sin x$ $(x\in[0.5,3])$；

③$y=e^{x+1.414}$ $(x\in[-6,6])$.

(4) 作出下列参数方程的图像.

① $\begin{cases} x=5\sec t; \\ y=4\tan t. \end{cases}$；　　　② $\begin{cases} x=2\cos^3\theta; \\ y=2\sin^3\theta. \end{cases}$　　　③$r(t)=2(1-\cos\theta)$.

11.4　用 Mathematica 求极限和求微分

极限是微积分的基础，微分是微积分的重要组成部分. 本节分为两部分，将分别讨论使用 Mathematica5.0 计算极限和微分的方法.

11.4.1　极限

Mathematica5.0 提供的用于求解极限的函数见表 11-8.

表　11-8

函数格式	功能说明
Limit[expr,x→x₀]	x 趋近于 x_0 时 expr 的极限，x_0 可以为 Infinty（$+\infty$），-Infinity（$-\infty$）
Limit[expr,x→x₀,Direction→1]	x 趋近于 x_0^- 时 expr 的极限
Limit[expr,x→x₀,Direction→-1]	x 趋近于 x_0^+ 时 expr 的极限

【任务 11-10】　求下列极限.

(1) $\lim\limits_{x\to 0}\sqrt[x]{1-2x}$；

(2) $\lim\limits_{x\to\frac{\pi}{3}}\dfrac{\sin(x-\frac{\pi}{3})}{1-2\cos x}$；

(3) $\lim\limits_{x\to 0}\dfrac{x^2-1}{2x^2-x-1}$；

(4) $\lim\limits_{x\to 1}\dfrac{x^2-1}{2x^2-x-1}$；

(5) $\lim\limits_{x\to\infty}\dfrac{x^2-1}{2x^2-x-1}$；

(6) $\lim\limits_{x\to 0}[\tan(\frac{\pi}{4}-x)]^{\cot x}$；

(7) $\lim\limits_{x\to\infty}(\sin\frac{1}{x}+\cos\frac{1}{x})^x$；

(8) $\lim\limits_{x\to 0}\sqrt[x]{\cos\sqrt{x}}$；

(9) $\lim\limits_{x\to 1^-}\arctan\dfrac{1}{1-x}$；

(10) $\lim\limits_{x\to 1^+}\arctan\dfrac{1}{1-x}$；

(11) $\lim\limits_{x\to-\infty}\dfrac{\ln(1+e^x)}{x}$；

(12) $\lim\limits_{x\to+\infty}\dfrac{\ln(1+e^x)}{x}$.

解：(1)输入　　Limit[(1 - 2x)^(1/x), x -> 0]

　　　　　输出　　$\dfrac{1}{e^2}$

(2)输入　　Limit[Sin[x - Pi/3]/(1 - 2Cos[x]), x→Pi/3]

　　　输出　　$\dfrac{1}{\sqrt{3}}$

(3)输入　　Limit[(x^2 - 1)/(2x^2 - x - 1), x→0]

　　　输出　　1

(4)输入　　Limit[(x^2 - 1)/(2x^2 - x - 1), x→1]

　　　输出　　$\dfrac{2}{3}$

(5)输入　Limit[(x^2 - 1)/(2x^2 - x - 1), x→Infinity]　　* Infinity 指正无穷大*

　　　　　Limit[(x^2 - 1)/(2x^2 - x - 1), x→-Infinity]

　　　输出　　$\dfrac{1}{2}$

　　　　　　　$\dfrac{1}{2}$

(6)输入　　Limit[Tan[Pi/4 - x]^Cot[x], x→0]

　　　输出　　$\dfrac{1}{e^2}$

(7)输入　　Limit[(Sin[1/x] + Cos[1/x])^x, x→Infinity]

　　　　　Limit[(Sin[1/x] + Cos[1/x])^x, x→-Infinity]

　　　输出　　e

　　　　　　　e

(8)输入　　Limit[(Cos[x^(1/2)])^(1/x), x→0]

　　　输出　　$\dfrac{1}{\sqrt{e}}$

(9)输入　　Limit[ArcTan[1/(1 - x)], x→1, Direction→1] (*沿正向靠向于 1，即 1 的左极限*)

　　　输出　　$\dfrac{\pi}{2}$

(10)输入　　Limit[ArcTan[1/(1 - x)], x→1, Direction→-1] (*沿负向靠向于 1，即 1 的右极限*)

　　　输出　　$-\dfrac{\pi}{2}$

(11)输入　　Limit[Log[1 + E^x]/x, x→-Infinity]

　　　输出　　0

(12) 输入   Limit[Log[1 + E^x]/x, x→Infinity]

输出   1

11.4.2 微分

Mathematica 关于导数和微分的命令格式及功能说明见表 11-9.

表　11-9

命令格式	功能说明
D[f, x]	f 的导数或偏导数 $\dfrac{\partial}{\partial x}f$
D[f,x₁,x₂,···]	f 的高阶混合偏导数 $\dfrac{\partial}{\partial x_1}\dfrac{\partial}{\partial x_2}\cdots f$
D[f, {x, n}]	f 对 x 求 n 阶导数或偏导数

表 11-9 中函数，当 f 为单变量函数时，指 f 对 x 的导数.

表 11-10 中列出了全微分命令格式及功能说明.

表　11-10

命令格式	功能说明
Dt[f]	f 的微分或全微分 df
Dt[f, x]	函数 f 对 x 的导数 df/dx
Dt[f, {x, n}]	f 对 x 求 n 阶导数

【任务 11-11】 求下列函数的一阶导数.

(1) $y = 2x^3 + 5x^2 + \sin 7$;　　　　　 (2) $y = \ln \cos x$.

解：(1) 输入　　D[2x^3 + 5x^2 + Sin[7], x]

输出　　$10x + 6x^2$

(2) 输入　　D[Log[Cos[x]], x]

输出　　-Tan[x]

【任务 11-12】 求下列函数的三阶导数.

(1) $y = \ln \cos x$；　　　　　　　 (2) $y = x^7$.

解：(1) 输入　　D[Log[Cos[x]], {x, 3}]

输出　　$-2\text{Sec}[x]^2\text{Tan}[x]$

(2) 输入　　D[x^7, {x, 3}]

输出　　$210x^4$

【任务 11-13】 求下列函数在指定点的值.

(1) $y = \sin x - \cos x$，求 $y'|_{x=\frac{\pi}{6}}$ 和 $y'|_{x=\frac{\pi}{4}}$；　　　 (2) $f(x) = \dfrac{3}{5-x} + \dfrac{x^2}{5}$ ，求 $f'(0)$ 和 $f'(2)$.

解：（1）输入　D[Sin[x] - Cos[x], x]

　　　　　　　% /. x→(Pi/6)　　（*该次输入将两个命令作为一个输入*）

　　　　　　　%% /. x→(Pi/4)　　（*对上上一个输出中的 x 用（Pi/4）代替的结果*）

　　　　输出　Cos[x] + Sin[x]

　　　　　　　$\dfrac{1}{2}+\dfrac{\sqrt{3}}{2}$　　　　　　（*对上一个输出中的 x 用（Pi/6）代替的结果*）

　　　　　　　$\sqrt{2}$

（2）输入　D[3/(5 - x) + x^2/5, x] /. x→0　（*直接对该次输出中的 x 用 0 代替的结果*）

　　　　　　D[3/(5 - x) + x^2/5, x] /. x→2

　　输出　$\dfrac{3}{25}$

　　　　　$\dfrac{7}{25}$

其中，%代表上一个输出，%%代表上上一个输出，%%%依此类推.

【任务 11-14】　求函数 $z = x\sin x + \cos y$ 的两个一阶偏导数和四个两阶偏导数.

解：输入　f[x_, y_] := x*Sin[x] + Cos[y]

　　　　　　　D[f[x, y], x]

　　输出　x Cos[x] + Sin[x]

　　输入　D[f[x, y], y]

　　输出　-Sin[y]

　　输入　D[f[x, y], {x, 2}]

　　输出　2 Cos[x] - x Sin[x]

　　输入　D[f[x, y], {y, 2}]

　　输出　-Cos[y]

　　输入　D[f[x, y], x, y]

　　输出　0

　　输入　D[f[x, y], y, x]

　　输出　0

11.4.3　隐函数与参数方程所确定的函数的导数

如下自定义函数

$$\boxed{\text{Dfxy}[f\_, x\_, y\_]:=\text{Solve}[D[f, x]= =0, y'[x]]}$$

和

$$\boxed{\text{Dxyt}[y\_, x\_, t\_]:=D[y, t]/D[x, t]}$$

可用于求隐函数与参数方程所确定的函数的导数.

例如：求隐函数 $x^2 + y^2 = 1$ 所确定的函数 $y=y(x)$ 的导数.

输入　　Dfxy[f_, x_, y_]=Solve[D[f, x]= =0, y′[x]]

　　　　Dfxy[x^2+y[x]^2-1, x, y]

输出结果为　　$\left\{\left\{y'[x]\rightarrow -\dfrac{x}{y[x]}\right\}\right\}$

即　　　　　$y'=-\dfrac{x}{y}$

再如：求参数方程 $\begin{cases} x=a\cos t; \\ y=b\sin t. \end{cases}$ 所确定的函数 y=y(x) 的导数.

输入

　　　　Dxyt[y_, x_, t_]:=D[y, t]/D[x, t]

　　　　Dxyt[a Cos[t], b Sin[t], t]

输出结果为　　$-\dfrac{a\ \text{Tan}[t]}{b}$

即　　　　　$\dfrac{\mathrm{d}y}{\mathrm{d}x}=-\dfrac{a\tan t}{b}$

实训 11.4

1. 求下列极限 (精确到五位小数).

(1) $\lim\limits_{x\to\infty}\dfrac{2x^2+x-2}{7x^2-3x+5}$；

(2) $\lim\limits_{x\to 0}(1+\tan x)^{5\cot x}$.

2. 求下列函数的导数.

(1) 已知：$y=\ln\sqrt{\dfrac{1-\sin x}{1+\sin x}}$，求 y'；

(2) 已知：$y=\left(\dfrac{a}{b}\right)^x\left(\dfrac{b}{x}\right)^a\left(\dfrac{x}{a}\right)^b$，求 $\dfrac{\mathrm{d}y}{\mathrm{d}x}$；

(3) 已知 $y=x\arctan x$，求高阶导数 $y^{(100)}$ 以及它在 $x=0$ 点的值.

3. 求下列隐函数的导数.

(1) $x^2+y^2-4x+2y+1=0$；

(2) $x^3+y^3-xy=0$.

4. 求下列参数方程所确定的函数的导数.

(1) $\begin{cases} x=5\sec t; \\ y=4\tan t; \end{cases}$；

(2) $\begin{cases} x=2\cos^3\theta; \\ y=2\sin^3\theta. \end{cases}$

5. $z=\arcsin\sqrt{\dfrac{x^2-y^2}{x^2+y^2}}$，求 $\dfrac{\partial z}{\partial x},\dfrac{\partial z}{\partial y}$.

6. $z=\ln(x^2+y^2)$　求 $\dfrac{\partial^2 z}{\partial x^2},\dfrac{\partial^2 z}{\partial x\partial y},\dfrac{\partial^2 z}{\partial y^2}$.

7. 求 $z=yx^y$ 的全微分.

11.5　用 Mathematica 进行积分计算

Mathematica 软件包中，积分主要是通过函数 Integrate[ ]来完成，它包括不定积分和定积分. 本节将通过实例来讲解 Mathematica5.0 中积分函数的使用及注意事项.

11.5.1　不定积分

格式：⌈Integrate[f,x]⌋

函数 Integrate[f,x]和 D[f,x]为互逆的运算，如果对一个函数 f 先做积分运算 Integrate[f,x]再求导 D[f,x]，则会得到函数 f 本身. 另外，不定积分的计算结果并不输出常数 C，观察如下运算：

输入　　Integrate[Cos[x], x]

输出　　Sin[x]

输入　　D[Sin[x] + C, x]

输出　　Cos[x]

Mathematica5.0 在进行积分运算时做了如下约定：

（1）对于与积分变量无关的变量，Integrate 函数总是假定它和积分变量相互独立，计算时把它当作常数对待. 例如：

$$\int (a\sin x + b\cos x)\,\mathrm{d}x$$

输入　　Integrate[a*Sin[x] + b*Cos[x], x]

输出　　-a Cos[x] + b Sin[x]

上述计算中 Mathematica5.0 把 a 和 b 当作常数.

（2）对变量的运算只取一般情况，不考虑特殊值. 例如：$\int x^n\,\mathrm{d}x$ 的运算结果是 $\dfrac{x^{1+n}}{1+n}$，

显然在取特殊值 $n=-1$ 时不成立. 比较：

输入　　Integrate[x^n, x]

输出　　$\dfrac{x^{1+n}}{1+n}$

输入　　Integrate[x^(-1), x]

输出　　Log[x]

【任务 11-15】　求下列不定积分.

(1) $\displaystyle\int (3 - x^2)^3\,\mathrm{d}x$；　　　　(2) $\displaystyle\int \frac{x^2}{1+x^2}\,\mathrm{d}x$；　　　　(3) $\displaystyle\int \cos^2 x\,\mathrm{d}x$；

(4) $\displaystyle\int \frac{x}{1+x^2+\sqrt{(1+x^2)^3}}\,\mathrm{d}x$；　　(5) $\displaystyle\int \sin x\cos(x+a)\,\mathrm{d}x$；　　(6) $\displaystyle\int \frac{\ln(\sin x)}{\sin^2 x}\,\mathrm{d}x$.

解: (1) 输入　　Integrate[(3 - x^2)^3, x]

输出　　$27x - 9x^3 + \dfrac{9x^5}{5} - \dfrac{x^7}{7}$

(2) 输入　　Integrate[x^2/(1 + x^2), x]

输出　　x - ArcTan[x]

(3) 输入　　Integrate[(Cot[x])^2, x]

输出　　-x - Cot[x]

(4) 输入　　Integrate[x/(1 + x^2 + (1 + x^2)^(3/2)), x]

输出　　$-\mathrm{Arc}\,\mathrm{Tanh}\left[\sqrt{1+x^2}\right] - \dfrac{\mathrm{Log}\left[x^2\right]}{2} + \dfrac{1}{2}\mathrm{Log}\left[1+x^2\right]$

(5) 输入　　Integrate[Sin[x]Cos[x + a], x]

输出　　$-\dfrac{1}{2}x\sin[a] + \dfrac{1}{2}(\dfrac{1}{2}\cos[a]\cos[2x] + \dfrac{1}{2}\sin[a]\sin[2x])$

(6) 输入　　Integrate[Log[Sin[x]]/(Sin[x])^2, x]

输出　　-x - Cot[x] - Cot[x] Log[Sin[x]]

11.5.2　定积分

定积分使用的函数仍然是 Integrate，只是多了几个参数而已. 以下为定积分函数 Integrate 的使用格式:

| Integrate[f , {x, xmin, xmax}] |

——定积分　$\displaystyle\int_{x\min}^{x\max} f\mathrm{d}x$

| Integrate[f , {x, xmin, xmax}, {y, ymin, ymax}] |

——二重积分　$\displaystyle\int_{x\min}^{x\max}\mathrm{d}x\int_{y\min}^{y\max} f\mathrm{d}y$

在 Mathematica5.0 版本中，积分 Integrate 还可以带一定的参数选项，以控制积分的进行，参数及意义见表 11-11:

表　11-11

选项参数	默认值	意义
PrincipalValue	False	是否求柯西主值
GenerateConditions	True	结果是否显式地给出条件
Assumptions	{}	是否对参数进行假定

看下面的例子:

输入　　Integrate[x^n, {x, 0, 1}, GenerateConditions→False]

输出　　$\dfrac{1}{1+n}$

当设置 GenerateConditions→False 时，Mathematica5.0 将参数 n 作为一般的值对待，并不考虑特殊情况. 我们可以使用 Assumptions 选项给积分附加一些条件. 对上例我们

分别假定 $n > 1, n = 1$ 和 $n = -1$ 的情况分别计算：

输入　　Integrate[x^n, {x, 0, 1}, Assumptions→(n > 1)]

输出　　$\dfrac{1}{1+n}$

输入　　Integrate[x^n, {x, 0, 1}, Assumptions→(n = 1)]

输出　　$\dfrac{1}{2}$

输入　　Integrate[x^n, {x, 0, 1}, Assumptions→(n = -1)]

Integrate：： "idiv"：

　　Integral of $\dfrac{1}{x}$ does not converge on {0, 1}. More...

输出　　Integrate [x^n, {x, 0, 1}, Assumption→−1]

上述输出表明 n=1 时，虽然可以算出却输入并不是最简的格式；$n = -1$ 时，无法计算，原样输出.

【任务 11-16】　求下列积分.

(1) $\displaystyle\int_0^{2\pi} x^2 \cos x\,\mathrm{d}x$；　　　　(2) $\displaystyle\int_0^1 \arccos x\,\mathrm{d}x$；　　　　(3) $\displaystyle\int_{-\infty}^{+\infty} \dfrac{1}{1+x^2}\,\mathrm{d}x$；

(4) $\displaystyle\int_0^1 \mathrm{d}x\int_0^1 (x+y)\,\mathrm{d}y$；　　　　(5) $\displaystyle\int_0^1 \mathrm{d}x\int_{x^2}^x xy^2\,\mathrm{d}y$.

解：(1)输入　　Integrate[x^2Cos[x], {x, 0, 2*Pi}]

　　　　　输出　　4π

(2)输入　　Integrate[ArcCos[x], {x, 0, 1}]

　　输出　　1

(3)输入　　Integrate[1/(1 + x^2), {x, -Infinity, Infinity}]

　　输出　　π

(4)输入　　Integrate[x + y, {x, 0, 1}, {y, 0, 1}]

　　输出　　1

(5)输入　　Integrate[x*y^2, {x, 0, 1}, {y, x^2, x}]

　　输出　　$\dfrac{1}{40}$

二重积分必须先化为二次积分，再输入命令计算.

实训 11.5

1. 计算下列不定积分.

(1) $\displaystyle\int \dfrac{x^3 + 3x^2 - 5}{(x^2 - 2x - 6)(x^3 + x + 1)}\,\mathrm{d}x$；　　　　(2) $\displaystyle\int \sin(\cos^2 x)\sin x\,\mathrm{d}x$.

2. 求下列定积分.

(1) $\int_0^{2\pi} \dfrac{\mathrm{d}x}{5+3\sin x}$;　　　　(2) $\int_0^{2a} \dfrac{\sqrt{x^2-a^2}}{x^4}\mathrm{d}x$;　　　　(3) $\int_0^{\frac{\pi}{2}} \dfrac{\mathrm{d}\varphi}{12+13\cos\varphi}$.

3. 计算 $\iint\limits_{D}(x^2+y^2)\mathrm{d}x\mathrm{d}y$　　其中 D 由圆心在原点的单位圆围成.

4. 计算 $\iint\limits_{D}(3x+2y)\mathrm{d}x\mathrm{d}y$ 其中 D 由 $x=0, y=0, x+y=2$ 围成.

11.6　用 Mathematica 求解方程

11.6.1　代数方程

用函数 Solve 可以求代数方程、方程组的精确或数值解，其中包括复数解. 其格式为

$$\text{Solve}[\{f1==0, f2==0, \dots\}, \{x1, x2, \dots\}]$$

其中，表 {f1==0, f2==0, …} 中方程的等号必须是双等号，表 {x1, x2, …} 是方程组中未知量的集合.

例如：(*含有字母系数的方程*)

Clear[a, b, x]

Solve[a*x+b==0, x]　　　　　　(*复数解*)

Clear[x]

Solve[x^2+x+1==0, x]　　　　　(*代数解，数值解*)

Clear[a, x]

a=Solve[x^4−x^3−6*x^2+1==0,x]

N[a]　　　　　　　　　　　(*方程组*)

Clear[a, b]

a=(1+2*x)^3

b=(3+2*x+y)^4

Solve[{a==0, b==0}, {x, y}]

我们知道四次以上的多项式方程没有求代数解的一般方法，系统也求不出那些不能分解因式的四次以上的多项式方程的精确解. 例如对方程 $x^5-x^3-6x^2+1=0$，系统求不出方程的精确解，这时可直接用函数 NSolve 求出它的数值解. 其格式为

$$\text{Nsolve}[\{f1==0, f2==0, \dots\}, \{x1, x2, \dots\}, n]$$

其中，n 表示要求方程的解精确到小数点以后的位数.

例如：

Clear[a, x]

a=Nsolve[$x^5 - x^3 - 6x^2 + 1 = = 0$, x, 20]

说明:

为了说明某一程序或某一命令行的功能和作用,可以在程序的任何位置加以说明,其格式如下:

(*说明字符串*)

其中,"说明字符串"可以是字母、数字和中文,语句"(*说明字符串*)"只起到对程序的说明作用,在程序执行时该语句将被忽略,因而该语句的加入对程序的执行结果没有任何影响.

11.6.2 一般方程的求解

对于更复杂的方程,用函数 Solve 或 NSolve 求不出根. 对于这样的方程可利用函数 FindRoot 求数值根,其格式分别为

FindRoot[f1= =0, {x, 初值}] 和 FindRoot[f1= =0, {x, 初值 1,初值 2}]

它们分别用牛顿切线法和弦截法来解方程.

由于函数 FindRoot 是采用牛顿切线法和弦截法求解的,因此必须找到包含方程的根 r 的区间[a, b],并且找到根的一个近似值作为初始值. 要解决这个问题,可以先作出函数 f(x) 的图像,从而找出方程 f(x)=0 的初值.

例如:

Clear[b, y, x]

b=Sin[x]Exp[2x] - Cos[x]

Plot[b, {x, - 2, 1}]

FindRoot[b= =0, {x, 0.5}]

运行结果为

$-Cos[x]+e^{2x}Sin[x]$

-Graphics-

{x→0.412 804}

说明: 无论是牛顿切线法还是弦截法,当方程有重根或两个根非常接近或根与曲线的拐点非常接近时,可能会出现问题. 此时,可用下述格式:

$$\text{FindRoot}[\text{f1}==0, \{x, \text{初值}\}, \text{参数 1}, \text{参数 2}]$$

和
$$\text{FindRoot}[\text{f1}==0, \{x, \text{初值 1}, \text{初值 2}\}, \text{参数 1}, \text{参数 2}]$$

通过加大参数的值加以改善，其中参数 1 和参数 2 为

$$\text{MaxIterations} \rightarrow \text{n 和 WorkingPrecision} \rightarrow \text{n}$$

它们分别表示指定迭代的次数和求根的精度 n. 如果还不行，则需改用其他方法. 限于篇幅，不再详述.

11.6.3 微分方程

微分方程可以用函数 DSolve 求解，其格式为

DSolve[{微分方程表达式，初始条件}，未知函数名称，未知函数的自变量名称]

例如：

Clear[y, t, a]

Dsolve[y'[t] - a*t+1==0, y[t], t]

执行结果：

$$\{\{y[t] \rightarrow - t+\frac{1}{2}at^2+C[1]\}\}$$

又如：计算微分方程的初值解.

DSolve[{ y'[t] - at+1==0, y[1]==2}, y[t], t]

实训 11.6

1. 解方程 $2x^3 - 3x^2 - 6x - 1 = 0$.

2. 求解方程组 $\begin{cases} x^2 + y - 6 = 0 \\ y^2 + x - 6 = 0 \end{cases}$.

3. 求下列微分方程的通解.

(1) $y'' + 6y' + 13y = 0$ ；　　　　　(2) $y^{(4)} + 2y'' + y = 0$ ；　　　　　(3) $y^{(4)} - y''' + y'' = 0$ ；

(4) $y'' - 2y' + 5y = e^x \sin 2x$ ；　　　(5) $y'' - 6y' + 9y = (x+1)e^{5x}$.

4. 求下列微分方程的特解.

(1) $y'' + 4y' + 29y = 0, y|_{x=0} = 0, y'|_{x=0} = 15$ ；

(2) $y'' - y = 4xe^x, y|_{x=0} = 0, y'|_{x=0} = 1$ ；

(3) $y'' + y + \sin 2x = 0, y|_{x=\pi} = 1, y'|_{x=\pi} = 1$.

附录 A 常用数学公式

一、代数公式

1. 乘积与因式分解

(1) $(x+a)(x+b) = x^2 + (a+b)x + ab$；　　　　(2) $(a \pm b)^2 = a^2 \pm 2ab + b^2$；

(3) $(a \pm b)^3 = a^3 \pm 3a^2 b + 3ab^2 \pm b^3$；　　(4) $a^2 - b^2 = (a+b)(a-b)$；

(5) $a^3 \pm b^3 = (a \pm b)(a^2 \mp ab + b^2)$；　　(6) 阶乘　$n! = 1 \times 2 \times 3 \times \cdots \times (n-1) \times n$．

2. 幂运算

设 a、b、m、n 为常数，则有

(1) $x^a x^b = x^{a+b}$；　　　　(2) $\dfrac{x^a}{x^b} = x^{a-b}$；　　　　(3) $(x^a)^b = x^{ab}$；

(4) $\sqrt[n]{x^m} = x^{\frac{m}{n}}$；　　　　(5) $\dfrac{1}{x^n} = x^{-n}$．

3. 指数运算

设 $a > 0$ 且 $a \neq 1$，则有

(1) $a^x \cdot a^y = a^{x+y}$；　　(2) $\dfrac{a^x}{a^y} = a^{x-y}$；　　(3) $(a^x)^y = a^{xy}$；　　(4) $(ab)^x = a^x \cdot b^x$．

4. 对数运算

设 $a > 0$ 且 $a \neq 1$，$x > 0$，$y > 0$，n 为常数，则有

(1) $\log_a 1 = 0$；　　　　(2) $\log_a a = 1$；　(3) $a^{\log_a x} = x$；

(4) $\log_a(xy) = \log_a x + \log_a y$；　(5) $\log_a \dfrac{x}{y} = \log_a x - \log_a y$；　(6) $\log_a x^n = n \log_a x$；

(7) $\log_a \sqrt[n]{x} = \dfrac{1}{n} \log_a x$；　　　(8) $\log_a b = \dfrac{\log_c b}{\log_c a}$　$(c > 0$ 且 $c \neq 1)$；

(9) $\log_a 1 = 0$，$\log_a a = 1$，$\lg 10 = 1$，$\ln e = 1$；

(10) $\lg_{10} e = \dfrac{1}{\ln 10} \approx 0.4343$，$\ln 10 = \dfrac{1}{\lg e} \approx 2.3026$，$e = 2.71828\cdots$．

二、三角公式

1. 角的度量

(1) 1 度 $= \dfrac{\pi}{180}$ 弧度 $= 0.0174533\cdots$ 弧度；

$(2)\ 1\ 弧度 = \dfrac{180}{\pi}\ 度 \approx 57.29587\ 度，\quad \pi = 3.1415926\cdots.$

2. 基本公式

$(1)\ \sec x = \dfrac{1}{\cos x},\ \csc x = \dfrac{1}{\sin x},\ \tan x = \dfrac{1}{\cot x}\,;$

$(2)\ \tan x = \dfrac{\sin x}{\cos x},\ \cot x = \dfrac{\cos x}{\sin x}\,;$

$(3)\ \sin^2 x + \cos^2 x = 1,\ \sec^2 x = 1 + \tan^2 x,\ \csc^2 x = 1 + \cot^2 x\,.$

3. 加法公式

$(1)\ \sin(x \pm y) = \sin x \sin y \pm \cos x \cos y\,;\qquad (2)\ \cos(x \pm y) = \cos x \cos y \mp \sin x \sin y\,;$

$(3)\ \tan(x \pm y) = \dfrac{\tan x \pm \tan y}{1 \mp \tan x \tan y}\,.$

4. 倍角公式

$(1)\ \sin 2x = 2\sin x \cos x\,;$

$(2)\ \cos 2x = \cos^2 x - \sin^2 x = 2\cos^2 x - 1 = 1 - 2\sin^2 x\,;$

$(3)\ \tan 2x = \dfrac{2\tan x}{1 - \tan^2 x}\,.$

5. 半角公式

$(1)\ \sin\dfrac{\alpha}{2} = \pm\sqrt{\dfrac{1 - \cos\alpha}{2}}\ ;\qquad\qquad (2)\ \cos\dfrac{\alpha}{2} = \pm\sqrt{\dfrac{1 + \cos\alpha}{2}}\ ;$

$(3)\ \tan\dfrac{\alpha}{2} = \pm\sqrt{\dfrac{1 - \cos\alpha}{1 + \cos\alpha}} = \dfrac{1 - \cos\alpha}{\sin\alpha} = \dfrac{\sin\alpha}{1 - \cos\alpha}\,.$

6. 和差化积公式

$(1)\ \sin x + \sin y = 2\sin\dfrac{x + y}{2}\cos\dfrac{x - y}{2}\,;\qquad (2)\ \sin x - \sin y = 2\cos\dfrac{x + y}{2}\sin\dfrac{x - y}{2}\,;$

$(3)\ \cos x + \cos y = 2\cos\dfrac{x + y}{2}\cos\dfrac{x - y}{2}\,;\qquad (4)\ \cos x - \cos y = -2\sin\dfrac{x + y}{2}\sin\dfrac{x - y}{2}\,.$

7. 积化和差公式

$(1)\ \sin x \cos y = \dfrac{1}{2}[\sin(x + y) + \sin(x - y)]\,;$

$(2)\ \cos x \sin y = \dfrac{1}{2}[\sin(x + y) - \sin(x - y)]\,;$

$(3)\ \cos x \cos y = \dfrac{1}{2}[\cos(x + y) + \cos(x - y)]\,;$

$(4)\ \sin x \sin y = -\dfrac{1}{2}[\cos(x + y) - \cos(x - y)]\,.$

附录 B 实训参考

实训 1.1

1. (1) 不是，两者定义域不同；(2) 是；(3) 是；(4) 不是，两者对应法则不同.

2. $f(-\frac{1}{3}) = -1, f(0) = 0, f(a-b) = \dfrac{a-b}{2(a-b)+1}, f(-x) = -\dfrac{x}{1-2x}$,

$f(2x+1) = \dfrac{2x+1}{4x+3}, [f(x)+1]^2 = (\dfrac{3x+1}{2x+1})^2$.

3. (1) $(-\frac{2}{5}, +\infty)$； (2) $(-\infty, -1) \bigcup (-1,1) \bigcup (1, +\infty)$； (3) $(-\infty, -2) \bigcup (-2,3) \bigcup (3, +\infty)$；

(4) $[-3,0) \bigcup (0,3]$； (5) $(-1,0) \bigcup (0,1)$； (6) $[-5,5]$.

4. $(-1,0] \bigcup (0,2] = (-1,2]$， $f(-\frac{1}{2}) = \dfrac{\sqrt{2}}{2}, f(0) = 1, f(\frac{1}{2}) = \dfrac{\sqrt{5}}{2}, f(1) = \sqrt{2}$.

5. (1) 奇函数；(2) 偶函数；(3) 非奇非偶函数；(4) 偶函数；(5) 奇函数；(6) 偶函数.

6. (1) $y = \sqrt[3]{x+2}$； (2) $y = \dfrac{x-1}{x+1}(x \neq -1)$.

实训 1.2

1. (1) $y = x^{-\frac{1}{2}}$； (2) $y = x^{\frac{3}{2}}$； (3) $y = x^{\frac{5}{4}}$； (4) $y = x^{\frac{5}{4}}$； (5) $y = x^5$； (6) $y = 6^x$.

2. 略

3. $y = \dfrac{2^x + 1}{3}$

实训 1.3

1. $y = \cos(3x - 1)$.

2. $y = \log_2(1 + \sin x^2)$.

3. (1) $y = \sin u, u = \dfrac{x}{2}$；   (2) $y = u^5, u = 3x^2 + 1$；

(3) $y = \ln u, u = \cos x$；   (4) $y = \sqrt{u}, u = \tan v, v = 4x$.

实训 1.4

1. (1) 生产 q 个产品的固定成本 1800，可变成本为 $C = 3q^2 - \dfrac{q}{4}$；

(2) $AC(q) = 3q + 1800q^{-1} - \dfrac{1}{4}$.

2. $L(q) = q^2 + 10q - 30$，$L(50) = 2970$.

3. $C(q) = 13q + 200$.

4. $R(q) = -0.5q^2 + 90q$，$L(q) = -0.5q^2 + 40q - 120$

5. 80 元/只.

总实训 1

1. $f[f(x)] = \dfrac{2x+1}{2x+3}$，$f[g(x)] = \dfrac{1}{6x^2+1}$，$g[f(x)] = \dfrac{3}{(2x+1)^2}$.

2. (1) $(-\infty, 3] \bigcup [4, +\infty)$；　(2) $(1, +\infty)$；　(3) $(1,3) \bigcup (3, +\infty)$；　(4) $[-1, 0) \bigcup (0, 1]$；

　　(5) $(-3, -2]$；　(6) $[-5, -1) \bigcup (-1, 1)$

3. $y = \begin{cases} -2x - 1 & x \geqslant -3 \\ 2x + 11 & x < -3 \end{cases}$，图略.

4. 提示：$f(x_2) - f(x_1) = \dfrac{1}{x_2} - \dfrac{1}{x_1} = \dfrac{x_1 - x_2}{x_1 x_2} < 0$，$(0 < x_1 < x_2)$.

5. (1) 奇函数；　(2) 偶函数；　(3) 偶函数；　(4) 奇函数；　(5) 非奇非偶函数；　(6) 奇函数.

6. $y = \ln(4 - x^2)$，$D = (-2, 2)$.

7. $y = 1 + \sqrt{\arctan(3x + 1)}$，$D = [-\dfrac{1}{3}, +\infty)$.

8. (1) $y = u^5, u = \log_3 x + 2$；　　　　　　　　(2) $y = 3^u, u = \ln v, v = x - 1$；

　　(3) $y = \arctan u, u = \sqrt{v}, v = x^2 - 2x + 3$；　　(4) $y = u^4, u = \sin v, v = 3x + 1$；

　　(5) $y = \mathrm{e}^u, u = \cos v, v = \dfrac{2}{x}$；　　　　　(6) $y = \lg u, u = v^n, v = \tan t, t = 2x + 1$.

9. $f(x) = \begin{cases} 35x & x \leqslant 10 \\ 350 + 33.25(x - 10) & x > 10 \end{cases}$，$f(22) = 749$.

10. 30 件

11. $4q - 100$（元）

12. (1) $C = 0.15Q + 80$（万元）；　　　　　(2) $Q = 854.66\mathrm{e}^{-1.652p}$（万 kWh）；

　　(3) $p = 4.08519 - 0.60515 \ln Q$（万元）；

　　(4) $L = 3.93519Q - 0.60515Q \ln Q - 80$（万元）.

实训 2.1

1. 无关.

2. 充分必要.

3. (1) 无穷小；　(2) 无穷小；　(3) 不是无穷小，是无穷大.

4. (1) 不是无穷大；　(2) 不是无穷大，是无穷小；　(3) 无穷大.

5. (1) 0；　(2) 0；　(3) 0.

6. $\lim\limits_{x \to 0} f(x) = 2$，$\lim\limits_{x \to 1} f(x)$ 不存在.

实训 2.2

(1) 1;　(2) ∞;　(3) 4;　(4) ∞;　(5) $\dfrac{1}{2}$;　(6) 0;　(7) ∞;　(8) 1;　(9) $-\dfrac{1}{2}$.

实训 2.3

1. (1) $\dfrac{3}{5}$;　(2) 2;　(3) -2;　(4) -1;　(5) 2;　(6) $-\dfrac{1}{6}$;　(7) $\dfrac{1}{2\pi}$;　(8) $\dfrac{1}{2}$.

2. (1) $\sqrt{e}$;　(2) e^2;　(3) $\dfrac{1}{e}$;　(4) $\dfrac{1}{e^2}$;　(5) e^5;　(6) e^4;　(7) $\dfrac{1}{e^6}$;　(8) e^2.

实训 2.4

1. 不连续.

2. 不连续.

3. (1) $x_1=-2$, $x_2=3$;　　　　(2) $x_1=-1$, $x_2=1$;　　　　(3) $x_1=1$, $x_2=2$;

　(4) $x_0=0$;　　　　　　　　(5) $x=k\pi,(k\in Z)$;　　　　(6) $x_0=0$.

4. (1) $\dfrac{4}{\pi}$;　　　(2) $\sqrt[3]{3}$;　　　(3) $\dfrac{2}{3}\ln 2$.

5. $(-3,3)$.

总实训 2

1. (1) 无穷大;　(2) 无穷小;　(3) 无穷小;　(4) 负无穷大;　(5) 无穷小;　(6) 无穷小.

2. (1) $-\dfrac{1}{2}$;　(2) $\dfrac{2}{3}$;　(3) 0;　(4) ∞;　(5) 0;　(6) $\dfrac{2^{20}\cdot 3^{30}}{5^{50}}$;　(7) 6;　(8) $\dfrac{1}{2}$.

3. (1) 3;　(2) 1;　(3) $\sqrt{2}$;　(4) 1;　(5) $\dfrac{1}{2}$;　(6) -6;　(7) $\dfrac{1}{4}$;　(8) $\dfrac{1}{2}$;　(9) $\dfrac{1}{e^6}$;　(10) $\dfrac{1}{e^2}$;

　(11) e^2;　(12) $\dfrac{1}{e}$;　(13) $\dfrac{1}{e^4}$;　(14) e^3.

4. $k=2$.

5. $k=-2$.

6. 1.

7. $-\dfrac{7}{4}$.

8. $(\dfrac{2}{3},1)$ 和 $(1,+\infty)$.

9. $(-\infty,-1]$ 和 $[1,+\infty)$.

10. 间断点 $x_0=1$,连续区间 $(-\infty,1)$ 和 $(1,+\infty)$.

实训 3.1

1. (1) $10x$;　　(2) 40

2. (1) $5x^4$,$-\dfrac{1}{2x\sqrt{x}}$,$\dfrac{3}{4\sqrt[4]{x}}$;　(2) $\dfrac{1}{x\ln 7}$,$-\dfrac{1}{x\ln 3}$,$\dfrac{1}{x\ln 10}$;　(3) $2^x\ln 2$,$a^x e^x(1+\ln a)$.

3. (1) 连续,不可导;　(2) 连续,不可导.

4. 略

5. (1) $4x+y+4=0$ ； (2) $x-y=0$ ； (3) $x-y-1=0$.

实训 3.2

1. (1) $\dfrac{1}{\sqrt{x}}+\dfrac{1}{x^2}$ ； (2) $x\mathrm{e}^x(2+x)$ ； (3) $20x+65$ ； (4) $\mathrm{e}^x(\cos x+x\cos x-x\sin x)$ ；

(5) $\dfrac{\sin x-x\ln x\cos x}{x\sin^2 x}$ ； (6) $\dfrac{3^x(x^3\ln 3-3x^2+\ln 3)+3x^2}{(x^3+1)^2}$ ； (7) $3\sqrt{x}-\dfrac{3}{2\sqrt{x}}-\dfrac{2}{x\sqrt{x}}$ ；

(8) $\dfrac{1}{2\sqrt{x}}-\dfrac{1}{2x\sqrt{x}}$ ； (9) $\dfrac{2}{(1-x)^2}$.

2. (1) $7\cos(7x-2)$ ； (2) $\dfrac{4x}{(3+2x^2)\ln 3}$ ； (3) $\dfrac{x-1}{\sqrt{x^2-2x+5}}$ ； (4) $\mathrm{e}^{x^2+3x-1}(2x+3)$ ；

(5) $-\dfrac{3}{2}\cos^2\dfrac{x}{2}\sin\dfrac{x}{2}$ ； (6) $\csc x$ ； (7) $\dfrac{25}{25+x^2}\arctan^4\dfrac{x}{5}$ ； (8) $\dfrac{1}{x^2}3^{\cos\frac{1}{x}}\ln 3\cdot\sin\dfrac{1}{x}$ ；

(9) $2^{x\ln x}\ln 2(1+\ln x)$ ； (10) $2x\sin\dfrac{1}{x}-\cos\dfrac{1}{x}$ ； (11) $(1+x^2)^2(1+18x+7x^2)$ ；

(12) $\dfrac{4x^2-x+2}{\sqrt{1+x^2}}$ ； (13) $\dfrac{x+3}{(1-x^2)^{\frac{3}{2}}}$ ； (14) $-\mathrm{e}^{-x}(\cos 3x+3\sin 3x)$ ；

(15) $(2\cos 2x-1)\sin 2x$ ； (16) $\dfrac{1}{(1-x)\sqrt{x}}$ ； (17) $2\sqrt{1-x^2}$ ； (18) $\dfrac{1}{\sqrt{x^2-a^2}}$.

实训 3.3

1. (1) $\dfrac{\mathrm{e}^x(1+x)}{2y}$ ； (2) $\dfrac{y}{y-1}$ ； (3) $-\sqrt{\dfrac{y}{x}}$ ； (4) $\dfrac{\mathrm{e}^y}{1-x\mathrm{e}^y}$ ； (5) $\dfrac{x(x-2y)}{x^2-y^2}$ ； (6) $x\sec\dfrac{y}{x}+\dfrac{y}{x}$.

2. (1) $x\sqrt{\dfrac{1-x}{1+x}}\left(\dfrac{1}{x}-\dfrac{1}{1-x^2}\right)$ ； (2) $\dfrac{\sqrt{x+2}(3-x)}{(2x+1)^5}\left(\dfrac{1}{2x+4}+\dfrac{1}{x-3}-\dfrac{10}{2x+1}\right)$ ；

(3) $\dfrac{x^2}{1-x}\sqrt[3]{\dfrac{5-x}{(3+x)^2}}\left(\dfrac{2}{x}+\dfrac{1}{1-x}+\dfrac{1}{3x-15}-\dfrac{2}{9+3x}\right)$ ；

(4) $(\sin x)^{\ln x}\left(\dfrac{1}{x}\ln\sin x+\cot x\ln x\right)$ ；

(5) $(\cos x)^{\sin x}(\cos x\ln\cos x-\tan x\sin x)$ ； (6) $x^{2^x-1}2^x(1+x\ln 2\cdot\ln x)$.

3. (1) $-\tan t$ ； (2) $-\dfrac{2\mathrm{e}^{2t}}{3}$ ； (3) $\dfrac{\cos\theta-\theta\sin\theta}{1-\sin\theta-\theta\cos\theta}$.

实训 3.4

1. (1) $4-\dfrac{1}{x^2}$ ； (2) $-x\cos x-2\sin x$ ； (3) $6x(5x^3+2)$ ； (4) $2\mathrm{e}^{x^2}(2x^2+1)$ ；

(5) $-\dfrac{2(x^2+1)}{(x^2-1)^2}$ ； (6) $2\left(\dfrac{x}{1+x^2}+\arctan x\right)$.

2. (1) 0 ； (2) $-\dfrac{3}{4\mathrm{e}^4}$.

3. $x\sec^3 x + 2\sec x\tan x + x\sec x\tan^2 x$.

4. $\dfrac{6}{x}$.

5. (1) $e^x(x+n)$;　(2) $2^n\sin(2x+\dfrac{n\pi}{2})$;　(3) $(-1)^{n-1}\dfrac{(n-1)!}{(1+x)^n}$.

实训 3.5

1. $\Delta y\big|_{\substack{x=3\\ \Delta x=0.1}} = 0.71$, $\mathrm{d}y\big|_{\substack{x=3\\ \Delta x=0.1}} = 0.7$, $\Delta y\big|_{\substack{x=3\\ \Delta x=0.01}} = 0.0701$, $\mathrm{d}y\big|_{\substack{x=3\\ \Delta x=0.01}} = 0.07$.

2. -0.11.

3. (1) $(\dfrac{1}{\sqrt{x}}+\dfrac{3}{x^2})\mathrm{d}x$;　(2) $\dfrac{1-x^2}{(1+x^2)^2}\mathrm{d}x$;　(3) $-\dfrac{5x}{\sqrt{2-5x^2}}\mathrm{d}x$;　(4) $-e^{\cot x}\csc^2 x\,\mathrm{d}x$;

　(5) $\dfrac{1}{2\sqrt{x(1-x)}}\mathrm{d}x$;　(6) $\dfrac{x}{x^2-1}\mathrm{d}x$;　(7) $\dfrac{1}{3}e^{2x}(\cos\dfrac{x}{3}+6\sin\dfrac{x}{3})\mathrm{d}x$;

　(8) $-\dfrac{2(\cos 2x + x\sin 2x)}{x^3}\mathrm{d}x$.

4. (1) 0.998;　(2) 1.02;　(3) 0.485;　(4) 0.01.

5. $4.04\pi\mathrm{cm}^2$,　$4\pi\mathrm{cm}^2$.

实训 3.6

1. $1+\dfrac{1}{(q+1)^2}$,　2,　$1-\dfrac{1}{(q+1)^2}$.

2. 20,　$80-0.2q$,　$60-0.2q$.

3. $-\dfrac{p}{5}$.

总实训 3

1. (1) $-f'(x_0)$;　(2) $(a-n)f'(x_0)$.

2. 不可导.

3. $2x-y-e^2=0$,　$\dfrac{1}{2}x+y-\dfrac{3}{2}e^2=0$.

4. $x+y+3=0$.

5. (1) $10(x-1)(x^2-2x-1)^4$;　(2) $\dfrac{2^x\ln 2}{1+2^x}$;　(3) $\dfrac{1}{(1-x^2)^{\frac{3}{2}}}$;　(4) $2\sin(4x-2)$;

　(5) $-3^{\ln\cos x}\ln 3\cdot\tan x$;　(6) $\dfrac{2}{\sqrt{4-x^2}}\arcsin\dfrac{x}{2}$;　(7) $\sec x$;　(8) $\dfrac{1}{2\sqrt{x}(1+x)}e^{\arctan\sqrt{x}}$.

6. (1) $\dfrac{y^2-e^x}{\cos x-2xy}$;　(2) $\dfrac{2x\cos 2x+y-e^{xy}xy}{x(e^{xy}x-\ln x)}$;　(3) $\dfrac{x+y}{x-y}$;　(4) -1.

7. (1) $\dfrac{1}{3}\sqrt[3]{\dfrac{x(x^2+1)}{(1-x)^2}}(\dfrac{1}{x}+\dfrac{2x}{x^2+1}+\dfrac{2}{1-x})$;　(2) $\dfrac{\sqrt{x+1}}{\sqrt[3]{x-2}(x+3)^2}(\dfrac{1}{2x+2}-\dfrac{1}{3x-6}-\dfrac{2}{x+3})$;

$(3)\left(\tan x\right)^{x}\left(\ln\tan x+2x\csc 2x\right)$；$(4)\ \dfrac{1+\ln x}{1+\ln y}$

8. $(1)\ -\dfrac{b\sqrt{1+t}}{a\sqrt{1-t}}$；$(2)\ \dfrac{1-\sqrt{3}}{1+\sqrt{3}}$.

9. $(1)\ \mathrm{e}^{-x}\left(4\sin 2x-3\cos 2x\right)$；$(2)\ -\dfrac{3x}{\left(1+x^{2}\right)^{\frac{5}{2}}}$；$(3)\ 72,\ 0$；$(4)\ (n+1)!(x-1)$.

10. $(1)\ \dfrac{\sin x-2x\cos x-1}{2x\sqrt{x}}\,\mathrm{d}x$；$(2)\ \left(\dfrac{1}{x-1}+\dfrac{1}{2\sqrt{x+1}}\right)\mathrm{d}x$；

$(3)\ \dfrac{\mathrm{e}^{x}\left[1+\left(1+x^{2}\right)\mathrm{arc}\cot\dfrac{1}{x}\right]}{1+x^{2}}\,\mathrm{d}x$；$(4)\ \dfrac{\sqrt{2}\sec^{2}\sqrt{2x}\tan\sqrt{2x}}{\sqrt{x}}\,\mathrm{d}x$.

11. $(1)\ 2.0017$；$(2)\ 0.7954$；$(3)\ 0.95$；$(4)\ -0.03$.

12. $20\pi\,\mathrm{cm}^{3}$.

13. 50.12.

14. $(1)\ 1775,\ \dfrac{71}{36}$；$(2)\ \dfrac{3}{2},\dfrac{5}{3}$.

15. $(1)\ -3p$；$(2)\ -30$.

实训 4.1

1. $(1)\ \xi=0$；$(2)\ \xi$ 不存在.

2. $(1)\ \xi=1$；$(2)\ \xi=0.523$.

实训 4.2

$(1)\ 1$；$(2)\ 2$；$(3)\ 1$；$(4)\ 0$；$(5)\ 0$；$(6)\ 1$；$(7)\ 0$；$(8)\ -\dfrac{1}{2}$；$(9)\ 0$.

实训 4.3

(1)增区间$(-\infty,-1)$和$(3,+\infty)$，减区间$(-1,3)$；

(2)增区间$(-1,0)$和$(1,+\infty)$，减区间$(-\infty,-1)$和$(0,1)$；

(3)增区间$\left(\dfrac{1}{2},+\infty\right)$，减区间 $\left(0,\dfrac{1}{2}\right)$；

(4)增区间$(-\infty,0)$，减区间$(0,+\infty)$；

(5)减区间 $(-\infty,+\infty)$.

实训 4.4

(1)极大值 $f(-1)=18$，极小值 $f(3)=-46$；

(2)极大值 $f(0)=60$，极小值 $f(-2)=-4,f(3)=-129$；

(3)无极值；

(4)极大值 $f(2)=4\mathrm{e}^{-2}$，极小值 $f(0)=0$；

(5)极大值 $f(1)=2$；

(6)无极值.

实训 4.5

1. (1)最大值 $f(1) = 2$，最小值 $f(-1) = -10$；(2)最大值 $f(4) = \dfrac{3}{5}$，最小值 $f(0) = -1$.

2. 18cm^3.

3. 5h 后，最短距离为 375km.

4. 20.

5. 250.

6. 28，94.

7. 300，10.

实训 4.6

1. (1)凹区间 $(0, e)$，凸区间 $(e, +\infty)$，拐点 $(e, 1)$；

   (2)凹区间 $(\dfrac{2}{3}, +\infty)$，凸区间 $(-\infty, \dfrac{2}{3})$，拐点 $(\dfrac{2}{3}, \dfrac{47}{27})$；

   (3)凹区间 $(2, +\infty)$，凸区间 $(-\infty, 2)$，拐点 $(2, 0)$；

   (4)凹区间 $(-2, +\infty)$，凸区间 $(-\infty, -2)$，拐点 $(-2, -2e^{-2})$；

   (5)凹区间 $(-\infty, -1)$ 和 $(0, +\infty)$，凸区间 $(-1, 0)$，拐点 $(-1, 0)$；

   (6)凹区间 $(-1, 1)$，凸区间 $(-\infty, -1)$ 和 $(1, +\infty)$，拐点 $(-1, \ln 2)$ 和 $(1, \ln 2)$.

2. (1)水平渐近线 $y = 3$，铅直渐近线 $x = 0$；

   (2)水平渐近线 $y = 0$，铅直渐近线 $x = -1$ 和 $x = 2$；

   (3)水平渐近线 $y = 2$，铅直渐近线 $x = 0$；

   (4)水平渐近线 $y = 0$，铅直渐近线 $x = -1$ 和 $x = 1$.

总实训 4

1. (1)2；(2)$-\dfrac{3}{5}$；(3)$\dfrac{1}{2}$；(4)$\dfrac{1}{2}$；(5)$\dfrac{1}{2}$；(6)1；(7)∞；(8)1.

2. (1)增区间 $(-2, -1)$ 和 $(1, +\infty)$，减区间 $(-\infty, -2)$ 和 $(-1, 1)$；

   (2)增区间 $(-\infty, -2)$ 和 $(0, +\infty)$，减区间 $(-2, -1)$ 和 $(-1, 0)$；

   (3)增区间 $(0, +\infty)$，减区间 $(-1, 0)$；

   (4)增区间 $(-\infty, -\sqrt{2})$ 和 $(\sqrt{2}, +\infty)$，减区间 $(-\sqrt{2}, \sqrt{2})$.

3. (1)极小值 $f(-\dfrac{1}{2}\ln 2) = 2\sqrt{2}$；

   (2)极大值 $f(1) = 1$，极小值 $f(-1) = -1$；

   (3)极小值 $f(e^{-\frac{1}{2}}) = -\dfrac{1}{2}e^{-1}$；(4)极大值 $f(\dfrac{1}{2}) = \dfrac{3}{2}$；

   (5)极小值 $f(1) = 2 - 4\ln 2$；(6)极大值 $f(-1) = 3$.

4. (1) 最大值 $f(1)=0$，最小值 $f(\frac{1}{4})=-\ln 2$；

　(2) 最大值 $f(0)=10$，最小值 $f(6)=8$.

5. (1) 凹区间 $(1,+\infty)$，凸区间 $(-\infty,1)$，拐点 $(1,-10)$；

　(2) 凹区间 $(2,+\infty)$，凸区间 $(-\infty,2)$，拐点 $(2,2e^{-2})$；

　(3) 凹区间 $(-\infty,-\frac{\sqrt{3}}{3})$ 和 $(\frac{\sqrt{3}}{3},+\infty)$，凸区间 $(-\frac{\sqrt{3}}{3},\frac{\sqrt{3}}{3})$，

　　拐点 $(-\frac{\sqrt{3}}{3},\frac{3}{4})$ 和 $(\frac{\sqrt{3}}{3},\frac{3}{4})$.

6. (1) 水平渐近线 $y=-3$，铅直渐近线 $x=-1$ 和 $x=1$；

　(2) 水平渐近线 $y=0$，铅直渐近线 $x=0$.

7. 30.

8. (1) 20，68；(2) 22，868.

9. 85.

10. $L(x)=-0.2x^2+30x-500$，75.

11. 50.

12. 150，5000.

13. $r=\sqrt[3]{\dfrac{2V}{\pi}}$，$h=\sqrt[3]{\dfrac{V}{4\pi}}$.

14. $\sqrt{\dfrac{40}{4+\pi}}$.

15. AB 线上距离 A 点 15km 处.

实训 5.1

1. (略).

2. $y=\sin x$.

实训 5.2

1. (1) $-\dfrac{1}{2x^2}+C$；(2) $2\sqrt{x}+C$；(3) $\dfrac{6}{13}x^{\frac{13}{6}}+C$；(4) $\dfrac{10^x}{\ln 10}+C$；(5) $\dfrac{1}{1-\ln 2}\dfrac{e^x}{2^x}+C$；

　(6) $-e^x+C$.

2. (1) x^4-x^2+3x+C；(2) $-\dfrac{8}{3}x^{-\frac{3}{2}}+C$；(3) $\dfrac{2}{7}x^{\frac{7}{2}}-\dfrac{6}{5}x^{\frac{5}{6}}+4\sqrt{x}+C$；

　(4) $\dfrac{1}{2}x^2-2x+C$；(5) $6x-\dfrac{3}{2}x^2+\dfrac{4}{3}x^{\frac{3}{2}}-\dfrac{2}{5}x^{\frac{5}{2}}+C$；(6) $\dfrac{10^x}{\ln 10}-\dfrac{1}{11}x^{11}+C$；

　(7) $2x+\cos x+3\sin x+C$；(8) $\tan x-\sec x+C$；(9) $2x-2\arctan x+C$；

　(10) $-2\cos x+x+\cot x+C$；

　(11) $\dfrac{1}{3}x^3-x+\arctan x+C$　(提示：将分子化为 x^4-1+1)；

(12) $-\dfrac{1}{x}-\arctan x+C$　（提示：将分子化为 $1+x^2-x^2$ ）.

3. $C(x)=59x-0.03x^2+1200$.

4. $Q(t)=t^2-t^3+900$.

实训 5.3

1. (1) $\dfrac{3}{2}x^2-x$ ；　(2) $-\mathrm{e}^{-x}$ ；　(3) $\dfrac{1}{2}\ln(2x+3)$ ；　(4) $2\sqrt{x}$ ；　(5) $-\dfrac{1}{x}$ ；　(6) $\dfrac{3}{2}\sin\dfrac{2x}{3}$ ；

  (7) $\arctan x$ ；　(8) $\dfrac{1}{6}$ ；　(9) $-\dfrac{1}{5}$ ；　(10) $-\dfrac{1}{3(3x+1)}$.

2. (1) $\dfrac{1}{21}(3x-1)^7+C$ ；　(2) $\dfrac{1}{3}\sin 3x+C$ ；　(3) $\sqrt{2x-3}+C$ ；　(4) $-\dfrac{1}{5}\ln|1-5x|+C$ ；

  (5) $-\dfrac{1}{4(4x+3)}+C$ ；　(6) $\dfrac{1}{3}(x^2+2)^{\frac{3}{2}}+C$ ；　(7) $\dfrac{1}{2}\ln(1+x^2)+C$ ；　(8) $-\mathrm{e}^{\frac{1}{x}}+C$ ；

  (9) $2\sin\sqrt{x}+C$ ；　(10) $\dfrac{1}{2}\ln^2 x+C$ ；　(11) $\dfrac{1}{2}\ln|1+2\ln x|+C$ ；　(12) $\dfrac{1}{2}\arctan\dfrac{x}{2}+C$ ；

  (13) $\dfrac{2}{3}(\mathrm{e}^x+2)^{\frac{3}{2}}+C$ ；　(14) $2\arcsin\dfrac{x}{3}+C$ ；　(15) $-\dfrac{1}{3}\ln|1+3\cos x|+C$ ；

  (16) $\dfrac{1}{3}(\arctan x)^3+C$ ；　(17) $\dfrac{1}{10}(5\arctan x-4)^2+C$ ；

  (18) $\ln(1+x^2)+\arctan x+C$ 　（提示： $\dfrac{x+1}{1+x^2}=\dfrac{x}{1+x^2}+\dfrac{1}{1+x^2}$ ）.

3. (1) $2\arctan\sqrt{x}+C$ ；　(2) $\dfrac{2}{5}(x-1)^{\frac{5}{2}}+\dfrac{2}{3}(x-1)^{\frac{3}{2}}+C$ ；　(3) $-4\sqrt{2-x}+\dfrac{2}{3}(2-x)^{\frac{3}{2}}+C$ ；

  (4) $\dfrac{3}{2}\sqrt[3]{(x+1)^2}-\sqrt[3]{x+1}+\ln\left|\sqrt[3]{x+1}+1\right|+C$ ；

  (5) $2\sqrt{x}+\dfrac{1}{3}x\sqrt{x}+\ln(1-\sqrt{x})-\ln(1+\sqrt{x})+C$ ；

  (6) $-\dfrac{1}{2}x\sqrt{4-x^2}+2\arcsin\dfrac{x}{2}+C$ ；　(7) $\dfrac{1}{2}\ln\left|\sqrt{4x^2+9}+2x\right|+C$ ；

  (8) $\sqrt{x^2-2}-\sqrt{2}\arctan\dfrac{\sqrt{x^2-2}}{\sqrt{2}}+C$ ；　(9) $\dfrac{2}{9}\sqrt{9x^2-4}-\dfrac{1}{3}\ln(3x+\sqrt{9x^2-4})+C$.

实训 5.4

(1) $-x\cos x+\sin x+C$ ；　(2) $-\mathrm{e}^{-x}(x+1)+C$ ；　(3) $2x\sin\dfrac{x}{2}+4\cos\dfrac{x}{2}+C$ ；

(4) $\dfrac{1}{2}(2x-1)\ln(2x-1)-x+C$ ；　(5) $2\sqrt{x}\ln x-4\sqrt{x}+C$ ；

(6) $\dfrac{1}{3}\mathrm{e}^{3x}\left(x^2-\dfrac{2}{3}x+\dfrac{1}{9}\right)+C$ ；　(7) $x\arcsin x+\sqrt{1-x^2}+C$ ；

(8) $-\dfrac{1}{3}x\cos(3x+1)+\dfrac{1}{9}\sin(3x+1)+C$.

总实训 5

1. (1) $\dfrac{4}{5}x^5 - x^4 + \dfrac{1}{3}x^3 + C$；　(2) $\dfrac{3}{5}x^{\frac{5}{6}} - \dfrac{3}{7}x^{\frac{7}{3}} + C$；　(3) $2\tan x + x + C$；

(4) $-\dfrac{1}{66}(1-6x)^{11} + C$；　(5) $2\sin x + \cot x + C$；　(6) $\dfrac{1}{24}(8+9x^2)^{\frac{4}{3}} + C$；

(7) $-\dfrac{1}{\arcsin x} + C$；　(8) $\arcsin(\ln x) + C$；　(9) $\dfrac{1}{3}\ln|2+3\ln x| + C$；　(10) $2\sqrt{1+e^x} + C$；

(11) $\dfrac{4}{3}(1+\tan x)^{\frac{3}{4}} + C$；　(12) $-\dfrac{1}{3}\cos x^3 + C$；　(13) $e^{\tan x} + C$；

(14) $\dfrac{2}{5}(x+1)^{\frac{5}{2}} - \dfrac{2}{3}(x+1)^{\frac{3}{2}} + C$；　(15) $\sqrt{2x-3} - \ln(1+\sqrt{2x-3}) + C$；

(16) $\dfrac{2}{3}(x-3)^{\frac{3}{2}} + 3\sqrt{x-3} + C$；　(17) $2\sqrt{x}\sin\sqrt{x} + 2\cos\sqrt{x} + C$；

(18) $-\dfrac{1}{2}(x+1)\cos 2x + \dfrac{1}{4}\sin 2x + C$；　(19) $x\tan x + \ln|\cos x| + C$；

(20) $-e^{-x}(x^2 + 2x + 2) + C$；　(21) $\sqrt{2x-1}\,e^{\sqrt{2x-1}} - e^{\sqrt{2x-1}} + C$；

(21) $2\sqrt{x}\ln(1+x) - 4\sqrt{x} + 4\arctan\sqrt{x} + C$．

2. $e^x\left(1 - \dfrac{2}{x}\right) + C$．

3. $(2 - \ln x)\ln x + C$．

实训 6.1

1. (1) $\displaystyle\int_{-2}^{2} 2x^2\,\mathrm{d}x$　；　(2) $-\displaystyle\int_{\frac{1}{e}}^{1} \ln x\,\mathrm{d}x$．

2. (1) 1；　(2) $\dfrac{1}{4}\pi a^2$；　(3) 0；　(4) $k(b-a)$．

3. (1) $>$　；　(2) $<$　；　(3) $>$　；　(4) $<$．

4. (1) $24 \leqslant \displaystyle\int_{2}^{5}(x^2+4) \leqslant 87$；　(2) $\dfrac{\pi}{4} \leqslant \displaystyle\int_{\frac{\pi}{4}}^{\frac{\pi}{2}} \sin^2 x\,\mathrm{d}x \leqslant \dfrac{\pi}{2}$．

实训 6.2

1. (1) $x\cos^2 x$；　(2) $-x^3\ln(1+x^2)$；　(3) $2x^5 e^{-x^2}$．

2. (1) $\dfrac{1}{3}$；　(2) 1；　(3) e；　(4) $\dfrac{1}{2}$．

3. (1) 20；　(2) $\dfrac{\pi}{6}$；　(3) $\dfrac{271}{6}$；　(4) $\dfrac{\pi}{3}$；　(5) $\sqrt{3} - 1$；　(6) 1；　(7) $-\dfrac{7}{3}$；　(8) 4；　(9) $2\sqrt{2}$．

实训 6.3

1. (1) 0；　(2) $\dfrac{3}{16}$；　(3) $\dfrac{1}{4}$；　(4) $\sqrt{e} - 1$；　(5) $\dfrac{\pi}{2}$；　(6) $1 - 2\ln 2$；　(7) $\dfrac{\pi}{2}$；　(8) $2\sqrt{2}$；　(9) $\dfrac{\sqrt{3}-1}{3}$．

2. 略．

3. (1) 0； (2) $\dfrac{\pi^3}{324}$； (3) 0； (4) 0； (5) $\dfrac{3\pi}{2}$； (6) 0.

4. (1) $1 - \dfrac{2}{e}$； (2) $\dfrac{1+e^2}{4}$； (3) -2π； (4) $(\dfrac{\sqrt{3}}{3} - \dfrac{1}{4})\pi - \dfrac{1}{2}\ln 2$； (5) $\dfrac{\pi}{4} - \dfrac{1}{2}$； (6) $2 - \dfrac{2}{e}$.

实训 6.4

(1) $\dfrac{1}{2}$； (2) $\dfrac{1}{3}$； (3) 发散； (4) π； (5) 6； (6) $1 - \dfrac{\pi}{4}$.

实训 6.5

1. (1) $e + \dfrac{1}{e} - 2$； (2) $\dfrac{4}{3}$； (3) $\dfrac{1}{6}$； (4) $\dfrac{3}{2} - \ln 2$； (5) $\dfrac{2}{3}(2 - \sqrt{2})$； (6) 18；

   (7) $ab\pi$； (8) $\dfrac{27}{2}\pi$.

2. $\dfrac{128}{7}\pi, \dfrac{64}{5}\pi$.

3. $\dfrac{2}{3}(2\sqrt{2} - 1)$.

4. $R(Q) = 200Q - \dfrac{Q^2}{100}$（元）.

5. $C(x) = x^2 + 10x + 20$（万元）.

6. $L(Q) = -1.4Q^2 + 56Q - 50$（元），当 $Q = 20$（单位）时利润最大，$L(20) = 510$（元）.

总实训 6

1. (1) D； (2) A； (3) B； (4) C； (5) D； (6) A.

2. $\dfrac{5}{2}x^4 - \dfrac{1}{2}$.

3. (1) 1； (2) 0.

4. (1) $\dfrac{5}{2}$； (2) $\dfrac{3}{2}$； (3) 1； (4) 0； (5) $\dfrac{1}{4}(e^2 + 1)$； (6) $\dfrac{\pi}{2} - \dfrac{1}{2}$； (7) $\dfrac{5}{3}$； (8) $\dfrac{\pi}{2}$； (9) $\dfrac{\pi}{4}$.

5. $(1 - \pi)\ln\pi - 1 - 2\ln 2$ （提示：$\int f(x)\,dx = (1 + \sin x)\ln x + C, \int xf'(x)\,dx = \int x\,df(x)$）.

6. $\dfrac{1}{2}(e^4 - 1)$ （提示：$\ln x \cdot f(x)\big|_1^{e^2} = 0, f'(x) = -\dfrac{1}{x}e^{\ln^2 x}$）.

7. (1) $3 - 2\ln 2$； (2) $e - 1$； (3) $\dfrac{9}{2}$.

8. $3a^2\pi, 5a^3\pi^2$ （提示：$dA = y\,dx, dV = \pi y^2\,dx$）.

9. $\ln(2 + \sqrt{3})$.

10. 15 年保养费的现值与购价合计 615.903 万元，小于年租金 60 万元的现值合计 695.42 万元，所以购买更佳；若年保养费是购价的 3.5%，则租用更佳.

实训 7.1

1. 特解.

2. (1) $y = \dfrac{C}{x-1} - 1$； (2) $y = C\mathrm{e}^{-\mathrm{e}^x}$； (3) $y = \mathrm{e}^{|C|(1+x^2)}$； (4) $\arcsin x - \arcsin y = C$.

3. (1) $y = (x+C)\mathrm{e}^{-x}$； (2) $2x - y^2 = Cy^3$； (3) $y = (\dfrac{1}{2}x^2 + x + C)(x+1)^2$；

$\quad$ (4) $y = \dfrac{4x^3 + C}{3(x^2+1)}$； (5) $y = (\mathrm{e}^x - \mathrm{e})x^2$； (6) $y = 3 - \dfrac{3}{x}$.

4. $I = \dfrac{E}{R}(1 - \mathrm{e}^{-\frac{R}{L}t})$； $Q = 1200 \times 3^P$.

实训 7.2

1. (1) $y = C_1 \mathrm{e}^x + C_2 \mathrm{e}^{3x}$； (2) $y = C_1 \mathrm{e}^{-2x} + C_2 \mathrm{e}^{3x}$； (3) $y = (C_1 + C_2 x)\mathrm{e}^{2x}$；

$\quad$ (4) $y = (C_1 + C_2 x)\mathrm{e}^{3x}$； (5) $y = C_1 \cos 2x + C_2 \sin 2x$； (6) $y = \mathrm{e}^x(C_1 \cos 2x + C_2 \sin 2x)$；

$\quad$ (7) $y = \dfrac{1}{2}\mathrm{e}^{2x}$； (8) $y = (\dfrac{1}{2} - x)\mathrm{e}^{4x}$.

2. (1) $y = C_1 \mathrm{e}^{2x} + C_2 \mathrm{e}^{-2x} - \dfrac{1}{2}x^2 - \dfrac{1}{4}$； (2) $y = C_1 \mathrm{e}^{-x} + C_2 \mathrm{e}^{-4x} - \dfrac{1}{2}x + \dfrac{11}{8}$；

$\quad$ (3) $y = C_1 \mathrm{e}^{\frac{x}{2}} + C_2 \mathrm{e}^{-x} + \mathrm{e}^x$； (4) $y = C_1 \cos 2x + C_2 \sin 2x + \dfrac{1}{3}x \cos x + \dfrac{2}{9}\sin x$；

$\quad$ (5) $y = \mathrm{e}^{4x}(C_1 x + C_2 + \dfrac{1}{2}x^2) + \dfrac{1}{16}x + \dfrac{1}{32}$； (6) $y = \mathrm{e}^{2x} + \mathrm{e}^{-2x} - 1$；

$\quad$ (7) $y = (C_1 - 2x)\cos 2x + C_2 \sin 2x$.

实训 7.3

1. (1) $y = C_1 x^3 + C_2 x + C_3 + \dfrac{1}{24}x^4 + \cos x$； (2) $y = C_1 x^2 + C_2 x + C_3 + (x-3)\mathrm{e}^x$；

$\quad$ (3) $y = C_1 x + C_2 + x\arctan x - \dfrac{1}{2}\ln(1+x^2)$； (4) $y = C_1 \ln x + C_2$；

$\quad$ (5) $y = C_1 \mathrm{e}^x + C_2 - \dfrac{1}{2}x^2 - x$； (6) $y = \ln(x + C_1) + C_2$；

$\quad$ (7) $y = C_2 \mathrm{e}^{C_1 x}$； (8) $y = \dfrac{1}{4}x^4 - \dfrac{1}{2}x^2 + C_1 x^3 + C_2$.

2. (1) $y = \dfrac{1}{8}\mathrm{e}^{2x} - \dfrac{1}{4}\mathrm{e}^2 x^2 + \dfrac{1}{4}\mathrm{e}^2 x - \dfrac{1}{8}\mathrm{e}^2$； (2) $y = x^4 + 4x + 1$； (3) $y = \dfrac{4}{(x-5)^2}$.

总实训 7

1. (1) C； (2) B； (3) B； (4) D； (5) C； (6) C； (7) D； (8) B.

2. (1) $\dfrac{1}{4}x^4 - \dfrac{1}{2}y^2 = C$； (2) $\sqrt{1+x^2} + \sqrt{1+y^2} = 2$； (3) $y = (x^2 + \mathrm{e})\mathrm{e}^{-x^2}$；

$\quad$ (4) $y = 3\mathrm{e}^{-2x}\sin 5x$； (5) $\varphi(x) = \dfrac{1}{2}(\cos x + \sin x + \mathrm{e}^x)$.

3. (1) $\ln xy = Cx$； (2) $\tan x - 1 + C\mathrm{e}^{-\tan x}$； (3) $y = \pm\dfrac{2}{3C_1}(C_1 x - 1)^{\frac{3}{2}} + C_2$；

(4) $x = -\dfrac{1}{2}(\sin y + \cos y) + Ce^y$；　(5) $y = \dfrac{Cx}{1+ax} + a$；　(6) $y = -\dfrac{1}{4}\ln(4x+C_1) + C_2$；

(7) $y = -\dfrac{1}{2}x + \dfrac{11}{8} + C_1 e^{-x} + C_2 e^{-4x}$；　(8) $y = -\dfrac{1}{3}xe^{-x} + C_1 e^{-x} + C_2 e^{\frac{1}{2}x}$；

(9) $y = -\dfrac{1}{2}x - \dfrac{1}{8}(\cos 2x + \sin 2x) + C_1 e^{2x} + C_2$；

(10) $y = \dfrac{1}{6}x^2(3+x)e^{3x} + (C_1 + C_2 x)e^{3x}$；　(11) $y = \dfrac{1}{74}(7\cos x + 5\sin x) + C_1 e^x + C_2 e^{6x}$．

4. (1) $y = \dfrac{2x}{1+x^2}$；　(2) $y = e^x - e^{-\frac{1}{2}+x+e^{-x}}$；　(3) $y = \dfrac{e^x}{x}(e^x - 1)$．

实训 8.1

1. (1) $D = \{(x,y) \mid y \geqslant 0\}$；　　　　　(2) $D = \{(x,y) \mid xy > 0\}$；

　(3) $D = \{(x,y) \mid 4x^2 + y^2 \geqslant 1\}$；　　　(4) $D = \{(x,y) \mid x^2 + y^2 \leqslant 9, x < y^2 + 1\}$．

2. (1) $D = \{(x,y) \mid -1 \leqslant x \leqslant 1, x^2 \leqslant y \leqslant 1 - x^2\}$；

　(2) $D = \left\{(x,y) \mid 2 \leqslant y \leqslant 4, \dfrac{y}{2} \leqslant x \leqslant \dfrac{8}{y}\right\}$；

　(3) $D = \{(x,y) \mid 0 \leqslant x \leqslant 1, x - 1 \leqslant y \leqslant 1 - x\}$．

3. (1) 2；　(2) $-\dfrac{1}{4}$；　(3) 不存在；　(4) 0；　(5) $\dfrac{\pi}{2}$

4. (1) $(0,0)$；　(2) $x = \dfrac{1}{2}y^2$．

实训 8.2

1. (1) $\dfrac{\partial z}{\partial x} = 2y^2 - \cos x, \dfrac{\partial z}{\partial y} = 4xy + 15y^2$；　　　　(2) $\dfrac{\partial z}{\partial x} = 2x\sin y, \dfrac{\partial z}{\partial y} = x^2 \cos y$；

　(3) $\dfrac{\partial z}{\partial x} = ye^{xy}, \dfrac{\partial z}{\partial y} = xe^{xy}$；　　　　　　(4) $\dfrac{\partial z}{\partial x} = -\dfrac{2y}{(x-y)^2}, \dfrac{\partial z}{\partial y} = \dfrac{2x}{(x-y)^2}$；

　(5) $\dfrac{\partial z}{\partial x} = -\dfrac{y}{x^2+y^2}, \dfrac{\partial z}{\partial y} = \dfrac{x}{x^2+y^2}$；

　(6) $\dfrac{\partial z}{\partial x} = -\sin x \sin y(\cos x)^{\sin y - 1}, \dfrac{\partial z}{\partial y} = \cos y(\cos x)^{\sin y}\ln \cos x$；

　(7) $\dfrac{\partial u}{\partial x} = y + z, \dfrac{\partial u}{\partial y} = x + z, \dfrac{\partial u}{\partial z} = x + y$；

　(8) $\dfrac{\partial u}{\partial x} = yz^2 \cdot x^{yz^2-1}, \dfrac{\partial u}{\partial y} = z^2 \cdot x^{yz^2}\ln x, \dfrac{\partial u}{\partial z} = 2yz \cdot x^{yz^2}\ln x$．

2. (1) $-1, -2$；　(2) $\dfrac{1}{3}, \dfrac{2}{3}$．

3. $\dfrac{\sqrt{5}}{5}$．

4. (1) $z_{xx} = 6xy - 6y^3, z_{xy} = 3x^2 - 18xy^2, z_{yx} = 3x^2 - 18xy^2, z_{yy} = -18x^2 y$；

(2) $z_{xx} = -\dfrac{y}{x^2}, z_{xy} = \dfrac{1}{x}, z_{yx} = \dfrac{1}{x}, z_{yy} = 0$;

(3) $z_{xx} = 2a^2 \cos[2(ax+by)], z_{xy} = 2ab\cos[2(ax+by)],$

$z_{yx} = 2ab\cos[2(ax+by)], z_{yy} = 2b^2\cos[2(ax+by)]$;

(4) $z_{xx} = \dfrac{1}{x}, z_{xy} = \dfrac{1}{y}, z_{yx} = \dfrac{1}{y}, z_{yy} = -\dfrac{x}{y^2}$.

5. (1) $1,\ -1,\ -1$; (2) $2,\ 0,\ 2$.

实训 8.3

1. (1) $\mathrm{d}z = \left(y + \dfrac{1}{y}\right)\mathrm{d}x + \left(x - \dfrac{x}{y^2}\right)\mathrm{d}y$; $\qquad$ (2) $\mathrm{d}z = \dfrac{3\,\mathrm{d}x}{3x-2y} - \dfrac{2\,\mathrm{d}y}{3x-2y}$;

(3) $\mathrm{d}z = \mathrm{e}^{x+y}\cos(xy)(\mathrm{d}x + \mathrm{d}y) - \mathrm{e}^{x+y}\sin(xy)(y\,\mathrm{d}x + x\,\mathrm{d}y)$;

(4) $\mathrm{d}z = \dfrac{\mathrm{e}^{xy}}{(x+y)^2}[(xy + y^2 - 1)\mathrm{d}x + (x^2 + xy - 1)\mathrm{d}y]$;

(5) $\mathrm{d}u = yz\sec^2(xy)\,\mathrm{d}x + xz\sec^2(xy)\,\mathrm{d}y + \tan(xy)\,\mathrm{d}z$;

(6) $\mathrm{d}u = -\dfrac{y}{x^2}z^{\frac{y}{x}}\ln z\,\mathrm{d}x + \dfrac{1}{x}z^{\frac{y}{x}}\ln z\,\mathrm{d}y + \dfrac{y}{x}z^{\frac{y-x}{x}}\,\mathrm{d}z$.

2. 0.041, 0.04.

3. $\mathrm{d}z\big|_{(1,0)} = \mathrm{d}y$.

4. (1) 1.08 ; $\qquad$ (2) 2.95 .

5. $337.6\pi\,\mathrm{cm}^3$.

实训 8.4

1. (1) $\dfrac{\mathrm{d}z}{\mathrm{d}x} = (\sin x)^{\cos x}(\cos x\cot x - \sin x\ln\sin x)$;

(2) $z_x = xy^2\left[2\ln(5x-2y) + \dfrac{5x}{5x-2y}\right]$, $z_y = 2x^2 y\left[\ln(5x-2y) - \dfrac{y}{5x-2y}\right]$;

(3) $\dfrac{\partial z}{\partial x} = \dfrac{1}{y}\sin(x^2 y) + 2x^2\cos(x^2 y), \dfrac{\partial z}{\partial y} = \dfrac{x}{y^2}[x^2 y\cos(x^2 y) - \sin(x^2 y)]$;

(4) $\dfrac{\partial z}{\partial x} = \dfrac{y2^{xy\ln(x+y)}\ln 2}{x+y}[(x+y)\ln(x+y) + x]$,

$\dfrac{\partial z}{\partial y} = \dfrac{x2^{xy\ln(x+y)}\ln 2}{x+y}[(x+y)\ln(x+y) + y]$;

(5) $\dfrac{\mathrm{d}z}{\mathrm{d}x} = x^2(x\sin 2x + 3\sin^2 x)$; (6) $\dfrac{\mathrm{d}z}{\mathrm{d}t} = \mathrm{e}^{2t}(2+t)$;

(7) $\dfrac{\mathrm{d}u}{\mathrm{d}t} = \mathrm{e}^{2t-\sin t+\cos t}(2 - \cos t - \sin t)$;

(8) 设 $u = x^2 - y^2, v = \mathrm{e}^{xy}$ ，则 $\dfrac{\partial z}{\partial x} = 2xf_u(u,v) + y\mathrm{e}^{xy}f_v(u,v),$

$$\frac{\partial z}{\partial y} = -2yf_u(u, v) + x e^{xy} f_v(u, v).$$

2. (1) $\dfrac{dy}{dx} = \dfrac{y^2}{\cos y - 2xy}$;　　　　　(2) $\dfrac{\partial z}{\partial x} = \dfrac{z}{x(z-1)}$, $\dfrac{\partial z}{\partial y} = \dfrac{z}{y(z-1)}$;

　(3) $\dfrac{\partial z}{\partial x} = \dfrac{z}{x+z}$, $\dfrac{\partial z}{\partial y} = \dfrac{z^2}{y(x+z)}$;　　(4) $\dfrac{\partial z}{\partial x} = \dfrac{1}{y}\cos^2 z$, $\dfrac{\partial z}{\partial y} = -\dfrac{\sin 2z}{2y}$.

实训 8.5

1. 切线：$\dfrac{x+1-\dfrac{\pi}{2}}{1} = \dfrac{y-1}{1} = \dfrac{z-\sqrt{2}}{\dfrac{\sqrt{2}}{2}}$；法平面：$x+y+\dfrac{\sqrt{2}}{2}z-1-\dfrac{\pi}{2}=0$.

2. 切线：$\dfrac{x-\dfrac{1}{2}}{\dfrac{1}{4}} = \dfrac{y-2}{-1} = \dfrac{z-1}{2}$；法平面：$\dfrac{1}{4}x-y+2z-\dfrac{1}{8}=0$.

3. 切平面：$z = 2x+4y-5$；法线：$\dfrac{x-1}{2} = \dfrac{y-2}{4} = \dfrac{z-5}{-1}$.

4. 切平面：$2x+y-4=0$；法线：$\begin{cases} z=0 \\ x-2y+3=0 \end{cases}$.

实训 8.6

1. (1) 极大值点 $(0, 0)$，极大值 1；　　　　(2) 极小值点 $\left(\dfrac{1}{2}, -1\right)$，极小值 $-\dfrac{1}{2}e$.

2. $f_{\min} = f(0, \pm 2) = -4$，$f_{\max} = f(\pm 2, 0) = 4$.

3. 极大值 $z\big|_{\left(\frac{\sqrt{2}}{2}, \frac{\sqrt{2}}{2}\right)} = \sqrt{2}$，极小值 $z\big|_{\left(-\frac{\sqrt{2}}{2}, \frac{\sqrt{2}}{2}\right)} = -\sqrt{2}$.

总实训 8

1. $2(\ln x + \ln y)^2$.

2. (1) $\{(x, y) \mid -1 \leqslant x \leqslant 1,\ y \leqslant -1$ 或 $y \geqslant 1\}$;　　(2) $\{(x, y) \mid (x, y) \neq (0, 0)\}$;

　(3) $\{(x, y) \mid r^2 \leqslant x^2 + y^2 \leqslant R^2\}$;　　　　(4) $\{(x, y) \mid -1 \leqslant x \leqslant 1,\ y > x\}$.

3. (1) $z_x = 2x\ln(x-y^2) + \dfrac{x^2}{x-y^2}$, $z_y = -\dfrac{2x^2 y}{x-y^2}$;　(2) $z_x = \dfrac{y^2}{(x^2+y^2)^{\frac{3}{2}}}$, $z_y = \dfrac{-xy}{(x^2+y^2)^{\frac{3}{2}}}$;

　(3) $z_x = \cot(x+2y)$, $z_y = 2\cot(x+2y)$;

　(4) $u_x = (y-z^2)e^{x(y-z^2)}$, $u_y = x e^{x(y-z^2)}$, $u_z = -2xz\,e^{x(y-z^2)}$.

4. (1) $z_x\big|_{(2,1)} = \dfrac{8}{9}$, $z_y\big|_{(2,1)} = \dfrac{20}{9}$;　　(2) $z_x\big|_{(1,0)} = 2$, $z_y\big|_{(1,0)} = 0$.

5. (1) $z_{xx} = -\dfrac{1}{4}\sqrt{\dfrac{y}{x^3}}$, $z_{xy} = \dfrac{1}{4\sqrt{xy}}$, $z_{yy} = -\dfrac{1}{4}\sqrt{\dfrac{x}{y^3}}$;

　(2) $z_{xx} = x^{-2}y^{\ln x}(\ln y)(\ln y - 1)$, $z_{xy} = x^{-1}y^{\ln x - 1}(1 + \ln x \ln y)$, $z_{yy} = y^{\ln x - 2}(\ln x)(\ln x - 1)$.

6. (1) $dz = [\cos(x+y) - x\sin(x+y)]dx - x\sin(x+y)dy$；

(2) $dz = -\dfrac{\sqrt{xy}}{2x}\left(\dfrac{1}{x}dx - \dfrac{1}{y}dy\right)$；　　(3) $dz = 2e^{x^2+y^2}(xdx + ydy)$；

(4) $du = \dfrac{2}{x^2 + y^2 + z^2}(xdx + ydy + zdz)$.

7. $\Delta z = -0.204, dz = -0.2$.

8. (1) $z_x = 2 + 0.06x + 0.01y$, $z_y = 3 + 0.01x + 0.06y$；

(2) $L_x = 8 - 0.06x - 0.01y$, $L_y = 6 - 0.01x - 0.06y$

9. (1) $\dfrac{dz}{dx} = \dfrac{e^x}{\ln x}\left(1 - \dfrac{1}{x\ln x}\right)$；　　　(2) $\dfrac{\partial z}{\partial x} = \dfrac{y}{x^2 + y^2}$, $\dfrac{dz}{dx} = \dfrac{1}{(2x^2 + 1)\sqrt{1 + x^2}}$；

(3) $\dfrac{\partial z}{\partial x} = e^{xy\cos\ln(x-y)}y\left[\cos\ln(x-y) - \dfrac{x\sin\ln(x-y)}{x-y}\right]$,

$\dfrac{\partial z}{\partial y} = e^{xy\cos\ln(x-y)}x\left[\cos\ln(x-y) + \dfrac{y\sin\ln(x-y)}{x-y}\right]$；

(4) $\dfrac{\partial u}{\partial r} = 2\left[r + s + t + (rs + st + tr)(s + t) + rs^2t^2\right]\cdot\cos\left[(r+s+t)^2 + (rs+st+tr)^2 + r^2s^2t^2\right]$,

$\dfrac{\partial u}{\partial s} = 2\left[r + s + t + (rs + st + tr)(r + t) + r^2st^2\right]\cdot\cos\left[(r+s+t)^2 + (rs+st+tr)^2 + r^2s^2t^2\right]$,

$\dfrac{\partial u}{\partial t} = 2\left[r + s + t + (rs + st + tr)(r + s) + r^2s^2t\right]\cdot\cos\left[(r+s+t)^2 + (rs+st+tr)^2 + r^2s^2t^2\right]$.

10. (1) 设 $s = \dfrac{x}{y}$，则 $\dfrac{\partial z}{\partial x} = f_x + \dfrac{1}{y}f_s$, $\dfrac{\partial z}{\partial y} = -\dfrac{x}{y^2}f_s$；

(2) 设 $u = x + y, v = x - y, s = xy$，则 $\dfrac{\partial z}{\partial x} = f_u + f_v + yf_s$, $\dfrac{\partial z}{\partial y} = f_u - f_v + xf_s$.

11. (1) $\dfrac{dy}{dx} = \dfrac{x+y}{x-y}$；　　　(2) $\dfrac{\partial z}{\partial x} = -\dfrac{\sin 2x}{\sin 2z}$, $\dfrac{\partial z}{\partial y} = -\dfrac{\sin 2y}{\sin 2z}$；

(3) $\dfrac{\partial z}{\partial x} = -\dfrac{yz}{xy + z^2}$, $\dfrac{\partial z}{\partial y} = -\dfrac{xz}{xy + z^2}$, $\dfrac{\partial^2 z}{\partial x\partial y} = -\dfrac{z(z^4 + 2xyz^2 - x^2y^2)}{(xy + z^2)^3}$.

12. 切线：$\dfrac{x-1}{2} = \dfrac{y}{-1} = \dfrac{z-1}{3}$；法平面：$2x - y + 3z = 5$.

13. 切平面：$x + 2y - 2z + 4\ln 2 = 0$；法线：$\dfrac{x-1}{1} = \dfrac{y-1}{2} = \dfrac{z - 2\ln 2}{-2}$.

14. $(-3, -1, 3), \dfrac{x+3}{-1} = \dfrac{y+1}{-3} = \dfrac{z-3}{-1}$.

15. 极大值 $f\left(-\dfrac{1}{3}, -\dfrac{1}{3}\right) = \dfrac{1}{27}$.

16. $f\left(\dfrac{a}{2}, \dfrac{b}{2}\right) = \dfrac{ab}{4}$.

17. 三个正数都是 $\dfrac{50}{3}$.

18. $x = 90, y = 140$.

实训 9.1

1. $\iint\limits_{D} \ln(x^2 + y^2) \, \mathrm{d}\sigma < 0$.

2. (1) π;　　　　(2) $\dfrac{2}{3}\pi R^3$.

3. 比较下列积分值的大小

(1) $\iint\limits_{D} \ln(x^2 + y^2) \, \mathrm{d}\sigma < \iint\limits_{D} \ln^2(x^2 + y^2) \, \mathrm{d}\sigma$;　　(2) $\iint\limits_{D} (x+y)^3 \, \mathrm{d}\sigma > \iint\limits_{D} \sin^3(x+y) \, \mathrm{d}\sigma$.

4. $0 < \iint\limits_{D} \cos^2(x+y) \, \mathrm{d}\sigma < 1$.

实训 9.2

1. $\dfrac{1}{6}\left(\mathrm{e}^{14} - \mathrm{e}^{13} - \mathrm{e}^{-4} + \mathrm{e}^{-5}\right)$.

2. $\pi(101\ln 101 + 100\ln 100 - 1)$.

3. $\dfrac{15}{4}\pi$.

4. $\displaystyle\int_0^4 \mathrm{d}x \int_0^{\sqrt{4-(x-2)^2}} f(x,y) \, \mathrm{d}y$.

5. (1) $\dfrac{1}{6}$;　　　(2) 18π.

总实训 9

1. (1) $V = \iint\limits_{D}(x+y)\mathrm{d}\sigma$;　　　(2) $V = \iint\limits_{D}\sqrt{1-x^2-y^2}\,\mathrm{d}\sigma$.

2. (图略)

(1) $\dfrac{1}{2}\mathrm{e}(2 - 3\mathrm{e} + \mathrm{e}^3)$;　　　(2) 90;　　　(3) $\dfrac{3}{10}$;　　(4) $\mathrm{e} - \dfrac{1}{\mathrm{e}}$.

3. $-\dfrac{272}{75} + 4\arcsin\dfrac{4}{5}$.

4. (1) $\pi(\mathrm{e}-1)$;　　　(2) $\dfrac{64}{3}$.

5. (1) $\dfrac{9}{4}$;　　　(2) $\dfrac{14}{3}\pi$.

实训 10.1

1. (1) $a_1 = 1, a_2 = \dfrac{3}{5}, a_3 = \dfrac{2}{5}, \dfrac{5}{17}$;　　(2) $a_1 = \dfrac{1}{2}, a_2 = \dfrac{3}{8}, a_3 = \dfrac{5}{16}, a_4 = \dfrac{35}{128}$;

(3) $a_1 = -\dfrac{1}{3}, a_2 = \dfrac{1}{9}, a_3 = -\dfrac{1}{27}, a_4 = \dfrac{1}{81}$.

2. (1) 收敛且 $S = \dfrac{2}{5}$;　(2) 收敛且 $S = \dfrac{1}{2}$;　(3) 发散;　(4) 发散;

(5) 发散；(6) 收敛且 $S = \dfrac{3}{2}$.

实训 10.2

1. (1) 收敛；　　　(2) 发散；　　　(3) 收敛；　　　(4) 收敛.

2. (1) 发散；　　　(2) 收敛；　　　(3) 收敛；　　　(4) 收敛；

(5) 收敛；　　　(6) 收敛；　　　(7) 发散；　　　(8) 收敛.

3. (1) 条件收敛；　(2) 绝对收敛；　(3) 绝对收敛；　(4) 条件收敛；

(5) 发散；　　　(6) 发散；　　　(7) 绝对收敛；　(8) 条件收敛.

实训 10.3

1. (1) $[-1,1)$；　　(2) $[-1,1]$；　　(3) $[-2,2)$；　　(4) $(-\infty,+\infty)$；

(5) $[-\dfrac{1}{3},\dfrac{1}{3}]$；　(6) $[-1,1)$；　　(7) $[0,2]$；　　(8) $[-3,1)$.

2. (1) $s(x) = \dfrac{1}{(x-1)^2}$, $x \in [-1,1)$；　　(2) $s(x) = \dfrac{1}{2}\ln\dfrac{1+x}{1-x}$, $x \in (-1,1)$；

(3) $s(x) = \dfrac{2x}{(x^2-1)^2}$, $x \in (-1,1)$；　　(4) $s(x) = \dfrac{2x}{(x-1)^3}$, $x \in [-1,1)$.

实训 10.4

1. (1) $f(x) = x^5 + x^6 + x^7 + \cdots + x^{n+4} + \cdots$, $x \in (-1,1)$；

(2) $f(x) = 1 + x\ln a + \dfrac{1}{2}x^2\ln^2 a + \cdots + \dfrac{1}{n!}x^n\ln^n a + \cdots$, $x \in (-\infty,+\infty)$；

(3) $f(x) = x - x^2 + 3x^3 - \cdots + \dfrac{(-1)^{n+1}2^n + 1}{3}x^n + \cdots$, $x \in (-\dfrac{1}{2},\dfrac{1}{2})$；

(4) $f(x) = 1 + x^2 + \dfrac{1}{2}x^4 + \cdots + \dfrac{1}{n!}x^{2n} + \cdots$, $x \in (-\infty,+\infty)$；

(5) $f(x) = 1 - x^2 + \dfrac{1}{3}x^4 - \cdots + (-1)^n\dfrac{2^{2n-1}}{(2n)!}x^{2n} + \cdots$, $x \in (-\infty,+\infty)$；

(6) $f(x) = x^2 - 3x^3 + \dfrac{9}{2}x^4 - \cdots + (-1)^n\dfrac{3^n}{n!}x^{n+2} + \cdots$, $x \in (-\infty,+\infty)$；

(7) $f(x) = -x - [\dfrac{3}{2}x^2 + \dfrac{5}{6}x^3 + \cdots + \dfrac{2n+1}{n(n+1)}x^{n+1} + \cdots]$, $x \in [-1,1)$；

(8) $f(x) = 1 + \dfrac{1}{2}x^2 + \dfrac{1}{24}x^4 + \cdots + \dfrac{1}{(2n)!}x^{2n} + \cdots$, $x \in (-\infty,+\infty)$.

2. $f(x) = \dfrac{1}{2} - \dfrac{1}{4}(x-2) + \dfrac{1}{8}(x-2)^2 - \cdots + (-1)^n\dfrac{1}{2^n}(x-2)^n + \cdots$, $x \in (0,4)$.

3. $f(x) = -\dfrac{1}{x+3} - \left[1 + (x+3) + (x+2)^2 + \cdots + (x+3)^n + \cdots\right]$, $x \in (-4,-2)$.

4. (1) 1.6487；(2) 0.9994；(3) 1.6094.

总实训 10

1. (1) 收敛且 $S = \dfrac{1}{2}$；(2) 发散；(3) 发散；(4) 收敛且 $S = \dfrac{5}{3}$；(5) 发散.

2. (1) 收敛；(2) 发散；(3) 收敛；(4) 收敛.

3. (1) 收敛；(2) 发散；(3) 发散；(4) 收敛.

4. (1) 条件收敛；(2) 绝对收敛；(3) 条件收敛；(4) 条件收敛.

5. (1) $R = 1, x \in [-1, 1)$；   (2) $R = +\infty, x \in (-\infty, +\infty)$；

   (3) $R = 2, x \in (-1, 3]$；   (4) $R = \sqrt{2}, x \in [-2 - \sqrt{2}, -2 + \sqrt{2}]$.

6. (1) $s(x) = \ln 3 - \ln(1 - x), x \in [-5, 1)$；   (2) $s(x) = e^{\frac{x^2}{2}}, x \in (-\infty, +\infty)$；

   (3) $s(x) = -\arctan x, x \in [-1, 1]$；   (4) $s(x) = e^{-x}(1 - 2x), x \in (-\infty, +\infty)$.

7. (1) $f(x) = x^3 - \dfrac{x^5}{6} + \dfrac{x^7}{120} - \cdots + (-1)^{n-1} \dfrac{x^{2n+1}}{(2n-1)!} + \cdots, x \in (-\infty, +\infty)$；

   (2) $f(x) = 3x - \dfrac{5}{2}x^2 + \dfrac{9}{3}x^3 - \cdots + (-1)^n \dfrac{2^n + 1}{n}x^n + \cdots, x \in \left(-\dfrac{1}{2}, \dfrac{1}{2}\right]$；

   (3) $f(x) = x - \dfrac{x^3}{18} + \dfrac{x^5}{600} - \cdots + (-1)^{n-1} \dfrac{x^{2n-1}}{(2n-1) \cdot (2n-1)!} + \cdots, x \in (-\infty, +\infty)$；

   (4) $f(x) = x - \dfrac{x^3}{3} + \dfrac{x^5}{10} - \cdots + (-1)^{n-1} \dfrac{x^{2n+1}}{(2n+1) \cdot n!} + \cdots, x \in (-\infty, +\infty)$.

8. (1) $f(x) = \dfrac{1}{3} + \dfrac{1}{9}(x + 1) + \dfrac{1}{27}(x + 1)^2 + \cdots + \dfrac{1}{3^{n+1}}(x + 1)^n + \cdots, x \in (-4, 2)$；

   (2) $f(x) = \dfrac{\sqrt{2}}{2} + \dfrac{\sqrt{2}}{2}\left(x - \dfrac{\pi}{4}\right) - \dfrac{\sqrt{2}}{4}\left(x - \dfrac{\pi}{4}\right)^2 - \cdots$

               $+ (-1)^{[\frac{n+2}{2}] - 1} \dfrac{\sqrt{2}}{2} \dfrac{1}{n!}\left(x - \dfrac{\pi}{4}\right)^n + \cdots, x \in (-\infty, +\infty)$

（这里 $\left[\dfrac{n+2}{2}\right]$ 表示不大于 $\dfrac{n+2}{2}$ 的最大整数）

8. (1) 1.7320；   (2) 3.1415；   (3) 1.0986.

高等职业教育"十二五"规划教材
高等职业教育公共基础课规划教材

《高职数学（理工类）（第二版）》

《高职数学》

《经济数学基础与应用》

《计算机数学》

《电路数学》

《机电数学》

《文科数学》

《经济数学》

《高等数学（经管数学）（上册）》

《高等数学（经管数学）（下册）》

《高等数学》

系列丛书配套的数字化教学资源有：

微课　　　动画　　　习题库　　★教学课件

ISBN 978-7-121-31664-7

9 787121 316647 >

PHEI

策划编辑：朱怀永
责任编辑：底　波
封面设计：张　昱

定价：39.80 元